Schrüfer – Signalverarbeitung

Studienbücher

der technischen Wissenschaften

Carl Hanser Verlag München Wien

TA 8l.

E. Schrüfer

Signalverarbeitung

Numerische Verarbeitung digitaler Signale

mit 151 Bildern, 35 Tabellen und
79 Beispielen

HANSER

Carl Hanser Verlag München Wien

Professor Dr. rer. nat. Elmar Schrüfer
Lehrstuhl für Elektrische Meßtechnik,
Technische Universität München

CIP-Titelaufnahme der Deutschen Bibliothek

Schrüfer, Elmar:
Signalverarbeitung: numerische Verarbeitung digitaler Signale /
E. Schrüfer. – München; Wien: Hanser, 1990
(Studienbücher der technischen Wissenschaften)
ISBN 3-446-15944-4

Gesamtherstellung: Universitätsdruckerei H. Stürtz AG, Würzburg
Umschlaggestaltung: Kaselow + Partner
Printed in Germany

Vorwort

Meßsignale werden immer häufiger digital verarbeitet, so daß der auf diesem Gebiet tätige Ingenieur oder Naturwissenschaftler mit den wichtigsten Rechenmethoden vertraut sein soll. Die digitalen Verfahren ersetzen nicht nur für einige Aufgaben die analogen, sondern eröffnen zusätzliche Möglichkeiten. So erlauben sie auch dann noch Informationen aus den Meßsignalen herauszuholen, wenn die übliche Auswertung im Zeitbereich ausgeschöpft ist. Beispiele hierfür sind die Interpretation von stochastischen Ereignissen, die Berechnung von Spektren oder auch die Korrelation von Daten.

Das Anliegen dieses Buches ist, die wichtigsten Rechenverfahren der digitalen Signalverarbeitung den an Fachhochschulen und wissenschaftlichen Hochschulen Studierenden und gegebenenfalls auch den schon im Beruf stehenden Ingenieuren zu vermitteln. Ihm liegt eine Vorlesung zugrunde, die seit einigen Jahren für Studierende der Elektrotechnik gehalten wird. Der Leser des Buches soll mit der Differential- und Integralrechnung im üblichen Rahmen vertraut sein. Vorteilhaft sind Kenntnisse der Systemtheorie kontinuierlicher Signale.

Ich bemühte mich, den Stoff möglichst einfach darzustellen. Im Interesse einer leichteren Lesbarkeit ist der Grad der Abstraktion bewußt niedrig gehalten. Zahlreiche einfache Beispiele sind durchgerechnet, um das Verständnis zu fördern. Die vielen untersuchten Signalverläufe sollen dem Buch den Charakter einer experimentellen Abhandlung geben.

Alle abgeleiteten Algorithmen sind programmiert und mit Ein- und Ausgabe-Routinen in dem Programmsystem NUMERI zusammengefaßt. Die entsprechenden Disketten sind auf einem Arbeitsplatzrechner mit MS-DOS-Betriebssystem lauffähig. Die Arbeit mit diesem Programm wird sehr empfohlen. Sie ermöglicht, die einzelnen Rechenverfahren zu üben. Dabei wird offenkundig, wie und wieweit Parameteränderungen das Ergebnis beeinflussen. Durch dieses Training wird der Leser mit den Verfahren soweit vertraut, daß er sie in der Praxis anwenden kann. Darüberhinaus können Teilprogramme (z.B. Formel-Interpreter, Grafik, lineare und nichtlineare Gleichungssysteme) natürlich auch zur Lösung von anderen, zusätzlichen Aufgabenstellungen herangezogen werden.

Der Ingenieur soll aber nicht blind dem Computerausdruck vertrauen, sondern soll selbst noch die Richtigkeit eines Ergebnisses abschätzen können. Auch hierfür dienen die zahlreichen einfachen Beispiele. Diese können noch mit Hilfe eines Taschenrechners nachvollzogen werden. Liefert das Rechenprogramm dasselbe Ergebnis, so kann es in erster Näherung als vertrauenswürdig angesehen werden.

Während der Arbeit an dem Buch wurde ich vielfältig unterstützt. In fachlicher Hinsicht konnte ich die einzelnen Kapitel mit den wissenschaftlichen Mitarbeitern diskutieren, die die dazugehörigen Programme geschrieben haben und dort namentlich erwähnt sind. Herr Dipl.-Ing. P. Haschberger sorgte dafür, daß die zu verschiedenen Zeiten entstandenen Teilprogramme eine einheitliche Benutzeroberfläche erhielten und ein in sich geschlossenes Programmsystem bilden. Um die Niederschrift kümmerten sich Frau I. Göppel, cand. ing. K. Pischeltsrieder und insbesondere Herr Dipl.-Ing. E. Lindermeir. Herr Dipl.-Ing. Chr. Reichinger ließ die Kurven im richtigen Format ausdrucken und Frau A. Koppe beschriftete die Koordinatenachsen. Wie gewohnt waren die Mitarbeiter des C. Hanser Verlags sehr entgegenkommende Gesprächspartner. Ihnen allen danke ich für ihre Hilfe recht herzlich.

München, Herbst 1989 E. Schrüfer

Inhaltsverzeichnis

1 Statistik

1.1 Aufgabenstellung

Gemessene oder beobachtete Daten lassen sich im

- Zeitbereich
- Frequenzbereich
- Amplitudenbereich

analysieren. Bei der ersten Methode interessiert das Verhalten der Meßgröße in Abhängigkeit von der Zeit. Typische Meßgeräte hierfür sind zum Beispiel der Schreiber, das Oszilloskop oder der Logikanalysator. Bei der zweiten Aufgabenstellung sind die im Signal enthaltenen Frequenzen von Bedeutung. Diese lassen sich mit Hilfe der im Kap. 5 behandelten Diskreten Fourier-Transformation ermitteln. Gegenstand dieses Kapitels ist die Analyse von Daten im Amplitudenbereich. Dabei wird von einem Satz zusammengehöriger gemessener oder beobachteter Werte ausgegangen. Es interessiert nicht so sehr ein einzelner Wert, sondern mehr die Zusammensetzung des ganzen Ensembles. Typische Fragestellungen sind z.B.:

Wie sind die Daten verteilt?
In welchem Bereich liegen sie?
Welches ist der häufigste Wert?
Wie groß sind der Mittelwert und die Streuung?

Auch die Impulshöhenanalyse (Kap. 2) ist nichts anderes als die Auswertung einer Amplitudenverteilung.

Die Daten selbst können aus allen Bereichen unseres Lebens stammen. Sie können z.B. auf wissenschaftliche, technische, politische, soziale, medizinische oder ökologische Untersuchungen zurückgehen. Das Auftreten eines bestimmten Wertes wird dabei oft als Zufallsereignis angenommen und die Gesamtheit der beobachteten Daten wird mit Hilfe der in der Statistik und Wahrscheinlichkeitsrechnung entwickelten Methoden geordnet und beschrieben. Des weiteren läßt sich auch untersuchen, ob zwischen zwei oder mehreren beobachteten Datensätzen eventuell ein Zusammenhang besteht. Auf diese Fragestellung wird im Kap. 7 Korrelationsmeßtechnik eingegangen.

1.2 Häufigkeitsverteilungen

1.2.1 Begriffe

A) Diskrete Verteilung

Eine Größe X wird mehrmals gemessen oder beobachtet. Oft werden Ereignisse gezählt. Angenommen wird, daß **diskrete** positive ganze Zahlen x erhalten werden. Diese werden als eine Realisation der Zufallsgröße X betrachtet. Die Ergebnisse bilden eine Verteilung, die durch ihre Dichtefunktion $f(x)$ und durch die Summenfunktion $F(x)$ vollständig beschrieben wird.

Die Dichtefunktion $f(x)$ mit dem Argument x bezeichnet die relative Häufigkeit, mit der der Wert x auftritt. Sie gibt damit die Wahrscheinlichkeit w für den Wert x an:

$w(X = x) = f(x) =$ Wahrscheinlichkeit, daß die Zufallsvariable X den Wert x annimmt;

$f(x) =$ Dichtefunktion der Verteilung, (Häufigkeitsfunktion, Wahrscheinlichkeitsfunktion).

Die Summenfunktion $F(x)$ drückt die Wahrscheinlichkeit aus, daß die Zufallsgröße X kleiner oder gleich dem beobachteten Wert x ist:

$w(X \leq x) = F(x) =$ Wahrscheinlichkeit, daß die Zufallsvariable X einen Wert annimmt, der kleiner oder gleich x ist;

$F(x) =$ Summenfunktion der Verteilung, (Verteilungsfunktion, kumulative Verteilungsfunktion, Summenhäufigkeitsfunktion).

Kann z.B. die Zufallsgröße X die Werte 0, 1, 2, ... N annehmen, so errechnet sich die Wahrscheinlichkeit für einen Wert kleiner oder gleich $x = 3$ zu

$$w(X \leq 3) = F(3) = f(0) + f(1) + f(2) + f(3)$$
$$= \sum_{x=0}^{3} f(x).$$

Die Wahrscheinlichkeit, daß irgendeiner der möglichen Werte zwischen 0 und N auftritt, ist eins,

$$w(X \leq N) = F(N) = \sum_{x=0}^{N} f(x) = 1. \tag{1.1}$$

Die Summenfunktion steigt monoton nicht abnehmend bis zum Wert 1 an.

Die Wahrscheinlichkeit, daß die diskrete Zufallsgröße X größer oder gleich dem Wert x ist, ist das Einser-Komplement zu der Wahrscheinlichkeit, daß die Zufallsgröße kleiner oder gleich dem Wert $x-1$ ist:

$$w(X \geq x) = 1 - w(X \leq x-1). \tag{1.2}$$

Diskrete Verteilungen treten insbesondere immer dann auf, wenn die Merkmalswerte gruppiert und verschiedenen Klassen zugeordnet werden. Sind insgesamt N Merkmalswerte zu ordnen, so empfiehlt sich, ungefähr $\sqrt{N}$ Klassen zu wählen.

• **Beispiel 1.1.** Mit einem Würfel lassen sich diskrete Zahlen zwischen 1 und 6 würfeln (Bild 1.1).

Die Wahrscheinlichkeit für jede Zahl ist gleich groß mit

$$w(X = x) = f(x) = 1/6.$$

Die Wahrscheinlichkeit, daß höchstens die Zahl x gewürfelt wird, ist

$$x(X \leq x) = F(x) = x/6.$$

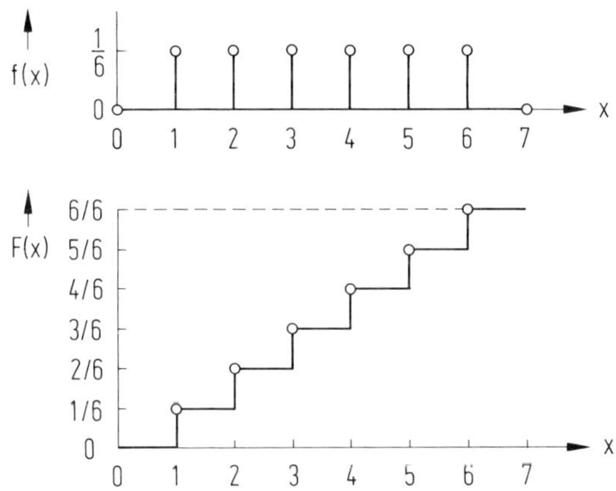

Bild 1.1 Dichtefunktion $f(x)$ und Summenfunktion $F(x)$ der Zufallsvariablen X „Augenzahl eines Würfels“

B) Stetige Verteilung

In der digitalen Meßtechnik fallen nur diskrete Werte an. Insoweit wären für unsere Fragestellung eigentlich nur diskrete Verteilungen zu betrachten. Die numerischen Meßwerte können aber sehr eng beieinander liegen. Ein 12-bit Analog/Digital-Umsetzer teilt die Meßspanne in 4096 äquidistante Klassen ein.

Die Klassen sind sehr schmal und die entsprechende Häufigkeitsverteilung läßt sich gut durch eine stetige Kurve approximieren. Eine derartige Approximation ist im allgemeinen von Vorteil, da sich mit einer stetigen Kurve oft einfacher rechnen läßt als mit einer diskreten. Die breite Anwendung der stetigen Gauß- oder Normalverteilung unterstreicht diese Tatsache.

Bei einer stetigen Verteilung kann also die Zufallsvariable X jeden beliebigen Wert x annehmen. Die Summenfunktion $F(x)$ der Verteilung drückt wieder die Wahrscheinlichkeit aus, daß ein beobachteter Wert kleiner oder gleich dem Argument x ist:

$w(X \leq x) = F(x) =$ Wahrscheinlichkeit, daß die Zufallsvariable einen Wert annimmt, der höchstens gleich x ist.

Die Ableitung der Summenfunktion $F(x)$ nach dem Merkmalswert x liefert die Dichtefunktion $f(x)$,

$$f(x) = \frac{d\,F(x)}{d\,x}. \tag{1.3a}$$

Umgekehrt ist auch die Summenfunktion eine Stammfunktion der Dichtefunktion

$$F(x) = \int_{z=-\infty}^{x} f(z)\,dz \tag{1.3b}$$

mit

$$w(x \leq \infty) = F(\infty) = \int_{-\infty}^{+\infty} f(x)\,dx = 1. \tag{1.4}$$

Die Wahrscheinlichkeit, daß eine beobachtete Größe zwischen einem unteren Wert x_{min} und einem oberen Wert x_{max} liegt ist

$$\begin{aligned} w(x_{min} \leq X \leq x_{max}) &= \int_{x=-\infty}^{x_{max}} f(x)\,dx - \int_{x=-\infty}^{x_{min}} f(x)\,dx \\ &= F(x_{max}) - F(x_{min}). \end{aligned} \tag{1.5}$$

Die Dichtefunktion $f(x)$ einer stetigen Verteilung kann nicht mehr als die Wahrscheinlichkeit interpretiert werden, mit der ein bestimmter Wert x auftritt. Die Wahrscheinlichkeit, daß bei einer stetigen Variablen genau der Wert x angenommen wird ist nach (1.5) null:

$$w(x \leq X \leq x) = F(x) - F(x) = 0. \tag{1.6}$$

Daher ist jetzt auch die Wahrscheinlichkeit, daß die Variable X größer oder gleich einem gegebenen Wert x ist, direkt das Einser-Komplement zur Summenfunktion beim Argument x:

$$w(X \geq x) = 1 - w(X \leq x) = 1 - F(x). \tag{1.7}$$

Für kleine Klassenbreiten dx läßt sich (1.5) mit Hilfe der Dichtefunktion $f(x)$ folgendermaßen annähern:

$$w\left(x - \frac{dx}{2} \leq X \leq x + \frac{dx}{2}\right) \approx dx \cdot f(x). \tag{1.8}$$

$f(x)\,dx$ ist die Wahrscheinlichkeit, daß die Zufallsvariable im Bereich dx um x zu liegen kommt.

• **Beispiel 1.2.** Die Rechteck- oder Gleichverteilung (Bild 1.2) ist eine stetige Verteilung mit der Dichtefunktion $f(x)$

$$f(x) = 0 \quad \text{für } x < a,\ x > b; \qquad f(x) = \frac{1}{b-a} \quad \text{für } a \leq x \leq b.$$

Die Summenfunktion $F(x)$ errechnet sich zu

$$F(x) = 0 \qquad \text{für} \quad x < a$$

$$F(x) = 1 \qquad \text{für} \quad x > b$$

$$F(x) = \int_{z=-\infty}^{x} f(z)\,dz = \frac{1}{b-a} \int_{z=a}^{x} dz = \frac{x-a}{b-a} \qquad \text{für} \quad a \leq x \leq b.$$

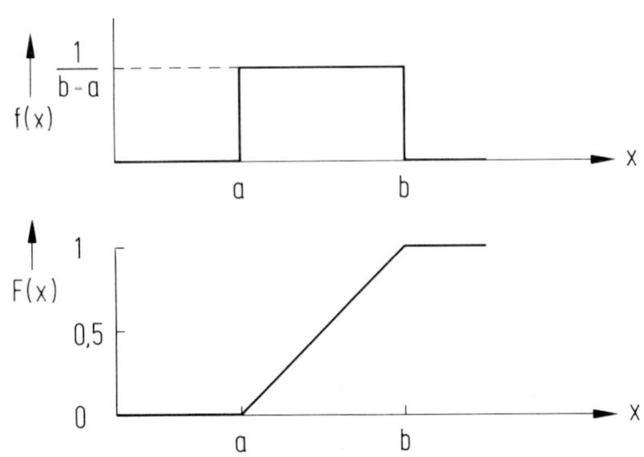

Bild 1.2 Gleichverteilung; Dichtefunktion $f(x)$ und Summenfunktion $F(x)$

C) Lebensdauerverteilung

Verteilungen, bei denen die Zufallsvariable die Zeit ist, heißen Lebensdauerverteilungen. Sie werden aus Lebensdauertests ermittelt. Zum Zeitpunkt t_0 werden N Einheiten in Betrieb genommen und zu den Zeitpunkten t wird die Zahl $n(t)$ der Einheiten festgehalten, die noch funktionsfähig sind. Der Quotient $n(t)/N$ gilt dann als Maß für die **Überlebenswahrscheinlichkeit** oder **Zuverlässigkeit R(t)** :

$$R(t) = \frac{n(t)}{N}. \tag{1.9}$$

Das Einser-Komplement der Überlebenswahrscheinlichkeit ist die **Ausfallwahrscheinlichkeit F(t)**. Sie gibt die Wahrscheinlichkeit an, daß die Zufallsvariable „Lebensdauer X" höchstens gleich der Zeit t ist:

$$\begin{aligned} w(X \leq t) &= F(t) \\ F(t) &= 1 - R(t). \end{aligned} \tag{1.10}$$

Hat die Funktion F(t) keine Sprungstellen, so ist sie mindestens abschnittsweise differenzierbar und damit eine Stammfunktion der **Ausfalldichte f(t)**:

$$f(t) = \frac{dF(t)}{dt} = -\frac{dR(t)}{dt}. \tag{1.11}$$

Wird die Ausfalldichte f(t) auf den Teil der noch funktionsfähigen Elemente, d.h. auf die Überlebenswahrscheinlichkeit $R(t)$ bezogen, so ergibt sich die **Ausfallrate z(t)**:

$$z(t) = \frac{f(t)}{R(t)} = -\frac{1}{R(t)} \frac{dR(t)}{dt}. \tag{1.12}$$

Der jeweilige Verlauf der Überlebens- und Ausfallwahrscheinlichkeit hängt natürlich von den betrachteten Einheiten ab und ist von Komponente zu Komponente verschieden. So kann z.B. die Zahl der funktionsfähigen Einheiten linear mit der Zeit abnehmen. Von größerer technischer Bedeutung sind die Exponentialverteilung für Zufallsausfälle und die Normalverteilung für Verschleißausfälle.

D) Kenngrößen für Verteilungen

Zur kurzen Charakterisierung der Häufigkeitsverteilungen dienen insbesondere die folgenden Kenngrößen:

Linearer Mittelwert einer Stichprobe: Die gemessenen oder beobachteten Daten x_n bilden eine **Stichprobe**, die stellvertretend für die **Grundgesamtheit** betrachtet wird. Der lineare Mittelwert der Daten kann als Schätzwert für den Erwartungswert $\overline{x}$ der Grundgesamtheit genommen werden und wird dann durch das Zeichen $\widehat{\ }$ als Schätzwert gekennzeichnet:

$$\hat{\bar{x}} = \frac{1}{N} \sum_{n=1}^{N} x_n . \tag{1.13}$$

Linearer Mittelwert oder Erwartungswert $\bar{x}$ einer Verteilung: Der lineare Mittelwert oder Erwartungswert $\bar{x}$ einer Zufallsvariable errechnet sich mit Hilfe der Dichtefunktion $f(x)$ der Verteilung

– bei einer diskreten Variablen zu

$$\bar{x} = \sum_{x=0}^{N} x \cdot f(x) , \tag{1.14a}$$

– bei einer stetigen Variablen zu

$$\bar{x} = \int_{-\infty}^{+\infty} x \cdot f(x)\, dx . \tag{1.14b}$$

Median oder Zentralwert x_{50} : Sind die Meßwerte nach ihrer Größe geordnet, so wird bei einer ungeraden Zahl von Meßwerten der in der Mitte liegende als Median oder Zentralwert bezeichnet. Bei dem Datensatz 3, 4, 4, 5, 6, 6, 7 hat der Median x_{50} den Wert 5. Bei einer geraden Zahl von Meßwerten ergibt sich der Median als arithmetisches Mittel der beiden in der Mitte liegenden Werte. Der Median aus dem Datensatz 3, 4, 5, 6, 6, 7 ist also (5+6)/2.

Modalwert: Hat die Dichtefunktion einer Verteilung an der Stelle x_w ein Maximum, so wird das Argument x_w als wahrscheinlichster Wert oder Modalwert bezeichnet. Der Modalwert der Dichtefunktion von Bild 1.3 ist also $x_w = 1$.

Geometrischer Mittelwert $\bar{x}_g$: Der geometrische Mittelwert $\bar{x}_g$ aus insgesamt N Meßwerten ist die N -te Wurzel aus dem Produkt dieser Meßwerte:

$$\sqrt[N]{x_1 \cdot x_2 \cdot \dots \cdot x_N} . \tag{1.15}$$

Varianz s^2 einer Stichprobe: Die Varianz ist ein Maß für die Streuung der beobachteten Werte. Ein erwartungstreuer Schätzwert läßt sich mit Hilfe des Schätzwerts $\hat{\bar{x}}$ von (1.13) berechnen aus /2.7/

$$s^2 = \frac{1}{N-1} \sum_{n=1}^{N} (x_n - \hat{\bar{x}})^2 . \tag{1.16}$$

Die positive Quadratwurzel s wird als **Standardabweichung** bezeichnet.

Varianz σ^2 einer Verteilung: Die Varianz σ^2 ist das 2. Zentralmoment einer Verteilung. Mit dem Erwartungswert $\bar{x}$ von (1.14) ergibt sich die Varianz

– bei diskreten Werten zu

$$\sigma^2 = \sum_{x=0}^{N} (x - \overline{x})^2 f(x), \tag{1.17a}$$

– bei einer stetigen Größe zu

$$\sigma^2 = \int_{-\infty}^{\infty} (x - \overline{x})^2 f(x) dx. \tag{1.17b}$$

Der aus (1.16) berechnete Wert kann als Schätzwert für (1.17a) und (1.17b) genommen werden.

Variationskoeffizient v : Der Variationskoeffizient v ist die durch den linearen Mittelwert dividierte Standardabweichung

$$v = \frac{s}{\overline{x}}. \tag{1.18}$$

Spannweite R : Ein weiteres Maß für die Streuung ist die Spannweite R (range). Die Spannweite ist die Differenz zwischen dem kleinsten Merkmalswert x_{min} und dem größten x_{max},

$$R = x_{max} - x_{min}. \tag{1.19}$$

Quantil, Fraktil: Hat die Wahrscheinlichkeit, daß die Zufallsvariable X einen Wert kleiner oder gleich x_q annimmt, den Wert q, so heißt jede Lösung der Gleichung

$$w(X \leq x_q) = F(x_q) = q \tag{1.20}$$

q-Quantil oder q-Fraktil der Verteilung.

1.2.2 Binomialverteilung

Die Binomialverteilung beschreibt das Ergebnis von Experimenten, bei denen nur zwei sich gegenseitig ausschließende Ereignisse auftreten können. Sie läßt sich zum Beispiel bei der Komponentenprüfung anwenden, wo das zu prüfende Teil entweder innerhalb der Toleranz (Ereignis E) oder außerhalb der Toleranz (Ereignis $\overline{\mathrm{E}}$) liegt. Die zugehörigen Wahrscheinlichkeiten sind p und q,

$$w(\mathrm{E}) = p$$

$$w(\overline{\mathrm{E}}) = 1 - p = q.$$

Das Experiment wird insgesamt N-mal unter gleichen Bedingungen durchgeführt. Die Zufallsvariable X gibt an, wie oft das Ereignis mit der Wahrscheinlichkeit p auftritt. Die Wahrscheinlichkeit für genau x Ereignisse ist durch die Dichtefunktion $f(x)$ der Binomialverteilung gegeben:

$$w(X = x) = f(x) = \binom{N}{x} p^x q^{N-x}. \tag{1.21}$$

$f(x)$ ist also die Wahrscheinlichkeit, daß bei N Versuchen das Ereignis E mit der Wahrscheinlichkeit p genau x-mal und das Ereignis $\overline{\mathrm{E}}$ mit der Wahrscheinlichkeit q insgesamt (N-x)-mal vorkommt (Bild 1.3).

Die entsprechende Summenfunktion ergibt sich, indem die Werte der Dichtefunktion addiert werden:

$$w(X \leq x) = F(x) = \sum_{k=0}^{x} \binom{N}{k} p^k q^{N-k}. \tag{1.22}$$

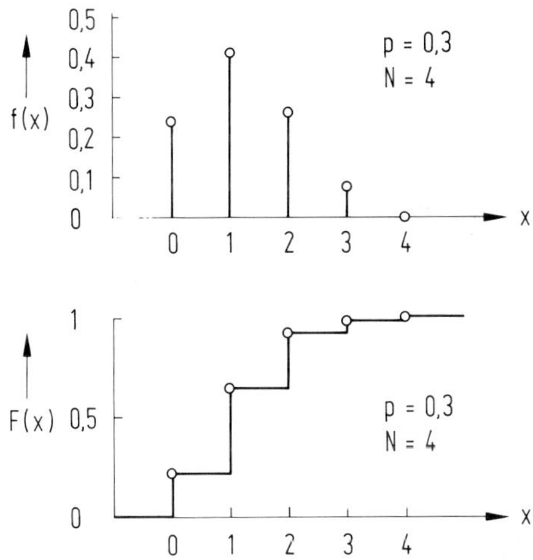

Bild 1.3 Binominalverteilung; Dichtefunktion $f(x)$ und Summenfunktion $F(x)$ mit $p = 0,3$ und $N = 4$

Der Mittelwert errechnet sich zu

$$\overline{x} = \sum_{x=0}^{N} x \binom{N}{x} p^x q^{N-x} = N p \tag{1.23}$$

und die Standardabweichung s ist

$$s = \sqrt{N p q}\,. \tag{1.24}$$

Tab. 1.1 Dichtefunktion und Verteilungsfunktion der Binomialverteilung

$$f(x) = \binom{N}{x} p^x q^{N-x}$$

$$F(x) = \sum_{k=0}^{x} \binom{N}{k} p^k q^{N-k}$$

N	x	$p = 0,1$		$p = 0,3$	
		f(x)	F(x)	f(x)	F(x)
1	0	0,900	0,900	0,700	0,700
	1	0,100	1,000	0,300	1,000
2	0	0,810	0,810	0,490	0,490
	1	0,180	0,990	0,420	0,910
	2	0,010	1,000	0,090	1,000
3	0	0,729	0,729	0,343	0,343
	1	0,243	0,972	0,441	0,784
	2	0,027	0,999	0,189	0,973
	3	0,001	1,000	0,027	1,000
4	0	0,656	0,656	0,240	0,240
	1	0,292	0,948	0,412	0,652
	2	0,049	0,996	0,265	0,916
	3	0,004	1,000	0,076	0,992
	4	0,000	1,000	0,008	1,000
5	0	0,590	0,590	0,168	0,168
	1	0,328	0,919	0,360	0,528
	2	0,073	0,991	0,309	0,837
	3	0,008	1,000	0,132	0,969
	4	0,000	1,000	0,028	0,998
	5	0,000	1,000	0,002	1,000
6	0	0,531	0,531	0,118	0,118
	1	0,354	0,886	0,303	0,420
	2	0,098	0,984	0,324	0,744
	3	0,015	0,999	0,185	0,930
	4	0,001	1,000	0,060	0,989
	5	0,000	1,000	0,010	0,999
	6	0,000	1,000	0,001	1,000

Mit dem Statistik-Programm lassen sich bei bekannten Parametern die gewünschten Wahrscheinlichkeiten (1.21) und (1.22) berechnen. Es ergeben sich z.B. die Zahlenwerte von Tabelle 1.1.

• **Beispiel 1.3.** Eine Komponente werde mit 2 % Ausschuß gefertigt. Das Ereignis E „Ausschuß" hat also die Wahrscheinlichkeit $w(\mathrm{E}) = p = 0,02$. Eine Charge wird stichprobenartig so untersucht, daß hundertmal (N=100) ein Teil entnommen, geprüft, vor dem Ziehen des nächsten Teils zurückgelegt und wieder mit dem Fertigungslos vermischt wird („Ziehen und Zurücklegen"). Die Zufallsvariable X ist die Zahl der außerhalb der Toleranz liegenden Exemplare. Die Wahrscheinlichkeit, unter den 100 untersuchten Teilen genau drei fehlerhafte zu finden (X =3), errrechnet sich zu

$$w(X = 3) = f(3) = \binom{100}{3} 0,02^3 \cdot 0,98^{97} = 0,182.$$

1.2.3 Poisson-Verteilung

Die Poisson-Verteilung beschreibt die Ergebnisse eines Poisson-Prozesses. Angenommen werden Ereignisse, die zu zufälligen Zeitpunkten stattfinden. Die Zufallsvariable X ist die Zahl der Ereignisse in einem gegebenen Zeitintervall. Diese Zahl ist beim Poisson-Prozeß unabhängig von der Lage des Zeitintervalls; der Poisson-Prozeß hat kein Gedächtnis. Die Zahl der zu beobachtenden Ereignisse nimmt mit der Länge des Zeitintervalls zu. Werden mehrere gleichlange Zeitintervalle betrachtet, so sind die Zahlen der aufgetretenen Ereignisse zufällig und unabhängig voneinander (Bild 1.4).

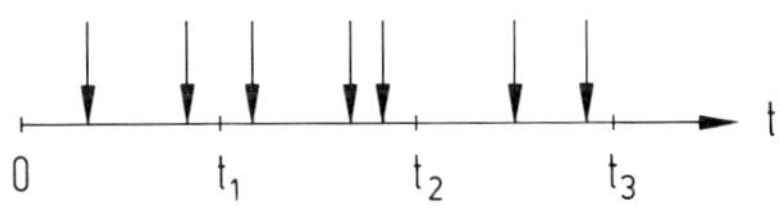

Bild 1.4 Poissonverteilung; die Pfeile kennzeichnen die Zeitpunkte der Ereignisse. Im Zeitintervall zwischen t_1 und t_2 finden $x = 3$ Ereignisse statt.

In der Poisson-Verteilung tritt der Parameter α auf, der gleich ist dem Mittelwert $\overline{x}$ der Ereignisse,

$$\overline{x} = \alpha. \tag{1.25}$$

Die Wahrscheinlichkeit, daß in einem Zeitintervall genau x Ereignisse stattfinden, das ist die Wahrscheinlichkeit, daß die Zufallsvariable X genau den Wert x annimmt, ist durch die Dichtefunktion $f(x)$ der Verteilung gegeben:

$$w(X = x) = f(x) = \frac{\alpha^x}{x!}\, e^{-\alpha}. \tag{1.26}$$

Die dazugehörige Summenfunktion lautet:

$$w(X \leq x) = F(x) = \sum_{k=0}^{x} \frac{a^k}{k!}\, e^{-\alpha}. \tag{1.27}$$

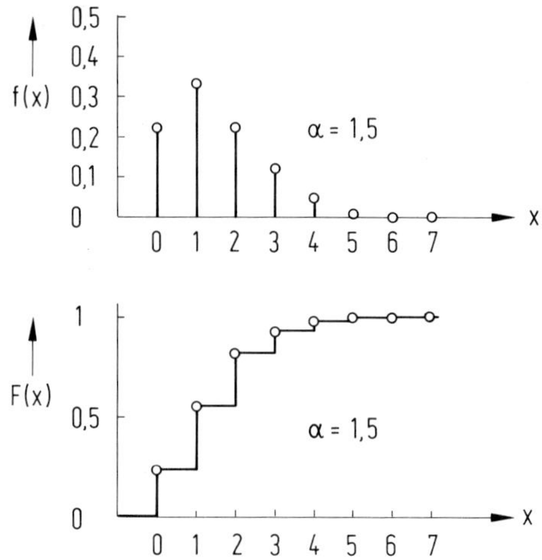

Bild 1.5 Poissonverteilung; Dichtefunktion $f(x)$ und Summenfunktion $F(x)$ für $\alpha = 1,5$ in Abhängigkeit von der Zahl der Ereignisse x

Über den Poisson-Prozeß hängt die Poisson-Verteilung mit der Exponential-Verteilung zusammen: Wenn die Zahl der Ereignisse pro Zeitintervall poissonverteilt ist, dann ist die Zeitspanne zwischen zwei Ereignissen ebenfalls eine Zufallsgröße. Diese genügt der Exponential-Verteilung (Bilder 2.7 und 2.8).

Die Poisson-Verteilung soll im folgenden auf zwei unterschiedliche Aufgabenstellungen angewendet werden: Zunächst ist der Mittelwert α bekannt und die Wahrscheinlichkeit für das Auftreten von x Ereignissen wird berechnet. Dann wird von beobachteten x Ereignissen ausgegangen und die Wahrscheinlichkeit für den zugehörigen Parameter α wird bestimmt.

a) Bekannt ist der Mittelwert α; zu berechnen ist die Wahrscheinlichkeit für das Auftreten von x Ereignissen.

Die Fragen, die mit Hilfe der Poisson-Verteilung zu beantworten sind, sind im allgemeinen von der folgenden Art: Für ein Ereignis ist das durchschnittliche

Tab. 1.2 Dichtefunktion und Verteilungsfunktion der Poisson-Verteilung

$$f(x) = \frac{\alpha^x}{x!}\, e^{-\alpha}\,; \qquad F(x) = \sum_{k=0}^{x} \frac{\alpha^k}{k!}\, e^{-\alpha}$$

x	$\alpha = 0,1$		$\alpha = 0,2$	
	f(x)	F(x)	f(x)	F(x)
0	0,9048	0,9048	0,8187	0,8187
1	0,0905	0,9953	0,1637	0,9825
4	0,0045	0,9998	0,0164	0,9989
3	0,0002	1,0000	0,0011	1,0000
4	0,0000	1,0000	0,0001	1,0000

x	$\alpha = 0,5$		$\alpha = 1,0$	
	f(x)	F(x)	f(x)	F(x)
0	0,6065	0,6065	0,3679	0,3679
1	0,3033	0,9098	0,3679	0,7358
2	0,0758	0,9856	0,1839	0,9197
3	0,0126	0,9982	0,0613	0,9810
4	0,0016	0,9998	0,0153	0,9963
5	0,0002	1,0000	0,0031	0,9994
6			0,0005	0,9999
7			0,0001	1,0000

x	$\alpha = 1,5$		$\alpha = 3,0$	
	f(x)	F(x)	f(x)	F(x)
0	0,2231	0,2231	0,0498	0,0498
1	0,3347	0,5578	0,1494	0,1991
2	0,2510	0,8088	0,2240	0,4232
3	0,1255	0,9344	0,2240	0,6472
4	0,0471	0,9814	0,1680	0,8153
5	0,0141	0,9955	0,1008	0,9161
6	0,0035	0,9991	0,0504	0,9665
7	0,0008	0,9998	0,0216	0,9881
8	0,0001	1,0000	0,0081	0,9962
9	0,0000	1,0000	0,0027	0,9989
10			0,0008	0,9997
11			0,0002	0,9999
12			0,0001	1,0000

Auftreten $\overline{x} = \alpha$ bekannt und zu berechnen ist die Wahrscheinlichkeit, mit der das Ereignis

- nicht	$(X = 0)$,
- genau	$(X = x)$,
- höchstens	$(X \leq x)$,
- weniger als	$(X < x)$,
- mindestens	$(X \geq x)$,
- mehr als	$(X > x)$

x-mal auftritt. Mit dem Programm „Statistik" lassen sich die gewünschten Wahrscheinlichkeiten berechnen. Für $\alpha = 1,5$ ergeben sich die Zahlenwerte von Tabelle 1.2 und die Kurven von Bild 1.5.

• **Beispiel 1.4.** Das Ereignis „Telefonanruf" tritt im Mittel 1,5-mal pro Minute ein, $\alpha = 1,5$. Mit Hilfe von (1.26) und (1.27) lassen sich die folgenden Fragestellungen beantworten:

Wahrscheinlichkeit, daß kein Anruf eintrifft:

$$w(X = 0) = f(0) = \frac{1,5^0}{0!} e^{-1,5} = 0,2231 .$$

Wahrscheinlichkeit, daß genau drei Anrufe eintreffen:

$$w(X = 3) = f(3) = 0,1255 .$$

Wahrscheinlichkeit, daß höchstens drei Anrufe eintreffen:

$$w(X \leq 3) = F(3) = 0,9344 .$$

Wahrscheinlichkeit, daß weniger als drei Anrufe eintreffen:

$$w(X < 3) = w(X \leq 2) = F(2) = 0,8088 .$$

Wahrscheinlichkeit, daß mindestens drei Anrufe eintreffen:

$$w(X \geq 3) = 1 - w(X \leq 2) = 1 - F(2) = 0,1912 .$$

Wahrscheinlichkeit, daß mehr als drei Anrufe eintreffen:

$$w(X > 3) = 1 - w(X \leq 3) = 1 - F(3) = 0,0656 .$$

b) Beobachtet sind x Ereignisse, zu berechnen ist die Wahrscheinlichkeit für den gesuchten Parameter α.

Von der beobachteten Zahl x der Ereignisse ausgehend soll nun auf den zugehörigen Parameter α der Poisson-Verteilung geschlossen werden. Dieser Parameter α läßt sich nur mit einer gewissen Wahrscheinlichkeit angeben. Er ist im allgemeinen keine ganze Zahl, sondern kann in einem gewissen Bereich jeden beliebigen Wert annehmen. Dementsprechend ist die Dichtefunktion (1.26) in Abhängigkeit von α bei gegebenem x eine stetige Funktion.

$$f(\alpha) = \frac{\alpha^x}{x!} e^{-\alpha} \tag{1.28}$$

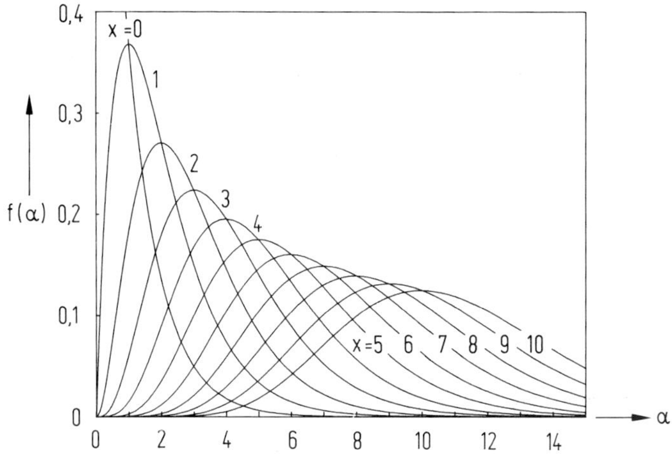

Bild 1.6 Dichtefunktion der Poissionverteilung in Abhängigkeit von α mit x als Parameter. Die Maxima der Funktionen liegen bei $\alpha = x$. Die Funktion mit dem Parameter $x - 1$ schneidet die Funktion mit dem Parameter x in deren Maximum. Für $x = 0$ ergibt sich die Exponential-Funktion. Für $x > 10$ lassen sich die Poisson-Verteilungen durch Gauß-Verteilungen annähern.

Das Maximum der Dichtefunktion, der Modalwert, liegt bei $\alpha = x$ (Bild 1.6). Der im Versuch beobachtete Wert ist also der wahrscheinlichste. Er ist aber nicht identisch mit dem Erwartungswert $E(\alpha)$ für α, der sich aus (1.14) mit Hilfe der partiellen Integration zu $\bar{\alpha} = x + 1$ ergibt /2.8/:

$$E(\alpha) = \bar{\alpha} = \int_{\alpha=0}^{\infty} \alpha \frac{\alpha^x}{x!} e^{-\alpha} d\alpha = x + 1. \tag{1.29}$$

Die Summenfunktion ist in Abhängigkeit von der stetigen Variablen α mit dem Integralzeichen zu schreiben. Der Wert α bezeichnet die obere Grenze des Integrals. Daher wird, um Verwechslungen zu vermeiden, unter dem Integralzeichen

Tab. 1.3 Quantile der Poisson-Verteilung

Beispiel: Bei 10 beobachteten Ereignissen ($x = 10$) ist mit der Wahrscheinlichkeit $F(\alpha) = 0,05$ der Wert von α kleiner oder gleich 6,169.

x	$F(\alpha)$				
	0,05	0,25	0,5	0,75	0,95
0	0,051	0,288	0,693	1,386	2,996
1	0,355	0,961	1,678	2,693	4,744
2	0,818	1,727	2,674	3,920	6,296
3	1,366	2,535	3,672	5,109	7,754
4	1,970	3,369	4,671	6,274	9,154
5	2,613	4,219	5,670	7,423	10,513
6	3,285	5,083	6,670	8,558	11,842
7	3,981	5,956	7,669	9,684	13,148
8	4,695	6,838	8,669	10,802	14,435
9	5,425	7,726	9,669	11,914	15,705
10	6,169	8,620	10,669	13,020	16,962
11	6,924	9,519	11,668	14,121	18,208
12	7,690	10,422	12,668	15,217	19,443
13	8,464	11,329	13,668	16,310	20,669
14	9,246	12,239	14,668	17,400	21,887
15	10,036	13,152	15,668	18,486	23,097
16	10,832	14,068	16,668	19,570	24,301
17	11,634	14,987	17,668	20,652	25,499
18	12,442	15,907	18,668	21,731	26,692
19	13,255	16,830	19,668	22,808	27,879
20	14,072	17,755	20,668	23,883	29,062
21	14,894	18,682	21,668	24,956	30,240
22	15,720	19,610	22,668	26,028	31,415
23	16,549	20,540	23,668	27,098	32,585
24	17,382	21,471	24,667	28,167	33,752
25	18,219	22,404	25,667	29,234	34,916
26	19,058	23,338	26,667	30,300	36,077
27	19,901	24,273	27,667	31,365	37,234
28	20,746	25,209	28,667	32,428	38,389
29	21,594	26,147	29,667	33,491	39,541
30	22,445	27,085	30,667	34,552	40,691
31	23,297	28,025	31,667	35,613	41,838
32	24,153	28,966	32,667	36,672	42,982

α durch v ersetzt. In Abhängigkeit von α hat die Poisson-Verteilung so die Summenfunktion

$$w(X \leq \alpha) = F(\alpha) = \int_{v=0}^{\alpha} \frac{v^x}{x!} e^{-v} \, dv. \tag{1.30}$$

Mit dem Programm „Statistik" lassen sich in Abhängigkeit von der Zahl x der beobachteten Ereignisse für gegebene Wahrscheinlichkeiten die einzelnen α – Werte berechnen. Es ergeben sich die Zahlenwerte der Tabelle 1.3.

• **Beispiel 1.5.** Die Tabelle 1.3 ist wie folgt zu handhaben: Bekannt ist die Zahl x der beobachteten Ereignisse. Vorgegeben ist weiterhin die Aussagewahrscheinlichkeit β, die identisch ist mit dem Wert der Summenfunktion beim Argument α,

$$w(X \leq \alpha) = F(\alpha) = \beta. \tag{1.31}$$

Der α-Wert, der diese Gleichung befriedigt, kann der Tabelle entnommen werden: Bei $x = 10$ beobachteten Ereignissen ist mit der vorgegebenen Wahrscheinlichkeit $F(\alpha) = \beta = 0,95$ der Wert von α kleiner oder gleich 16,9622.

1.2.4 Normalverteilung

A) ($\overline{x}$; σ)-Normalverteilung

Die Gauß- oder Normalverteilung ist zur Beschreibung außerordentlich vieler Fragestellungen geeignet. Eine Größe X ist immer dann normalverteilt, wenn viele unterschiedliche Einflußgrößen wirksam sind und wenn diese Einflußgrößen untereinander unabhängig und ungefähr gleichgewichtig sind. Das Argument x der Gauß-Verteilung ist eine stetige Variable. Die Dichtefunktion $f(x)$ und die Summenfunktion $F(x)$ sind erklärt durch

$$f(x) = \frac{1}{\sigma\sqrt{2\pi}} e^{-\frac{1}{2}\left(\frac{x-\overline{x}}{\sigma}\right)^2} \tag{1.40}$$

$$w(X \leq x) = F(x) = \frac{1}{\sigma\sqrt{2\pi}} \int_{z=-\infty}^{x} e^{-\frac{1}{2}\left(\frac{z-\overline{x}}{\sigma}\right)^2} dz. \tag{1.41}$$

Diese $(\overline{x}\,;\sigma)$-Normalverteilung wird durch den Lageparameter $\overline{x}$ und den Maßstabsparameter σ bestimmt. Dabei ist $\overline{x}$ der Erwartungswert oder Mittelwert der Zufallsgröße und σ ist die zugehörige Standardabweichung.

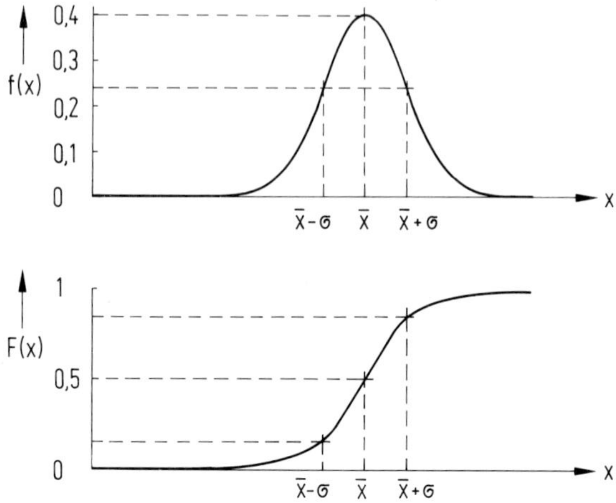

Bild 1.7 $(\bar{x}\,;\sigma)$ -Normalverteilung; Dichtefunktion $f(x)$ und Summenfunktion $F(x)$

Die Dichtefunktion der Verteilung zeigt einen glockenförmigen Verlauf mit Wendepunkten bei $x = \bar{x} \pm \sigma$ (Bild 1.7). Sie verläuft symmetrisch. Links vom Mittelwert liegen ebensoviele Meßwerte wie rechts. Der Mittelwert ist also gleichzeitig der Median der Verteilung. Außerdem liegt das Maximum der Dichtefunktion bei $\bar{x}$, so daß der Mittelwert auch der wahrscheinlichste Wert (Modalwert) ist.

B) (0; 1)-Normalverteilung

Eine beliebige $(\bar{x}\,;\sigma)$ - Normalverteilung läßt sich durch die Koordinatentransformation

$$u = \frac{x - \bar{x}}{\sigma}; \qquad x = \bar{x} + \sigma u; \qquad dx = \sigma\, du$$
$$v = \frac{z - \bar{x}}{\sigma}; \qquad z = \bar{x} + \sigma v; \qquad dz = \sigma\, dv \tag{1.42}$$

in eine Verteilung mit dem Mittelwert im Koordinatenursprung und den Wendepunkten bei $u = \pm 1$ überführen (Bild 1.8). Für $x = \bar{x}$ liefert (1.42) den Wert $u = 0$, und für $x = \bar{x} \pm \sigma$ ergibt sich $u = \pm 1$. Durch die Koordinaten-Transformation geht also die $(\bar{x}\,;\sigma)$ -Normalverteilung in die $(0;1)$ -Normalverteilung über mit der Dichtefunktion $f^*(u)$ und der Summenfunktion $F^*(u)$:

$$\boxed{f^*(u) = \frac{1}{\sqrt{2\pi}}\, e^{-\frac{1}{2}u^2}} \tag{1.43}$$

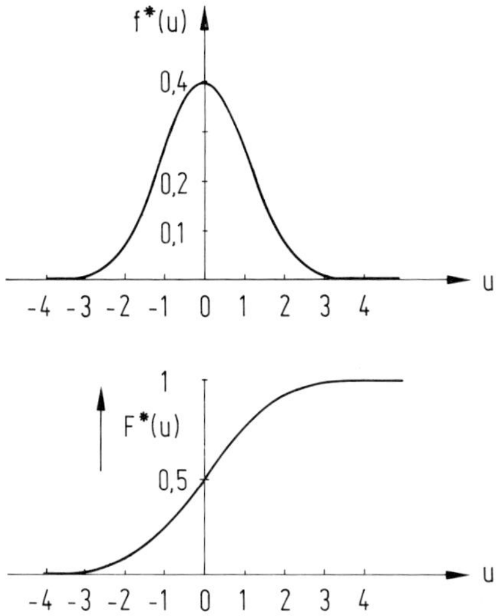

Bild 1.8 (0; 1) -Normalverteilung; Dichtefunktion $f^*(x)$ und Summenfunktion $F^*(x)$

$$F^*(u) = \int_{-\infty}^{u} f^*(v)\,dv = \frac{1}{\sqrt{2\pi}} \int_{v=-\infty}^{u} e^{-\frac{1}{2}v^2}\,dv. \tag{1.44}$$

Während sich σ in (1.44) herausgekürzt hat, wird es in (1.43) wegen des Zahlenwertes $\sigma = 1$ weggelassen. Auch bei Benutzung eines Rechners wird die Koordinaten-Transformation (1.42) durchgeführt und die Gleichungen (1.43) und (1.44) werden ausgewertet. Dabei ergeben sich die Zahlenwerte von Tabelle 1.4. Insbesondere ist

$$F^*(0) = 0,5 \tag{1.45}$$

$$F^*(-u) = 1 - F^*(u) \tag{1.46}$$

$$w(u_1 \leq X \leq u_2) = F^*(u_2) - F^*(u_1) \tag{1.47}$$

Wie die Tabelle 1.4 zeigt, liegen

68,3 % der Zufallswerte im Bereich $-1 \leq u \leq +1$
95,5 % der Zufallswerte im Bereich $-2 \leq u \leq +2$
99,7 % der Zufallswerte im Bereich $-3 \leq u \leq +3$.

Obwohl das Argument der Normalverteilung Werte zwischen $-\infty$ und $+\infty$ annehmen kann, liegen 99,7 % aller Werte im Bereich $\overline{x} \pm 3\sigma$.

Tab. 1.4 (0; 1) -Normalverteilung

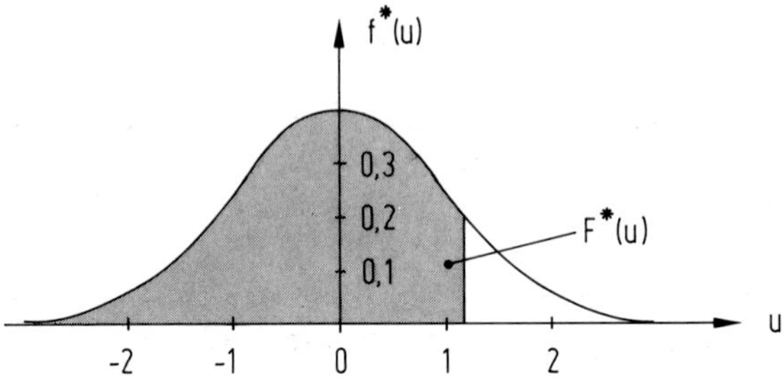

u	$f^*(u)$	$F^*(u)$
$-\infty$	0,000	0,000
-3,0	0,004	0,001
-2,5	0,018	0,006
-2,0	0,054	0,023
-1,5	0,130	0,067
-1,0	0,242	0,159
-0,5	0,004	0,309
-0,4	0,352	0,345
-0,3	0,368	0,382
-0,2	0,381	0,421
-0,1	0,391	0,460
0,0	0,399	0,500
0,1	0,397	0,540
0,2	0,391	0,579
0,3	0,381	0,618
0,4	0,368	0,655
0,5	0,352	0,691
1,0	0,242	0,841
1,5	0,130	0,933
2,0	0,054	0,977
2,5	0,018	0,994
3,0	0,004	0,999
∞	0,000	1,000

$F^*(u)$	u
0,000	$-\infty$
0,001	-3,090
0,005	-2,576
0,01	-2,326
0,05	-1,645
0,10	-1,282
0,15	-1,036
0,20	-0,842
0,25	-0,672
0,30	-0,524
0,40	-0,253
0,50	0,000
0,60	0,253
0,70	0,524
0,75	0,672
0,80	0,842
0,85	1,036
0,90	1,282
0,95	1,645
0,99	2,326
0,995	2,576
0,999	3,090
1,000	∞

C) Anwendung

Die Gauß-Verteilung wird nun auf zwei unterschiedliche Fragestellungen angewendet. Bei den Problemen der ersten Art sind der Mittelwert und die Standardabweichung bekannt und zu berechnen ist die Wahrscheinlichkeit, daß die Zufallsvariable kleiner gleich oder größer einer bestimmten Grenze ist. Eine andere Fragestellung liegt dann vor, wenn der Wert der Summenfunktion gegeben ist und die zugehörigen Grenzen des Integrals gesucht sind.

a) Gegeben sind der Mittelwert und die Standardabweichung; zu berechnen sind die Wahrscheinlichkeiten. Die Vorgehensweise wird anhand eines Beispiels erläutert:

- **Beispiel 1.7.** Eine Zufallsvariable X sei (11;4)-normalverteilt. Mit den Werten der Tabelle 1.4 ergeben sich dann die folgenden Wahrscheinlichkeiten:

Wahrscheinlichkeit, daß die Zufallsvariable X einen Wert von höchstens 15 annimmt:

$$w(X \leq 15) = F(15) = F^*\left(\frac{15-11}{4}\right)$$
$$= F^*(1) = 0{,}841.$$

Wahrscheinlichkeit, daß die Zufallsvariable X einen Wert von mindestens 9 annimmt:

$$w(X \geq 9) = 1 - w(X \leq 9) = 1 - F(9) = 1 - F^*\left(\frac{9-11}{4}\right)$$
$$= F^*(0{,}5) = 0{,}691.$$

Wahrscheinlichkeit, daß die Zufallsvariable symmetrisch zum Mittelwert im Bereich zwischen 9 und 13 liegt:

$$w(9 \leq X \leq 13) = F(13) - F(9) = F^*\left(\frac{13-11}{4}\right) - F^*\left(\frac{9-11}{4}\right)$$
$$= F^*(0{,}5) - F^*(-0{,}5) = 0{,}383.$$

- **Beispiel 1.8.** Die Brenndauer (Zufallsvariable X) von Glühbirnen ist normalverteilt mit einem Mittelwert von 1200 h und einer Standardabweichung von 100 h.

Die Wahrscheinlichkeit, daß eine beliebig herausgegriffene Glühbirne mindestens 1350 h brennt, ist

$$w(X \geq 1350) = 1 - w(X \leq 1350) = 1 - F(1350)$$

$$= 1 - F^*\left(\frac{1350 - 1200}{100}\right) = 1 - F^*(1,5) = 0,067.$$

Die Wahrscheinlichkeit, daß eine herausgegriffene Glühbirne höchstens 900 h brennt, ist

$$w(X \leq 900) = F(900) = F^*\left(\frac{900 - 1200}{100}\right) = F^*(-3) = 0,001.$$

Die Wahrscheinlichkeit, daß eine herausgegriffene Birne zwischen 1000 und 1400 Stunden brennt, ist

$$\begin{aligned} w(1000 \leq X \leq 1400) &= F(1400) - F(1000) \\ &= F^*\left(\frac{1400 - 1200}{100}\right) - F^*\left(\frac{1000 - 1200}{100}\right) \\ &= F^*(2) - F^*(-2) = 0,977 - 0,023 = 0,954\,. \end{aligned}$$

b) Gegeben ist der Wert des Integrals; gesucht sind die zugehörigen Grenzen. Bekannt ist jetzt der Wert der Summenfunktion und gesucht ist das zugehörige Argument. Derartige Aufgaben lassen sich mit Hilfe der rechten Spalten von Tabelle 1.4 lösen, die nach den Werten der Summenfunktion geordnet sind. Auch hier wird zunächst mit den normierten Funktionen $f^*(x)$ und $F^*(x)$ gearbeitet, um dann auf die aktuellen Parameter $\overline{x}$ und σ überzugehen.

• **Beispiel 1.9.** Gesucht ist die Brenndauer, die von 90 % aller Glühlampen des Beispiels 1.8 erreicht wird, bzw. die von einer Glühlampe mit einer Wahrscheinlichkeit von 90 % eingehalten wird.

Wenn 90 % der Glühbirnen mindestens die gesuchte Lebensdauer brennen, dann sind 10 % schon vorher ausgefallen. Zu der Bestimmungsgleichung

$$w(X \geq u) = 1 - w(X \leq u) = 0,9$$
$$w(X \leq u) = F^*(u) = 0,1$$

gehört das Argument $u = -1,282$. Mit (1.42) errechnet sich dann die gesuchte Brenndauer x daraus zu

$$\begin{aligned} x &= \overline{x} + \sigma u \\ &= 1200 + 100\,(-1,282) = 1072 \text{ h}. \end{aligned}$$

90 % der Glühbirnen brennen also länger als 1072 h.

D) Zuverlässigkeitstechnik

Auf die Anwendung der Normalverteilung in der Zuverlässigkeitstechnik sei gesondert hingewiesen. Die Lebensdauern von Komponenten, die sich abnutzen oder einem Verschleiß unterliegen, sind normalverteilt. Ein naheliegendes Beispiel für Verschleißausfälle sind Kerzen. Zunächst leuchten alle; sie brennen mehr oder weniger gleichmäßig ab und erlöschen dann alle innerhalb eines relativ kurzen Intervalls. Bei Verschleißausfällen wie in diesem Fall ist die **vorbeugende Wartung** sinnvoll. Werden vor dem Verlöschen jeweils neue Kerzen installiert, so ist mit einem ungestörten Betrieb zu rechnen.

E) Graphische Ermittlung von Mittelwert und Standardabweichung einer Normalverteilung

Werden die bei einem Versuch erhaltenen Werte für die Zufallsvariable geordnet und graphisch dargestellt, so sollte bei normalverteilten Variablen die Dichtefunktion glockenförmig und die Summenfunktion s-förmig verlaufen. Normalerweise streuen jedoch die Versuchswerte, die Kurven sind gestört und die Ausgleichung ist unter Umständen schwierig. Letztere vereinfacht sich, wenn die Ergebnisse in dem „Wahrscheinlichkeitsnetz" aufgetragen werden. In diesen Koordinatennetz ist die Abszisse linear (Größe x) und die Ordinate (Summenfunktion $F(x)$) nichtlinear so unterteilt, daß die Schlangenlinie der Summenfunktion zu einer Geraden wird. Letztere läßt sich einfacher durch streuende Punkte hindurchlegen. Der zu $F(x) = 0,5$ gehörende Abszissenwert ist der Mittelwert $\overline{x}$; zu dem Ordinatenwert $F(x) = 0,16$ gehört das Argument $x = \overline{x} - \sigma$, zu dem Ordinatenwert $F(x) = 0,84$ das Argument $x = \overline{x} + \sigma$. Damit können auf der Abszisse die Größen $\overline{x}$ und σ abgelesen werden.

- **Beispiel 1.10.** Die Zufallsvariable X sei die bei $N = 49$ Relais gemessene Anzugszeit (Tabelle 1.5). Wird die Summenfunktion

$$w(X \leq x) = F(x) = \frac{\sum n_i}{N}$$

Tab. 1.5 Messung der Anzugszeit von $N = 49$ Hilfsrelais

Anzugszeit x liegt im Intervall (ms)	95 bis 96	96 bis 97	97 bis 98	98 bis 99	99 bis 100	100 bis 101	101 bis 102	102 bis 103	103 bis 104	104 bis 105
Zahl n_i der Relais	1	6	13	5	10	9	1	2	1	1
$\sum n_i$	1	7	20	25	35	44	45	47	48	49
$F(x) = \frac{\sum n_i}{N}$	0,02	0,14	0,41	0,51	0,71	0,89	0,91	0,96	0,98	1,00

auf Wahrscheinlichkeitspapier aufgetragen, so läßt sich nach Bild 1.9 eine Gerade durch die Meßwerte legen. Diese sind annähernd normalverteilt mit einem Mittelwert von $\overline{x} \approx 98,4\,\mathrm{ms}$ und einer Standardabweichung von $\sigma \approx 2,3\,\mathrm{ms}$.

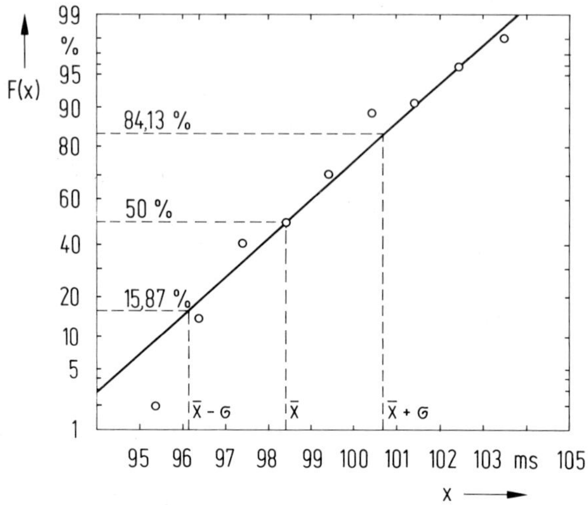

Bild 1.9 Normalverteilung; Darstellung der Meßwerte von Tabelle 1.5 auf Wahrscheinlichkeitspapier; Mittelwert $\bar{x} \approx 98,4\,\mathrm{ms}$; Standardabweichung $\sigma \approx 2,3\,\mathrm{ms}$

F) Approximation der Binomial- und der Poisson-Verteilung durch die Normalverteilung

Unter bestimmten Bedingungen lassen sich die rechentechnisch schwieriger zu handhabenden diskreten Verteilungen durch die stetige Normalverteilung approximieren (Bild 1.10). Es gelten die folgenden Sätze:

Für $np(1-p) \geq 10$ ist eine binomialverteilte Zufallsvariable näherungsweise normalverteilt mit dem Mittelwert $\overline{x} = np$ und der Standardabweichung $\sigma = \sqrt{np(1-p)}$. (1.50)

Für $\alpha \geq 10$ ist eine poissonverteilte Zufallsvariable näherungsweise normalverteilt mit dem Mittelwert $\overline{x} = \alpha$ und der Standardabweichung $\sigma = \sqrt{\alpha}$. (1.51)

• **Beispiel 1.11.** 5000 Einheiten sind mit einem Ausschußanteil von $p = 0,03$ gefertigt. Gefragt ist nach der Wahrscheinlichkeit, daß höchstens 175 Einheiten unbrauchbar sind, d.h. daß die Zufallsvariable X einen Wert ≤ 175 annimmt. Bei Anwendung der Binomialverteilung wäre der folgende Ausdruck mit 176 einzelnen Summanden auszurechnen:

$$w(X \leq 175) = \sum_{x=0}^{175} \binom{5000}{x} \cdot 0,03^x \cdot 0,97^{5000-x}.$$

Weniger mühevoll ist das Ergebnis bei Anwendung der Normalverteilung zu erhalten. Der Übergang ist erlaubt wegen

$$np(1-p) = 5000 \cdot 0,03 \cdot 0,97 = 145 > 10.$$

Nach (1.50) errechnet sich der Mittelwert $\overline{x}$ der approximierenden Normalverteilung zu

$$\overline{x} = np = 5000 \cdot 0,03 = 150$$

und die Standardabweichung ist

$$\sigma = \sqrt{np(1-p)} = \sqrt{145} \approx 12.$$

Mit diesen Werten ergibt sich die gesuchte Wahrscheinlichkeit zu

$$w(X \leq 175) = F(175) = F^*\left(\frac{175-150}{12}\right) = F^*(2) = 0,977.$$

Es ist ziemlich sicher, daß nicht mehr als 175 Ausschußteile in der Sendung enthalten sind.

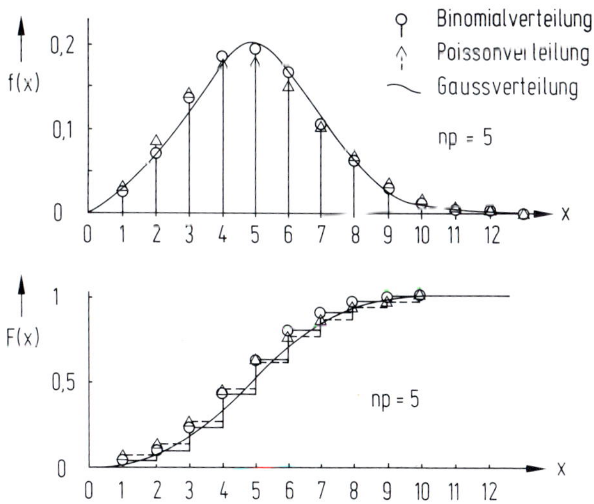

Bild 1.10 Approximation der Binomial- und Poissonverteilung durch eine Gauß-Verteilung für $np = 5$. Der durch die Approximation entstehende Fehler wird mit wachsendem np kleiner.

• **Beispiel 1.12.** An einer Tankstelle tanken im Durchschnitt 25 Autos pro Stunde. Die Zahl der Wagen sei poissonverteilt. Zu berechnen ist die Wahrscheinlichkeit, daß mindestens 10 Wagen in der Stunde Benzin zu erhalten wünschen.

Der Parameter α der Poissonverteilung hat also den Wert 25. Nach (1.51) darf die Verteilung durch eine Normalverteilung mit dem Mittelwert $\overline{x} = \alpha = 25$ und der Standardabweichung $\sigma = \sqrt{\alpha} = \sqrt{25} = 5$ approximiert werden. Damit ergibt sich die gesuchte Wahrscheinlichkeit zu

$$\begin{aligned} w(X \geq 10) &= 1 - w(X \leq 10) = 1 - F(10) \\ &= 1 - F^*\left(\frac{10-25}{5}\right) = 1 - F^*(-3) = 1 - 0{,}001 = 0{,}999. \end{aligned}$$

Es ist zu erwarten, daß mindestens 10 Wagen pro Stunde tanken wollen.

1.2.5 Logarithmische Normalverteilung

Manchmal streuen die Merkmale X einer Zufallsgröße über Zehnerpotenzen. In den Fällen, in denen nur positive Werte auftreten, wie bei den Abmessungen von Werkstücken oder den Lebensdauern von Komponenten, läßt sich der Logarithmus Z der Merkmale bilden. Falls dann die Werte Z der Zufallsgröße normalverteilt sind, wird die Größe X als logarithmisch normalverteilt bezeichnet:

> Eine Zufallsgröße X heißt logarithmisch normalverteilt, wenn die Zufallsgröße $Z = \log X$ oder $Z = \ln X$ normalverteilt ist.

Im folgenden wird mit dem natürlichen Logarithmus gerechnet. Zu jedem der beobachteten Werte x_n gehört ein Wert z_n mit

$$z_n = \ln x_n\,. \tag{1.52}$$

Die z_n-Werte haben den Mittelwert $\overline{z}$ und die Varianz σ_z^2.

$$\overline{z} = \frac{1}{N}\sum_{n=1}^{N} \ln x_n \tag{1.53}$$

$$\sigma_z^2 = \frac{1}{N-1}\sum_{n=1}^{N}(\ln x_n - \overline{z})^2\,. \tag{1.54}$$

Damit lassen sich die Summenfunktion $F(x)$ und Dichtefunktion $f(x)$ der logarithmischen Normalverteilung wie folgt definieren

$$w(X \leq \ln x) = F(x) = \frac{1}{\sigma\sqrt{2\pi}} \int\limits_{v=-\infty}^{\ln x} e^{-\frac{1}{2}\left(\frac{v-\overline{z}}{\sigma_z}\right)^2} dv \tag{1.55}$$

$$f(x) = \frac{1}{\sigma\sqrt{2\pi}} \frac{1}{x} e^{-\frac{1}{2}\left(\frac{\ln x-\overline{z}}{\sigma_z}\right)^2}. \tag{1.56}$$

Die logarithmisch-verteilten x_n -Werte haben /2.8/

– den wahrscheinlichsten Wert x_w

$$x_w = e^{\left(\overline{z} - \sigma_z^2\right)}, \tag{1.57}$$

– den Median x_{50}, der sich als geometrisches Mittel der x_n -Werte ergibt

$$x_{50} = e^{\overline{z}} = \sqrt[N]{x_1 \cdot x_2 \cdot \cdots \cdot x_N}, \tag{1.58}$$

– den Mittelwert oder Erwartungswert $\overline{x}$

$$\overline{x} = e^{\left(\overline{z} + 0,5\,\sigma_z^2\right)}. \tag{1.59}$$

Dieser Erwartungswert $\overline{x}$ wurde aus (1.14b) berechnet. Er unterscheidet sich von dem Schätzwert nach (1.13) mehr als bei anderen Verteilungen.

Bei technischen Systemen mit $\sigma_z \neq 0$ und $\sigma_z^2 > 0$ entsteht die Ungleichung

$$\begin{aligned} e^{\left(\overline{z} - \sigma_z^2\right)} &< e^{\overline{z}} < e^{\left(\overline{z} + 0,5\,\sigma_z^2\right)} \\ x_w &< x_{50} < \overline{x}. \end{aligned} \tag{1.60}$$

Der wahrscheinlichste Wert ist kleiner als der Median und dieser wird wiederum vom Mittelwert übertroffen.

Bei den z -Werten ist die Differenz zwischen der 84-% -Fraktile und dem Median gleich der Standardabweichung σ_z :

$$z_{84} - z_{50} = \sigma_z. \tag{1.61}$$

Das bedeutet, daß die 84-% -Fraktile der x -Werte e^{σ_z} -mal so groß ist, wie der Median der x -Werte:

$$\ln x_{84} - \ln x_{50} = \ln \frac{x_{84}}{x_{50}} = \sigma_z,$$

$$\frac{x_{84}}{x_{50}} = e^{\sigma_z}. \tag{1.62}$$

• **Beispiel 1.13.** Ein Experiment habe für eine Größe X die Werte x_n der Tabelle 1.6 geliefert. Daraus errechnen sich die folgenden Kenngrößen:

Mittelwert $\overline{z}$ der z-Werte:

$$\overline{z} = \frac{1}{6} \sum_{n=1}^{6} \ln x_n = 4,056.$$

Standardabweichung σ_z der z-Werte:

$$\sigma_z^2 = \frac{\sum(\ln x_n - 4,056)^2}{5} = 3,317,$$

$$\sigma_z = 1,821.$$

wahrscheinlichster Wert x_w der x-Werte:

$$x_w = e^{(4,056-3,317)} = 2,09.$$

Median x_{50} der x-Werte

$$x_{50} = e^{4,056} = 57,71.$$

Mittelwert oder Erwartungswert $\overline{x}$ der x-Werte

$$\overline{x} = e^{(4,056+0,5 \cdot 3,317)} = 303.$$

(Die fälschliche Anwendung der Formel (1.13) würde den Schätzwert $\overline{x} = 178$ liefern).

Verhältnis aus der 84-% -Fraktile und dem Mittelwert der x-Werte

$$\frac{x_{84}}{x_{50}} = e^{1,821} = 6,18.$$

Tab. 1.6 Logarithmisch normalverteilte Zufallsvariable X

n	1	2	3	4	5	6
x_n	5	12	50	80	220	700
$z_n = \ln x_n$	1,6094	2,4849	3,9120	4,3820	5,3936	6,5511
$F(x_n) = \frac{100}{2 \cdot 6} + (n-1)\frac{100}{6}$	0,08	0,25	0,42	0,58	0,75	0,92

Graphische Ermittlung von Mittelwert und Standardabweichung

Werden die Werte x_n einer logarithmisch normalverteilten Größe auf Wahrscheinlichkeitspapier mit logarithmisch geteilter Merkmalsachse aufgetragen, so können sie durch eine Gerade ausgeglichen werden. Dazu bekommt bei insgesamt N Meßwerten der n-te-Wert die Ordinate

$$\frac{100}{2N} + (n-1)\,\frac{100}{N}\,.$$

Bild 1.11 ist mit den Daten der Tabelle 1.6 gezeichnet. Der Median der x-Werte liegt offensichtlich im Intervall zwischen 55 und 60, das den berechneten Wert $x_{50} = 57,71$ einschließt. Das Verhältnis x_{84}/x_{50} bzw. x_{50}/x_{16} ergibt sich in Übereinstimmung mit (1.61) zu

$$\frac{360}{57} \approx \frac{57}{9,3} \approx 6.$$

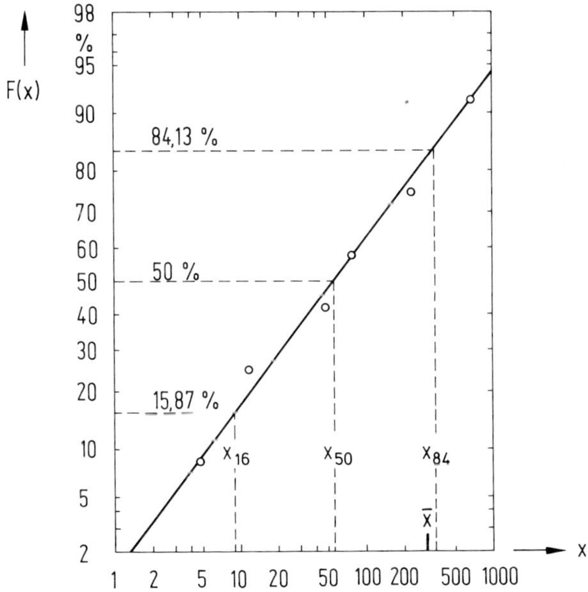

Bild 1.11 Log. Normalverteilung; Darstellung der Meßwerte von Tabelle 1.6 auf Wahrscheinlichkeitspapier; Median $x_{50} \approx 57$, Mittelwert $\bar{x} \approx 303$

1.2.6 Exponentialverteilung

Die Summenfunktion $F(x)$ und die Dichtefunktion $f(x)$ einer stetigen exponentiell verteilten Zufallsgröße X lauten

$$w(X \leq x) = F(x) = 1 - e^{-\lambda x}, \tag{1.65}$$

$$f(x) = \lambda\, e^{-\lambda x}. \tag{1.66}$$

Die Verteilung wird duch den konstanten, zeitunabhängigen Parameter λ bestimmt.

Anwendung in der Zuverlässigkeitstechnik.

In der Zuverlässigkeitstechnik ist die Zufallsvariable oft die Zeit t. Das Verhalten einer Komponente – funktionsfähig oder ausgefallen – läßt sich durch die Markow-Kette von Bild 1.12 beschreiben. Die Komponente befindet sich entweder im Zustand 1 oder 2:

Zustand 1: Komponente ist funktionsfähig
Zustand 2: Komponente ist nicht funktionsfähig.

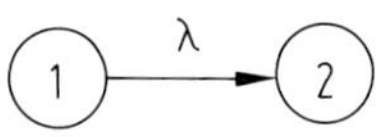

Bild 1.12 Markow-Kette mit den Zuständen 1 und 2 und der Übergangsrate λ

Der Übergang vom Zustand 1 in den Zustand 2 erfolgt mit der Übergangsrate λ. Die Aufgabe ist, die zeitabhängige Besetzungswahrscheinlichkeit $w_1(t)$ für den Zustand 1 und die Besetzungswahrscheinlichkeit $w_2(t)$ für den Zustand 2 zu finden. Diese Besetzungswahrscheinlichkeiten erhalten eigene Namen:

$w_1(t)$ = Wahrscheinlichkeit, daß sich die Einheit zum Zeitpunkt t im Zustand 1 befindet
= Wahrscheinlichkeit, daß die Einheit funktionsfähig ist
= Überlebenswahrscheinlichkeit $R(t)$.

$w_2(t)$ = Wahrscheinlichkeit, daß sich die Einheit zum Zeitpunkt t im Zustand 2 befindet
= Wahrscheinlichkeit, daß die Einheit nicht funktionsfähig ist
= Ausfallswahrscheinlichkeit $F(t)$.

Das der Markow-Kette zugehörige System von Differentialgleichungen /2.8/

$$\begin{aligned} \dot{w}_1 &= -\lambda\, w_1(t) \\ \dot{w}_2 &= \lambda\, w_1(t) \end{aligned} \tag{1.67}$$

hat mit den Anfangsbedingungen $w_1(t=0)=1$, $w_2(t=0)=0$ und der Randbedingung $w_1(t)+w_2(t)=1$ die Lösung

$$w_1(t) = R(t) = e^{-\lambda t} \tag{1.68}$$

$$w_2(t) = F(t) = 1 - e^{-\lambda t}. \tag{1.69}$$

Die letzte Gleichung ist identisch mit der in (1.65) erklärten Summenfunktion der Exponentialverteilung. Die Wahrscheinlichkeit, daß die Zufallsvariable „Lebensdauer" kleiner oder gleich der Zeit t ist, ist gegeben durch

$$\boxed{w(X \leq t) = F(t) = 1 - e^{-\lambda t}.} \tag{1.70}$$

Dazu gehören die Dichtefunktion

$$\boxed{f(t) = \lambda\, e^{-\lambda t}} \tag{1.71}$$

und nach (1.12) die Ausfallrate $z(t)$:

$$\boxed{z(t) = \frac{f(t)}{R(t)} = \frac{\lambda\, e^{-\lambda t}}{e^{-\lambda t}} = \lambda.} \tag{1.72}$$

Bei exponentiell verteilten Lebensdauern ist die Ausfallrate $z(t)$ eine von der Zeit unabhängige Konstante mit dem Wert λ. Aus diesem Grund wird häufig der Parameter λ, der den Verlauf der Exponentialfunktion festlegt, als Ausfallrate bezeichnet. Ist λ bekannt, so lassen sich die übrigen Funktionen in Abhängigkeit von der Zeit berechnen (Bild 1.13). Die mittlere Lebensdauer $\bar{t}$ ergibt sich aus (1.14) als Kehrwert des Parameters λ :

$$\bar{t} = \int_{t=0}^{\infty} t \cdot \lambda\, e^{-\lambda t}\, dt = \frac{1}{\lambda}. \tag{1.73}$$

Sie wird bei dem betrachteten Prozeß ohne Reparatur als mean time to first failure, als $MTTFF$ bezeichnet:

$$\bar{t} = MTTFF = \frac{1}{\lambda}. \tag{1.74}$$

Zum Zeitpunkt der mittleren Lebensdauer $t = \bar{t}$ sind

$$F(\bar{t}) = 1 - e^{-\lambda/\lambda} = 0,63$$

63 % der Einheiten schon ausgefallen. Der Rest kann die mittlere Lebensdauer zum Teil erheblich überschreiten.

Da bei den Komponenten mit exponentiell verteilten Lebensdauern die Ausfall-

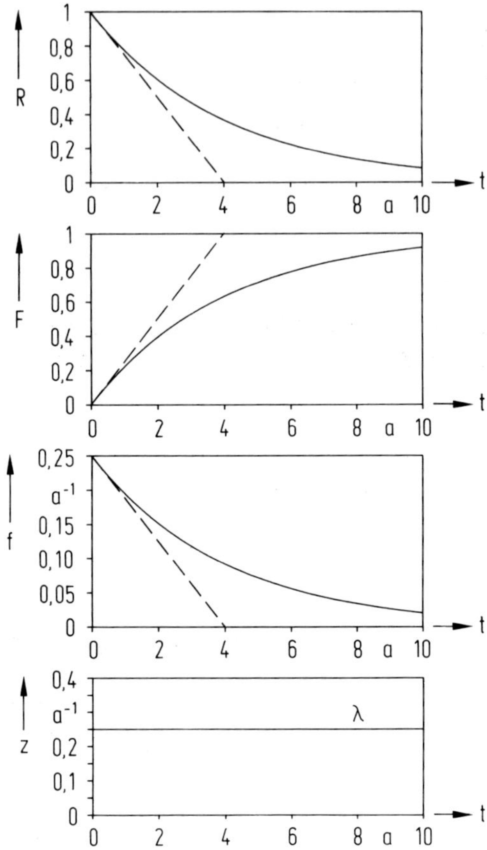

Bild 1.13 Exponentialverteilung; Überlebenswahrscheinlichkeit $R(t)$, Ausfallwahrscheinlichkeit $F(t)$, Dichtefunktion $f(t)$ und Ausfallrate $z(t)$ mit der Ausfallrate $\lambda = 0,25\text{a}^{-1}$

rate zeitlich konstant ist, läßt sich die Zuverlässigkeit durch eine **vorbeugende Wartung nicht** verbessern. Es ist nicht empfehlenswert, in einem System betriebsbewährte, noch funktionsfähige Komponenten gegen neue auszutauschen.

Auch die Standardabweichung der Exponentialverteilung ist unabhängig von der Zeit und hat dieselbe Größe wie die mittlere Lebensdauer:

$$\sigma = \frac{1}{\lambda} \tag{1.75}$$

• **Beispiel 1.14.** Vorhanden sind $N = 1000$ Elemente, deren Lebensdauern exponentiell verteilt sind mit dem Parameter $\lambda = 10^{-6}\ \text{h}^{-1}$. Diese Komponenten haben die mittlere Lebensdauer $\bar{t}$

$$\bar{t} = \frac{1}{\lambda} = \frac{1}{10^{-6}\ \mathrm{h}^{-1}} = 10^6\ \mathrm{h}.$$

Nach 10^4 h ist die Ausfallwahrscheinlichkeit

$$F(t = 10^4\ \mathrm{h}) = 1 - e^{-10^{-6} \cdot 10^4} = 0,01.$$

1 % der Elemente, insgesamt also $1000 \cdot 0,01 = 10$ Stück, sind nach 10^4 h ausgefallen.

Graphische Darstellung

Die Überlebenswahrscheinlichkeit $R(t)$ von Komponenten mit exponentiell verteilten Lebensdauern wird vorteilhaft in einem Koordinatensystem dargestellt,

Tab. 1.7 Abnahme der funktionsfähigen Komponenten mit der Betriebszeit bei $N = 1000$ eingesetzten Einheiten

Betriebszeit t in h	0	1000	2000	3000	4000	6000	8000	10000	12000
n(t) funktionsfähige Einheiten	1000	660	550	480	340	250	155	85	60
$\frac{n(t)}{N} = R(t)$	1	0,66	0,55	0,48	0,34	0,25	0,15	0,085	0,06

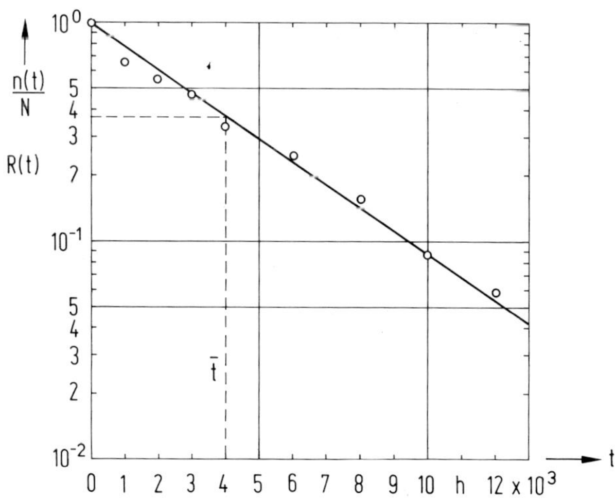

Bild 1.14 Exponentialverteilung; Darstellung der Meßwerte von Tabelle 1.7 auf halblogarithmischem Papier; mittlere Lebensdauer $\bar{t} = 4000$ h

dessen Abszisse linear und dessen Ordinate logarithmisch geteilt ist. In diesem halblogarithmischen Netz ist das Bild einer e-Funktion eine Gerade, die sich leicht durch die Meßpunkte ziehen läßt (Tab. 1.7, Bild 1.14). Der Mittelwert $\bar{t}$ der Zufallsvariablen ergibt sich dann als der zu der Ordinate $R(t) = e^{-1} = 0,37$ gehörende Abszissenwert.

1.2.7 Weibull-Verteilung

Zusätzlich zu den Zufalls-Ausfällen, die zu exponentiell verteilten Lebensdauern und zu einer konstanten Ausfallrate führen, können zu Beginn der Lebensdauer Frühausfälle und an ihrem Ende Verschleißausfälle auftreten. Dies führt zu der Badewannenkurve der Ausfallsrate von Bild 1.15. Die Ausfallrate nimmt, von einem höheren Wert ausgehend, zunächst ab („Säuglingssterblichkeit", Phase a),

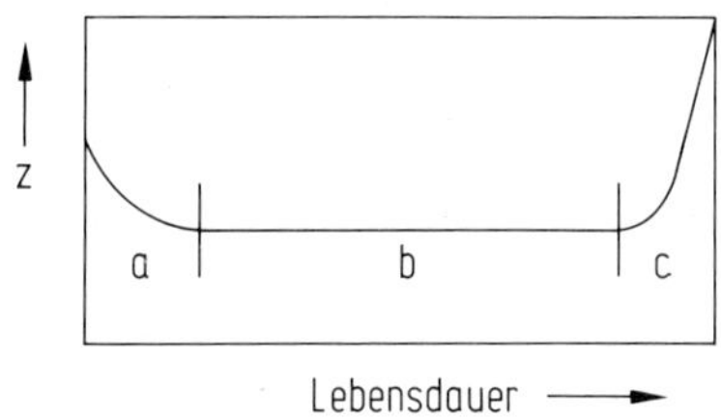

Bild 1.15 "Badewannen-Kurve" der Ausfallrate; a Frühausfälle, b Zufallsausfälle, (Bereich mit konstanter Ausfallrate), c Verschleißausfälle

bleibt dann über einen weiten Bereich niedrig und konstant (exponentiell verteilte Lebensdauer, Phase b) und steigt schließlich am Ende der Nutzungsdauer infolge von Verschleißausfällen (Phase c) wieder an. Dieses Verhalten läßt sich stückweise durch die nach dem schwedischen Ingenieur W. Weibull benannte Verteilung beschreiben. In ihrer zweiparametrigen Form mit den beiden Parametern T und a, $T > 0$ und $a > 0$, sind die Lebensdauerfunktionen wie folgt definiert (Bild 1.16):

$$R(t) = e^{-\left(\frac{t}{T}\right)^a} \tag{1.80}$$

$$F(t) = 1 - e^{-\left(\frac{t}{T}\right)^a} \tag{1.81}$$

$$f(t) = \frac{a}{T^a}\, t^{a-1}\, e^{-\left(\frac{t}{T}\right)^a} \tag{1.82}$$

$$z(t) = \frac{a}{T^a}\, t^{a-1}\,. \tag{1.83}$$

Der Parameter T hat die Einheit einer Zeit und wird als **charakteristische Lebensdauer** oder Zeitkonstante bezeichnet. Sind die Lebensdauern nach Weibull verteilt, so sind zum Zeitpunkt $t = T$ etwa 63 % der Einheiten ausgefallen.

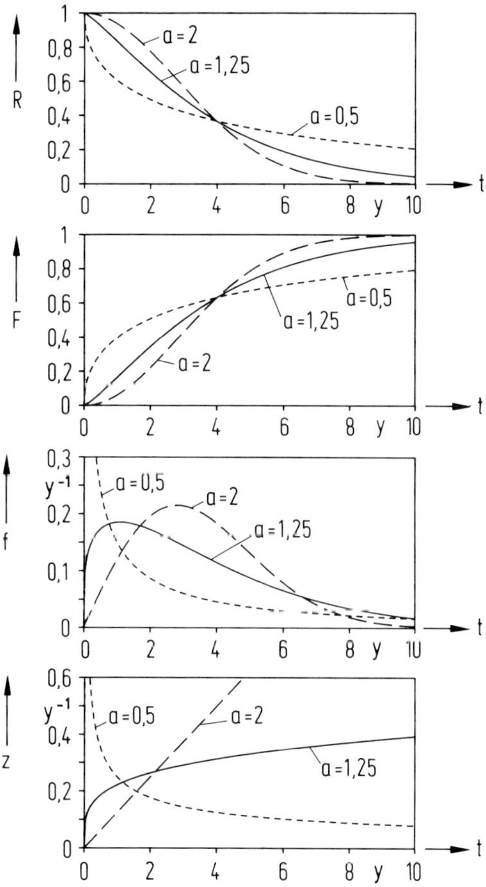

Bild 1.16 Weibull-Verteilung; Überlebenswahrscheinlichkeit $R(t)$, Ausfallwahrscheinlichkeit $F(t)$, Dichtefunktion $f(t)$ und Ausfallrate $z(t)$ für $T = 4$ Jahre

Der Parameter a heißt **Ausfallsteilheit** und erreicht in der Praxis Werte zwischen 0,5 und 5.

Für $0 < a < 1$ nimmt die Ausfallrate der Weibull-Verteilung von theoretisch unendlich bei $t = 0$ mit der Lebensdauer ab. Sie beschreibt die Frühausfälle infolge nicht erkannter Mängel.

Für $a = 1$ geht die Weibull-Verteilung in die Exponentialverteilung über mit $\lambda = 1/T$.

Für $a > 1$ nimmt die Ausfallrate, bei 0 beginnend, mit der Lebensdauer zu. Die Zunahme ist bei $1 < a < 2$ anfangs schnell und dann langsamer (degressiv), bei $a = 2$ linear und bei $a > 2$ progressiv. Die Ausfallrate wächst dann immer schneller. Für $3 \leq a \leq 5$ verläuft die Weibull-Verteilung nahezu symmetrisch und läßt sich gut durch die Gauß'sche Normalverteilung ersetzen.

Graphische Darstellung

Mit dem von der Deutschen Gesellschaft für Qualität empfohlenen Wahrscheinlichkeitspapier können die Parameter T und a der Weibull-Verteilung auf graphischen Wege leicht ermittelt werden /2.10/. Die Koordinaten dieses Lebensdauernetzes sind so gewählt, daß die Funktionen Überlebenswahrscheinlichkeit $R(t)$ und Ausfallswahrscheinlichkeit $F(t)$ zu geraden Linien werden. Dazu ist die Abszisse einfach logarithmisch $(x = \ln t)$ und die Ordinate doppelt logarithmisch $(y = \ln\ln(1/R))$ geteilt.

In das Lebensdauernetz sind die geordneten Daten einzutragen und durch eine Gerade auszumitteln (Tabelle 1.8, Bild 1.17). Der Abszissenwert, der zur Ausfallwahrscheinlichkeit $F(t) = 0,63$ führt, ist dann ein Schätzwert für die charakteristische Lebensdauer T. Die Ausfallsteilheit a kommt in der Neigung der ausgemittelten Geraden zum Ausdruck. Diese ist bis zum Pol P parallel zu verschieben. Der Schnittpunkt mit der rechten Ordinate liefert den Schätzwert für die Ausfallsteilheit a.

Tab. 1.8 Weibull-verteilte Lebensdauern von 10 Einheiten

Einheit Nr.	1	2	3	4	5	6	7	8	9	10
Lebensdauer t in 100 h	6	9	10	13	15	16	17	22	23	> 23
$F(t)$	0,1	0,2	0,3	0,4	0,5	0,6	0,7	0,8	0,9	1

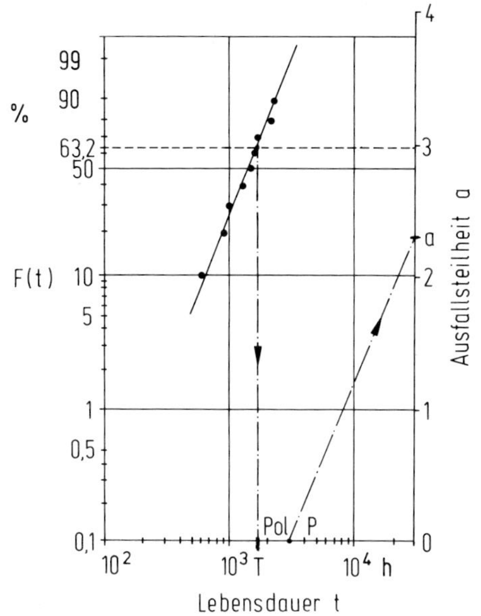

Bild 1.17 Weibull-Verteilung; Darstellung der Meßwerte von Tabelle 1.8 im Lebensdauernetz; Charakteristische Lebensdauer $T \approx 1650$ h, Ausfallsteilheit $a \approx 2,3$

1.2.8 Chi-Quadrat-Verteilung

Die Chi-Quadrat-Verteilung ist eine sogenannte Testverteilung. Sie wird in der schließenden Statistik verwendet, um Parameter zu schätzen oder Hypothesen zu überprüfen. Wenn - wie üblich - an Stelle von χ^2 das leichter zu schreibende Zeichen x verwendet wird, haben die Dichtefunktion $f(x)$ und die Summenfunktion $F(x)$ der Chi-Quadrat-Verteilung die folgende Form:

$$\chi^2 = x$$

$$f(\chi^2) = f(x) = K_N \; x^{\frac{N-2}{2}} \; e^{-\frac{x}{2}} \tag{1.84}$$

$$w(X \leq \chi^2) = w(X \leq x) = F(x) = K_N \int\limits_{v=0}^{x} v^{\frac{N-2}{2}} \; e^{-\frac{v}{2}} \, dv. \tag{1.85}$$

Die positive ganze Zahl N bezeichnet den Freiheitsgrad der Verteilung. Der Normierungsfaktor K_N gewährleistet, daß die Summenfunktion bei $x \to \infty$ den Wert 1 annimmt,

$$K_N = \frac{2^{-N/2}}{\Gamma\left(\frac{N}{2}\right)}. \tag{1.86}$$

Er enthält also die Gammafunktion mit

$$\Gamma(\alpha + 1) = \alpha\,\Gamma(\alpha). \tag{1.87}$$

Für geradzahlige N läßt sich die Gammafunktion berechnen aus

$$\Gamma(\frac{N}{2}) = (\frac{N}{2} - 1)!$$

und für ungerade N kann ihr Wert, ausgehend von

$$\Gamma(\frac{1}{2}) = \sqrt{\pi},$$

über die Rekursionsformel (1.87) bestimmt werden.

Für geradzahlige N läßt sich die Chi-Quadrat-Verteilung in die Poisson-Verteilung überführen, indem die Größe χ^2 der Chi-Quadrat-Verteilung dem Parameter α der Poisson-Verteilung, und die Zahl der Freiheitsgrade N der Chi-Quadrat-Verteilung der Zahl der Ereignisse x der Poisson-Verteilung zugeordnet wird /2.8/:

$$\chi^2 \leftrightarrow 2\alpha; \qquad \alpha \leftrightarrow \frac{\chi^2}{2}; \tag{1.88}$$

$$N \leftrightarrow 2(x+1); \qquad x \leftrightarrow \frac{N-2}{2}; \tag{1.89}$$

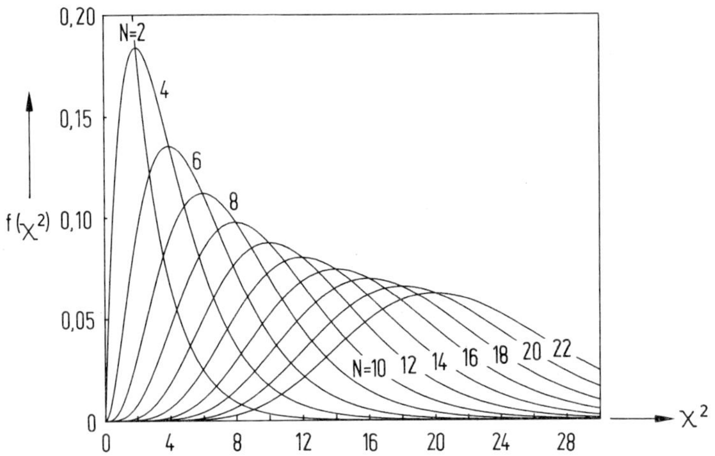

Bild 1.18 Dichtefunktion der Chi-Quadrat-Verteilung für verschiedene Freiheitsgrade N

Tab. 1.9 Quantile der χ^2-Verteilung

Beispiel: Bei dem Freiheitsgrad $N = 20$ ist mit der Wahrscheinlichkeit $F(\chi^2) = 0,95$ der Wert von α kleiner oder gleich 31,410.

N	$F(\chi^2)$				
	0,05	0,25	0,5	0,75	0,95
1	0,004	0,102	0,455	1,323	3,841
2	0,103	0,575	1,386	2,773	5,991
3	0,352	1,213	2,366	4,108	7,815
4	0,711	1,923	3,357	5,385	9,488
5	1,145	2,675	4,351	6,626	11,070
6	1,635	3,455	5,348	7,841	12,592
7	2,167	4,255	6,346	9,037	14,067
8	2,733	5,071	7,344	10,219	15,507
9	3,325	5,899	8,343	11,389	16,919
10	3,940	6,737	9,342	12,549	18,307
11	4,575	7,584	10,341	13,701	19,675
12	5,226	8,438	11,340	14,845	21,026
13	5,892	9,299	12,340	15,984	22,362
14	6,571	10,165	13,339	17,117	23,685
15	7,261	11,037	14,339	18,245	24,996
16	7,962	11,912	15,339	19,369	26,296
17	8,672	12,792	16,338	20,489	27,587
18	9,390	13,675	17,338	21,605	28,869
19	10,117	14,562	18,338	22,718	30,144
20	10,851	15,452	19,337	23,828	31,410
21	11,591	16,344	20,337	24,935	32,671
22	12,338	17,240	21,337	26,039	33,924
23	13,091	18,137	22,337	27,141	35,173
24	13,848	19,037	23,337	28,241	36,415
25	14,611	19,939	24,337	29,339	37,652
26	15,379	20,843	25,336	30,435	38,885
27	16,151	21,749	26,336	31,528	40,113
28	16,928	22,657	27,336	32,621	41,337
29	17,708	23,567	28,336	33,711	42,557

Die Chi-Quadrat-Verteilung vom Grad N entspricht der Poissonverteilung mit der Variablen x (Gl. 1.89). Dabei ist das Argument χ^2 der Chi-Quadrat-Verteilung doppelt so groß wie der Parameter α der Poissonverteilung (Gl. 1.88). Die Dichtefunktion der Chi-Quadrat-Verteilung von Bild 1.18 ist bis auf die Beschriftung identisch mit der Dichtefunktion der Poisson-Verteilung von Bild 1.6.

Zahlenwerte für die Chi-Quadrat-Verteilung können entweder der Tabelle 1.9 entnommen oder mit Hilfe des Programms „Statistik" berechnet werden.

• **Beispiel 1.16.** Die Chi-Quadrat-Verteilung läßt sich wie folgt handhaben: Bekannt ist die Zahl der Freiheitsgrade N. Vorgegeben ist weiterhin die Aussagewahrscheinlichkeit β, die identisch ist mit dem Wert der Summenfunktion beim Argument χ^2:

$$w(X \leq \chi^2) = F(\chi^2) = \beta. \tag{1.90}$$

Der Wert von χ^2, der die obige Gleichung befriedigt, kann der Tabelle 1.9 entnommen werden. Bei dem Freiheitsgrad $N = 22$ ist mit der vorgegebenen Wahrscheinlichkeit $F(\chi^2) = \beta = 0,95$ der Wert von χ^2 kleiner oder gleich 33,9244. Unter Berücksichtigung von (1.88) und (1.89) liefert die Chi-Quadrat-Verteilung denselben Zahlenwert wie die Poisson-Verteilung von Beispiel 1.5.

1.3 Beurteilende Statistik

1.3.1 Schätzwerte

Sind beobachtete oder gemessene Daten gesammelt, so stellt sich die Frage nach ihrer Verteilung. Aufgrund von theoretischen Überlegungen oder aufgrund von Erfahrungen (Gewohnheiten) wird jeweils ein spezieller Verteilungstyp angenommen. Um die getroffene Hypothese überprüfen zu können, müssen die Kenngrößen der vermuteten Verteilung bekannt sein. Diese Kenngrößen lassen sich aus einem der vorstehend besprochenen graphischen Verfahren oder aus folgenden Rechenvorschriften gewinnen:

- Wahrscheinlichkeit: Für ein definiertes Ereignis E läßt sich der Schätzwert $\widehat{p}$ für seine Wahrscheinlichkeit berechnen aus

$$\widehat{p} = \frac{\text{Zahl der Versuche mit dem Ereignis E als Ergebnis}}{\text{Gesamtzahl der Versuche}} \tag{1.91}$$

- Mittelwert: Für normal- oder poissonverteile Zufallsgrößen ergibt sich der Schätzwert $\widehat{\bar{x}}$ für den Mittelwert aus (1.13) zu:

$$\widehat{\bar{x}} = \frac{1}{N} \sum_{n=1}^{N} x_n \tag{1.92}$$

– Streuung: Ein Schätzwert s^2 für die Varianz der Normalverteilung errechnet sich nach (1.16) zu

$$s^2 = \frac{1}{N-1} \sum_{n=1}^{N} \left(x_n - \hat{\bar{x}}\right)^2 . \tag{1.93}$$

– Ausfallrate: Bei exponentiell verteilten Lebensdauern ist die Ausfallrate λ der die Verteilung charakterisierende Parameter. Aus einem Lebensdauertest, der zum Zeitpunkt t_x des Ausfalls der x-ten Einheit beendet wird, läßt sich mit

N = Zahl der eingesetzten Geräte

t_x = Betriebszeit

x = Zahl der ausgefallenen Geräte

der Schätzwert $\hat{\lambda}$ berechnen aus

$$\boxed{\hat{\lambda} = \frac{x}{N t_x}.} \tag{1.94}$$

1.3.2 Vertrauensgrenzen für die Schätzwerte

Problemstellung: Die mit obigen Formeln ermittelten Schätzwerte stimmen für die beobachteten Ensembles. Diese Ensembles sind als Stichproben aus einer Grundgesamtheit aufzufassen. Wären andere Gruppen untersucht worden, so hätten sich wahrscheinlich andere Zahlenwerte ergeben. Im allgemeinen liefern verschiedene Stichproben verschiedene Schätzwerte. In dieser Situation möchte man zum Beispiel wissen,

- mit welcher Wahrscheinlichkeit ist ein Schätzwert $\hat{\bar{x}}$ kleiner als ein oberer Wert $\bar{x}_o$?
- mit welcher Wahrscheinlichkeit ist ein Schätzwert $\hat{x}$ größer als ein unterer Wert $\bar{x}_u$?
- Wie groß ist das Intervall $x_u \leq \hat{x} \leq x_o$, in dem der wahre Wert $\bar{x}$ mit einer bestimmten Wahrscheinlichkeit zu liegen kommt?

Diese und ähnliche Fragen lassen sich beantworten, wenn die Verteilung der **Schätzwerte** bekannt ist. Die Summenfunktion der Verteilung liefert dann die Wahrscheinlichkeit, daß ein Schätzwert kleiner oder gleich einer oberen Grenze ist. Auch die Grenzen des Intervalls (Vertrauensbereich, Konfidenzbereich, Konfidenzintervall), in dem der wahre Wert mit einer bestimmten Wahrscheinlichkeit zu liegen kommt, können mit Hilfe der Summenfunktion angegeben werden. Im folgenden werden die Vertrauensbereiche nur für den Mittelwert und für die

Ausfallrate angegeben. Weitergehende Informationen können der aufgeführten Literatur entnommen werden.

Vertrauensbereich für den Mittelwert bei einer normalverteilten Zufallsvariablen

Der Schätzwert $\hat{\bar{x}}$ für den Mittelwert sei nach (1.92) und der Schätzwert s für die Standardabweichung sei nach (1.93) bestimmt. Insgesamt umfaßte die Stichprobe N Elemente. Wie in /2.8/ gezeigt wird, sind die aus verschiedenen Stichproben mit jeweils N Elementen ermittelten Schätzwerte $\hat{\bar{x}}_i$ wieder normalverteilt, mit dem Mittelwert $\bar{x}$ und der Standardabweichung $s/\sqrt{N}$. Sie bilden eine $(\bar{x}\,;\, s/\sqrt{N})$-Verteilung. Diese Normalverteilung geht durch die Koordinatentransformation

$$u = \frac{\hat{\bar{x}} - \bar{x}}{s/\sqrt{N}}; \qquad \hat{\bar{x}} = \bar{x} + \frac{s}{\sqrt{N}}\,u; \qquad d\hat{\bar{x}} = \frac{s}{\sqrt{N}}\,du$$

$$v = \frac{z - \bar{x}}{s/\sqrt{N}}; \qquad z = \bar{x} + \frac{s}{\sqrt{N}}\,v; \qquad dz = \frac{s}{\sqrt{N}}\,dv$$

in die standardisierte (0; 1) Normalverteilung über, deren Werte der Tabelle entnommen werden können.

Ist nun nach einem Test ein Schätzwert $\hat{\bar{x}}$ für den Mittelwert gefunden, so läßt sich der Bereich, in dem der wahre Mittelwert $\bar{x}$ liegt, folgendermaßen abgrenzen:

Eine obere Grenze u_o, die mit der Wahrscheinlichkeit $\beta_o = 0{,}95$ von den u-Werten nicht überschritten wird, errechnet sich für

$$w(u \leq u_o) = F^*(u_o) = 0{,}95 \tag{1.95}$$

aus der Tabelle 1.4 zu

$$u_o(\beta_o = 0{,}95) = 1{,}645. \tag{1.96}$$

Mit einer Wahrscheinlichkeit von 95 % sind die u-Werte kleiner als 1,645.

Eine untere Grenze u_u, die mit der Wahrscheinlichkeit $\beta_u = 0.95$ überschritten wird, liefert mit

$$\begin{aligned} w(u \geq u_o) = 1 - w(u \leq u_u) &= 0{,}95 \\ w(u \leq u_o) &= 0{,}05 \end{aligned} \tag{1.97}$$

den Wert

$$u_u(\beta_u = 0{,}05) = -1{,}645. \tag{1.98}$$

Mit einer Wahrscheinlichkeit von 5 % kann also ein u-Wert auftreten, der kleiner ist als die untere Grenze u_u. Mit einer Wahrscheinlichkeit von

$$0{,}95 - 0{,}05 = 0{,}90$$

liegen also die u-Werte im Intervall

$$-1,645 \leq u \leq 1,645$$

$$-1,645 \leq \frac{\hat{\bar{x}} - \bar{x}}{s/\sqrt{N}} \leq 1,645.$$

In dieser Ungleichung wird zunächst der Nenner $s/\sqrt{N}$ beseitigt. Dann ist $\hat{\bar{x}}$ von jedem Glied abzuziehen. Zum Schluß wird noch -1 multipliziert, wodurch sich die Ungleichheitszeichen umdrehen und die Gleichung neu zu ordnen ist:

$$\begin{aligned} -1,645 \frac{s}{\sqrt{N}} &\leq \hat{\bar{x}} - \bar{x} \leq 1,645 \frac{s}{\sqrt{N}} \\ -\hat{\bar{x}} - 1,645 \frac{s}{\sqrt{N}} &\leq -\bar{x} \leq -\hat{\bar{x}} + 1,645 \frac{s}{\sqrt{N}} \\ \hat{\bar{x}} - 1,645 \frac{s}{\sqrt{N}} &\leq \bar{x} \leq \hat{\bar{x}} + 1,645 \frac{s}{\sqrt{N}}\,. \end{aligned} \tag{1.99}$$

Mit einer Aussagesicherheit von 90 % liegt also der wahre Mittelwert $\bar{x}$ im Bereich

$$\bar{x} = \hat{\bar{x}} \pm 1,645 \frac{s}{\sqrt{N}}.$$

Der Vertrauensbereich ist umso breiter, je höher die gewünschte Aussagesicherheit ist. Er erstreckt sich bei einer Sicherheit von

$$\begin{aligned} &68,3\,\% \quad \text{auf} \quad \hat{\bar{x}} \pm 1 \frac{s}{\sqrt{N}}\,, \\ &95,5\,\% \quad \text{auf} \quad \hat{\bar{x}} + 2 \frac{s}{\sqrt{N}}\,, \\ &99,7\,\% \quad \text{auf} \quad \hat{\bar{x}} \pm 3 \frac{s}{\sqrt{N}}\,. \end{aligned} \tag{1.100}$$

• **Beispiel 1.17.** Die mittlere Lebensdauer eines Kollektivs ist zu bestimmen. Dazu wird eine Stichprobe von 9 Einheiten bis zum Ausfall der letzten Einheit betrieben, $N = 9$. Die dabei aufgetretenen Lebensdauern t_n sind in der Tabelle 1.10 zusammengestellt. Der Schätzwert $\hat{\bar{t}}$ der mittleren Lebensdauer errechnet

Tab. 1.10 Normalverteilte Lebensdauern t_i von 9 Einheiten

i	1	2	3	4	5	6	7	8	9
t_i in h	830	860	880	910	912	915	915	920	930

sich nach (1.92) zu

$$\hat{\bar{t}} = \frac{1}{N} \sum t_n = \frac{8072}{9} = 896,9\,\mathrm{h},$$

der der Standardabweichung nach (1.93) zu

$$s = 33,2\,\mathrm{h}.$$

Gefragt ist nach einer oberen Grenze $\bar{t}_o$ für die mittlere Lebensdauer, die mit einer Aussagewahrscheinlichkeit von 0,95 % nicht überschritten wird. Diese ergibt sich aus (1.96)

$$\begin{aligned} \bar{t}_o &\leq \hat{\bar{t}} + 1,645 \frac{s}{\sqrt{N}} \\ &\leq 896,9 + 1,645 \frac{33,2}{\sqrt{9}} = 915,1\,\mathrm{h} \end{aligned}$$

zu 915,1 Stunden. Mit einer Wahrscheinlichkeit von 90 % liegt die mittlere Lebensdauer $\bar{t}$ im Intervall

$$\bar{t} = \hat{\bar{t}} \pm 1,645 \frac{s}{\sqrt{N}} = (896,9 \pm 18,2)\ \mathrm{h};$$

Vertrauensbereich für die Ausfallrate; Berechnung mit der Poissonverteilung:

Ein Schätzwert $\hat{\lambda}$ der Ausfallrate sei nach (1.94) ermittelt. Es interessiert nun die Wahrscheinlichkeit β_o, mit der eine obere Ausfallrate λ_o nicht überschritten wird. Diese läßt sich mit der Poissonverteilung berechnen, da deren Parameter α mit

$$\alpha = N\,\lambda\,t_x \tag{1.101}$$

$$\alpha_o = N\,\lambda_o\,t_x \tag{1.102}$$

die Ausfallrate λ enthält /2.8/. Dabei ist nicht mit der Zahl der Ausfälle x, sondern mit der Zahl der Erneuerungen $(x-1)$ zu rechnen. Die gesuchte Ausfallrate λ_o, die mit der Wahrscheinlichkeit β_o nicht überschritten wird, ergibt sich dann als Lösung der folgenden Gleichung:

$$w(X \leq \alpha_o) = F(\alpha_o) = \int_{\alpha=0}^{\alpha_o} \frac{\alpha^{x-1}}{(x-1)!} e^{-\alpha}\,d\alpha = \beta_o. \tag{1.103}$$

Durch den Zahlenwert β_o der Wahrscheinlichkeit ist der Wert des Integrals vorgegeben. Die gesuchte obere Grenze α_o läßt sich der Tabelle 1.3 entnehmen oder mit dem Statistik-Programm berechnen.

- **Beispiel 1.18.** Sind $N = 10^4$ Komponenten bis zum Ausfall der 8. Komponente, $x = 8$, bei dem Zeitpunkt $t_x = 10^3$ h untersucht, so errechnet sich aufgrund dieser Daten der Schätzwert der Ausfallrate zu

$$\hat{\lambda} = \frac{x}{N t_x} = \frac{8}{10^4 \cdot 10^3} = 8 \cdot 10^{-7}\,\mathrm{h}^{-1}. \tag{1.104}$$

Für eine obere Grenze α_o des Parameters α, die mit der Wahrscheinlichkeit $\beta_o = 0,95$ unterschritten oder erreicht wird, liefert die Tabelle 1.3 für $x - 1 = 7$ den Wert:

$$\alpha_o(x-1;\ \beta_o) = \alpha_o(7;\ 0,95) = 13,148.$$

Die Grenze α_u, die lediglich mit einer Wahrscheinlichkeit von $\beta_u = 0,05$ unterschritten oder erreicht wird, findet sich bei $x - 1 = 7$ zu

$$\alpha_u(7;\ 0,05) = 3,981.$$

Mit $95\ \% - 5\ \% = 90\ \%$ Wahrscheinlichkeit liegt der α-Wert im Intervall

$$\alpha_u \leq \alpha \leq \alpha_o$$

$$3,981 \leq \alpha \leq 13,148. \tag{1.105}$$

Von dem Parameter α wird nun auf die Ausfallrate λ übergegangen:

$$3,981 \leq N\,\lambda\,t_k \leq 13,148$$

$$\frac{3,981}{N\,t_x} \leq \lambda \leq \frac{13,148}{N\,t_x}$$

$$3,981 \cdot 10^{-7}\,\mathrm{h}^{-1} \leq \lambda \leq 13,148 \cdot 10^{-7}\,\mathrm{h}^{-1}. \tag{1.106}$$

Die wahre Ausfallrate λ liegt also mit einer Wahrscheinlichkeit von 90 % zwischen $4 \cdot 10^{-7}$ und $13,1 \cdot 10^{-7}\ \mathrm{h}^{-1}$. Dieser Bereich schließt den Schätzwert $\hat{\lambda} = 8 \cdot 10^{-7}\ \mathrm{h}^{-1}$ ein.

• **Beispiel 1.19.** Soll eine obere Grenze λ_o für die Ausfallrate $\lambda_o = 1 \cdot 10^{-7}\,\mathrm{h}^{-1}$ mit einer Aussagesicherheit von $\beta_o = 75\,\%$ bei insgesamt $x = 10$ betrachteten Ausfällen bestimmt werden, so errechnet sich die obere Grenze α_o des Integrals von (1.103) zu

$$\alpha_o(x-1;\ \beta_o) = \alpha_o(9;\ 0,75) = 11,914.$$

Aus

$$\alpha_o = N\,\lambda_o\,t_x \qquad \text{und} \qquad \lambda_o = 1 \cdot 10^{-7}\,\mathrm{h}^{-1}$$

folgt die Zahl der benötigten Bauteilestunden zu

$$N\,t_x = \frac{\alpha_o}{\lambda_o} = \frac{11,914}{10^{-7}\,\mathrm{h}^{-1}} = 11,914 \cdot 10^7\,\mathrm{h}.$$

So sind zum Beispiel 11 914 Bauelemente für 10 000 Stunden oder 1191 Bauelemente für 100 000 Stunden zu prüfen. Bei den unterstellten Zufallsausfällen lassen sich die Bauteilezahlen N und die Prüfzeit t_x gegeneinander aufrechnen.

Vertrauensbereich für die Ausfallrate; Berechnung mit der Chi-Quadratverteilung. Unter Berücksichtigung von (1.88) und (1.89)

$$\chi^2 = 2\alpha$$

$$N = 2(x+1)$$

läßt sich der Vertrauensbereich der Ausfallrate auch mit Hilfe der Chi-Quadratverteilung ermitteln. Nach einem Lebensdauertest, der zum Zeitpunkt t_x des Ausfalls der x-ten Einheit beendet wurde, ist bei der Bestimmung der unteren oder oberen Grenze wie folgt vorzugehen:

1) Der Freiheitsgrad N der Chi-Quadratverteilung ist das Doppelte der Zahl x der ausgefallenen Einheiten (das Doppelte aus der Zahl der erneuerten Einheiten $(x-1)$ zuzüglich 1),
$N = 2x$.
2) Die gewünschte Aussagesicherheit β ist festzulegen.
3) Der Tabelle 1.9 ist der Wert $\chi^2(N;\ \beta)$ zu entnehmen.
4) $\alpha = \chi^2/2$ ist zu berechnen.
5) Aus α ist λ wie im Beispiel 1.18 zu bestimmen.

• **Beispiel 1.20.** Die Vertrauensgrenzen des Beispiels 1.18 sollen nun noch einmal mit Hilfe der Chi-Quadratverteilung berechnet werden.

Die obere Grenze λ_o berechnet sich in folgenden Schritten:

1) $N = 2 \cdot 8 = 16$
2) $\beta_o = 0{,}95$
3) $\chi_o^2(16;\ 0{,}95) = 26{,}296$
4) $\alpha_o = 13{,}148$
5) $\lambda_o = 13{,}148 \cdot 10^{-7}\,\mathrm{h}^{-1}$.

Für die untere Grenze λ_u ergibt sich:

1) $N = 16$
2) $\beta_u = 0{,}05$
3) $\chi_u^2(16;\ 0{,}05) = 7{,}962$
4) $\alpha_u = 3{,}981$
5) $\lambda_u = 3{,}981 \cdot 10^{-7}\,\mathrm{h}^{-1}$.

1.3.3 Test für Verteilungsfunktionen; Chi-Quadrat-Test

Problemstellung. Dieser Abschnitt befaßt sich mit der folgenden Aufgabenstellung: Irgendwelche Daten X sind gesammelt. Vermutet wird, daß die beobachtete Stichprobe einem bestimmten Verteilungstyp mit der Summenfuktion $F(x)$

genügt. Zu prüfen ist, ob die beobachteten Werte hinreichend gut mit den Werten übereinstimmen, die bei Vorliegen der vermuteten Verteilung zu erwarten sind. Ist der Unterschied zu groß, so wird die Hypothese, $F(x)$ sei die Verteilungsfunktion von X, verworfen. Liegt die Abweichung unterhalb eines vom Stichprobenumfang abhängigen Wertes, so wird die Hypothese angenommen.

Den Maßstab, der festlegt, welche Abweichungen noch akzeptabel oder nicht mehr akzeptabel sind, liefert die Chi-Quadrat-Verteilung. Im folgenden wird nicht begründet, warum die Chi-Quadrat-Verteilung die geeignete Testfunktion ist. Es werden nur die einzelnen Schritte des Chi-Quadrat-Tests erläutert. Dieser eignet sich für die Prüfung diskreter und stetiger Verteilungen.

Bei einem derartigen Test entsteht die Aufgabe, den Freiheitsgrad N der zutreffenden Chi-Quadrat-Verteilungsfunktion festzulegen. Dieser ergibt sich aus der Zahl K der betrachteten Merkmalsintervalle (Klassen), vermindert um 1, vermindert um die Zahl r der Parameter, über die bei der Schätzung der Kenngrößen schon verfügt ist:

$$N = K - 1 - r. \tag{1.110}$$

Bei einer vermuteten Poisson-Verteilung wurde ein Schätzwert für den Mittelwert α berechnet; damit ist $r = 1$. Bei einer Normalverteilung wird sowohl ein Mittelwert als auch eine Standardabweichung bestimmt; damit ist über zwei Freiheitsgrade verfügt und die Größe r bekommt den Zahlenwert 2, $r = 2$.

Im einzelnen gestaltet sich der Chi-Quadrat-Test wie folgt:

1) Die Merkmalsachse wird in K Intervalle (Klassen) eingeteilt. Die Klassen müssen nicht gleich breit sein. Im folgenden wird die Zahl der in der i-ten Klasse beobachteten Werte mit b_i bezeichnet.

2) Der vermutete Verteilungstyp wird definiert. Aus den beobachteten Daten werden mit den Formeln des Abschnitts 1.3.1 die Kenngrößen der hypothetischen Verteilung berechnet.

3) Die Dichtefunktion $f(x)$ oder die Summenfunktion $F(x)$ der vermuteten Verteilung werden ausgewertet. Damit kann die Wahrscheinlichkeit $w_i = f(x_i)$ berechnet werden, mit der die Zufallsgröße in dem Intervall i zu liegen kommt.

4) Diese Wahrscheinlichkeit w_i wird mit der Gesamtzahl G der beobachteten Daten multipliziert. Das Ergebnis liefert für jedes Intervall i die Zahl e_i der theoretisch zu erwarteten Stichprobenwerte,

$$e_i = G \cdot f(x_i) \tag{1.111}$$

5) Die relative Abweichung A_i zwischen beobachteter und theoretisch erwarte-

ter Häufigkeit ist wie folgt zu berechnen:

$$A_i = \frac{(b_i - e_i)^2}{e_i}. \tag{1.112}$$

6) Die Summe S der Abweichungen, die dann mit dem maximal zulässigen Argument χ_o^2 der Chi-Quadratfunktion verglichen wird, ist

$$S = \sum_{i=1}^{K} A_i. \tag{1.113}$$

7) Die Wahrscheinlichkeit β ist festzulegen, mit der die Hypothese zutreffen soll.

8) Der Freiheitsgrad N der zutreffenden Chi-Quadrat-Verteilung ist nach (1.110) festzulegen.

9) Die Lösung χ_o^2 der folgenden Gleichung ist zu bestimmen:

$$w(\chi^2 \leq \chi_o^2) = \beta. \tag{1.114}$$

10) Mit dem maximal zulässigen Argument der Chi-Quadrat-Verteilung χ_o^2 wird die Summe S der Abweichungen verglichen. Die Hypothese wird angenommen für $S \leq \chi_o^2$; die Hypothese wird verworfen für $S > \chi_o^2$.

Chi-Quadrat-Test von poissonverteilten Daten.

• **Beispiel 1.21.** Ausgegangen wird von den Daten der Tabelle 1.11. Das beobachtete Merkmal X (Spalte 1) war die „Zahl der vor einer roten Ampel wartenden Wagen". Insgesamt wurden 100 Farbwechsel ausgewertet. 23-mal wartete kein Auto; 1-mal standen 5 Wagen (Spalte 2).

1) Die Merkmalsachse ist in sechs Klassen entsprechend der Zahl der wartenden Wagen, geteilt; $K = 6$. Die Zahl b_i der in der Klasse i wartenden Wagen ist in Spalte 2 angegeben.

2) Vermutet wird, daß die Zahl der wartenden Wagen poissonverteilt ist. Der Mittelwert der wartenden Wagen berechnet sich aus den beobachteten Daten mit (1.92) zu

$$\widehat{\overline{x}} = \widehat{\alpha} = 1,5.$$

3) Mit $\alpha = 1,5$ läßt sich die Dichtefunktion $f(x)$ der Poisson-Verteilung berechnen. Die sich ergebenden Werte stehen in Spalte 3 der Tabelle. Dies sind die Wahrscheinlichkeiten, daß die Zufallsvariable X genau die Werte x_i annimmt.

Tab. 1.11 Chi-Quadrat-Test von poissonverteilten Daten

1 Merkmals- wert x_i	2 beobachtete Häufigkeit b_i	3 vermutete Poisson- verteilung $f(x_i)$	4 mit $f(x)$ berechnete Häufigkeit e_i	5 Abweichung A_i
0	23	0,2231	22,31	0,021
1	33	0,3347	33,47	0,007
2	24	0,2510	25,10	0,048
3	12	0,1255	12,55	0,024
4	7	0,0471	4,71	1,113
5	1	0,0141	1,41	0,119
$\sum$	100	1,000	96,75	1,332

4) Aus der Multiplikation von $f(x_i) = w_i$ mit der Gesamtzahl der beobachteten Wagen $G = 100$ ergeben sich die theoretisch zu erwarteten Stichprobenwerte $e_i = w_i \cdot G$. Diese stehen in der Spalte 4 der Tabelle.

5) Die Abweichung zwischen den beobachten und den berechneten Zahlen ist nach (1.112) berechnet und in Spalte 5 angegeben.

6) Die Summe der Abweichungen ist $S = 1,332$

7) Die gewünschte Wahrscheinlichkeit wird zu $\beta = 0,50$ gewählt.

8) Der Freiheitsgrad N der Chi-Quadrat-Verteilung errechnet sich mit $r = 1$ (Mittelwert) zu

$$N = K - 1 - r = 6 - 1 - 1 = 4.$$

9) Der Wert des maximalen Arguments χ_o^2 der Chi-Quadrat-Verteilung ergibt sich aus der Tabelle 1.9 zu

$$\chi_o^2(4;\ 0,50) = 3,357.$$

10) Der Vergleich ergibt

$$1,332 < 3,357; \qquad S < \chi_o^2.$$

Die Hypothese wird also angenommen; die Zahl der Wagen ist poissonverteilt.

Chi-Quadrat-Test von normalverteilten Daten

Nun soll der Chi-Quadrat-Test auf normalverteilte Daten angewendet werden. Dieses Beispiel unterscheidet sich von dem vorausgegangen dadurch, daß jetzt eine Verteilungsfunktion für eine stetige Variable angenommen wird. Die Merkmalsachse ist aber trotzdem diskret in Intervalle eingeteilt. Jedes Intervall hat eine gewisse Breite mit einem Wert x_a am Anfang und einen Wert x_e am Ende. Die Wahrscheinlichkeit, daß die Zufallsvariable in einem bestimmten Intervall zu liegen kommt, errechnet sich jetzt nicht mehr aus dem Wert der Dichtefunktion, sondern ergibt sich als Differenz der Summenfunktionen bei den Argumenten x_e und x_a. Die Wahrscheinlichkeit w_i, daß die Zufallsvariable in dem Intervall i liegt, ist

$$w_i = F(x_e) - F(x_a). \tag{1.115}$$

Ist eine Zufallsvariable mit einer Intervallgrenze identisch, so wird sie den angrenzenden Intervallen je zur Hälfte angerechnet.

• **Beispiel 1.22.** Studenten nehmen an einer Meßtechnik-Prüfung teil. Die Antworten werden mit Punkten bewertet. Gesucht ist die Verteilung der Punkte (Leistungen):

1) Die Merkmalsachse (Zahl der erreichten Punkte) wurde nach Tabelle 1.12 in 13 Intervalle eingeteilt, $K = 13$. Die Spalte 2 der Tabelle gibt die Zahl b_i der Studenten mit Punkten in der Klasse i an.

2) Die Hypothese wird aufgestellt, daß das Wissen (die Zahl der erreichten Punkte) in der betrachteten Stichprobe von $G = 442$ Studenten normalverteilt ist (Bild 1.19). Bei der Prüfung errechnete sich die mittlere Punktzahl $\overline{x}$ nach (1.92) zu

$$\overline{x} = 56,28$$

und die Standardabweichung s ergab sich nach (1.93) zu

$$s = 19,79.$$

3) Die Normalverteilung mit dem Mittelwert $\widehat{\overline{x}} = 56,28$ und der Standardabweichung $s = 19,79$ wird über die Koordinatentransformation (1.42) in die standardisierte Form übergeführt. Die neuen Argumente stehen in Spalte 3, die Werte der zugehörigen Summenfunktionen in Spalte 4 und die sich ergebenden Differenzen in Spalte 5.

Tab. 1.12 Chi-Quadrat-Test von normalverteilten Daten. Aus den $G = 442$ beobachteten Werten berechnete sich der Mittelwert zu $\hat{\bar{x}} = 56,28$ und die Standardabweichung zu $s = 19,79$.

1 Zahl der Punkte x	2 Zahl der Studenten pro Klasse b_i	3 $\frac{x_a - \hat{\bar{x}}}{s}$		$\frac{x_e - \hat{\bar{x}}}{s}$	4 $F^*(u_a)$		$F^*(u_e)$
$-\infty$ – 30	36	$-\infty$	···	−1,328	0	···	0,0921
30 – 35	26	−1,328	···	−1,075	0,0921	···	0,1412
35 – 40	32	−1,075	···	−0,823	0,1412	···	0,2052
40 – 45	37	−0,823	···	−0,570	0,2052	···	0,2843
45 – 50	42	−0,570	···	−0,317	0,2843	···	0,3756
50 – 55	47	−0,317	···	−0,065	0,3756	···	0,4741
55 – 60	44	−0,065	···	0,188	0,4741	···	0,5746
60 – 65	30	0,188	···	0,441	0,5746	···	0,6704
65 – 70	27	0,441	···	0,693	0,6704	···	0,7558
70 – 75	35	0,693	···	0,946	0,7558	···	0,8279
75 – 85	40	0,946	···	1,451	0,8279	···	0,9266
85 – 95	34	1,451	···	1,957	0,9266	···	0,9748
95 – ∞	12	1,957	···	∞	0,9748	···	1,0000

1 Zahl der Punkte x	5 $F^*(u_e) - F^*(u_a)$ $= w_i$	6 e_i $= w_i G$	7 Abweichung A_i
$-\infty$ – 30	0,0921	40,71	0,54
30 – 35	0,0491	21,71	0,85
35 – 40	0,0640	28,29	0,49
40 – 45	0,0791	34,96	0,12
45 – 50	0,0913	40,35	0,07
50 – 55	0,0985	43,54	0,27
55 – 60	0,1005	44,42	0,00
60 – 65	0,0958	42,34	3,60
65 – 70	0,0854	37,75	3,06
70 – 75	0,0721	31,87	0,31
75 – 85	0,0987	43,62	0,30
85 – 95	0,0482	21,30	7,57
95 – ∞	0,0252	11,14	0,07
$\sum$	1,0000		17,25

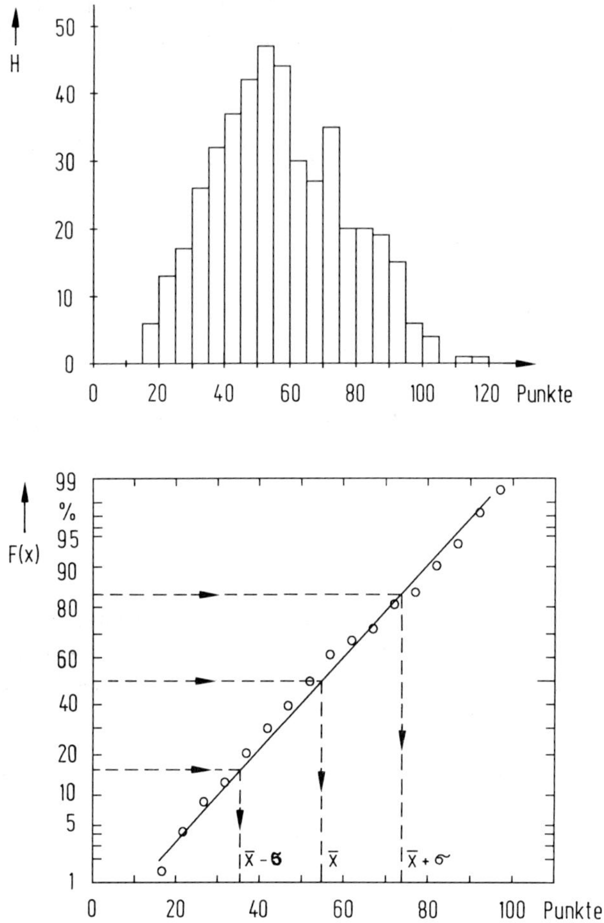

Bild 1.19 Häufigkeit H und Summenhäufigkeit $F(x)$ der in einer Prüfung erzielten Punkte

4) Aus der Multiplikation von der in Spalte 5 stehenden Wahrscheinlichkeiten mit der Gesamtzahl $G = 442$ der Stichprobenwerte ergeben sich die theoretisch zu erwartenden Werte e_i von Spalte 6.

5) Die Abweichungen nach (1.112) zwischen den beobachteten Zahlen von Spalte 2 und den berechneten von Spalte 6 sind in Spalte 7 angegeben.

6) Die Summe der Abweichungen S ergibt sich zu

$$S = 17,25.$$

7) Die gewünschte Aussagewahrscheinlichkeit wird zu $\beta = 0,95$ gewählt.

8) Der Freiheitsgrad N der Chi-Quadrat-Verteilung ist mit $K = 13$, $r = 2$ (über den Mittelwert und über die Standardabweichung wurde verfügt)

$$N = 13 - 1 - 2 = 10.$$

9) Aus der Tabelle 1.9 ergibt sich das maximale Argument χ_o^2 der Chi-Quadrat-Verteilung zu

$$\chi_o^2(10;\, 0{,}95) = 18{,}307.$$

10) Der Vergleich ergibt

$$17{,}30 < 18{,}307\,; \qquad S < \chi_o^2.$$

Die Hypothese wird also angenommen; Die Kenntnisse der Studenten sind normalverteilt.

1.4 Generieren von Zufallszahlen

Zufallszahlen werden benötigt, wenn probabilistische Prozesse der realen Welt simuliert werden sollen. Die Simulation liefert oft schneller Daten als dies eine direkte Beobachtung könnte. So ist es möglich, rechnergestützt die jeweiligen Einflußgrößen zu untersuchen und die Parameter zu variieren.

Die benötigten Zufallszahlen sollen dabei einem definierten Verteilungstyp genügen. So sind Generatoren notwendig, die entweder gleich-, normal-, poisson- oder exponentialverteilte Zahlen liefern.

1.4.1 Gleichverteilte Zufallszahlen

Die Gleichverteilung von Beispiel 1.2 hat die Dichtefunktion

$$f(x) = \frac{1}{b-a}. \tag{1.120}$$

Gleichung (1.14 b) liefert als Mittelwert

$$\overline{x} = \frac{b+a}{2} \tag{1.121}$$

und aus (1.17 b) folgt die Varianz zu

$$\sigma^2 = \frac{(b-a)^2}{12}. \tag{1.122}$$

Gleichverteilte Zufallszahlen im Bereich zwischen 0 und 1 ($a = 0$; $b = 1$) haben demnach den Mittelwert $\overline{x} = 0,5$ und die Standardabweichung $\sigma = 1/\sqrt{12} = 0,2887$.

Stehen keine anderen Hilfsmittel zur Verfügung, so liefert die Zahl π

$$\pi = 3,141\,592\,653\,589\,79$$

eine kurze Folge von gleichverteilten Zufallszahlen mit dem Mittelwert $\overline{x} = 5,1$ und der Standardabweichung $s = 2,8$. Falls notwendig, lassen sich diese Ziffern mittels des folgenden Satzes im Gedächtnis behalten /1.5/:

Yes,	I	need	a	drink,	alcoholic	of	course,
3	1	4	1	5	9	2	6
after	the	heavy	lectures	involving	digital	variables.	
5	3	5	8	9	7	9	

Hier korrespondiert die Zahl der Buchstaben eines Wortes mit der entsprechenden Ziffer der Zahl π.

Algorithmus zum Erzeugen gleichverteilter Zufallszahlen. Ein Verfahren, das häufig zur Erzeugung gleichverteilter Zufallszahlen benutzt wird, ist das der linearen Kongruenz (Restgleichheit). Ausgehend von einem frei wählbaren Startwert x_n (seed) berechnet sich die nächste Zahl nach der Vorschrift

$$\boxed{x_{n+1} = a\,x_n - b\ \mathrm{INT}\left(\frac{a\,x_n}{b}\right).} \qquad (1.123)$$

Die natürlichen Zahlen a und b sollen keinen gemeinsamen Faktor enthalten.

Starten wir für $n = 0$ die obige Formel zum Beispiel mit

$$a = 13, \qquad b = 100, \qquad x_0 = 17,$$

so berechnet sich x_1 zu

$$x_1 = 13 \cdot 17 - 100\ \mathrm{INT}\left(\frac{13 \cdot 17}{100}\right) = 221 - 200 = 21.$$

In gleicher Weise ergibt sich x_2 zu

$$x_2 = 13 \cdot 21 - 100\ \mathrm{INT}\left(\frac{13 \cdot 21}{100}\right) = 273 - 200 = 73,$$

und die nachfolgenden Werte werden

$$49,\ 37,\ 81,\ 53,\ 89,\ 57,\ 41,\ 33,\ 29,\ 77,\ 01,\ 13,\ 69,\ 97,\ 61,\ 93,\ 9\,.$$

Diese Zahlenfolge hat den Mittelwert $\overline{x} = 50$ und die Standardabweichung ist $\sigma = 29,6$.

Bei weiterer Anwendung von (1.120) würde die nächste Zahl wieder 17 ergeben, $x_{20} = 17$. Die Zufallszahlen wiederholen sich also mit einer gewissen Periode. Ihre Reihenfolge ist durch den Algorithmus festgelegt. Es sind Pseudo-Zufallszahlen. In der Praxis werden die Konstanten a und b größer gewählt (z.B. $b = 2^{23}$ und a als eine ungerade Zahl mit dem Wert von ungefähr $\sqrt{b}$), womit sich genügend lange Perioden ergeben.

Die vorstehend ermittelten Zufallszahlen liegen im Bereich $0 \leq x_n < 100$. Bei der Division dieser Zahlen durch 100 werden sie in den Bereich $0 \leq x_n < 1$ transformiert.

Werden nun, wie zum Beispiel bei der Simulation eines Würfels, Zahlen zwischen 1 und 6 benötigt, so sind die Zufallszahlen aus $0 \leq x_n < 1$ mit 6 zu multiplizieren. Sie liegen dann im Bereich $0 \leq x_n < 6$. Die INTEGER-Bildung führt dann zu ganzen Zahlen zwischen 0 und 5. Die Zahlen zwischen 1 und 6 entstehen, indem zu den Integer-Zahlen jeweils noch eine 1 addiert wird:

$$x_{\text{Würfel}} = \text{INT}\,(6\,x_n) + 1 \qquad \text{für} \quad 0 \leq x_n < 1. \tag{1.124}$$

• **Beispiel 1.23.** Mit dem Statistik-Programm wurden 100 gleichverteilte Zufallszahlen im Bereich $0 \leq x < 1$ generiert. Die Merkmalsachse wurde in 10 Klassen eingeteilt. Die Anzahl der Zufallszahlen pro Klasse (Häufigkeit H) ist in Bild 1.20 aufgetragen. Diese Stichprobe von Zufallszahlen liefert nach (1.13) und (1.16) für Mittelwert und Standardabweichung die Schätzwerte

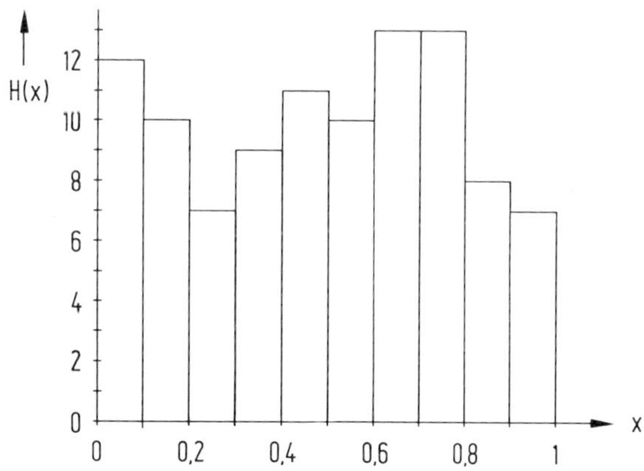

Bild 1.20 Gleichverteilung: Häufigkeit H von 100 Zufallszahlen; Die dargestellten Daten mit $a = 0$ und $b = 1$ haben den Mitelwert $\bar{x} = 0,491$ und die Standardabweichung $\sigma = 0,283$. Der Chi-Quadrat-Test bestätigt die Gleichverteilung mit $S = 5,27$ und $\chi_0^2(9;\,0,5) = 8,34$.

$$\hat{\bar{x}} = 0,49$$

$$s = 0,28.$$

Darüber hinaus wurden die Zufallszahlen mit dem Chi-Quadrat-Test auf eine Gleichverteilung hin überprüft. Für die Zahlen von Bild 1.20 ergab sich die Summe S der Abweichungen nach (1.113) zu

$$S = 5,27$$

Der Freiheitsgrad N der Chi-Quadrat-Verteilung errechnet sich für $K = 10$ zu $N = K - 1 = 9$. Für die Wahrscheinlichkeit $\beta = 0,50$ folgt für χ_o^2 aus der Tabelle 1.9 der Wert

$$\chi_o^2(9;\ 0,50) = 8,34.$$

Die Summe S der Abweichungen ist geringer. Wegen $S < \chi_o^2$ darf die Hypothese „Gleichverteilung" angenommen werden.

1.4.2 Normalverteilte Zufallszahlen

Wird aus N gleichverteilten Zufallszahlen x_n mit dem Mittelwert $\bar{x}$ und der Standardabweichung σ_x die Summe y_1 gebildet mit

$$y_1 = \sum_{n=1}^{N} x_n, \tag{1.125}$$

so haben bei mehrmaliger Anwendung von (1.125) die Zahlen y_k den Erwartungswert

$$\bar{y} = N\bar{x}$$

und die Standardabweichung

$$\sigma_y = \sqrt{N}\,\sigma_x.$$

Die y_k-Zahlen werden nun jeweils als Summen von $N = 12$ im Bereich $0 \leq x_n \leq 1$ gleichverteilten x_n-Zahlen gebildet. Sie haben den Mittelwert

$$\bar{y} = N\bar{x} = 12\bar{x} = 6$$

und wegen (1.122) die Standardabweichung

$$\sigma_y = \sqrt{N}\sigma_x = \sqrt{12} \cdot \frac{1}{\sqrt{12}} = 1.$$

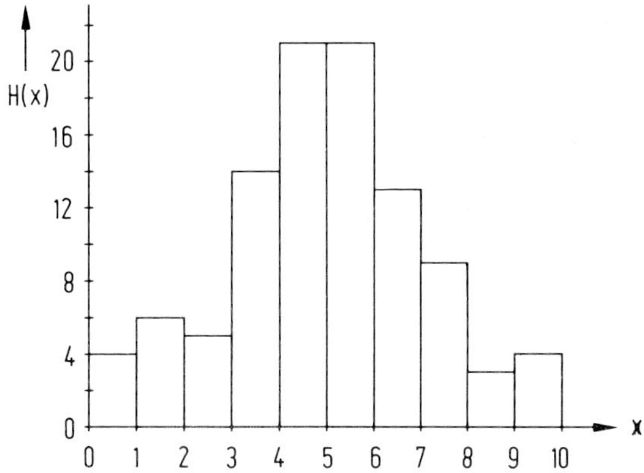

Bild 1.21 Normalverteilung: Häufigkeit H von Zufallszahlen; Vorgegeben waren der Mittelwert $\bar{x} = 5$ und die Standardabweichung $\sigma = 1$. Die dargestellten Daten haben $\bar{x} = 4,94$ und $\sigma = 1,07$. Der Chi-Quadrat-Test bestätigt die Normalverteilung mit $S = 4,84$ und $\chi_0^2(7;0,5) = 6,35$.

Wird jetzt von den y_k-Zahlen ihr Mittelwert $\overline{y}$ abgezogen, so entstehen die Zahlen u_k

$$\boxed{u_k = y_k - N\overline{x} = y_k - 6} \tag{1.126}$$

Die u_k-Zahlen streuen um ihren Erwartungswert

$$\overline{u} = 0$$

mit derselben Standardabweichung wie die y_k-Werte,

$$\sigma_u = \sigma_y = 1$$

Die u_k-Zahlen sind also (0;1)-normalverteilt.

Aus ihnen lassen sich über die Koordinatentransformation (1.42) beliebige normalverteilte Zufallszahlen z_k mit dem Mittelwert z und der Streuung σ_z gewinnen (Bild 1.21). Aus

$$u_k = \frac{z_k - \overline{z}}{\sigma_z} \tag{1.127}$$

folgt

$$\boxed{z_k = \overline{z} + \sigma_z u_k\,.} \tag{1.128}$$

1.4.3 Exponentiell verteilte Zufallszahlen

Auch bei der Erzeugung von exponentiell verteilten Zufallszahlen wird von gleichverteilten Variablen x im Bereich $0 \leq x < 1$ ausgegangen. Über die Rechenvorschrift

$$y(x) = -\ln x \tag{1.129}$$

werden die x-Werte in y-Werte abgebildet mit $\infty > y > 0$. Die y-Werte sind nach den Überlegungen des noch folgenden Abschnitts 2.5 (Beispiel 2.6) exponentiell verteilt. Bei einer Exponentialverteilung mit dem Parameter λ berechnen sich die exponentiell verteilten Werte y_n (Bild 1.22) aus den gleichverteilten Werten x_n zu

$$\boxed{y_n = -\frac{1}{\lambda} \ln x_n .} \tag{1.130}$$

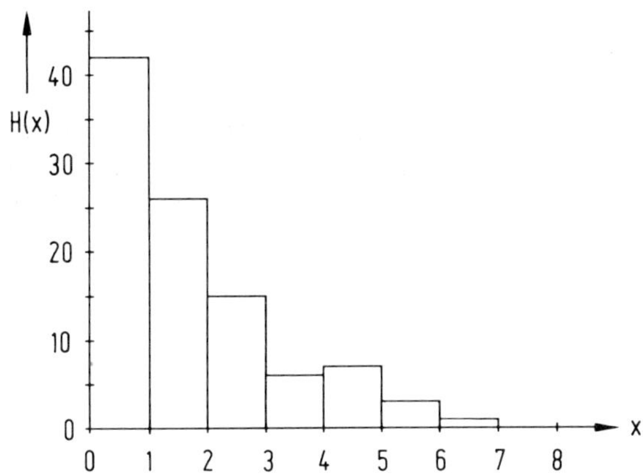

Bild 1.22 Exponentialverteilung: Häufigkeit H von Zufallszahlen; Vorgegeben war der Parameter λ zu $\lambda = 0,6$. Die dargestellten Daten haben $\lambda = 0,6$. Der Chi-Quadrat-Test bestätigt die Exponentialverteilung mit $S = 4,67$ und $\chi_0^2(6;\ 0,5) = 5,35$.

1.4.4 Poissonverteilte Zufallszahlen

Bei einem Poisson-Prozeß ist die Zahl der Ereignisse pro Zeitintervall poissonverteilt. Die Zeitintervalle zwischen den Ereignissen genügen der Exponentialverteilung. Aufgrund dieses Zusammenhangs lassen sich aus exponentiell verteilten Zufallszahlen poissonverteilte gewinnen. Bei einer Poissonverteilung mit dem Parameter α werden exponentiell verteilte Zufallszahlen y_n

$$\begin{aligned} &\text{von} \quad y_1 = -\ln x_1 \\ &\text{bis} \quad y_k = -\ln x_k \end{aligned} \tag{1.131}$$

solange addiert, bis ihre Summe kleiner ist als der Parameter α der Poissonverteilung.

Die Ungleichung

$$\sum_{n=1}^{k}(-\ln x_n) < \alpha \tag{1.132}$$

ist gleichbedeutend mit der Abfrage

$$-\ln \prod_{n=1}^{k} x_n < \alpha \tag{1.133}$$

$$\prod_{n=1}^{k} x_n < e^{-\alpha}. \tag{1.134}$$

Die vom Zufallsgenerator nach Gl. (1.123) gelieferten gleichverteilten Zufallszahlen x_n werden also solange multipliziert, bis ihr Produkt kleiner als $e^{-\alpha}$ ist. Die Zufallszahlen z_n, die der Poissonverteilung genügen (Bild 1.23), ergeben sich dann aus der Zahl k der multiplizierten x_n-Werte abzüglich 1,

$$z_n = k - 1. \tag{1.135}$$

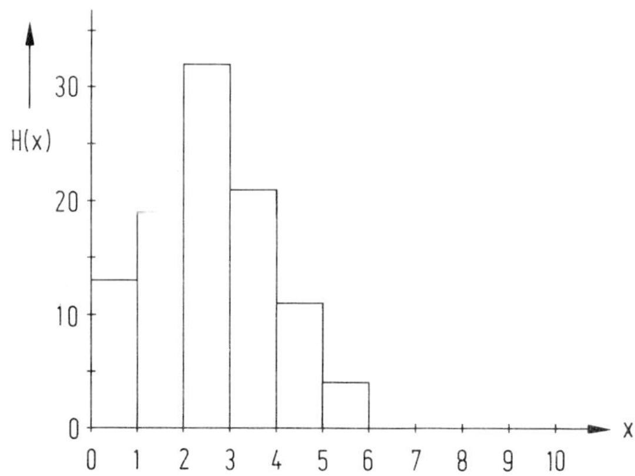

Bild 1.23 Poissonverteilung: Häufigkeit H von Zufallszahlen; Vorgegeben war der Parameter $\alpha = 2,0$. Die dargestellten Daten haben $\alpha = 2,1$. Der Chi-Quadrat-Test bestätigt die Poissonverteilung mit $S = 5,13$ und $\chi_0^2(8;0,5) = 7,34$.

2 Amplitudenverteilungen

Die Ermittlung von Amplitudenverteilungen ist immer dann nützlich und sinnvoll, wenn stochastische Daten über längere Zeit zu beobachten sind. Die Auswertung der Amplituden führt zu einer wesentlichen Verdichtung der Information. Kenngrößen, die für die überwachten Prozesse charakteristisch sind, lassen sich extrahieren. Über die Verfolgung dieser Kenngrößen können dann Änderungen und Trends im beobachteten Prozeß erkannt werden.

2.1 Ereigniszählung

Das Signal eines Aufnehmers oder Sensors wird einem Analog/Digital- Umsetzer zugeführt. Dieser liefert nach jeder Abtastung ein digitales Wort proportional zur Amplitude des Eingangssignals. Damit sind die Amplitudenwerte in Klassen eingeteilt. Bei einem 8 bit Analog/Digital-Umsetzer sind es 256 Klassen und bei einem Meßbereich von -10 bis 10 Volt sind die Klassen jeweils 78 mV breit.

Das Auftreten eines digitalen Worts wird als Ereignis aufgefaßt. Die Zahl der Ereignisse wird für jedes Intervall getrennt gezählt. Die absolute Häufigkeitsverteilung wird erhalten, indem über dem Amplitudenintervall i die Zahl n_i der Ereignisse aufgetragen wird. Die relative Häufigkeit h_i ergibt sich, indem die absolute Zahl n_i durch die Zahl N aller gezählten Ereignisse dividiert wird:

$$N = \sum_{i=1}^{K} n_i \,, \tag{2.1}$$

$$h_i = \frac{n_i}{N} \,. \tag{2.2}$$

• **Beispiel 2.1.** Über die Aufnahme von Amplitudenverteilungen lassen sich Analog/Digital-Umsetzer testen. Dazu wird dem Analog/Digital-Umsetzer eine sehr gleichmäßig mit der Zeit ansteigende Dreieckspannung angeboten. Die Amplituden dieser Eingangsspannung sind zwischen -10 V und +10 V gleichverteilt. Der Analog/Digital-Umsetzer tastet diese Spannung ab und liefert die entsprechenden digitalen Ausgangssignale. Wenn die Dreieckspannung exakt linear mit der Zeit ansteigt und wenn die Stufen des ADU gleich breit sind, werden in jeder Spannungsstufe gleich viele Meßwerte gezählt. Weicht die Häufigkeit der ausgegebenen Meßwerte von der Gleichverteilung ab, so sind die Quantisierungsstufen des ADU nicht gleich breit und aus der Abweichung von der Gleichverteilung läßt sich die differentielle Nichtlinearität berechnen. Kommen in einer Klasse zum Beispiel 20 % weniger Meßwerte zu liegen als im Mittel, so bedeutet dies, daß diese Stufe um 20 % zu schmal ist. Sie hat einen Fehler von – 20 % des least significant bit. Bild 2.1a zeigt als Beispiel die Häufigkeitsverteilung bei dem Test eines 8 bit Dual-Slope-Umsetzers. Die abso-

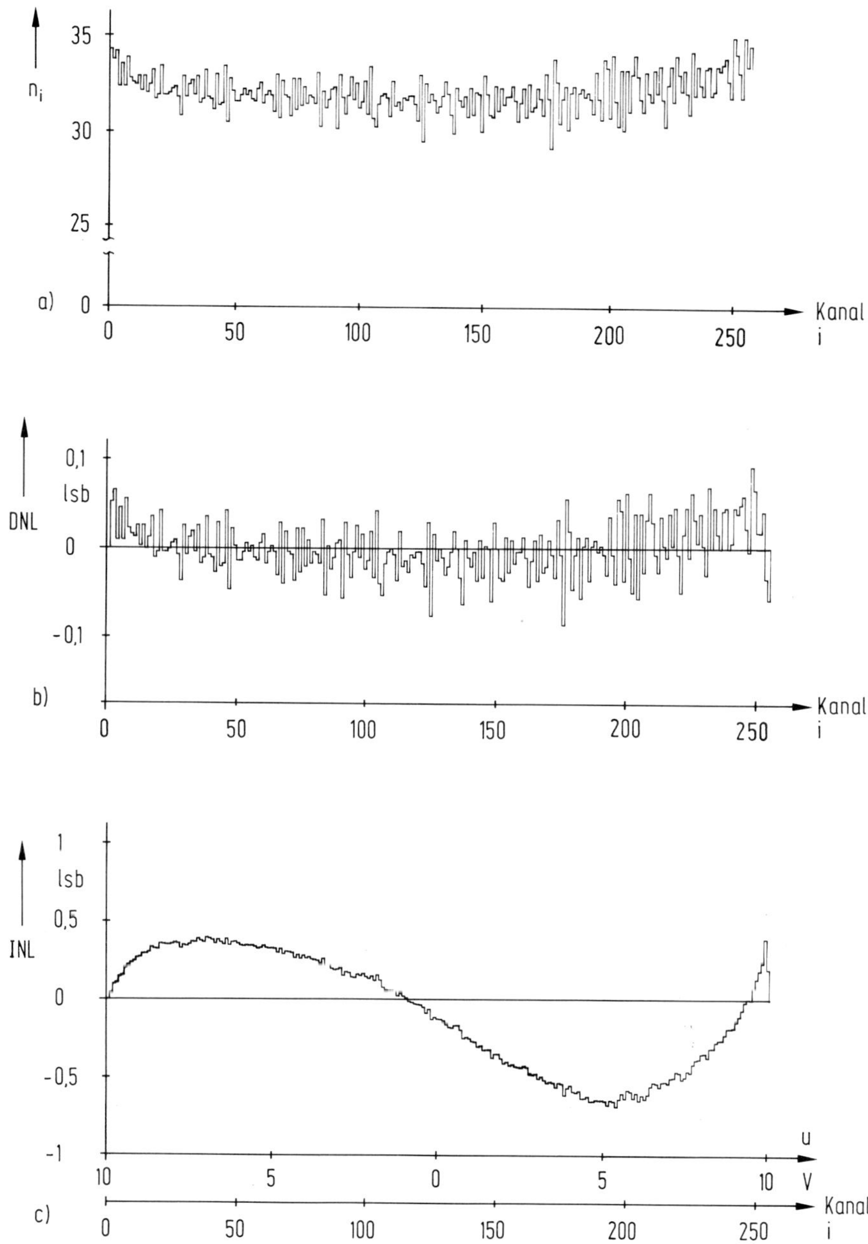

Bild 2.1 Testen eines 8 bit Zweirampen-AD-Umsetzers (dual-slope-converter) mit einer Dreieck-Spannung
a) Häufigkeitsverteilung
b) differentielle Nichtlinearität DNL
c) integrale Nichtlinearität INL

luten Häufigkeiten n_i schwanken bei einem Mittelwert von 32 Ereignissen um 3 Ereignisse nach oben und um 3 Ereignisse nach unten. Diese Abweichung entspricht einer differentiellen Nichtlinearität von $\pm 0,09$ lsb (Bild 2.1b). Werden diese Abweichungen vorzeichenrichtig addiert, so wird die integrale Nichtlinearität gewonnen. Diese ist bei dem untersuchten ADU - wegen Fehler im analogen Teil der Schaltung - schlechter als die differentielle (Bild 2.1c).

Im Vergleich dazu zeigt Bild 2.2 die Ergebnisse bei der Untersuchung eines Wäge-Umsetzers nach dem Prinzip der sukzessiven Approximation. Hier ist eine größere differentielle Nichtlinearität zu erwarten, da ja die Referenzspannungen des ADU nicht so äquidistant sind wie die Takte eines Quarz-Oszillators. Diese Erwartung wird auch bestätigt. Die differentielle Nichtlinearität bleibt aber immer noch geringer als der im Datenblatt zugesicherte Wert von $\pm 0,5$ lsb (Bild 2.2a). Bei der integralen Nichtlinearität ist der Fehler immer dann besonders groß, wenn mehrere bit geschaltet werden. So z.B. bei der Spannungsstufe 128, bei der das digitale Wort von 01111111 nach 10000000 wechselt (Bild 2.2b).

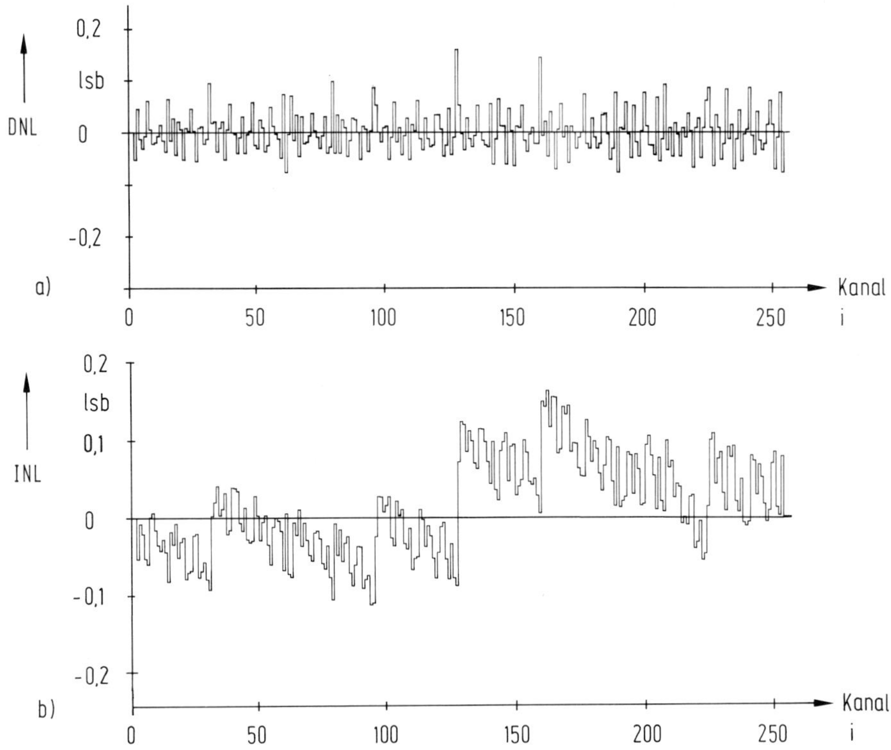

Bild 2.2 Testen eines 8 bit Wäge-AD-Umsetzers mit einer Dreieckspannung
a) differentielle Nichtlinearität DNL
b) integrale Nichtlinearität INL

2.2 Klassierverfahren

Die Amplitudenverteilung drückt auch aus, wie lange (Häufigkeit multipliziert mit dem Abtastintervall) das Signal während der Beobachtungszeit in einem bestimmten Amplitudenintervall lag. Sie liefert damit dieselbe Information wie das sogenannte **Verweildauerverfahren**.

Für bestimmte Anwendungsfälle empfiehlt sich eine spezielle Auswertung der Amplitudenverteilung. So sind bei oszillierenden Signalen die Nulldurchgänge, die Spitzenwerte, die Zyklen zwischen Be- und Entlastung oder auch die Spannen zwischen den Extremwerten von Bedeutung /2.11/.

Nulldurchgänge: Gezählt wird, wie oft das Signal von positiven zu negativen Werten wechselt und umgekehrt.

Klassendurchgangsverfahren: Bei positiven Signalen wird der Übergang von einer niedrigeren in eine höhere Klasse gezählt, jedoch aber nicht rückwärts der Übergang von einer höheren in eine niedrigere. Bei negativen Signalen ist es der Übergang in Richtung zunehmender Amplituden.

Spitzenwertverfahren I: Eine bestimmte Amplitude ist als Bezugslinie festgelegt. Erfaßt und gezählt werden die dem Betrag nach größten Amplituden zwischen zwei Durchgängen durch die Bezugslinie. Bei der Bezugslinie 0 sind es von den im Bild 2.3 numerierten Extremwerten die Maxima 3, 7, 11 und die Minima 6, 8, 12.

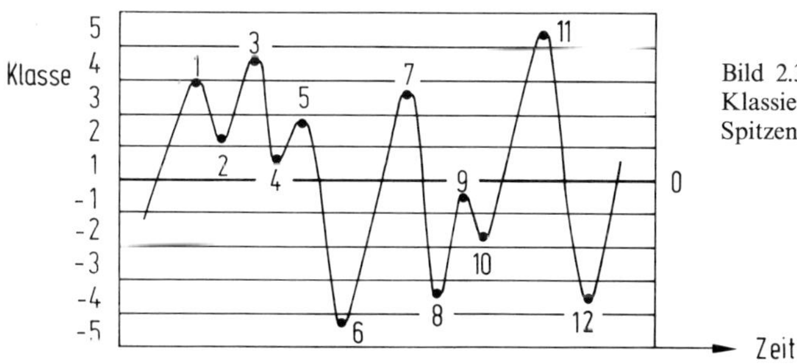

Bild 2.3
Klassieren nach dem Spitzenwertverfahren /2.11/

Spitzenwertverfahren II: Oberhalb der Bezugslinie werden alle Maxima, unterhalb alle Minima erfaßt. Im Bild 2.3 sind dies die Maxima 1, 3, 5, 7, 11 und die Minima 6, 8, 10, 12.

Spitzenwertverfahren III: Alle Maxima und Minima werden unabhängig von der Bezugslinie gezählt. Von Bild 2.3 sind es die Maxima 1, 3, 5, 7, 9, 11 und die Minima 2, 4, 6, 8, 10, 12.

Spannenverfahren: Als Spanne wird die Differenz zwischen zwei benachbarten Extremwerten bezeichnet (Bild 2.4). Die Spanne zwischen einem Minimum und einem Maximum wird positiv, die zwischen einem Maximum und einem Minimum wird negativ gezählt.

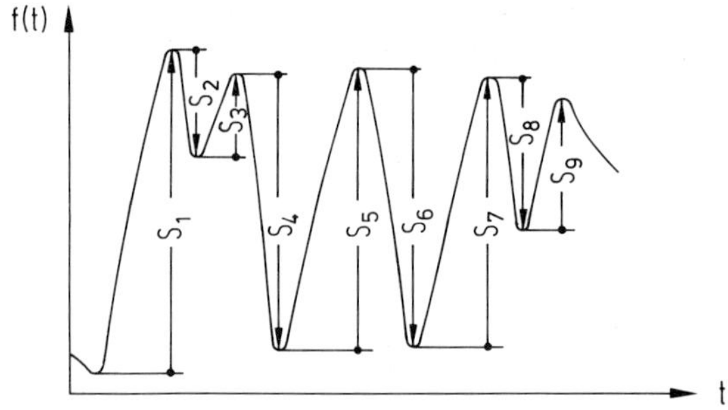

Bild 2.4
Klassieren nach dem Spannenverfahren /2.11/

2.3 Standardabweichung als informationstragender Parameter

Aus der Häufigkeitsverteilung der Amplituden lassen sich die Varianz und die Standardabweichung der Amplituden errechnen. Auch diese Größen können zur Beurteilung eines Prozesses herangezogen werden. Willkürlich sind die folgenden Beispiele ausgewählt: Bei der optischen Oberflächenprüfung ist die Standardabweichung der Streulichtamplituden ein Maß für die Rauhigkeit des Werkstücks /2.12/. In einer anderen Anwendung wird bei betriebswarmen Motor wiederholt der Kompressionsdruck gemessen. Die Ergebnisse streuen. Ihre Standardabweichung ist ein Maß für das Spiel zwischen Kolben und Zylinder und kann zur Diagnose und zur Schadensfrüherkennung genommen werden /2.13/. In der Verfahrenstechnik sind oft Korngrößen oder Faserlängen zu bestimmen. Auch hier ist die Standardabweichung ein charakteristischer Parameter zur Betriebskontrolle /2.14/.

2.4 Impulshöhenanalyse

Trifft eine Gammastrahlung auf einen Halbleiterdetektor oder auf einen Szintillationszähler mit einem NaJ(Tl)-Kristall, so werden die Gammaquanten über den Photoeffekt mit einer gewissen Wahrscheinlichkeit im Detektor absorbiert. Dabei entstehen Photoelektronen, die bei geeigneter Größe des Kristalls in diesem völlig abgebremst werden. Die dabei freigesetzte Ladung ist proportional der Energie des absorbierten Gammaquants und führt im Detektor zu einem entsprechend hohen Ladungsimpuls. Die Impulshöhe ist damit ein Maß für die ursprüngliche Gammaenergie. Die Zahl der Impulse einer bestimmten Energie bezeichnet dann die Zahl der absorbierten Gammaquanten dieser Energie

Bei der Impulshöhenanalyse wird der Spitzenwert des Detektorimpulses gespeichert und über einen Analog/Digital-Umsetzer in ein digitales Signal umgesetzt. Ein 12 bit ADU zum Beispiel teilt den Energiebereich in 4 096 Kanäle. Bei einem Meßbereich zwischen 0 und 2,048 MeV hat jeder Kanal eine Breite von 0,5 keV. Gezählt werden wieder die Ereignisse pro Energieintervall. Die Auswertung einer derartigen Amplitudenverteilung wird als Impulshöhenanalyse bezeichnet (Bild 2.5). Sie dient zur Identifizierung unbekannter Nuklide und zur Bestimmung ihrer Aktivität.

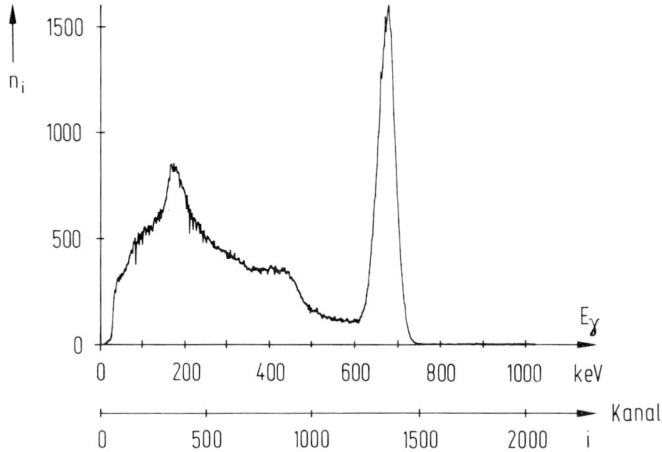

Bild 2.5 Impulshöhenanalyse mit dem Szintillationszähler; aufgetragen ist die Zahl n_i der Impulse in Abhängigkeit von der Impulshöhe bei einer Bestrahlung mit Cs-137.

Insgesamt ist die Impulshöhenanalyse eine anspruchsvolle meßtechnische Aufgabe /2.15/. Im einzelnen wird hier nicht darauf eingegangen. Nur auf zwei Besonderheiten, auf die Breite der Linien und auf ihren Untergrund soll hingewiesen werden.

Infolge der statistischen Prozesse bei der Absorption der Gammaquanten und bei der Abbremsung der dabei entstandenen Elektronen haben die daraus resultierenden Impulse auch bei exakt gleicher Energie der Gammaquanten nicht dieselbe Höhe. Die Impulshöhen streuen und fallen in mehrere benachbarte Energiekanäle. Es entsteht ein „Peak" mit einer bestimmten Halbwertsbreite. Im i-ten Kanal werden zum Beispiel n_i Impulse gezählt. Um die Intensität der zugehörigen Gammalinie zu bestimmen, sind dann die Impulszahlen n_i in den einzelnen Kanälen zu summieren. Die Breite der Peaks begrenzt das Energie-Auflösungsvermögen. Es ist bei einem NaJ(Tl)-Kristall schlechter als beim Germanium-Detektor.

Die Gammaquanten werden nicht nur im Photoeffekt absorbiert, sondern auch im Comptoneffekt gestreut. Dabei wird eine geringere Energie auf das Elektron übertragen als im Photoeffekt. Die Absorbtion der Compton-Elektronen führt zu vielen kleinen Impulsen. Diese bilden einen Untergrund, aus dem die Photopeaks herauswachsen (Bild 2.6). Hier entsteht nun die Aufgabe, die Nettofläche des Impulspeaks zu bestimmen. Dazu wird zunächst der erste ($i = a$) und der letzte ($i = b$) der einem Peak zuzurechnenden Kanäle definiert. Dann werden die Impulszahlen in den vor und hinter dem Peak liegenden Kanälen betrach-

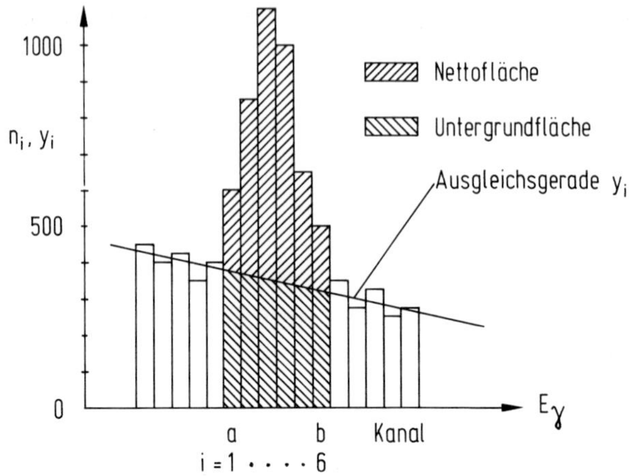

Bild 2.6 Impulshöhenanalyse; um die Nettofläche eines Linienpeaks zu erhalten, muß die Untergrundstrahlung abgezogen werden.

tet. Durch etwa zehn derartige Impulszahlen wird eine Ausgleichsgerade gelegt. Diese schneidet zwischen $a \leq i \leq b$ vom Photopeak den Untergrund ab. Ist

$$y_i = m \cdot i + d \tag{2.3}$$

die Gleichung der Ausgleichsgeraden und damit der Untergrund-Impulsrate, so ergibt sich die Netto-Impulsrate p_i, indem für $a \leq i \leq b$ von der Gesamtimpulsrate n_i die Untergrundimpulsrate y_i abgezogen wird:

$$p_i = n_i - y_i = n_i - m \cdot i - d\,. \tag{2.4}$$

• **Beispiel 2.2.** Die Untergrund-Ausgleichsgerade von Bild 2.6 hat die Gleichung $y_i = -10\,i + 385$. Aus den einzelnen Impulszahlen

i	1	2	3	4	5	6
n_i	600	850	1100	1000	650	500
y_i	375	365	355	345	335	325
P_i	225	485	745	655	315	185

errechnet sich die Netto-Gesamtimpulszahl der in den 6 Kanälen beobachteten Linien zu $\sum P_i = 2610$.

In diesem Zusammenhang sei noch kurz auf die Bilder 2.7 und 2.8 hingewiesen. Diese haben zwar nicht mit der Impulshöhenanalyse, aber mit der Stochastik des radioaktiven Zerfalls zu tun. Letzterer ist ein Poisson-Prozeß. Die Zahl der Zerfälle (Ereignisse) pro Zeitintervall ist poissonverteilt (Bild 2.7). Die Zeitintervalle zwischen zwei Ereignissen (Zerfälle), die Impulsabstände, sind exponentiell verteilt (Bild 2.8).

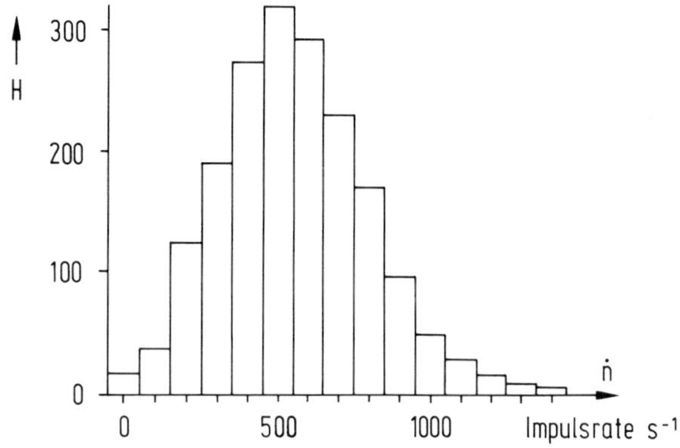

Bild 2.7 Radioaktiver Zerfall: Häufigkeit H der verschiedenen Impulsraten $\dot{n}$; niedrige Impulsraten sind poissonverteilt.

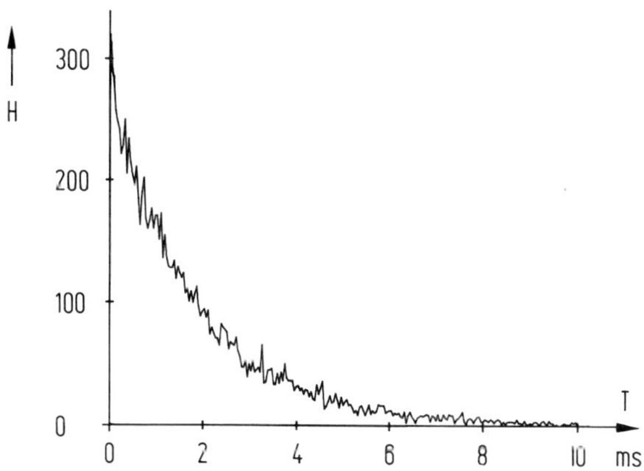

Bild 2.8 Radioaktiver Zerfall: Verteilung der Impulsabstände; die Zeitintervalle T zwischen zwei Zerfällen genügen der Exponential-Verteilung.

2.5 Amplitudenverteilung einer analytischen Funktion

In der x/y-Ebene ist eine Funktion $y = y(x)$ gegeben. Die x-Achse ist äquidistant geteilt. Das bedeutet, daß die x-Werte in einem betrachteten Intervall zwischen dem kleinsten Wert x_0 und dem größten Wert x_1 gleichverteilt sind mit der Dichtefunktion $f(x)$

$$f(x) = \frac{1}{x_1 - x_0}. \tag{2.5}$$

Diesen x-Werten sind nach einer Rechenvorschrift y-Werte zugeordnet, $y = y(x)$. Die Aufgabe ist, die Dichtefunktion $f(y)$ der y-Werte zu berechnen. Dazu wird von dem Transformationsgesetz der Wahrscheinlichkeiten ausgegangen /2.6/

$$|f(y)\,dy| = |f(x)\,dx|. \tag{2.6}$$

Diese Gleichung läßt sich nach der gesuchten Dichtefunktion $f(y)$ auflösen und liefert so einen Algorithmus zu ihrer Berechnung

$$|f(y)| = \left| f(x)\,\frac{1}{dy/dx} \right| . \tag{2.7}$$

Die Summenfunktion $F(y)$ der Verteilung der y-Werte ergibt sich aus der Integration von (2.7),

$$w(Y \leq y) = F(y) = \int_{y_0}^{y} |f(y)|\,dy . \tag{2.8}$$

Mit den obigen Gleichungen lassen sich nur monoton steigende oder monoton fallende Kurvenstücke behandeln. Hat die Funktion $y(x)$ ein Extremum, so ist sie in einen steigenden und einen fallenden Ast zu zerlegen, und die Berechnungen sind für die beiden Äste getrennt durchzuführen.

- **Beispiel 2.3.** Für die **Gerade**

$$y = a\,x + b$$

sind die Dichte- und Summenfunktion der y-Werte im Bereich zwischen x_o und x_1 zu berechnen. Aus (2.5) und (2.7) folgt mit $dy/dx = a$ für die Dichtefunktion $f(y)$

$$f(y) = \frac{1}{x_1 - x_0}\,\frac{1}{a}. \tag{2.9}$$

Die y-Werte sind wie die x-Werte gleichverteilt, aber um den Faktor $1/a$ gestaucht.

Die Summenfunktion $F(y)$ errechnet sich mit (2.8) zu

$$\begin{aligned} w(Y \leq y) = F(y) &= \frac{1}{a}\,\frac{1}{x_1 - x_0} \int_{y_0}^{y} dy \\ &= \frac{1}{a}\,\frac{1}{x_1 - x_0}\,(y - [a\,x_0 + b]) \end{aligned} \tag{2.10}$$

Es ergeben sich also richtig

$$F(y_0) = \frac{1}{a}\,\frac{1}{x_1 - x_0}\,(a\,x_0 + b - [a\,x_0 + b]) = 0$$

$$F(y_1) = \frac{1}{a}\,\frac{1}{x_1 - x_0}\,(a\,x_1 + b - [a\,x_0 + b]) = 1.$$

• **Beispiel 2.4.** Betrachtet wird der steigende Ast der **Parabel**

$$y = x^2 \qquad \text{für} \quad x \geq 0.$$

Für das Intervall $x_1 - x_0$ ergibt sich die Dichtefunktion $f(y)$ der y-Werte zu

$$f(y) = \frac{1}{x_1 - x_0} \cdot \frac{1}{2x} = \frac{1}{2(x_1 - x_0)} \cdot \frac{1}{\sqrt{y}}\,. \tag{2.11}$$

Die Summenfunktion $F(y)$ wird

$$\begin{aligned} w(Y \leq y) = F(y) &= \frac{1}{2(x_1 - x_0)} \int\limits_{y_0}^{y} \frac{1}{\sqrt{y}}\,dy \\ &= \frac{2}{2(x_1 - x_0)}\left(\sqrt{y} - \sqrt{y_0}\right) \\ &= \frac{1}{x_1 - x_0}\left(\sqrt{y} - x_0\right) \end{aligned} \tag{2.12}$$

mit

$$F(y_0) = \frac{1}{x_1 - x_0}\,(x_0 - x_0) = 0$$

$$F(y_1) = \frac{1}{x_1 - x_0}\,(x_1 - x_0) = 1\,.$$

• **Beispiel 2.5.** Gegeben ist die **Sinusfunktion**

$$y = \sin x$$

im Bereich $-\pi/2 \leq x \leq \pi/2$. Es wird also nur die steigende Hälfte der Sinusfunktion betrachtet. Die x-Werte sind gleichverteilt mit

$$f(x) = \frac{1}{\pi/2 - (-\pi/2)} = \frac{1}{\pi}\,. \tag{2.13}$$

Die Dichtefunktion $f(y)$ der y-Werte errechnet sich dann mit (2.7) zu

$$f(y) = \frac{1}{\pi}\,\frac{1}{\cos x} = \frac{1}{\pi}\,\frac{1}{\sqrt{1 - y^2}}\,. \tag{2.14}$$

Die Summenfunktion $F(y)$ wird

$$w(Y \le y) = F(y) = \frac{1}{\pi} \int_{y_0}^{y} \frac{1}{\sqrt{1-y^2}}\, dy$$
$$= \frac{1}{\pi} (\arcsin y - \arcsin y_0)$$
$$= \frac{1}{2} + \frac{1}{\pi} \arcsin y \,. \tag{2.15}$$

Für den fallenden Ast der Sinusfunktion im Bereich $\pi/2 \le x \le 3\pi/2$ ergeben sich dieselben Funktionen, so daß (2.14) und (2.15) die Dichte- und Summenfunktion der y-Werte repräsentieren.

- **Beispiel 2.6.** Gegeben ist die **fallende Funktion** (Bild 2.9)

$$y = -\ln x \,. \tag{2.16}$$

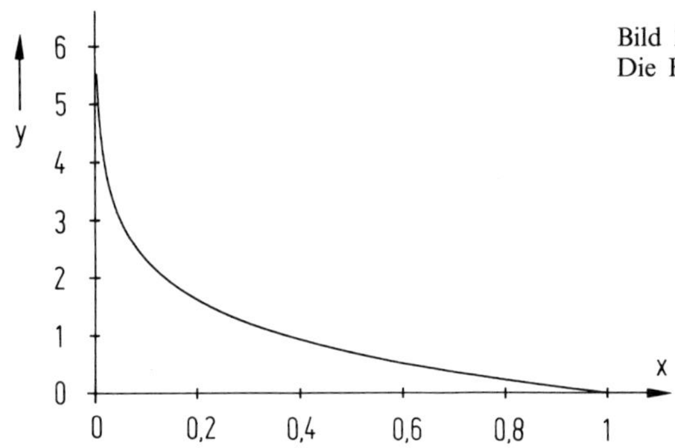

Bild 2.9
Die Funktion $y = -\ln x$

Die y-Werte nehmen von $y_0 \to \infty$ bei $x_0 = 0$ auf $y_1 = 0$ bei $x_1 = 1$ ab. Die x-Werte sind gleichverteilt mit der Dichtefunktion

$$f(x) = \frac{1}{x_1 - x_0} = \frac{1}{1-0} = 1 \,. \tag{2.17}$$

Unter Berücksichtigung von $-y = \ln x$ und $e^{-y} = x$ errechnet sich die Dichtefunktion $f(y)$ der y-Werte mit (2.7) zu

$$|f(y)| = \left| 1 \cdot \frac{1}{\frac{-1}{x}} \right| = |x| = \left| e^{-y} \right| = e^{-y} \,. \tag{2.18}$$

Die Betragsstriche sind notwendig, da es keine negativen Wahrscheinlichkeiten gibt. Bei der fallenden Kurve (2.16) ist y_1 der kleinste der y-Werte. Um die Wahrscheinlichkeit $w(Y \le y)$ zu berechnen, wird deswegen bei der Integration über $f(y)$ von y_1 als unterer Grenze ausgegangen:

$$w(Y \leq y) = F(y) = \int_{y_1}^{y} |f(y)| \, dy = \int_{y_1}^{y} e^{-y} \, dy$$
$$= -\left(e^{-y} - e^{-y_1}\right) = e^{-y_1} - e^{-y}$$
$$= x_1 - e^{-y} = 1 - e^{-y} \,. \tag{2.19}$$

Im Abschnitt 1.4.3 wurde von der obigen Beziehung Gebrauch gemacht. Die Variable y ist dort durch λt ersetzt. Mit

$$y = \lambda t = -\ln x$$
$$t = -\frac{1}{\lambda} \ln x \,; \qquad \frac{dt}{dx} = -\frac{1}{\lambda x} \,;$$
$$x = e^{-\lambda t}$$

ergibt sich nach (2.6) $|f(t)|$ zu

$$|f(t)| = \left| f(x) \cdot \frac{1}{dt/dx} \right|$$
$$= |1 \cdot (-)\lambda x| = \lambda x = \lambda \, e^{-\lambda t} \,. \tag{2.20}$$

Die Summenfunktion errechnet sich zu

$$F(t) = \int_{z=0}^{t} \lambda e^{-\lambda z} \, dz = 1 - e^{-\lambda t} \,. \tag{2.21}$$

3 Ausgleichsrechnung

3.1 Aufgabenstellung

Ein Meßgerät antwortet auf ein Eingangssignal x_n mit dem Ausgangssignal y_n, wobei der Zählparameter n von 1 bis N läuft. Durch die insgesamt N Wertepaare ist eine Funktion $f(x)$ zu legen, so daß der Zusammenhang zwischen Ausgangs- und Eingangssignal, d.h. die Kennlinie, analytisch angegeben werden kann.

Bei einer **Interpolation** verläuft die gesuchte Kurve $f(x)$ durch die Stützstellen mit $f(x_n) = y_n$. Die gefundene Funktion gestattet dann, das Ausgangssignal $f(x)$ auch zwischen den Stützstellen zu berechnen mit $x_n \leq x \leq x_{n+1}$.

Im Falle einer **Approximation** ist die gesuchte Kurve nach einer bestimmten Strategie zwischen den (streuenden oder verrauschten) Wertepaaren hindurch zu legen, ohne daß an den Stützstellen x_n der Wert der Funktion $f(x_n)$ mit dem Meßwert y_n zusammenfallen muß (Bild 3.1).

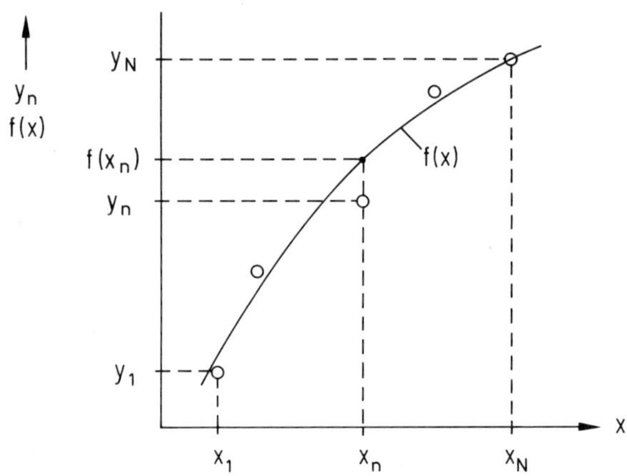

Bild 3.1 Die Ausgleichskurve $f(x)$ wird zwischen den Stützstellen x_n, y_n hindurchgelegt.

Eine derartige, als Formel angebbare Funktion ist aus verschiedenen Gründen von Vorteil. So läßt sich

- der gemessene Effekt quantitativ beschreiben,
- die Kennlinie in einem Rechner abspeichern,
- der zu einem Ordinatenwert gehörende Abszissenwert berechnen und ausgeben,
- die analytisch gegebene Funktion weiter verarbeiten wie z.B. differenzieren oder integrieren.

Die Anpassung der Ausgleichskurve $f(x)$ an die gegebenen Meßpaare x_n, y_n kann nach verschiedenen Gesichtspunkten erfolgen:

a) Die Summe der absoluten Differenzen $|f(x_n) - y_n|$ soll ein Minimum werden. Die Betrags-Norm wird minimiert; eine L_1-Approximation wird durchgeführt:

$$\sum_{n=1}^{N} |f(x_n) - y_n| = \text{Min !} \tag{3.1}$$

b) Die Summe der quadrierten Differenzen soll ein Minimum werden. Die euklidische Norm wird minimiert. Dieses Gauß'sche Prinzip der kleinsten Quadrate wird auch als L_2-Approximation bezeichnet:

$$\sum_{n=1}^{N} (f(x_n) - y_n)^2 = \text{Min !} \tag{3.2}$$

c) Die maximale Differenz zwischen Ausgleichskurve und Meßwert soll kleiner als eine vorgegebene Schranke D bleiben. Bei dieser Tschebyscheff- oder L_∞-Approximation gilt also

$$\max |f(x_n) - y_n| \leq \text{D !} \tag{3.3}$$

Nachfolgend wird ausschließlich das Prinzip der kleinsten Quadrate eingesetzt. Das Gauß'sche Verfahren ist leichter zu handhaben als die Minimierung der Betrags-Norm. Desweiteren wird nur es dem Ausgleichsproblem gerecht, wenn die Meßfehler – wie in der Praxis häufig anzutreffen – normalverteilt sind /1.11/. Die Tschebyscheff-Approximation ist dann sinnvoll, wenn z.B. in einem Intervall eine analytisch gegebene transzendente Funktion (trigonometrische Funktion, Logarithmus) durch ein einfacher zu berechnendes Polynom anzunähern ist.

Streng genommen müßten bei der Methode der kleinsten Quadrate die senkrechten Abstände der Meßpunkte x_n, y_n zu der gesuchten Kurve minimiert

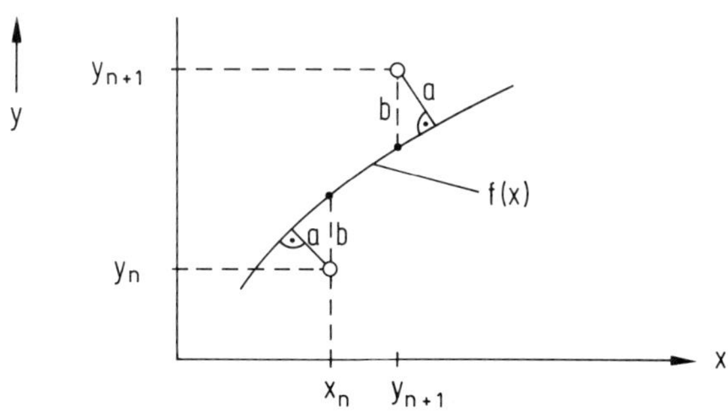

Bild 3.2 Nicht die senkrechten Abstände a zwischen den Stützstellen und der Ausgleichskurve werden minimiert, sondern die Ordinatendifferenzen b.

werden. Darauf wird im folgenden verzichtet. Die Abszissen werden praktisch als fehlerfrei angenommen. Minimiert werden lediglich die vertikalen Abstände, die Ordinatendifferenzen $f(x_n) - y_n$ (Bild 3.2).

Ist die Ausgleichskurve gefunden, so lassen sich die Ordinatendifferenzen und ihre Häufigkeitsverteilung berechnen. Die Ausgleichskurve gibt dann die Kennlinie genügend genau wieder, wenn die Standardabweichung der Verteilung der Differenzen etwa mit der Genauigkeit der Meßwerte übereinstimmt.

3.2 Ausgleichspolynom

Abgesehen von periodischen Signalen verlaufen die Ausgleichskurven im allgemeinen monoton fallend oder monoton steigend. Extrema sind nicht zu erwarten, da dann die Kennlinie mehrdeutig würde. Desweiteren werden auch der Kennlinie überlagerte Oszillationen ausgeschlossen. So werden zum Ausgleich Polynome von höchstens 3. Grad gesucht, also Geraden, quadratische und kubische Parabeln. Für den allgemeinen Fall wird das Ausgleichspolynom $P(x)$ angesetzt als

$$P(x) = a + b\,x + c\,x^2 + d\,x^3\,. \tag{3.4}$$

Bei dem Argument x_n nimmt das Polynom den Wert $P(x_n)$ an. Dieser unterscheidet sich im allgemeinen von dem gemessenen Wert y_n. Die Differenz der Ordinaten, der Abstand, das Residuum r ist

$$\begin{aligned} r_n &= P(x_n) - y_n \qquad \text{und} \\ P(x_n) - y_n - r_n &= 0\,. \end{aligned} \tag{3.5}$$

Mit $1 \leq n \leq N$ liegen insgesamt N Wertepaare vor. Das Gauß'sche Prinzip der kleinsten Quadrate bewirkt, daß die Summe S der quadrierten Residuen oder Abstände ein Minimum wird. Dabei können, falls nötig, die Abstandsquadrate noch mit einer Gewichtsfunktion $w(x_n)$ gewichtet werden. Für diesen allgemeinen Fall lautet der Ansatz

$$S = \sum_{n=1}^{N} w(x_n)\,(P(x_n) - y_n)^2 = \text{Min !} \tag{3.6}$$

Im folgenden wird jedoch mit $w(x_n) = 1$ gerechnet werden.

Die Summe S der Abstandsquadrate ist eine Funktion der gesuchten Polynom-Koeffizienten, $S = S(a,\ b,\ c,\ d)$. Die Summe S hat ein Extremum an der Stelle, an der die partiellen Ableitungen nach den Koeffizienten verschwinden,

$$\frac{\partial S}{\partial a} = 0\,, \ldots, \frac{\partial S}{\partial d} = 0\,. \tag{3.7}$$

Dieses Extremum ist ein Minimum, da in unserem Fall die Matrix der 2. Ableitungen nach den Koeffizienten stets positiv definit ist. Damit liefert der Ansatz (3.7) vier Gleichungen für die vier Unbekannten a, b, c und d:

$$\begin{aligned}
\frac{\partial S}{\partial a} &= \sum_{n=1}^{N} 2\left(a + b\,x_n + c\,x_n^2 + d\,x_n^3 - y_n\right) \cdot 1 = 0 \\
\frac{\partial S}{\partial b} &= \sum_{n=1}^{N} 2\left(a + b\,x_n + c\,x_n^2 + d\,x_n^3 - y_n\right) \cdot x_n = 0 \\
\frac{\partial S}{\partial c} &= \sum_{n=1}^{N} 2\left(a + b\,x_n + c\,x_n^2 + d\,x_n^3 - y_n\right) \cdot x_n^2 = 0 \\
\frac{\partial S}{\partial d} &= \sum_{n=1}^{N} 2\left(a + b\,x_n + c\,x_n^2 + d\,x_n^3 - y_n\right) \cdot x_n^3 = 0
\end{aligned} \tag{3.8}$$

Indem die Klammern aufgelöst und die y_n auf die rechte Seite gebracht werden, entstehen die Normalgleichungen

$$\boxed{\begin{aligned}
a\,N + b\sum x_n + c\sum x_n^2 + d\sum x_n^3 &= \sum y_n \\
a\sum x_n + b\sum x_n^2 + c\sum x_n^3 + d\sum x_n^4 &= \sum x_n\,y_n \\
a\sum x_n^2 + b\sum x_n^3 + c\sum x_n^4 + d\sum x_n^5 &= \sum x_n^2\,y_n \\
a\sum x_n^3 + b\sum x_n^4 + c\sum x_n^5 + d\sum x_n^6 &= \sum x_n^3\,y_n
\end{aligned}} \tag{3.9}$$

Die Summen gehen jeweils von $n = 1$ bis N. Sie lassen sich aus den vorliegenden Wertepaaren berechnen. Die Unbekannten sind die Koeffizienten a, b, c und d. Um sie zu bestimmen, ist für gegebene x_n das lineare Gleichungssystem (3.9) zu lösen.

Ausgleichsgerade. Der Ansatz (3.4) führt natürlich auch dann zum Ziel, wenn die Kennlinie eine Gerade sein sollte. In diesem Fall ergeben sich die Koeffizienten c und d zu null. Zweckmäßiger ist es jedoch, in den Fällen, in denen ein linearer Zusammenhang unterstellt wird, das Ausgleichspolynom schon als Gerade anzusetzen mit

$$f(x) = a + b\,x\,. \tag{3.10}$$

Zu minimieren ist die Summe S

$$S = \sum (a + b\,x_n - y_n)^2 = \text{Min !}$$

Aus (3.9) bleiben die beiden Normalgleichungen übrig

$$a\,N + b \sum x_n = \sum y_n \tag{3.11}$$

$$a \sum x_n + b \sum x_n^2 = \sum x_n\, y_n\,. \tag{3.12}$$

(3.11) wird nach a aufgelöst

$$\boxed{a = \frac{\sum y_n}{N} - \frac{b \sum x_n}{N}} \tag{3.13}$$

und in (3.12) eingesetzt

$$\frac{\sum x_n \sum y_n}{N} - \frac{b \sum x_n \sum x_n}{N} + b \sum x_n^2 = \sum x_n\, y_n,$$

woraus sich b ergibt zu

$$\boxed{b = \frac{\sum x_n\, y_n - \dfrac{\sum x_n \sum y_n}{N}}{\sum x_n^2 - \dfrac{\sum x_n \sum x_n}{N}}\,.} \tag{3.14}$$

Mit (3.14) und (3.13) sind damit die gesuchten Koeffizienten bestimmt.

• **Beispiel 3.1.** Durch die folgenden 5 Meßpaare x_n, y_n ist eine Ausgleichsgerade $f(x) = a + b\,x$ zu legen:

n	1	2	3	4	5
x_n	1	2	3	4	5
y_n	1	2	3	3	4

Die obigen Zahlenwerte liefern die Summen

$$\sum_{n=1}^{5} x_n = 15; \qquad \sum_{n=1}^{5} x_n^2 = 55; \qquad \sum_{n=1}^{5} y_n = 13; \qquad \sum_{n=1}^{5} x_n\, y_n = 46$$

Aus (3.14) errechnet sich damit b zu

$$b = \frac{46 - \dfrac{15 \cdot 13}{5}}{55 - \dfrac{15 \cdot 15}{5}} = 0,7\,.$$

und (3.13) liefert a zu

$$a = \frac{13}{5} - \frac{0,7 \cdot 15}{5} = 0,5\,.$$

Die Gleichung der gesuchten Gerade lautet also (Bild 3.3)

$$y(x) = 0,5 + 0,7\,x\,.$$

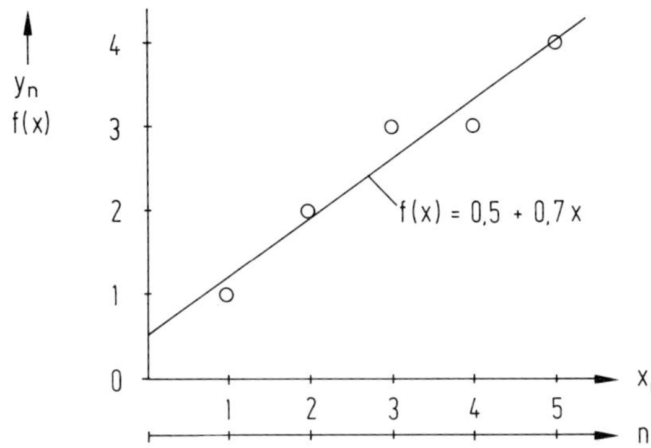

Bild 3.3 Ausgleichsgerade durch fünf Punkte

3.3 Splines

3.3.1 Spline-Interpolation

In den Fällen, in denen ein Ausgleichspolynom 3. Ordnung eine Kennlinie nicht genügend genau wiedergeben kann, soll nun nicht auf Ausgleichspolynome höherer Ordnung übergegangen werden. Diese neigen zu Welligkeiten und weichen damit unter Umständen zwischen den Stützstellen über Gebühr von der nachzubildenden Kurve ab. Besser ist, die Kennlinie durch eine sog. Spline-Funktion nachzubilden, die sich stückweise aus Polynomen zusammensetzt. Dazu werden nachfolgend kubische Parabeln angenommen, die jeweils exakt durch zwei Stützstellen gehen. Die Parabeln gleichen also nicht aus. Bei N Stützstellen setzt sich die Spline Funktion aus $N-1$ einzelnen Polynomen zusammen (Bild 3.4). Die Polynome stimmen an den Stoßstellen sowohl in Funktionswerten als auch in den 1. und 2. Ableitungen überein.

Das Polynom $P_n(x)$ zwischen den Stützstellen x_n und x_{n+1} wird angesetzt als

$$P_n(x) = a_n + b_n\,(x - x_n) + c_n\,(x - x_n)^2 + d_n\,(x - x_n)^3 \tag{3.15}$$

$$\text{für} \quad x_n \le x \le x_{n+1} \quad \text{und} \quad n = 1,\ 2,\ \ldots\ ,\ N-1\,.$$

An den Stellen $x = x_n$ verschwinden die Differenzen $x - x_n$. Für ein Teilintervall h_n der Länge

$$h_n = x_{n+1} - x_n \tag{3.16}$$

ergibt sich dann für das Polynom $P_n(x)$ an den Stützstellen

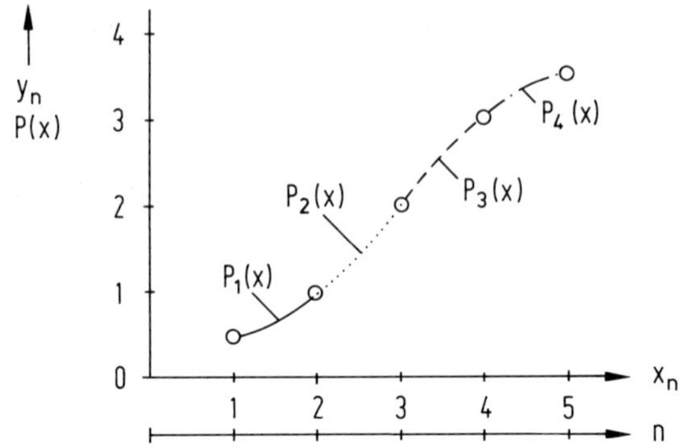

Bild 3.4 Die Spline-Interpolationsfunktion besteht aus Polynomen $P_n(x)$, die durch die Stützstellen gehen und sich stoßfrei fortsetzen.

$$P_n(x_n) = a_n = y_n \tag{3.17}$$

$$P_n(x_{n+1}) = a_n + b_n\, h_n + c_n\, h_n^2 + d_n\, h_n^3 = y_{n+1} \tag{3.18}$$

$$P_n'(x_n) = b_n = y_n' \tag{3.19}$$

$$P_n'(x_{n+1}) = b_n + 2\, c_n\, h_n + 3\, d_n\, h_n^2 = y_{n+1}' \tag{3.20}$$

$$P_n''(x_n) = 2\, c_n = y_n'' \tag{3.21}$$

$$P_n''(x_{n+1}) = 2\, c_n + 6\, d_n\, h_n = y_{n+1}'' \,. \tag{3.22}$$

Mit diesen Gleichungen lassen sich die gesuchten Koeffizienten durch die gegebenen Stützwerte und durch die noch unbekannten 2. Ableitungen an den Enden der Teilintervalle ausdrücken:

$$a_n = y_n \tag{3.23}$$

$$b_n = \frac{1}{h_n}\,(y_{n+1} - y_n) - \frac{1}{6}\, h_n\,(y_{n+1}'' + 2\, y_n'') \tag{3.24}$$

$$c_n = \frac{1}{2}\, y_n'' \tag{3.25}$$

$$d_n = \frac{1}{6\, h_n}\,(y_{n+1}'' - y_n'') \,. \tag{3.26}$$

Die Koeffizienten lassen sich berechnen, sobald die 2. Ableitungen bekannt sind. Um diese zu finden, wird von der Stetigkeit der 1. Ableitungen an den inneren Stützstellen Gebrauch gemacht. Indem (3.24), (3.25) und (3.26) in (3.20) eingesetzt werden, folgt für die 1. Ableitung am Ende eines Intervalls

$$P_n'(x_{n+1}) = \frac{1}{h_n}\,(y_{n+1} - y_n) + \frac{1}{6}\, h_n(2\, y_{n+1}'' + y_n'') \,. \tag{3.27}$$

Ebenso gilt für das Polynom P_{n-1} an der Stützstelle x_n

$$P_{n-1}'(x_n) = \frac{1}{h_{n-1}}\,(y_n - y_{n-1}) + \frac{1}{6}\, h_{n-1}\,(2\, y_n'' + y_{n-1}'') \,. \tag{3.28}$$

Desweiteren liefert (3.19) die Ableitung des n-ten Polynoms an der Stützstelle x_n

$$P_n'(x_n) = b_n \tag{3.29}$$

Die Stetigkeit verlangt nun, daß die Ableitungen der aneinanderstoßenden Polynome an der Stoßstelle x_n gleich sind

$$P_{n-1}'(x_n) = P_n'(x_n)\,. \tag{3.30}$$

Diese Bedingung führt mit (3.28) und (3.24) auf die Gleichung

$$\begin{aligned} &\frac{1}{h_{n-1}}(y_n - y_{n-1}) + \frac{1}{6}h_{n-1}(2\,y_n'' + y_{n-1}'') = \\ &\qquad = \frac{1}{h_n}(y_{n+1} - y_n) - \frac{1}{6}h_n(y_{n+1}'' + 2\,y_n'')\,, \end{aligned} \tag{3.31}$$

die mit 6 multipliziert und geordnet wird:

$$\begin{aligned} &h_{n-1}\,y_{n-1}'' + 2\,(h_{n-1} + h_n)\,y_n'' + h_n\,y_{n+1}'' = \\ &\qquad = -\frac{6}{h_{n-1}}(y_n - y_{n-1}) + \frac{6}{h_n}(y_{n+1} - y_n)\,. \end{aligned} \tag{3.32}$$

Aus den Gleichungen (3.32) können für $n = 2$ bis $N - 1$ die 2. Ableitungen an den $N - 2$ inneren Stützstellen berechnet werden, falls die 2. Ableitungen y_1'' und y_N'' an den äußeren Stützstellen bekannt sind. Über diese wird nach verschiedenen Gesichtspunkten frei verfügt. Gebräuchlich sind z.B.

- der natürliche Spline: die Krümmung an den Rändern des Intervalls wird zu null gesetzt,

  $$y_1'' = y_N'' = 0\,. \tag{3.33}$$

  Außerhalb des Intervalls $[x_1, x_N]$ würde sich der Spline als Gerade mit der Krümmung null fortsetzen.

- der verallgemeinerte natürliche Spline: Die Krümmungen werden vorgegeben mit

  $$y_1'' = \alpha \qquad \text{und} \qquad y_N'' = \beta\,. \tag{3.34}$$

- der not-a-knot-Spline: durch die ersten und letzten drei Stützstellen wird jeweils ein Polynom gelegt. $P_1(x) = P_2(x)$ und $P_{N-2}(x) = P_{N-1}(x)$. Die Stützstellen x_2 und x_{N-1} sind keine echten Knoten der Splinefunktion ("not a knot"). Bei y_1 und y_N wird die Krümmung des betreffenden Polynoms berechnet und als Startwert genommen. Es ergeben sich /1.3/

  $$y_1'' = y_2'' + \frac{h_1}{h_2}(y_2'' - y_3'') \tag{3.35a}$$

$$y''_N = y''_{N-1} + \frac{h_{N-1}}{h_{N-2}} (y''_{N-1} - y''_{N-2}) \tag{3.35b}$$

Der not-a-knot-Spline kann u.U. eine gegebene Sensorkennlinie besser annähern als ein natürlicher Spline.

Mit (3.33),(3.34) oder (3.35) und (3.32) ist es dann möglich, aus (3.23) bis (3.26) die gesuchten Koeffizienten der Polynome zu berechnen.

• **Beispiel 3.3.** Gegeben sind die untenstehenden $N = 5$ Wertepaare, durch die 4 Polynome $P_1(x)$ bis $P_4(x)$ dritter Ordnung zu legen sind (Bild 3.4). Die Abschnitte auf der x-Achse sind äquidistant mit $h_n = x_{n+1} - x_n = 1$. Gesucht ist der natürliche Spline mit $y''_1 = y''_5 = 0$:

n	1	2	3	4	5
x_n	1	2	3	4	5
y_n	0,5	1	2	3	3,5

Die Gleichung (3.32) liefert das Gleichungssystem

$$n = 2: \quad 0 + 4y''_2 + y''_3 = -6 \cdot 0,5 + 6 \cdot 1 = 3$$

$$n = 3: \quad y''_2 + 4y''_3 + y''_4 = -6 \cdot 1 + 6 \cdot 1 = 0$$

$$n = 4: \quad y''_3 + 4y''_4 + 0 = -6 \cdot 1 + 6 \cdot 0,5 = -3$$

mit den Lösungen

$$y''_2 = 3/4; \qquad y''_3 = 0 \qquad \text{und} \qquad y''_4 = -3/4.$$

Aus (3.23) folgt

$$a_1 = 0,5; \quad a_2 = 1; \quad a_3 = 2 \quad \text{und} \quad a_4 = 3.$$

Aus (3.24) ergibt sich

$$b_1 = 3/8; \quad b_2 = 3/4; \quad b_3 = 9/8; \quad b_4 = 3/4.$$

Entsprechend liefern (3.25) und (3.26)

$$c_1 = 0; \qquad c_2 = 3/8; \qquad c_3 = 0; \qquad c_4 = -3/8;$$

$$d_1 = 1/8; \quad d_2 = -1/8; \quad d_3 = -1/8; \quad d_4 = 1/8.$$

Damit lauten die 4 Polynome

$$P_1(x) = 0,5 + \frac{3}{8}(x-1) \qquad + \frac{1}{8}(x-1)^3 \quad \text{für} \quad 1 \le x \le 2$$

$$P_2(x) = 1 + \frac{3}{4}(x-2) + \frac{3}{8}(x-2)^2 - \frac{1}{8}(x-3)^3 \quad \text{für} \quad 2 \le x \le 3$$
$$P_3(x) = 2 + \frac{9}{8}(x-3) - \frac{1}{8}(x-3)^3 \quad \text{für} \quad 3 \le x \le 4$$
$$P_4(x) = 3 + \frac{3}{4}(x-4) - \frac{3}{8}(x-4)^2 + \frac{1}{8}(x-4)^3 \quad \text{für} \quad 4 \le x \le 5$$

3.3.2 Spline-Approximation

In der Praxis werden die Meßwerte, durch die die Splinefunktion zu legen ist, streuen. In diesem Fall ist es wenig hilfreich, die Splinefunktion zu zwingen, exakt durch alle mit Unsicherheiten oder Meßfehlern behafteten Stützstellen zu gehen. Sinnvoller ist es, eine Ausgleichung vorzunehmen und anstelle eines interpolierenden einen approximierenden Spline zu verwenden. Die Idee ist, kubische Polynome P_n mit den zunächst noch unbekannten Ordinatenwerten $P_n(x_n) = f_n$ so durch die Meßpaare (x_n, y_n) hindurchzulegen, daß die Differenzen $y_n - f_n$ positiv proportional den Sprüngen r_n der 3. Ableitung der Splinefunktion in x_n sind /1.3/. Die Proportionalitätsfaktoren w_n sind dabei rechnergestützt im interaktiven Verkehr anhand der Bildschirmausgabe festzulegen,

$$w_n(y_n - f_n) = r_n\,. \tag{3.36}$$

Die Spline-Polynome $P_n(x)$ werden wieder wie in (3.15) angesetzt. Im Falle eines natürlichen Splines wird angenommen

$$\begin{aligned} y_1'' &= c_1 = 0 \\ y_N'' &= c_N = 0\,. \end{aligned} \tag{3.37}$$

Die übrigen Koeffizienten c_n mit $n = 2, 3, \ldots N-1$ lassen sich aus dem folgenden Gleichungssystem ermitteln, in dem die Krümmungen nach (3.21) durch die Koeffizienten c_n ausgedrückt sind. (3.32) wird so durch das folgende Gleichungssystem abgelöst /1.3/

$$\begin{aligned} &\left(\frac{6}{w_{n-1}}\,\frac{1}{h_{n-2}}\,\frac{1}{h_{n-1}}\right) c_{n-2} \\ &+ \left(h_{n-1} - \frac{6}{w_{n-1}}\,\frac{1}{h_{n-1}}\left(\frac{1}{h_{n-2}} + \frac{1}{h_{n-1}}\right) - \frac{6}{w_n}\,\frac{1}{h_{n-1}}\left(\frac{1}{h_{n-1}} + \frac{1}{h_n}\right)\right) c_{n-1} \\ &+ \left(2\,(h_{n-1} + h_n) + \frac{6}{w_{n-1}}\,\frac{1}{h_{n-1}^2} + \frac{6}{w_n}\left(\frac{1}{h_{n-1}} + \frac{1}{h_n}\right)^2 + \frac{6}{w_{n+1}} + \frac{1}{h_n^2}\right) c_n \\ &+ \left(h_n - \frac{6}{w_n}\,\frac{1}{h_n}\left(\frac{1}{h_{n-1}} + \frac{1}{h_n}\right) - \frac{6}{w_{n+1}}\,\frac{1}{h_n}\left(\frac{1}{h_n} + \frac{1}{h_{n+1}}\right)\right) c_{n+1} \\ &+ \left(\frac{6}{w_{n+1}}\,\frac{1}{h_n}\,\frac{1}{h_{n+1}}\right) c_{n+2} = 3\left(\frac{y_{n+1} - y_n}{h_n} - \frac{y_n - y_{n-1}}{h_{n-1}}\right). \end{aligned} \tag{3.38}$$

Dabei sind in (3.38) alle Terme, in denen nicht definierte Indizes wie z.B. c_{-1} oder c_{N+1} auftreten, durch null zu ersetzen.

Bei bekannten c_n errechnen sich die Koeffizienten a_n aus

$$a_1 = y_1 + \frac{1}{w_1} \frac{2}{h_1} (c_1 - c_2) \tag{3.39}$$

$$a_n = y_n - \frac{2}{w_n} \left[\frac{1}{h_{n-1}} c_{n-1} - \left(\frac{1}{h_{n-1}} + \frac{1}{h_n} \right) c_n + \frac{1}{h_n} c_{n+1} \right] \tag{3.40}$$

$$\text{für} \quad n = 2,\, 3,\, \ldots\, ,\, N-1$$

$$a_N = y_N - \frac{1}{w_N} \frac{2}{h_{N-1}} (c_{N-1} - c_N)\,. \tag{3.41}$$

Die übrigen Koeffizienten b_n und d_n ergeben sich damit zu

$$b_n = \frac{1}{h_n} (a_{n+1} - a_n) - \frac{h_n}{3} (c_{n+1} + 2c_n) \tag{3.42}$$

$$\text{für} \quad n = 1,\, 2,\, \ldots\, ,\, N-1$$

$$d_n = \frac{1}{3h_n} (c_{n+1} - c_n), \qquad \text{für} \quad n = 1,\, 2,\, \ldots\, N-1. \tag{3.43}$$

Der Algorithmus ist z.B. in dem Programm „Ausgleichsrechnung“ implementiert. Für die Wahl der Gewichtsfaktoren w_n kann keine allgemein gültige Empfehlung abgegeben werden. Ihre Wirkung ist im Einzelfall auszuprobieren. So wird die endgültig gefundene Splinefunktion von dem subjektiven Empfinden des Ingenieurs abhängen. Gewichtsfaktoren $w_n \to \infty$ ergeben den natürlichen interpolierenden Spline (keine Ausgleichung) und mit $w_n \to 0$ wird durch die Meßwerte nach dem Prinzip der kleinsten Quadrate eine Gerade gelegt. Das implementierte Rechenprogramm liefert die Ausgleichskurve als Bild. Die $4\,(N-1)$ Koeffizienten der Polynome werden nicht ausgegeben, da die Kennlinienapproximation durch die vielen Polynomstücke in der Praxis zu aufwendig ist.

3.3.3 Interpolierender Spline durch geglättete Stützwerte

Der approximierende Spline des vorausgegangenen Abschnitts liefert die Möglichkeit, zwischen streuenden Meßwerten auszugleichen. Der Aufwand ist jedoch erheblich. Durch N Wertepaare sind $N-1$ kubische Polynome hindurchzulegen. $4(N-1)$ Koeffizienten sind zu bestimmen und abzuspeichern. Damit wird nicht mehr das Ziel erreicht, eine Kennlinie in einem Mikroprozessor so abzulegen, daß für den Echtzeitbetrieb ein geringer Speicherbedarf mit einer hohen Rechengeschwindigkeit kombiniert wird. So kann in der Praxis eine andere Strategie erfolgreicher sein. Diese liegt darin, die Kennlinie nicht aus vielen, sondern aus wenigeren, dafür aber genauer gemessenen Punkten zu ermitteln.

Die streuenden oder mit zufälligen Fehlern behafteten Meßwerte sind zunächst

- zu mitteln oder
- zu glätten,

bevor dann die Spline-Polynome berechnet werden.

Bei der Mittelwertbildung werden an den Stellen x_n die Ordinatenwerte $y_{n,i}$ jeweils über eine gewisse Zeit gemessen und aus den $y_{n,i}$ wird ein Mittelwert $\overline{y}_n$ berechnet. Bei der Glättung (Abschn. 4.1.2) wird z.B. durch 5 Wertepaare ein Ausgleichspolynom hindurchgelegt. Der Wert dieses Polynoms am mittleren Abszissenpunkt liefert dann den geglätteten Ordinatenwert. Durch die von zufälligen Meßfehlern befreiten Stützwerte ist dann nach Abschnitt 3.3.1 ein interpolierender Spline, bestehend aus wenigen Polynomen, zu legen.

3.4 Approximation eines periodischen Signals durch eine Fourier-Reihe

Aufgabenstellung. Die Wertepaare, durch die eine Kurve zu legen ist, seien periodisch. Gleichzeitig sei die Periodendauer T_0 der Grundschwingung mit der Kreisfrequenz ω_0 bekannt. Die unabhängige Variable ist also jetzt die Zeit t. Im Abstand des Abtastintervalls T_a wurden zu den diskreten Zeitpunkten $t_n = nT_a$ die Ordinatenwerte y_n gemessen (Bild 3.5). Wichtig ist, daß die gesamte Meßzeit NT_a genau eine Periode T_0 der Grundschwingung beträgt, $NT_a = T_0$. Durch die Wertepaare t_n, y_n ist eine periodische Funktion zu legen, die als Fourier-Reihe $f_R(t)$ angesetzt wird mit

$$f_R(t) = \frac{a_0}{2} + \sum_{k=1}^{K} a_k \cos k\omega_0 t + \sum_{k=1}^{K} b_k \sin k\omega_0 t . \tag{3.50}$$

Die Reihe ist also einschließlich der K-ten Oberschwingung entwickelt. Dementsprechend sind $2K + 1$ Koeffizienten als Amplituden der harmonischen Schwingungen zu bestimmen, nämlich der den Gleichanteil angebende Koeffizient a_0 und die jeweils K Amplituden a_k und b_k der Cosinus- und Sinus-Glieder. Sind die Koeffizienten einmal ermittelt, so ist die Fourier-Reihe $f_R(t)$ bestimmt.

Um $2K + 1$ Unbekannte zu finden, sind mindestens $2K + 1$ unabhängige Gleichungen notwendig. Diese sind aus den Abtastwerten zu bilden, d.h. es müssen mindestens $2K + 1$ Funktionswerte pro Periode der Grundschwingung abgetastet werden. Der Abtastsatz enthält also mindestens N Werte mit

$$N \geq 2K + 1 . \tag{3.51}$$

In dieser Ungleichung ist schon das Abtasttheorem enthalten. Wird sie rechts und links mit der Frequenz f_0 der Grundschwingung multipliziert, so entsteht

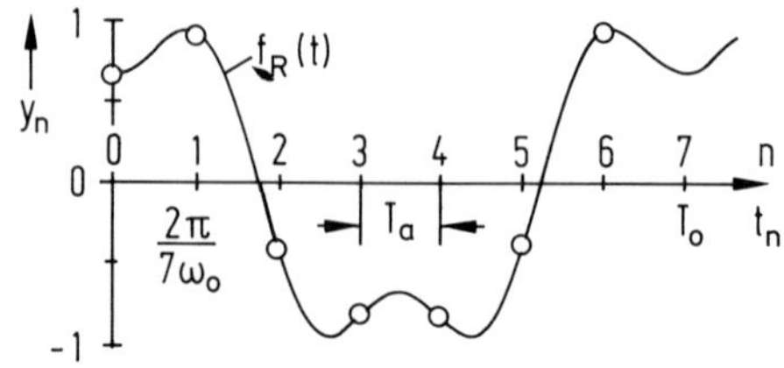

Bild 3.5 Das periodische Signal $f(t) = \cos\omega_0 t - 1/3\cos 3\omega_0 t$ wurde während einer Periode T_0 der Grundschwingung siebenmal ($N = 7$) abgetastet. Die Abtastfrequenz f_a beträgt $f_a = 7f_0$; Das Abtastintervall T_a ist $T_a = 1/f_a = T_0/N = 2\pi/\omega_0 N$. Durch die Stützstellen t_n, y_n wird die Fourierreihe $f_R(t)$ gelegt.

unter Berücksichtigung von $NT_a = T_0$ und $Nf_0 = f_a$

$$Nf_0 = f_a \geq (2K+1)f_0\,. \tag{3.52}$$

Hierin bedeutet Kf_0 die Frequenz der höchsten Oberwelle, $2Kf_0$ die doppelte Frequenz der höchsten Oberwelle und $(2K+1)f_0$ eine Frequenz, die größer als das Doppelte der höchsten im Signal enthaltenen Frequenz ist. So groß muß die Abtastfrequenz f_a mindestens sein.

Die Amplituden a_k und b_k werden im folgenden mit Hilfe der Gauß'schen Ausgleichsrechnung nach dem Prinzip der kleinsten Quadrate bestimmt. Bei genau $2K+1$ Abtastwerten, $N = 2K+1$, verläuft die gesuchte Kurve durch die Abtastwerte; bei $N > 2K+1$ wird gegebenenfalls zwischen den Stützwerten ausgemittelt.

Durchführung der Rechnung. Zu den Zeitpunkten t_n einer Abtastung wurden die Werte y_n gemessen. Durch die Stützwerte t_n, y_n wird die Fourier-Reihe $f_R(t)$ gelegt. Ihre Koeffizienten werden so bestimmt, daß die Summe S der quadrierten Differenzen $[f_R(t_n) - y_n]^2$ ein Minimum wird,

$$S = \sum_{n=0}^{N-1} [f_R(t_n) - y_n]^2 = \text{Min !} \tag{3.53}$$

An der Stelle eines Minimums sind die Ableitungen von S nach den Koeffizienten jeweils null. Daraus entstehen $2K+1$ Bestimmungsgleichungen für die $2K+1$ gesuchten Koeffizienten:

$$\frac{\partial S}{\partial a_0} = \sum_{n=0}^{N-1} 2\left[\frac{a_0}{2} + a_1\cos 1\omega_0 t_n + \cdots + b_K \sin K\omega_0 t_n - y_n\right]\frac{1}{2} = 0 \tag{3.54}$$

$$\frac{\partial S}{\partial a_1} = \sum_{n=0}^{N-1} 2\left[\frac{a_0}{2} + a_1\cos 1\omega_0 t_n + \cdots + b_K \sin K\omega_0 t_n - y_n\right]\cos 1\omega_0 t_n = 0 \tag{3.55}$$

$$\frac{\partial S}{\partial a_k} = \sum_{n=0}^{N-1} 2\left[\frac{a_0}{2} + a_1 \cos 1\omega_0 t_n + \cdots + b_K \sin K\omega_0 t_n - y_n\right] \cos k\omega_0 t_n = 0 \tag{3.56}$$

$$\frac{\partial S}{\partial b_k} = \sum_{n=0}^{N-1} 2\left[\frac{a_0}{2} + a_1 \cos 1\omega_0 t_n + \cdots + b_K \sin K\omega_0 t_n - y_n\right] \sin k\omega_0 t_n = 0 \tag{3.57}$$

Wird (3.54) neu geordnet, so entsteht

$$N \frac{a_0}{2} + a_1 \sum_{n=0}^{N-1} \cos 1\omega_0 t_n + a_2 \sum_{n=0}^{N-1} \cos 2\omega_0 t_n + \cdots + b_k \sum_{n=0}^{N-1} \sin K\omega_0 t_n = \sum_{n=0}^{N-1} y_n \,. \tag{3.58}$$

In dieser Gleichung sind die Summen über die Cosinus- und die Sinusfunktionen null, da jeweils komplette Perioden abgetastet wurden. Der gesuchte Koeffizient a_0 ergibt sich damit aus dem Abtastsatz zu

$$a_0 = \frac{2}{N} \sum_{n=0}^{N-1} y_n \,. \tag{3.59}$$

Etwas länger gestaltet sich die Berechnung des Koeffizienten a_1. Aus Gl. (3.55) entsteht

$$\sum_{n=0}^{N-1} f_R(t_n) \cos 1\omega_0 t_n = \sum_{n=0}^{N-1} y_n \cos 1\omega_0 t_n \,.$$

Hier werden zunächst die auf der linken Seite der Gleichung stehenden Glieder der Fourier-Reihe getrennt geschrieben,

$$\begin{aligned} \frac{a_0}{2} \sum_{n=0}^{N-1} \cos 1\omega_0 t_n + a_1 & \sum_{n=0}^{N-1} \cos 1\omega_0 t_n \cdot \cos 1\omega_0 t_n \\ & + a_2 \sum_{n=0}^{N-1} \cos 2\omega_0 t_n \cdot \cos 1\omega_0 t_n \\ & \vdots \\ & + b_K \sum_{n=0}^{N-1} \sin K\omega_0 t_n \cdot \cos 1\omega_0 t_n = \sum_{n=0}^{N-1} y_n \cos 1\omega_0 t_n \,. \end{aligned} \tag{3.60}$$

In dieser Gleichung verschwindet der Term mit a_0, weil die Summe der Cosinus-Werte über eine volle Periode null ergibt. Bei den übrigen Koeffizienten a_k und b_k treten Produkte aus trigonometrischen Funktionen auf. Sinus und Cosinus sind orthogonale Funktionen; es gilt

$$\sum_{n=0}^{N-1} \cos \mu\omega_0 t_n \cdot \cos \nu\omega_0 t_n = \frac{1}{2}\left[\sum_{n=0}^{N-1} \cos(\mu+\nu)\omega_0 t_n + \sum_{n=0}^{N-1} \cos(\mu-\nu)\omega_0 t_n\right]$$

$$= \frac{N}{2} \qquad \text{für} \quad \mu = \nu \tag{3.61}$$

$$= 0 \qquad \text{für} \quad \mu \neq \nu \tag{3.62}$$

$$\sum_{n=0}^{N-1} \sin \mu\omega_0 t_n \cdot \cos \nu\omega_0 t_n = \frac{1}{2}\left[\sum_{n=0}^{N-1} \sin(\mu+\nu)\omega_0 t_n + \sum_{n=0}^{N-1} \sin(\mu-\nu)\omega_0 t_n\right]$$

$$= 0 \qquad \text{für} \quad \mu > \nu, \quad \mu = \nu, \quad \mu < \nu \tag{3.63}$$

$$\sum_{n=0}^{N-1} \sin \mu\omega_0 t_n \cdot \sin \nu\omega_0 t_n = \frac{1}{2}\left[\sum_{n=0}^{N-1} \cos(\mu-\nu)\omega_0 t_n - \sum_{n=0}^{N-1} \cos(\mu+\nu)\omega_0 t_n\right]$$

$$= \frac{N}{2} \qquad \text{für} \quad \mu = \nu \tag{3.64}$$

$$= 0 \qquad \text{für} \quad \mu \neq \nu \tag{3.65}$$

Auf der linken Seite von (3.60) bleibt so wegen der Beziehungen (3.61-3.63) nur das Glied mit a_1 stehen. Damit ergibt sich die gesuchte Lösung zu

$$a_1 = \frac{2}{N} \sum_{n=0}^{N-1} y_n \cos 1\omega_0 t_n \,. \tag{3.66}$$

In ähnlicher Weise werden die Rechenvorschriften zur Bestimmung der übrigen Koeffizienten erhalten. Sie lauten für den allgemeinen Fall:

$$\boxed{a_k = \frac{2}{N} \sum_{n=0}^{N-1} y_n \cos k\omega_0 t_n \qquad \text{für} \quad k = 0,\ 1,\ \ldots,\ K} \tag{3.67}$$

$$\boxed{b_k = \frac{2}{N} \sum_{n=0}^{N-1} y_n \sin k\omega_0 t_n \qquad \text{für} \quad k = 1,\ \ldots,\ K} \tag{3.68}$$

In der allgemeineren Gleichung (3.67) sind die beiden Gleichungen (3.59) und (3.66) enthalten. Vorteilhaft ist, daß wegen der Orthogonalität von Sinus und Cosinus die Koeffizienten a_k und b_k jeweils unabhängig voneinander berechnet werden können. Es ist also nicht, wie bei der Ermittlung der Koeffizienten von Polynomen, ein Gleichungssystem zu lösen.

Bei bekannten Fourier-Koeffizienten ist die gesuchte Fourier-Reihe $f_R(t)$ definiert. Ihr Wert kann für jeden Zeitpunkt t angegeben und ihr Verlauf in Abhängigkeit von der Zeit kann lückenlos, also auch zwischen den Abtastpunkten, dargestellt werden. Werden des weiteren die Amplituden a_k und b_k über der Frequenz aufgetragen, so wird das Spektrum des Zeitsignals wiedergegeben (Bild 3.6). Die Amplituden haben die Einheit der gemessenen Größe, also z.B. Volt, Meter oder Pascal.

Von Bedeutung für die Aufgabenstellung war die Kenntnis der Periode T_0 der Grundschwingung. Damit konnte die Meßzeit als ganzzahliges Vielfaches der Periodendauer der Grundschwingung gewählt werden. Nur unter dieser Bedingung sind die Summen über die Sinus- und Cosinus-Terme null und es ergeben sich die relativ einfachen Gleichungen (3.67) und (3.68).

• **Beispiel 3.4.** Die Bestimmung der Fourier-Koeffizienten, die in der Praxis rechnergestützt erfolgt, soll hier anhand eines leicht zu durchschauenden Beispiels verdeutlicht werden. Gegeben ist der Abtastsatz der Funktion von Bild 3.5 mit dem Abtastintervall $T_a = 2\pi/7\omega_0$:

$$\begin{aligned}
n &= 0: \qquad & f(t_0) &= y_0 = 0,6667 \\
n &= 1: \qquad & f(t_1) &= y_1 = 0,9238 \\
n &= 2: \qquad & f(t_2) &= y_2 = -0,4304 \\
n &= 3: \qquad & f(t_3) &= y_3 = -0,8268 \\
n &= 4: \qquad & f(t_4) &= y_4 = -0,8268 \\
n &= 5: \qquad & f(t_5) &= y_5 = -0,4304 \\
n &= 6: \qquad & f(t_6) &= y_6 = 0,9238.
\end{aligned}$$

Gesucht ist die zu diesem Abtastsatz passende Fourier-Reihe bis einschließlich der 3. Oberwelle, $K = 3$,

$$f_R(t) = \frac{a_0}{2} + \sum_{k=1}^{3} a_k \cos k\omega_0 t + \sum_{k=1}^{3} \sin k\omega_0 t\,.$$

Insgesamt sind also 7 Koeffizienten zu bestimmen, wofür die angegebenen $N = 7$ Abtastwerte gerade ausreichen.

Aus Gl. (3.67) folgt für $t_n = nT_a = 2\pi n/7\omega_0$

$$\begin{aligned}
a_k = \frac{2}{7}\biggl(&0,6667\ \cos k\omega_0\,\frac{2\pi}{7\omega_0}\,0 + 0,9238\ \cos k\omega_0\,\frac{2\pi}{7\omega_0}\,1 \\
&- 0,4304 \cos k\omega_0\,\frac{2\pi}{7\omega_0}\,2 - 0,8268\ \cos k\omega_0\,\frac{2\pi}{7\omega_0}\,3
\end{aligned}$$

Aus (3.13) entsteht

$$a = \frac{\sum y_n^*}{N-1} - b\,\frac{\sum x_n^*}{N-1} = \frac{-2,353}{4} - (-0,5)\cdot 2 = 0,411.$$

Werden nun die Koeffizienten der Geraden in die der Exponentialfunktion umgerechnet, so ist mit

$$B = -b = 0,5 \qquad \text{und}$$

$$A = \frac{e^a}{B} = \frac{e^{0,411}}{0,5} = 3,0$$

die ursprüngliche Kurve wieder gefunden.

3.5.3 Exponentialfunktion $f(x) = A\,e^{B/x}$.

Diese Funktion tritt immer dann auf, wenn bei dem betrachteten Effekt die Boltzmann-Verteilung mit dem Boltzmann-Faktor $e^{W/kT}$ eine Rolle spielt (W ist eine Energie, k ist die Boltzmann-Konstante und T ist die absolute Temperatur). Gemessen seien wieder N Werte y_n, die durch die Funktion $f(x)$ approximiert werden sollen mit

$$f(x) = A\,e^{B/x} \tag{3.92}$$

Zum Linearisieren wird zweckmäßig in folgenden Schritten vorgegangen:

1) Im Exponent wird $1/x$ durch z ersetzt. Die Argumente z_n werden berechnet.

2) Die neue Funktion $f(z) = A\,e^{Bz}$ wird logarithmiert,

$$\ln f(z) = \ln A + Bz = a + bz\,.$$

Das ist die Gleichung einer Geraden mit der Steigung $b = B$, die bei $a = \ln A$ die Ordinate schneidet.

3) Die Meßwerte y_n werden ebenfalls logarithmiert:

$$y^* = \ln y_n\,.$$

4) Die Koeffizienten der Geraden werden berechnet aus

$$b = \frac{\sum z_n\,y_n^* - \dfrac{\sum z_n \sum \ln y_n^*}{N}}{\sum z_n^2 - \dfrac{\sum z_n \sum z_n}{N}} \tag{3.94}$$

$$a = \frac{\sum y_n^*}{N} - \frac{b \sum z_n}{N} \tag{3.95}$$

5) Daraus ergeben sich die gesuchten Koeffzienten zu

$$A = e^a \qquad \text{und} \qquad B = b\,. \tag{3.96}$$

• **Beispiel 3.6.** Mit den Materialkonstanten K_0 (Ohm) und B (Kelvin) läßt sich der Widerstand $R(T)$ eines Heißleiters in Abhängigkeit von der absoluten Temperatur T (K) angeben mit

$$R(T) = K_0\, e^{B/T} \qquad \text{(Ohm)}. \tag{3.97}$$

Gemessen wurden die Widerstandswerte $R(T)$ bei $\vartheta = 0$, 50, und 100^oC. Mit den Werten der Tabelle 3.2 berechnet sich aus (3.94) der Koeffizient $B = b$ zu

$$B = \frac{71,87 \cdot 10^{-3} - \dfrac{9,44 \cdot 10^{-3} \cdot 22,36}{3}}{30,19 \cdot 10^{-6} - \dfrac{89,11 \cdot 10^{-6}}{3}} = 3082\, K.$$

Die Gl. (3.95) liefert

$$a = \frac{22,36}{3} - \frac{3082 \cdot 9,44 \cdot 10^{-3}}{3} = -2,245,$$

woraus mit (3.96)

$$K_0 = e^{-2,245} = 0,106$$

folgt. Die gesuchte Kurve lautet also

$$R(T) = 0,106\; e^{3082/T} \quad \text{Ohm}.$$

Tab 3.2 Zahlenwerte zum Beispiel 3.6

					$\sum$
ϑ	(^oC)	0	50	100	
T	(K)	273	323	373	
$R(t)$	(Ω)	8542	1473	407	
$z = \frac{1}{T}$	(K^{-1})	$3,663 \cdot 10^{-3}$	$3,096 \cdot 10^{-3}$	$2,681 \cdot 10^{-3}$	$9,44 \cdot 10^{-3}$
$R(z)$	(Ω)	8542	1473	407	
$\ln \frac{R(z)}{\Omega}$		9,05	7,30	6,01	22,36
$z \cdot \ln \frac{R(z)}{\Omega}$	(K^{-1})	$33,15 \cdot 10^{-3}$	$22,61 \cdot 10^{-3}$	$16,11 \cdot 10^{-3}$	$71,87 \cdot 10^{-3}$
z^2	(K^{-2})	$13,42 \cdot 10^{-6}$	$9,58 \cdot 10^{-6}$	$7,19 \cdot 10^{-6}$	$30,19 \cdot 10^{-6}$

3.6 Approximation durch eine gebrochene rationale Funktion

Aufgabenstellung. Zur Approximation einer Kennlinie kann schließlich auch eine gebrochene rationale Funktion als Quotient zweier Polynome eingesetzt werden. Mit Polynomen 2. Ordnung z.B. lautet die Gleichung einer derartigen Funktion

$$f(x) = \frac{a_1 + a_2 x + a_3 x^2}{1 + a_4 x + a_5 x^2}\,. \tag{3.100}$$

Bei der Ausgleichsrechnung wird wie bisher vorgegangen. Zunächst wird die Summe S der quadrierten Differenzen gebildet. Diese wird dann nach den gesuchten Koeffizienten a_i abgeleitet und die Ableitungen werden zu null gesetzt:

$$S = \sum_{n=1}^{N} \left(\frac{a_1 + a_2 x_n + a_3 x_n^2}{1 + a_4 x_n + a_5 x_n^2} - y_n \right)^2 = \text{Min !} \tag{3.101}$$

$$\frac{\partial S}{\partial a_i} = 0 \qquad \text{für } i = 1 \ldots 5\,. \tag{3.102}$$

Diese Gleichungen sind nichtlinear bezüglich der gesuchten Koeffizienten a_i. So entsteht bei der Ausgleichung durch eine gebrochene rationale Funktion die Aufgabe, ein System nichtlinearer Gleichungen zu lösen. Hierzu wird im folgenden das Verfahren nach Newton eingesetzt. Diese Methode wird zunächst an Hand der Lösung einer nichtlinearen Gleichung mit einer Unbekannten erläutert, um sie dann auf Funktionen mit mehreren Unbekannten zu übertragen.

3.6.1 Iterative Lösung einer nichtlinearen Gleichung nach dem Verfahren von Newton

Gegeben sei eine (nichtlineare) Funktion $g(x)$ und gesucht werden die Punkte, bei der die Funktion die x-Achse schneidet. Zu bestimmen ist zunächst eine Nullstelle der Gleichung

$$g(x) = 0\,. \tag{3.103}$$

Mit dem Verfahren von Newton läßt sich diese Aufgabe lösen, wenn die Ableitung $g'(x)$ der Funktion existiert und wenn ein Näherungswert $x^{(0)}$ für die Nullstelle angegeben werden kann. Die Funktion $g(x)$ wird um die Stelle $x^{(0)}$ linearisiert. Das heißt, ihre Reihenentwicklung nach Taylor wird nach dem linearen Glied abgebrochen. Übrig bleibt die Gleichung der Tangente $g_t(x)$. Der Schnittpunkt dieser Tangente mit der x-Achse wird berechnet und mit $x^{(1)}$ bezeichnet. Nun wird die Tangente der Kurve für den Abszissenwert $x^{(1)}$ ermittelt. Sie schneidet die x-Achse bei dem Wert $x^{(2)}$. Bei wiederholter Anwendung entsteht so eine Folge von Zahlen $x^{(0)}, x^{(1)}, x^{(2)} \ldots$, die gegen die exakte Nullstelle der Funktion $g(x)$ konvergiert (Bild 3.10).

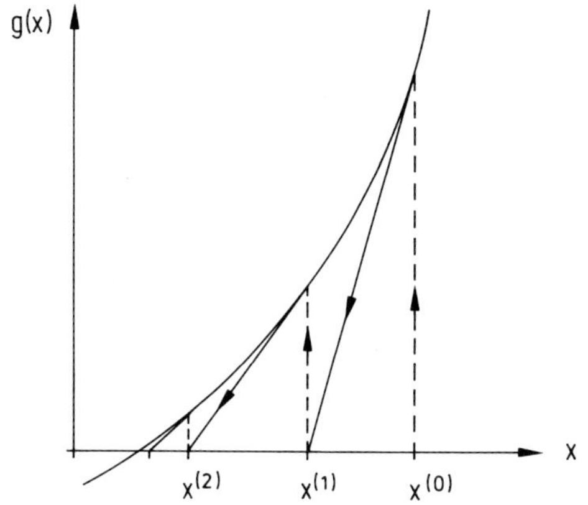

Bild 3.10 Nullstellenbestimmung nach der Methode von Newton

Die Tangente $g_t(x)$ der Kurve $g(x)$ an der Stelle $x^{(0)}$ ergibt sich aus der Taylor-Reihenentwicklung zu

$$g_t(x) = g(x^{(0)}) + g'(x^{(0)})(x - x^{(0)}) . \tag{3.104}$$

Die Gleichung $g_t(x) = 0$ führt dann zu dem Wert $x = x^{(1)}$ mit

$$x^{(1)} = x^{(0)} - \frac{g(x^{(0)})}{g'(x^{(0)})} . \tag{3.105}$$

In der Praxis erweist es sich als zweckmäßig – vor allem bei Gleichungen mit mehreren Unbekannten – den Subtrahenden als Korrekturwert $v^{(0)}$

$$v^{(0)} = x^{(1)} - x^{(0)} = -\frac{g(x^{(0)})}{g'(x^{(0)})} \tag{3.106}$$

aus der Gleichung

$$\boxed{g'(x^{(0)})\, v^{(0)} = -g(x^{(0)})} \tag{3.107}$$

zu berechnen und mit seiner Hilfe dann den neuen Wert $x^{(1)}$ zu ermitteln:

$$x^{(1)} = x^{(0)} + v^{(0)} . \tag{3.108}$$

Dieses Vorgehen führt dann im allgemeinen Fall zu der Rekursionsformel

$$\boxed{x^{(t+1)} = x^{(t)} + v^{(t)} .} \tag{3.109}$$

Das Verfahren wird abgebrochen, wenn sich zwei aufeinanderfolgende Werte um weniger als eine vorgegebene Schranke unterscheiden.

• **Beispiel 3.7.** Eine Nullstelle der Funktion

$$g(x) = 2,8x^2 - 1,5x - 1,3$$

soll nach der Methode von Newton ermittelt werden. Die Funktion hat die Ableitung

$$g'(x) = 5,6x - 1,5\,.$$

Die Funktion hat eine Nullstelle bei $x = 1$. Dies wird zunächst vergessen und das Newtonsche Verfahren wird mit dem Wert

$$x^{(0)} = 2$$

gestartet. Der erste Korrekturterm $v^{(0)}$ errechnet sich aus (3.107) zu

$$v^{(0)} = -\frac{g(2)}{g'(2)} = -\frac{2,8 \cdot 4 - 1,5 \cdot 2 - 1,3}{5,6 \cdot 2 - 1,5} = -0,7113\,,$$

woraus für die Nullstelle der verbesserte Wert $x^{(1)}$ folgt mit

$$x^{(1)} = x^{(0)} + v^{(0)} = 2 - 0,7113 = 1,2887\,.$$

Mit $x^{(1)}$ ergibt sich der Korrekturterm $v^{(1)}$ zu

$$v^{(1)} = -\frac{2,8 \cdot 1,2887^2 - 1,5 \cdot 1,2887 - 1,3}{5,6 \cdot 1,2887 - 1,5} = -0,2479\,,$$

und der verbesserte Näherungswert $x^{(2)}$ wird

$$x^{(2)} = 1,2887 - 0,2479 = 1,0408\,.$$

Ein erneuter Rechengang liefert

$$v^{(2)} = -0,0397$$

$$x^{(3)} = 1,0408 - 0,0397 = 1,0011\,.$$

Dieser Wert stimmt mit dem exakten bis auf die dritte Stelle hinter dem Komma überein, womit dieses Beispiel abgebrochen werden soll.

3.6.2 Iterative Lösung nichtlinearer Gleichungen mit mehreren Unbekannten

Das Newtonsche Verfahren zur Lösung einer nichtlinearen Gleichung läßt sich auf die Lösung von Gleichungen mit mehreren Unbekannten erweitern. Gegeben seien zunächst die beiden (nichtlinearen) Funktionen $g_1(a_1, a_2)$ und $g_2(a_1, a_2)$, die von den Variablen a_1 und a_2 abhängen. Die Ableitungen lassen sich angeben und bekannt sei ein Wertepaar $a_1^{(0)}$ und $a_2^{(0)}$, das in der Nähe der exakten Nullstelle liegen soll. Aus der Taylor-Reihenentwicklung an der Stelle $a_1^{(0)}$, $a_2^{(0)}$ ergeben sich dann die linearen Gleichungen

$$g_{1,t}(a_1,a_2) = g_1(a_1^{(0)},a_2^{(0)}) + \frac{\partial g_1(a_1^{(0)},a_2^{(0)})}{\partial a_1}(a_1 - a_1^{(0)}) + \frac{\partial g_1(a_1^{(0)},a_2^{(0)})}{\partial a_2}(a_2 - a_2^{(0)}) \quad (3.110)$$

$$g_{2,t}(a_1,a_2) = g_2(a_1^{(0)},a_2^{(0)}) + \frac{\partial g_2(a_1^{(0)},a_2^{(0)})}{\partial a_1}(a_1 - a_1^{(0)}) + \frac{\partial g_2(a_1^{(0)},a_2^{(0)})}{\partial a_2}(a_2 - a_2^{(0)}) \quad (3.111)$$

Aus

$$g_{1,t} = 0 \quad (3.112)$$

$$g_{2,t} = 0 \quad (3.113)$$

lassen sich die verbesserten Nullstellen

$$a_1 = a_1^{(1)} \quad \text{und} \quad a_2 = a_2^{(1)}$$

berechnen. Um die Gleichungen einfacher schreiben zu können, werden zweckmäßig

die Unbekannten a_1 und a_2 in dem Vektor $\underline{a}$,
die Korrekturterme $v_1^{(0)} = a_1^{(1)} - a_1^{(0)}$ und $v_2^{(0)} = a_2^{(1)} - a_2^{(0)}$
in dem Vektor $\underline{v}^{(0)}$,
die Funktionen g_1 und g_2 in der Vektorfunktion $\underline{g}$ (3.114)

zusammengefaßt. Zusätzlich wird die Funktionalmatrix oder Jacobi-Matrix $\underline{J}$ eingeführt mit

$$\underline{J} = \begin{pmatrix} \frac{\partial g_1}{\partial a_1} & \frac{\partial g_1}{\partial a_2} \\ \frac{\partial g_2}{\partial a_1} & \frac{\partial g_2}{\partial a_2} \end{pmatrix}. \quad (3.115)$$

Damit vereinfachen sich die Gln. (3.110) bis (3.113) zu

$$\underline{g}(\underline{a}^{(0)}) + \underline{J}(\underline{a}^{(0)})\,\underline{v}^{(0)} = 0\,. \quad (3.116)$$

Diese Vektorgleichung beinhaltet die beiden Einzelgleichungen

$$g_1(a_1^{(0)}, a_2^{(0)}) + \frac{\partial g_1(a_1^{(0)}, a_2^{(0)})}{\partial a_1} v_1^{(0)} + \frac{\partial g_1(a_1^{(0)}, a_2^{(0)})}{\partial a_2} v_2^{(0)} = 0 \quad (3.117)$$

$$g_2(a_1^{(0)}, a_2^{(0)}) + \frac{\partial g_2(a_1^{(0)}, a_2^{(0)})}{\partial a_1} v_1^{(0)} + \frac{\partial g_2(a_1^{(0)}, a_2^{(0)})}{\partial a_2} v_2^{(0)} = 0 \quad (3.118)$$

Daraus lassen sich die Korrekturen $v_1^{(0)}$ und $v_2^{(0)}$ berechnen. Aus ihnen ergeben sich dann nach (3.114) die verbesserten Nullstellen $a_1^{(1)}$ und $a_2^{(1)}$. Dieses Vorgehen führt für den allgemeinen Fall zu der Rekursionsformel

$$\begin{aligned} \underline{a}^{(t+1)} &= \underline{a}^{(t)} + \underline{v}^{(t)} \\ a_1^{(t+1)} &= a_1^{(t)} + v_1^{(t)} \\ a_2^{(t+1)} &= a_2^{(t)} + v_2^{(t)} \end{aligned} \quad (3.119)$$

Das Verfahren wird iterativ solange fortgesetzt, bis die Abweichungen zweier aufeinanderfolgender Datensätze kleiner als eine vorgegebene Schranke bleiben.

Nachdem in Gl. 3.116 die interessierenden Größen schon als Vektoren geschrieben sind, ist die zunächst gegebene Beschränkung auf zwei Unbekannte nicht mehr notwendig. Das Newtonsche Verfahren ist auf mehr als zwei Unbekannte und auf mehr als zwei Funktionen anwendbar. Dabei lautet für den allgemeinen Fall von m Funktionen g_i und m Unbekannten a_i die Funktionalmatrix (Jacobi-Matrix) $\underline{J}$

$$\underline{J} = \begin{pmatrix} \frac{\partial g_1}{\partial a_1} & \cdots & \frac{\partial g_1}{\partial a_m} \\ \vdots & & \vdots \\ \frac{\partial g_m}{\partial a_1} & \cdots & \frac{\partial g_m}{\partial a_m} \end{pmatrix}. \tag{3.120}$$

Die Korrekturterme errechnen sich aus

$$\boxed{\underline{J}(\underline{a}^{(t)})\underline{v}^{(t)} = -\underline{g}(\underline{a}^{(t)})} \tag{3.121}$$

und die verbesserten Näherungen ergeben sich zu

$$\boxed{\underline{a}^{(t+1)} = \underline{a}^{(t)} + \underline{v}^{(t)}\,.} \tag{3.122}$$

Hier ersetzt Gl. (3.121) die Rechenvorschrift (3.107) und (3.122) steht für (3.109).

- **Beispiel 3.8.** Zu lösen ist das Gleichungssystem

$$g_1(a_1, a_2) = a_1^2 + a_2^2 - 4 = 0$$

$$g_2(a_1, a_2) = a_1^3 - 2a_2 = 0\,.$$

Gesucht ist das Wertepaar a_1, a_2, das den beiden Flächen angehört und die vorstehenden Gleichungen befriedigt. Dies wäre z.B. der Punkt $a_1 = a_2 = \sqrt{2}$.

Die Funktionalmatrix $\underline{J}$ der beiden Funktionen lautet

$$\underline{J} = \begin{pmatrix} 2a_1 & 2a_2 \\ 3a_1^2 & -2 \end{pmatrix}.$$

Die bekannte Lösung wird vergessen und das Newtonsche Verfahren wird mit den Näherungswerten

$$a_1^{(0)} = 1\,; \qquad a_2^{(0)} = 2$$

gestartet. Für diesen Arbeitspunkt errechnen sich die Funktionswerte zu

$$g_1(a_1^{(0)}, a_2^{(0)}) = 1 + 4 - 4 = 1$$
$$g_2(a_1^{(0)}, a_2^{(0)}) = 1 - 4 = -3$$
$$\underline{J}(a_1^{(0)}, a_2^{(0)}) = \begin{pmatrix} 2 & 4 \\ 3 & -2 \end{pmatrix}.$$

Das Gleichungssystem (3.121) mit den Korrekturtermen $v_1^{(0)}$ und $v_2^{(0)}$ ist also von der Form

$$2v_1^{(0)} + 4v_2^{(0)} = -1$$
$$3v_1^{(0)} - 2v_2^{(0)} = +3.$$

Es hat die Lösungen

$$v_1^{(0)} = +\frac{5}{8},$$
$$v_2^{(0)} = -\frac{9}{16},$$

woraus die besseren Näherungswerte $a_1^{(1)}$ und $a_2^{(1)}$ folgen:

$$a_1^{(1)} = 1 + \frac{5}{8} = \frac{13}{8} = 1,625$$
$$a_2^{(1)} = 2 - \frac{9}{16} - \frac{23}{16} = 1,4375.$$

Für den zweiten Durchgang mit den Startwerten $a_1^{(1)}$ und $a_2^{(1)}$ ergeben sich:

$$g_1(a_1^{(1)}, a_2^{(1)}) = 2,64063 + 2,06640 - 4 = 0,7073$$
$$g_2(a_1^{(1)}, a_2^{(1)}) = 4,29102 - 2,8750 = 1,41602$$
$$\underline{J}(a_1^{(1)}, a_2^{(1)}) - \begin{pmatrix} 3,250 & 2,8750 \\ 7,92188 & -2 \end{pmatrix}.$$

Daraus entsteht das Gleichungssystem

$$3,25v_1^{(1)} + 2,875v_2^{(1)} = -0,70703$$
$$7,92188v_1^{(1)} - 2v_2^{(1)} = -1,41602$$

mit den Lösungen

$$v_1^{(1)} = -0,18736$$
$$v_2^{(1)} = -0,03412$$

und den verbesserten Näherungswerten $a_1^{(2)}$ und $a_2^{(2)}$

$$a_1^{(2)} = 1,625 - 0,18736 = 1,43764$$

$$a_2^{(2)} = 1,4375 - 0,03412 = 1,40338 .$$

Der dritte Durchgang schließlich mit den Startwerten $a_1^{(2)}$ und $a_2^{(2)}$ liefert

$$g_1(a_1^{(2)}, a_2^{(2)}) = 0,03628$$

$$g_2(a_1^{(2)}, a_2^{(2)}) = 0,16457$$

$$\underline{J}(a_1^{(2)}, a_2^{(2)}) = \begin{pmatrix} 2,87528 & 2,80676 \\ 6,20043 & -2 \end{pmatrix} .$$

$$v_1^{(2)} = -0,02308$$

$$v_2^{(2)} = +0,01072$$

$$a_1^{(3)} = 1,41456$$

$$a_2^{(3)} = 1,41410 .$$

Die Nullstellen sind bis auf die dritte Stelle hinter dem Komma richtig bestimmt, so daß das Beispiel abgebrochen werden soll.

3.6.3 Berechnung der Koeffizienten einer gebrochenen rationalen Funktion

Nach dieser Erläuterung des Newtonschen Verfahrens zur Lösung nichtlinearer Gleichungen soll nun auf die eigentliche Aufgabe dieses Abschnitts, auf die Bestimmung der Koeffizienten a_i einer gebrochenen rationalen Funktion $f(\underline{a}, x)$, zurückgekommen werden:

$$f(\underline{a}, x) = \frac{a_1 + a_2 x + \ldots}{1 + a_k x + \ldots} \tag{3.123}$$

Die Summe S der quadrierten Differenzen ist eine Funktion der gesuchten Koeffizienten $\underline{a}$. Sie soll ein Minimum werden:

$$S = \sum (f(\underline{a}, x) - y_n)^2 = \text{Min !} \tag{3.124}$$

Dies ist dann der Fall, wenn die partiellen Ableitungen von S nach den Koeffizienten null sind:

$$\boxed{g_i(\underline{a}) = \frac{\partial S(\underline{a})}{\partial a_i} = \sum 2(f(\underline{a}, x_n) - y_n) \cdot \frac{\partial f(\underline{a}, x_n)}{\partial a_i} = 0} \tag{3.125}$$

Diese neue Funktion $g_i(a_1, a_2, \ldots)$, bei der der Faktor 2 herausgekürzt wird, ist zur Bestimmung der Nullstellen nach dem Newton-Verfahren noch einmal zu differenzieren. Dabei ist zu berücksichtigen, daß (3.125) ein Produkt zweier die Koeffizienten a_i enthaltenden Funktionen ist. Beim Differenzieren ist also die Produktregel

$$(uv)' = u'v + v'u$$

zu beachten. Für $\partial g_i/\partial a_j$ folgt daraus

$$\frac{\partial g_i}{\partial a_j} = \frac{\partial^2 S}{\partial a_i \partial a_j} = \sum \frac{\partial f}{\partial a_i} \frac{\partial f}{\partial a_j} + \sum (f(\underline{a}, x_n) - y_n) \frac{\partial^2 f}{\partial a_i \, \partial a_j} \tag{3.126}$$

In der Literatur wird nun empfohlen /z.B. 1.7/, den zweiten Term der obigen Gleichung, den Term mit der zweiten Ableitung $\frac{\partial^2 f}{\partial a_i \, \partial a_j}$ zu vernachlässigen. Er wird mit der Differenz $(f(\underline{a}, x_n) - y_n)$ multipliziert. Diese Differenz hat bei einer Ausgleichung positive und negative Werte, die sich in ihrer Summe aufheben. Hinzu kommt, daß die Differenz mindestens am Ende der Iteration sehr klein sein wird. So wird im folgenden der zweite Term nicht berücksichtigt und es wird gerechnet mit

$$\boxed{\frac{\partial g_i}{\partial a_j} = \frac{\partial^2 S}{\partial a_i \, \partial a_j} \approx \sum \frac{\partial f}{\partial a_i} \frac{\partial f}{\partial a_j}} \tag{3.127}$$

Die Funktion f ist dabei die gesuchte Ausgleichsfunktion. Mit den Funktionen g_i wird wie in (3.120) bis (3.122) gerechnet.

In der Praxis kann es jedoch schwierig werden, geeignete Startwerte zu finden. Leider lassen sich hierfür keine allgemeinen Regeln angeben. Es bleibt nur übrig, rechnergestützt – ein entsprechendes Programm ist in dem Paket „Ausgleichsrechnung“ implementiert – solange zu probieren, bis das Verfahren konvergiert. Ohne die Hilfe eines programmierten Rechners ist die Ermittlung der Koeffizienten etwas mühsam, wie das folgende Beispiel zeigt.

• **Beispiel 3.9.** Das Vorgehen bei der Ausgleichung durch eine gebrochene rationale Funktion soll anhand der noch relativ einfachen Funktion f(x)

$$f(x) = \frac{a_1}{1 + a_2 x} = y(x) \tag{3.128}$$

erläutert werden. Mit

$$a_1 = 4; \quad \text{und} \quad a_2 = 1$$

nimmt die Funktion die Wertepaare (x_i, y_i) an:

i	1	2
x_i	0	1
y_i	4	2

Diese (x_i, y_i) -Werte sind die Stützstellen, durch die die Funktion $f(x)$ von (3.128) gehen soll. Dabei vergessen wir die obigen Zahlenwerte für a_1 und a_2. Diese sollen ja durch die Ausgleichsrechnung ermittelt werden.

Das Gauß'sche Prinzip der kleinsten Quadrate liefert zunächst den Ansatz

$$S = \sum_{n=1}^{2} \left(\frac{a_1}{1 + a_2 x_n} - y_n\right)^2 = \text{Min !}$$

Daraus folgt mit Gl. (3.125)

$$g_1(a_1, a_2) = \frac{\partial S}{\partial a_1} = \sum_{n=1}^{2} \left(\frac{a_1}{1 + a_2 x_n} - y_n\right) \frac{1}{1 + a_2 x_n} = 0 \tag{3.129}$$

$$g_2(a_1, a_2) = \frac{\partial S}{\partial a_2} = \sum_{n=1}^{2} \left(\frac{a_1}{1 + a_2 x_n} - y_n\right) \frac{-a_1 x_n}{(1 + a_2 x_n)^2} = 0 . \tag{3.130}$$

Indem die Stützstellen (x_n, y_n) eingesetzt und die Summenzeichen aufgelöst werden, entstehen

$$g_1(a_1, a_2) = a_1 - 4 + \frac{a_1}{(1 + a_2)^2} - \frac{2}{1 + a_2} \tag{3.131}$$

$$g_2(a_1, a_2) = \frac{-a_1^2}{(1 + a_2)^3} + \frac{2a_1}{(1 + a_2)^2} . \tag{3.132}$$

Wird versuchsweise mit der Näherung

$$a_1^{(0)} = 5 \quad \text{und} \quad a_2^{(0)} = 2$$

gestartet, so ergeben sich die folgenden Daten:

$$g_1(5, 2) = 5 - 4 + \frac{5}{9} - \frac{2}{3} = 0,88888$$

$$g_2(5, 2) = \frac{-25}{27} + \frac{10}{9} = 0,18519$$

Die Terme der benötigten Funktionalmatrix berechnen sich für (3.128) aus Gl. (3.127) zu

$$\frac{\partial g_1}{\partial a_1} = \sum \frac{\partial f}{\partial a_1} \frac{\partial f}{\partial a_1} = \sum_{n=1}^{2} \frac{1}{1 + a_2 x_n} \cdot \frac{1}{1 + a_2 x_n} = (1 + \frac{1}{9}) = 1,11111$$

$$\frac{\partial g_1}{\partial a_2} = \sum \frac{\partial f}{\partial a_1} \frac{\partial f}{\partial a_2} = \sum_{n=1}^{2} \frac{1}{1 + a_2 x_n} \cdot \frac{-a_1 x_n}{(1 + a_2 x_n)^2} = \frac{-5}{3 \cdot 9} = -0,18519$$

$$\frac{\partial g_2}{\partial a_1} = \sum \frac{\partial f}{\partial a_2}\frac{\partial f}{\partial a_1} = \frac{\partial g_1}{\partial a_2} = -0,18519$$

$$\frac{\partial g_2}{\partial a_2} = \sum \frac{\partial f}{\partial a_2}\frac{\partial f}{\partial a_2} = \sum_{n=1}^{2} \frac{a_1 x_n^2}{(1+a_2 x_n)^4} = \frac{25}{81} = 0,30864$$

Damit lauten die linearen Gleichungen der Korrekturterme

$$1,11111 v_1^{(0)} - 0,18519 v_2^{(0)} = -0,88888$$
$$-0,18519 v_1^{(0)} + 0,30864 v_2^{(0)} = -0,18519\,.$$

Diese selbst ergeben sich zu

$$v_1^{(0)} = -1,0$$
$$v_2^{(0)} = -1,2\,.$$

Aus ihnen folgen die verbesserten Näherungen

$$a_1^{(1)} = a_1^{(0)} + v_1^{(0)} = 5 - 1 = 4$$
$$a_2^{(1)} = a_2^{(0)} + v_2^{(0)} = 2 - 1,2 = 0,8\,.$$

Mit diesen Werten $a_1^{(1)}$ und $a_2^{(1)}$ wird nun ein neuer Durchgang gestartet. Die Auswertung der Funktionen liefert

$g_1(4;\,0,8) = 0,12345;$ $\quad g_2(4;\,0,8) = -0,27434$

$\frac{\partial g_1}{\partial a_1} = 1,30864;$ $\quad \frac{\partial g_1}{\partial a_2} = -0,68587$

$\frac{\partial g_2}{\partial a_1} = -0,68587;$ $\quad \frac{\partial g_2}{\partial a_2} = 1,52415$

$v_1^{(1)} = 0;$ $\quad v_2^{(1)} = 0,18$

$a_1^{(2)} = 4;$ $\quad a_2^{(2)} = 0,8 + 0,18 = 0,98\,.$

Eine dritte Rechnung schließlich ergibt

$v_1^{(2)} = 0;$ $\quad v_2^{(2)} = 0,0198$

$a_1^{(3)} = 4;$ $\quad a_2^{(3)} = 0,98 + 0,0198 = 0,9998\,.$

Die richtigen Koeffizienten $a_1 = 4$ und $a_2 = 1$ sind somit offensichtlich gefunden.

3.6.4 Vergleich der verschiedenen Approximationsmöglichkeiten

Die bisher besprochenen Verfahren sollen nun auf eine Aufgabenstellung aus der Praxis angewendet werden. Bei einem induktiven Längengeber wurde die Ausgangsspannung der Brückenschaltung in Abhängigkeit von der Stellung des Tauchankergebers bei 50 Positionen gemessen. Die entsprechende Kennlinie zeigt Bild 3.11. Die erreichbare Meßgenauigkeit ist insbesondere durch die mechanischen Komponenten begrenzt. Bei einem Verfahrweg von ± 1 mm dürfte die Verteilung der Fehler eine Standardabweichung von etwa $1 - 2\,\mu$m haben. Durch diese fehlerbehafteten Meßpunkte ist eine Ausgleichskurve hindurchzulegen, die die Kennlinie möglichst gut approximiert.

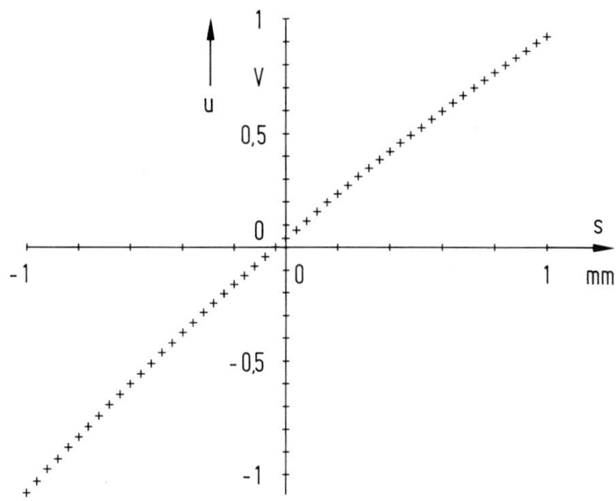

Bild 3.11 Kennlinie eines induktiven Tauchankergebers
$s =$ Position des Tauchankers in mm; $u =$ Ausgangsspannung der Brückenschaltung in Volt.

Das Polynom 3. Ordnung (Bild 3.12) paßt sich den Meßpunkten schon sehr gut an. Die Standardabweichung σ der Differenzen zwischen den gemessenen Werten und den aus der Ausgleichskurve berechneten beträgt $\sigma = 1,29\,\mu$m und liegt damit im Bereich der Meßunsicherheit.

Die Ausgleichsplines nach Abschnitt 3.3.2 können den Meßpunkten geringfügig besser folgen (Bild 3.13). Dieser Gewinn ist aber nur theoretischer Natur, da die Ausgleichsplines in der Praxis zuviel Rechenzeit benötigen.

Auch die Ausgleichung mit einer Exponentialfunktion wurde untersucht (Bild 3.14). Diese ist für die vorliegende Kennlinie weniger gut geeignet.

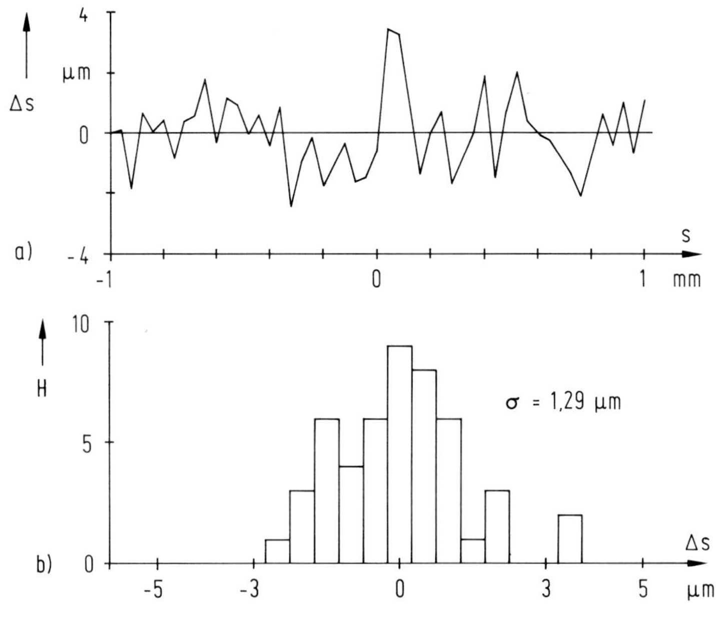

Bild 3.12 Approximation der Meßpunkte von Bild 3.11 durch das Polynom 3.Ordnung $f(x)$

$$f(x) = 0,0413 + 0,9967\,x - 0,1182\,x^2 + 0,0051\,x^3\,.$$

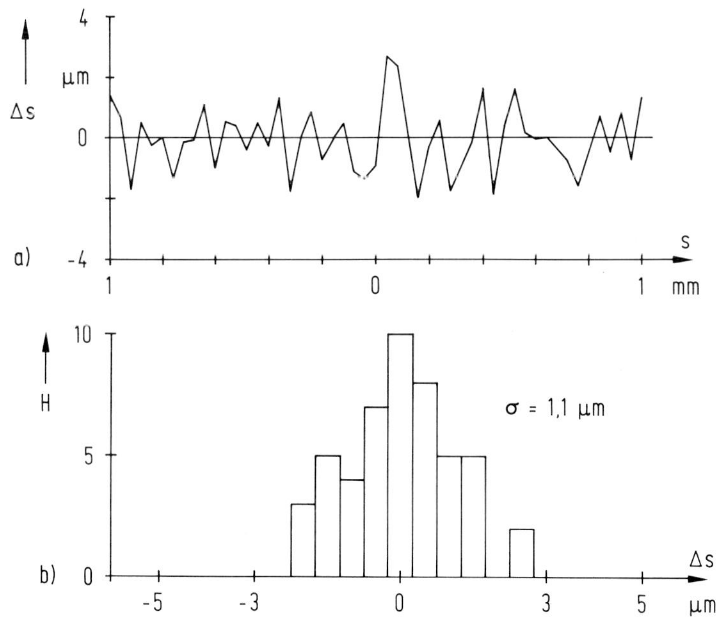

Bild 3.13 Approximation der Meßpunkte von Bild 3.11 durch Ausgleichsplines

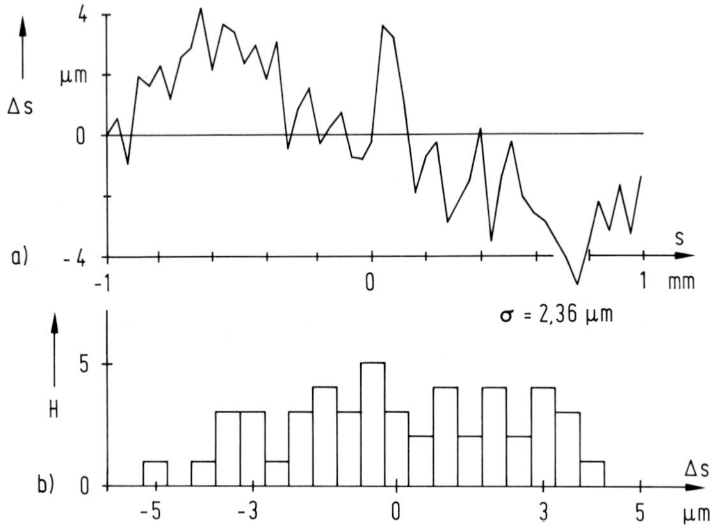

Bild 3.14 Approximation der Meßpunkte von Bild 3.11 durch die Exponentialfunktion $f(x)$

$$f(x) = -4,1148\,e^{-0,2408\,x} + 4,1565$$

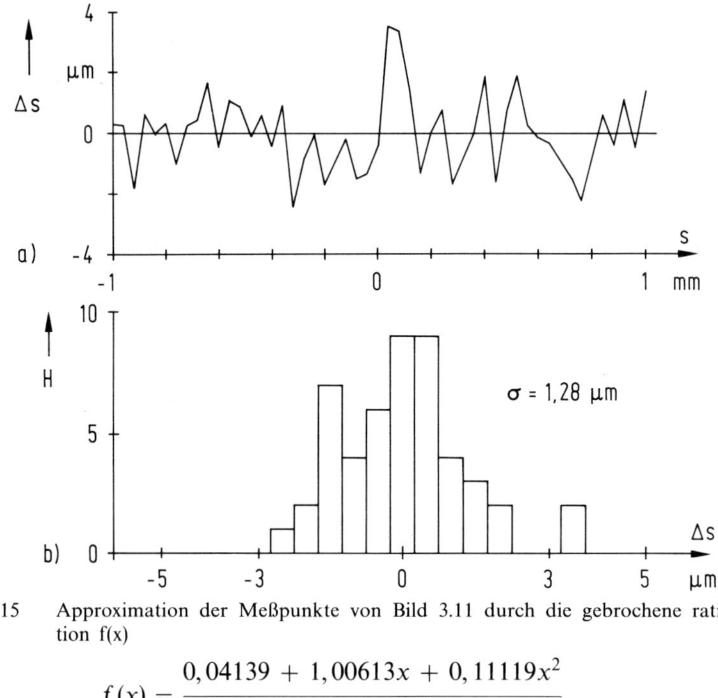

Bild 3.15 Approximation der Meßpunkte von Bild 3.11 durch die gebrochene rationale Funktion f(x)

$$f(x) = \frac{0,04139 + 1,00613x + 0,11119x^2}{1 + 0,23054x + 0,02194x^2}$$

Der Ausgleich durch eine gebrochene rationale Funktion schließlich (Bild 3.15) erreicht dieselbe Genauigkeit wie die Polynom-Approximation. Die gebrochene rationale Funktion benötigt jedoch einen Koeffizienten mehr und hat wegen der erforderlichen Division auch die längere Rechenzeit, so daß die Polynom-Approximation für die vorliegende Kennlinie am besten geeignet ist.

In den Bildern bedeutet $\Delta s = y_n - f(x_n)$ jeweils die Differenz zwischen dem gemessenen und dem berechneten Wert in Abhängigkeit von der Stellung s des Tauchankers. H ist die Häufigkeit der Differenzen Δs einer bestimmten Klasse.

Die Ausgleichsrechnung ist hilfreich, um Meßfehler und Ausreißer zu finden. Wenn bei bestimmten Meßwerten die Differenzen Δs unverhältnismäßig groß sind, so ist im allgemeinen nicht die Ausgleichsfunktion, sondern der gemessene Wert schuld. In diesem Fall empfiehlt es sich, die Messung zu wiederholen.

4 Numerisches Glätten, Differenzieren und Integrieren

4.1 Glätten

Infolge des Rauschens der Meßgrößen und infolge der zufälligen Fehler der Meßgeräte streuen im allgemeinen die gemessenen Werte y_n. So ist es sinnvoll, sie vor einer Weiterverarbeitung zu glätten, das heißt auszumitteln. Notwendig ist dies zum Beispiel bei der Ausgleichung durch eine Exponentialfunktion, wo Differenzen $y_{n+1}-y_n$ zu logarithmieren sind. Dies geht natürlich nur für positive Werte.

4.1.1 Linearer Ausgleich durch drei Punkte

Am einfachsten ist, aus drei gemessenen Werten y_{n-1}, y_n und y_{n+1} einen geglätteten Wert $\bar{y}_n$ als linearen Mittelwert zu berechnen (Bild 4.1):

$$\boxed{\bar{y}_n = \frac{y_{n-1} + y_n + y_{n+1}}{3}} \tag{4.1}$$

Aus einem Satz von N Meßwerten lassen sich so $N-2$ geglättete Werte ermitteln.

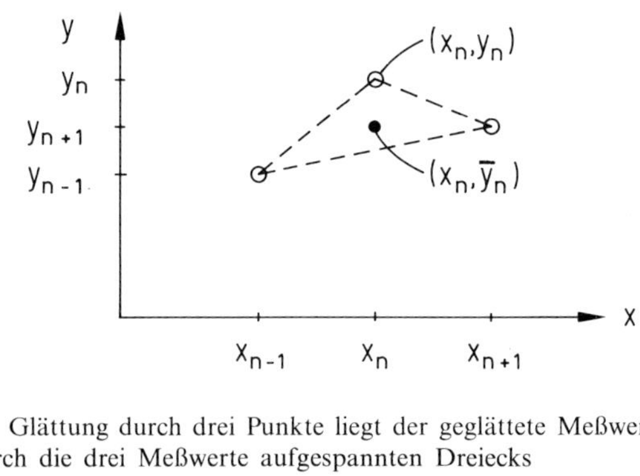

Bild 4.1 Bei der Glättung durch drei Punkte liegt der geglättete Meßwert $\bar{y}_n$ im Schwerpunkt des durch die drei Meßwerte aufgespannten Dreiecks

Ein zweimaliges Glätten ist natürlich auch möglich:

$$\bar{\bar{y}}_n = \frac{\bar{y}_{n-1} + \bar{y}_n + \bar{y}_{n+1}}{3}$$

$$= \frac{1}{9}\,(y_{n-2} + 2\,y_{n-1} + 3\,y_n + 2\,y_{n+1} + y_{n+2})\,. \tag{4.2}$$

• **Beispiel 4.1.** Gemessen sind die Werte y_n von Tabelle 4.1. Werden diese geglättet, so ergeben sich die Werte in der 3. und 4. Spalte der Tabelle.

Tab 4.1 Glätten einer Folge von 10 Meßwerten

n	y_n	$\bar{y}_n$ (4.1)	$\bar{\bar{y}}_n$ (4.2)	$\bar{y}_n$ (4.13)
1	5	—	—	4,94
2	5,4	5,63	—	5,63
3	6,5	5,97	5,89	6,15
4	6,0	6,07	6,02	6,09
5	5,7	6,03	6,14	5,87
6	6,4	6,33	6,39	6,30
7	6,9	6,80	6,80	6,82
8	7,1	7,26	7,18	7,30
9	7,8	7,47	—	7,67
10	7,5	—	—	7,53

4.1.2 Ausgleichspolynom 3. Ordnung durch 5 Punkte

Um den an der Stelle x_n ermittelten Wert y_n zu glätten, soll durch 5 Punktepaare ein Polynom 3. Ordnung $P(x)$ gelegt werden (Bild 4.2). Der Wert dieses Polynoms an der Stelle x_n wird dann als geglätteter Meßwert $\bar{y}_n$ genommen:

$$P(x_n) = \bar{y}_n\,. \tag{4.3}$$

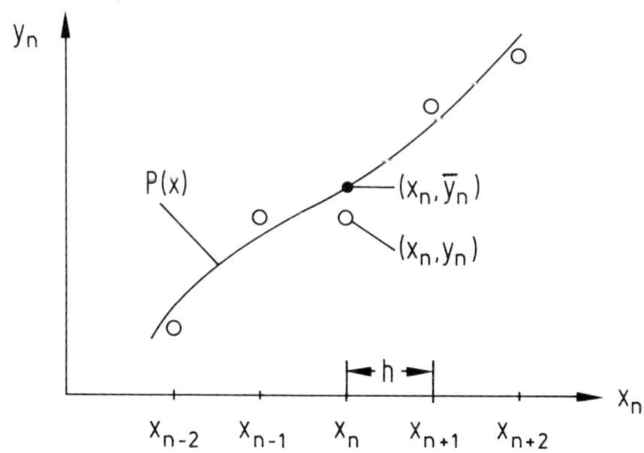

Bild 4.2 Durch fünf Stützstellen wird das Ausgleichspolynom $P(x)$ gelegt. Der Wert des Polynoms beim Argument x_n liefert den geglätteten Koordinatenwert $\bar{y}_n$.

In einem Koordinatensystem, dessen Ordinate durch x_n geht, hat die kubische Parabel mit den Koeffizienten a bis d die Gleichung

$$P(x_{n+k}) = a + b\,(x_{n+k} - x_n) + c\,(x_{n+k} - x_n)^2 + d\,(x_{n+k} - x_n)^3. \tag{4.4}$$

Die Parabel soll mit $k = -2,\ -1,\ 0,\ 1,\ 2$ die fünf Stützstellen $(x_{n+k},\ y_{n+k})$ ausgleichen. Die Summe S der Abstandsquadrate lautet

$$S = \sum_{k=-2}^{2} [P(x_{n+k}) - y_{n+k}]^2\ . \tag{4.5}$$

Die zu null gesetzten partiellen Ableitungen

$$\frac{\partial S}{\partial a} = 0 \qquad \text{bis} \qquad \frac{\partial S}{\partial d} = 0$$

liefern mit

$$x_{n+k} - x_n = x_k$$

wie in (3.9) die Normalgleichungen

$$a \cdot 5 + b\sum x_k + c\sum x_k^2 + d\sum x_k^3 = \sum y_{n+k} \tag{4.6}$$

$$a\sum x_k + b\sum x_k^2 + c\sum x_k^3 + d\sum x_k^4 = \sum x_k\, y_{n+k} \tag{4.7}$$

$$a\sum x_k^2 + b\sum x_k^3 + c\sum x_k^4 + d\sum x_k^5 = \sum x_k^2\, y_{n+k} \tag{4.8}$$

$$a\sum x_k^3 + b\sum x_k^4 + c\sum x_k^5 + d\sum x_k^6 = \sum x_k^3\, y_{n+k} \tag{4.9}$$

Die Summen gehen dabei jeweils von $k = -2$ bis $k = 2$.

Die Abstände auf der x - Achse sollen äquidistant sein mit $x_{n+1} - x_n = h$. Sie nehmen in Abhängigkeit vom Zählparameter k die folgenden Werte an:

$$\begin{aligned}
k &= -2: \qquad & x_{-2} &= x_{n-2} - x_n = -2\,h \\
k &= -1: & x_{-1} &= x_{n-1} - x_n = -h \\
k &= \ \ 0: & x_0 &= x_n \quad\ - x_n = 0 \\
k &= \ \ 1: & x_1 &= x_{n+1} - x_n = h \\
k &= \ \ 2: & x_2 &= x_{n+2} - x_n = 2\,h
\end{aligned} \tag{4.10}$$

Damit ergeben sich für die in den Normalgleichungen (4.6) bis (4.9) stehenden Summen:

$$\sum_{k=-2}^{2} x_k = -2\,h - h + 0 + h + 2\,h = 0$$

$$\sum_{k=-2}^{2} x_k^2 = 10\,h^2$$

$$\sum_{k=-2}^{2} x_k^3 = 0 \qquad (4.11)$$

$$\sum_{k=-2}^{2} x_k^4 = 34\,h^4$$

$$\sum_{k=-2}^{2} x_k^5 = 0$$

$$\sum_{k=-2}^{2} x_k^6 = 130\,h^6$$

Wir interessieren uns nun für den Wert des Ausgleichspolynoms an der Stelle x_n, das heißt für $k = 0$. In (4.4) verschwinden jeweils die Differenzen $x_{n+0} - x_n$, so daß übrig bleibt

$$P(x_n) = a\,.$$

Dies ist mit (4.3) der gesuchte geglättete Meßwert $\bar{y}_n$,

$$\bar{y}_n = P(x_n) = a\,. \qquad (4.12)$$

Um ihn zu finden, ist also lediglich der Koeffzient a der Parabel zu bestimmen. Dazu reichen die beiden Gleichungen (4.6) und (4.8)

$$\begin{aligned} &5\,a + 0\,b + 10\,h^2 c + 0\,d \\ &\qquad = y_{n-2} + y_{n-1} + y_n + y_{n+1} + y_{n+2} \\ &10\,h^2 a + 0\,b + 34\,h^4 c + 0\,d \\ &\qquad = 4\,h^2\,y_{n-2} + h^2\,y_{n-1} + 0 + h^2\,y_{n+1} + 4\,h^2\,y_{n+2}\,. \end{aligned}$$

Aus ihnen errechnet sich der gesuchte Koeffizient a und damit der geglättete Wert $\bar{y}_n$ zu

$$\boxed{a = \bar{y}_n = \frac{1}{35}\,(-3y_{n-2} + 12y_{n-1} + 17y_n + 12y_{n+1} - 3y_{n+2})\,.} \qquad (4.13)$$

In den Gleichungen (4.6) und (4.8) verschwand das Glied mit der 3. Potenz von $(x_{n+k} - x_n)$. Das bedeutet, daß eigentlich schon der Ansatz einer quadratischen Parabel ausreichend gewesen wäre. Das Polynom 3. Ordnung glättet nicht besser als das Polynom 2. Ordnung.

Mit (4.13) lassen sich die ersten und letzten beiden Punkte einer Meßreihe nicht glätten. Kann auf diese Werte nicht verzichtet werden, so sind alle Koeffizienten des Polynoms (4.4) zu bestimmen. Die Funktionswerte des Polynoms sind dann die geglätteten Meßwerte

$$P(x_{n+k}) = \overline{y}_{n+k} \,.$$

Sie lassen sich mit Hilfe der folgenden unsymmetrischen Ausgleichsformeln berechnen /1.4/:

$$\overline{y}_{n-2} = \frac{1}{70}\,(69y_{n-2} + 4y_{n-1} - 6y_n + 4y_{n+1} - y_{n+2}) \qquad (4.13a)$$

$$\overline{y}_{n-1} = \frac{2}{70}\,(2y_{n-2} + 27y_{n-1} + 12y_n - 8y_{n+1} + 2y_{n+2}) \qquad (4.13b)$$

$$\overline{y}_{n+1} = \frac{2}{70}\,(2y_{n-2} - 8y_{n-1} + 12y_n + 27y_{n+1} + 2y_{n+2}) \qquad (4.13c)$$

$$\overline{y}_{n+2} = \frac{1}{70}\,(-y_{n-2} + 4y_{n-1} - 6y_n + 4y_{n+1} + 69y_{n+2}) \qquad (4.13d)$$

In der Tabelle 4.1 sind in der letzten Spalte die nach (4.13) geglätteten Werte mit aufgeführt.

4.2 Differenzieren

In bestimmten Anwendungsfällen ist die Steigung der gemessenen (streuenden) Wertepaare zu ermitteln. So zum Beispiel, wenn aus einer gemessenen Geschwindigkeit die Beschleunigiung zu berechnen ist. Hierfür werden im folgenden zwei Verfahren angegeben.

4.2.1 Differenzenquotient

Sind die Meßwerte y_n in Abhängigkeit von der Variablen x_n äquidistant im Abstand $x_{n+1} - x_n = h$ aufgenommen, so läßt sich aus der Taylor-Entwicklung

$$y_{n+1} = y_n + h\, y_n'$$

$$y_{n-1} = y_n - h\, y_n'$$

die folgende Rechenvorschrift für die Ableitung y_n' angegeben:

$$y_n' = \frac{y_{n+1} - y_{n-1}}{2\,h} \,. \qquad (4.14)$$

Das ist der Differenzenquotient aus den zu (x_n, y_n) benachbarten Stützstellen.

4.2.2 Steigung eines durch 5 Punkte gelegten Ausgleichspolynoms 3. Ordnung

Gemäß Gl. (4.4) läßt sich durch 5 Punkte ein Ausgleichspolynom 3.Ordnung legen. Wird dieses Polynom nach x_{n+k} differenziert, so ergibt sich

$$P'(x_{n+k}) = b + 2\,c\,(x_{n+k} - x_n) + 3\,d\,(x_{n+k} - x_n)^2. \tag{4.15}$$

Beim Argument x_n, für $k = 0$, verschwinden die Differenzen. Es ergibt sich der Koeffizient b, der die Steigung des Polynoms beim Argument x_n ausdrückt. Dieser Wert wird als geglättete Steigung $\overline{y}'_n$ genommen:

$$P'(x_n) = b = \overline{y}'_n\,. \tag{4.16}$$

Um ihn zu finden, wird von (4.7) und (4.9) ausgegangen und (4.10) wird benutzt:

$$\begin{aligned} &0\,a + 10\,h^2 b + 0\,c + 34\,h^4 d = \\ &\qquad = -2\,hy_{n-2} - hy_{n-1} + 0 + hy_{n+1} + 2\,hy_{n+2} \\ &0\,a + 34\,h^4 b + 0\,c + 130\,h^6 d = \\ &\qquad = -8\,h^3 y_{n-2} - h^3 y_{n-1} + 0 + h^3 y_{n+1} + 8\,h^3 y_{n+2}\,. \end{aligned}$$

Hieraus berechnet sich der gesuchte Koeffizient b, die gesuchte Steigung $\overline{y}'_n$, zu

$$\boxed{b = \overline{y}'_n = \frac{1}{12\,h}(y_{n-2} \quad 8y_{n-1} + 8y_{n+1} - y_{n+2}).} \tag{4.17}$$

Auch für die übrigen 4 Stützstellen, durch die das Ausgleichspolynom noch geht, lassen sich die Steigungen angeben /1.4/:

$$\overline{y}'_{n-2} = \frac{1}{84h}(-125y_{n-2} + 136y_{n-1} + 48y_n - 88y_{n+1} + 29y_{n+2}) \tag{4.18}$$

$$\overline{y}'_{n-1} = \frac{1}{84h}(-38y_{n-2} - 2y_{n-1} + 24y_n + 26y_{n+1} - 10y_{n+2}) \tag{4.19}$$

$$\overline{y}'_{n+1} = \frac{1}{84h}(10y_{n-2} - 26y_{n-1} - 24y_n + 2y_{n+1} + 38y_{n+2}) \tag{4.20}$$

$$\overline{y}'_{n+2} = \frac{1}{84h}(-29y_{n-2} + 88y_{n-1} - 48y_n - 136y_{n+1} + 125y_{n+2})\,. \tag{4.21}$$

Die 2. Ableitung errechnet sich beim Argument x_n zu /1.11/:

$$\boxed{y''_n = \frac{1}{12h^2}\,(-y_{n-2} + 16\,y_{n-1} - 30\,y_n + 16\,y_{n+1} - y_{n+2})\,.} \tag{4.22}$$

Es empfiehlt sich nicht, streuende Meßwerte durch Polynome höherer als 3. Ordnung auszugleichen. Polynome höherer Ordnung führen zu Welligkeiten, so daß die Steigung des ausgleichenden Polynoms unter Umständen erheblich von dem gemessenen, tatsächlichen Differentialquotienten abweicht.

• **Beispiel 4.2.** Berechnung der Beschleunigung aus der gemessenen Geschwindigkeit. In Abhängigkeit von der Zeit x_n wurde die Geschwindigkeit y_n gemessen (Tabelle 4.2). Die geglätteten Beschleunigungen $\overline{y}'_n$ sind nach den oben angegebenen Formeln (4.17) bis (4.21) berechnet.

Tab 4.2 Differenzieren einer Folge von Meßwerten; Gemessene Geschwindigkeiten y_n und die daraus berechneten geglätteten Beschleunigungen $\overline{y}'_n$

Zeit (s)	Geschwindigkeit (m/s)	Beschleunigung (m/s^2) (4.17) - (4.22)
x_n	y_n	$\overline{y}'_n$
0	0,0	3,94
1	3,7	3,49
2	7,0	3,05
3	9,8	2,59
4	12,2	2,20
5	14,2	1,80
6	15,8	1,38
7	17,0	1,13
8	18,1	1,05
9	19,1	0,95
10	20,0	0,85

4.3 Integrieren

Ein Satz von insgesamt N gemessenen (x_n, y_n) - Stützstellen liege wieder vor. Die x_n sind äquidistant mit $x_{n+1} - x_n = h$. Zu berechnen ist die von diesen Wertepaaren in der (x, y) - Ebene überdeckte Fläche. Dazu bieten sich die folgenden Verfahren an, wobei die aufwendigeren auch die genaueren sind.

4.3.1 Rechteckregel

Die gemessenen y_n-Werte werden mit der Intervallbreite h multipliziert. Dabei können vorderseitige oder rückseitige Rechtecke mit den Flächen A_n gebildet werden (Bild 4.3):

$$A_n = h\, y_n \qquad \text{für} \quad n = 1 \ \text{bis} \ N - 1 \tag{4.30}$$

$$\text{oder} \quad n = 2 \ \text{bis} \ N \tag{4.31}$$

Für rückseitige Rechtecke ist die Teilfläche R_i zwischen y_1 und y_i:

$$R_i = R_{i-1} + h\, y_i \qquad \text{für} \ i = 2 \ \text{bis} \ N \ \text{und} \ R_1 = 0 \tag{4.32}$$

Die Gesamtfläche R_N ergibt sich zu

$$\boxed{R_N = h \sum_{n=2}^{N} y_n .} \tag{4.33}$$

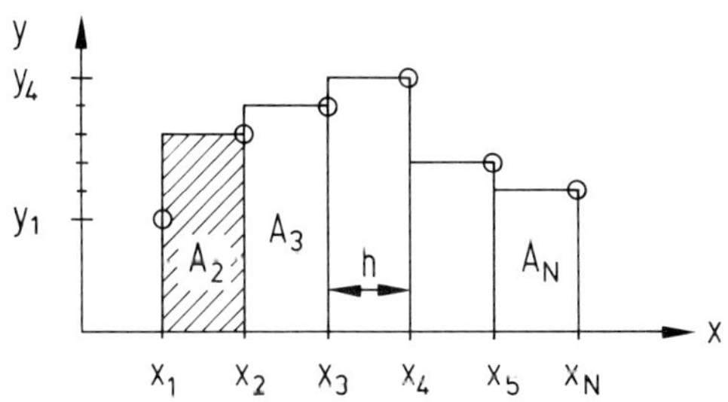

Bild 4.3 Rechteckregel; Die Fläche zwischen den Stützstellen und der Abszisse wird durch Rechtecke angenähert.

4.3.2 Trapezregel

Je zwei Stützwerte werden durch eine Gerade verbunden (Bild 4.4). Dabei enstehen Trapeze mit den Flächen A_n,

$$A_n = h\, \frac{y_{n-1} + y_n}{2} \qquad \text{für} \quad n = 2 \ \text{bis} \ N \tag{4.34}$$

Die Teilfläche T_i zwischen y_1 und y_i ist

$$T_i = T_{i-1} + h\, \frac{y_{i-1} + y_i}{2} \qquad \text{für} \quad i = 2 \ \text{bis} \ N \ \text{mit} \ T_1 = 0 \tag{4.35}$$

und die Gesamtfläche T_N wird

$$T_N = h\left(\frac{y_1}{2} + \sum_{n=2}^{N-1} y_n + \frac{y_N}{2}\right). \tag{4.36}$$

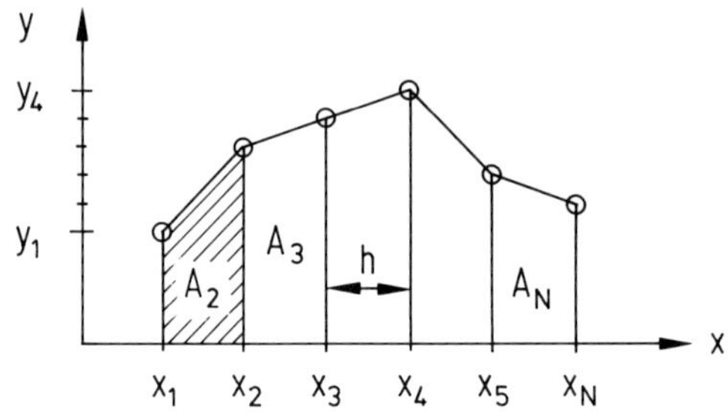

Bild 4.4 Trapezregel; Die Fläche zwischen den Stützstellen und der Abszisse wird durch Trapeze angenähert

4.3.3 Keplersche Faßregel und Simpson-Regel

Durch je drei Stützstellen wird ein Interpolations-Polynom 2. Ordnung $y(x)$ gelegt. Über diese quadratische Parabel mit dem Integrationsintervall der Breite $2h$ wird dann integriert. Die dabei entstehende Keplersche Faßregel wird nachfolgend mit dem Koordinatensystem von Bild 4.5 mit $x_1 = 0$, $x_2 = h$ hergeleitet:

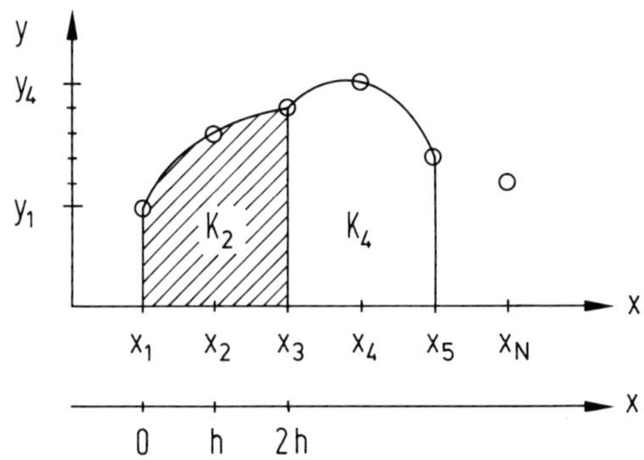

Bild 4.5 Keplersche Faßregel; Zur Flächenberechnung wird durch je drei Stützstellen ein Polynom 2. Ordnung gelegt.

Die Gleichung des gesuchten Polynoms 2. Ordnung lautet

$$y(x) = a + b\,x + c\,x^2$$

$$\text{mit} \quad y(0) = y_1 = a$$
$$y(h) = y_2 = a + b\,h + c\,h^2$$
$$y(2h) = y_3 = a + 2\,b\,h + 4\,c\,h^2$$

Aus den letzten drei Gleichungen lassen sich die drei unbekannten Koeffizienten bestimmen zu

$$a = y_1$$
$$b = -\frac{3}{2h}\left(y_1 - \frac{4}{3}\,y_2 + \frac{1}{3}\,y_3\right) \tag{4.37}$$
$$c = -\frac{1}{2h^2}\,(-y_1 + 2\,y_2 - y_3)\,.$$

Das Integral K über die Parabel ist

$$K = \int_{x=0}^{2h} y(x)\,dx = \int_{0}^{2h} (a + b\,x + c\,x^2)dx$$
$$= 2\,a\,h + 2\,b\,h^2 + \frac{8}{3}\,c\,h^3 \tag{4.38}$$

Werden nun die Koeffizienten nach (4.37) in (4.38) eingesetzt, so entsteht die Keplersche Faßregel:

$$\boxed{K_2 = 2\,h\,\frac{y_1 + 4\,y_2 + y_3}{6}} \tag{4.39}$$

Die Gleichung bringt zum Ausdruck, daß über zwei Streifen $2h$ integriert ist. Im Nenner steht die Summe der Gewichte, mit denen die einzelnen Ordinaten belegt sind.

Ist die Zahl N der Meßwerte größer als 3 und eine ungerade Zahl, so lassen sich jeweils zwei Streifen abschnittsweise integrieren mit

$$K_{2m+2} = \frac{2h}{6}\,(y_{2m+1} + 4\,y_{2m+2} + y_{2m+3}) \qquad \text{für } m = 0 \text{ bis } \frac{N-3}{2} \tag{4.40}$$

Werden die Flächen addiert, so ergibt sich nach der Simpson-Regel die Gesamtfläche S_{2m+2} zwischen y_1 und y_{2m+3} zu

$$S_{2m+2} = \frac{2h}{6}(y_1 + 4y_2 + 2y_3 + 4y_4 + \cdots + y_{2m+3}) \tag{4.41}$$
$$= K_2 + K_4 + \cdots + K_{2m+2}$$
$$= S_{2m} + K_{2m+2} \qquad \text{für } m = 0 \text{ bis } \frac{N-3}{2} \quad \text{mit } S_0 = 0\,. \tag{4.42}$$

Liegt eine gerade Zahl von Meßwerten vor, so ist die Zahl der Streifen ungerade. In diesem Fall ist die Fläche eines Streifens mit der Trapezregel zu bestimmen, womit die restlichen Streifen mit der Simpson-Regel berechnet werden können.

4.3.4 3/8 - Regel

In Erweiterung der Strategie des vorausgegangen Abschnittes wird jetzt durch vier Stützstellen ein Polynom 3. Ordnung gelegt (Bild 4.6):

$$y(x) = a + b\,x + c\,x^2 + d\,x^3\,.$$

Die Koeffzienten a bis d werden wie im vorausgegangen Abschnitt bestimmt. Anschließend wird über das Polynom integriert. Die aus drei Streifen bestehende Fläche A_3 errechnet sich dann zu

$$\boxed{A_3 = 3\,h\;\frac{y_1 + 3\,y_2 + 3\,y_3 + y_4}{8}} \tag{4.43}$$

Bei mehr als vier Stützstellen ergibt sich das Gesamtintegral als Summe der Teilintegrale, wobei unter Umständen restliche Streifen nach der Keplerschen Faßregel oder der Trapezregel zu ermitteln sind.

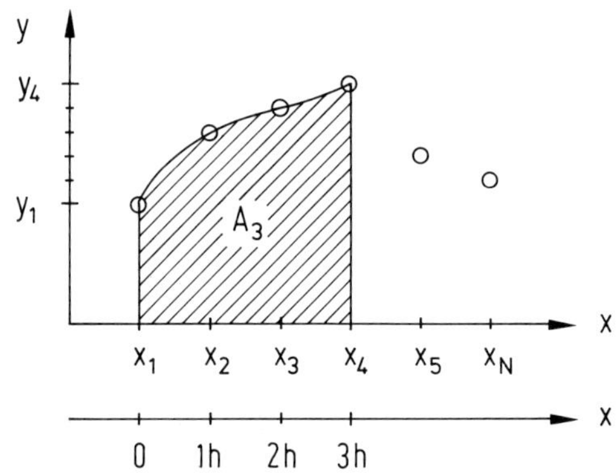

Bild 4.6 3/8-Regel; Zur Flächenberechnung wird durch je vier Stützstellen ein Polynom 3. Ordnung gelegt.

4.3.5 Newton-Cotes-Formeln

Die vorstehenden Integrations- und Quadraturformen gelten für äquidistante Stützstellen. Die Randpunkte des Integrationsintervalls fallen mit Stützpunkten des Interpolationspolynoms, das auch von höherer als 3. Ordnung sein kann, zusammen. Diese Rechenvorschriften gehören zur Klasse der geschlossenen Newton-Cotes-Formeln. Sie sind in der Tabelle 4.3 noch einmal zusammengestellt.

Der Fehler, der durch die Diskretisierung der gemessenen kontinuierlichen Variable zustande kommt, hängt von dem Abstand h der Stützstellen ab. Für die Trapezformel ist er von der Ordnung h^2. Eine merkliche Verbesserung bringen die Keplersche Faßregel und die 3/8-Formel. Dort ist der Fehler von der Ordnung h^4.

Die y_n-Werte sind mit den in der zugehörigen Spalte stehenden Koeffzienten der Tab. 4.3 zu multiplizieren. Um die Fläche zu erhalten, sind die Ergebnisse zu addieren und noch mit der Breite des Integrationsintervalls zu multiplizieren. Für ein Interpolationspolynom 4. Ordnung lautet die entsprechende Rechenvorschrift

$$\boxed{A = 4h\,\frac{7y_1 + 32y_2 + 12y_3 + 32y_4 + 7y_5}{90}\,.} \tag{4.44}$$

Tab 4.3 Newton-Cotes-Formeln; Numerische Integration bei äquidistanten Stützstellen

Interpolations-polynom	Integrations-intervall	y_1	y_2	y_3	y_4	y_5	
1. Ordnung	$1h$	1/2	1/2				(4.34)
2. Ordnung	$2h$	1/6	4/6	1/6			(4.39)
3. Ordnung	$3h$	1/8	3/8	3/8	1/8		(4.43)
4. Ordnung	$4h$	7/90	32/90	12/90	32/90	7/90	(4.44)

• **Beispiel 4.3.** Aus den gemessenen Geschwindigkeiten y_n von Tabelle 4.4 sind die zurückgelegten Wege s_n zu berechnen. Die Ergebnisse sind in der Tabelle 4.4 mit aufgeführt.

Mit Gl. (4.43) ergibt sich nach 3 s z.B. der gesuchte Weg s zu

$$\begin{aligned} s &= 3 \cdot 1\,\frac{1 \cdot 0 + 3 \cdot 3{,}7 + 3 \cdot 7{,}0 + 1 \cdot 9{,}8}{8} \\ &= 15{,}71\,. \end{aligned}$$

Tab 4.4 Integrieren einer Folge von Meßwerten mit Newton-Cotes-Formeln

Zeit (s)	Geschwindigkeit (m/s)	Zurückgelegter Weg s_n (m)			
x_n	y_n	(4.34)	(4.39)	(4.43) u. (4.34)	(4.44) u. (4.39)
0	0,0				
1	3,7	1,85			
2	7,0	7,20	7,27		
3	9,8	15,60		15,71	
4	12,2	26,60	26,73		26,73
5	14,2	39,80			
6	15,8	54,80	55,00	55,01	
7	17,0	71,20			
8	18,1	88,75	88,97		88,96
9	19,1	107,35		107,59	
10	20,0	126,90	127,13	127,14	127,12

4.4 Numerische Integration gewöhnlicher Differentialgleichungen

4.4.1 Aufgabenstellung

Die Überlegungen und Formeln des vorausgegangen Abschnittes sind auch für eine neue Anwendung, nämlich für die numerische Integration gewöhnlicher Differentialgleichungen, nützlich. In diesen Fällen ist die Ableitung einer Funktion gegeben und die Funktion ist durch Integration zu bestimmen. Während die analytische Integration auf ausgewählte Funktionen beschränkt bleibt, ist die numerische Lösung immer möglich. Sie kann einem Rechner übertragen werden und ist oft einfacher als die analytische Lösung. Dafür geeignete Verfahren werden in diesem Abschnitt behandelt.

a) Homogene Differentialgleichung

Als unabhängige Variable wird im folgenden die Zeit t angenommen. Eine Differentialgleichung für die Variable $y(t)$ ist von der Form

$$\frac{d\,y(t)}{dt} = \dot{y}(t) = f\,(t,\ y(t)) \tag{4.45}$$

Dabei ist jeweils der Anfangswert $y(t_0) = y_0$ gegeben.

Bei der numerischen Integration wird von diesem Anfangswert ausgegangen und ein neuer Funktionswert y_1 wird für den Zeitpunkt $t_1 = t_0 + h$ aufgrund der Differentialgleichung bestimmt. Dieser ist dann Grundlage für die Berechnung von y_2 für den Zeitpunkt $t_2 = t_1 + h$. Im allgemeinen wird mit konstanter Schrittweite h gerechnet,

$$h = t_{n+1} - t_n . \tag{4.46}$$

Indem (4.45) links und rechts integriert wird, entsteht

$$\int_{t_0}^{t_1} \dot{y}\, dt = \int_{t_0}^{t_1} f(t,\ y(t))\, dt$$

$$y(t_1) - y(t_0) = \int_{t_0}^{t_1} f(t,\ y(t))\, dt$$

$$y(t_1) = y_0 + \int_{t_0}^{t_1} f(t,\ y(t))\, dt \tag{4.47}$$

Das auf der rechten Seite dieser Gleichung noch stehende Integral wird mit Hilfe eines der im letzten Abschnitt diskutierten Verfahren ermitteln. Dabei liefern diese numerischen Integrationsmethoden nur eine Näherung mit begrenzter Genauigkeit. Dementsprechend wird nicht der richtige Funktionswert $y(t_1)$, sondern nur ein Näherungswert y_1 gefunden,

$$y_1 \approx y(t_1) . \tag{4.48}$$

Es entsteht für den allgemeinen Fall der Fehler dy

$$dy = y_n - y(t_n) . \tag{4.49}$$

b) Inhomogene Differentialgleichung

In den Ingenieurwissenschaften treten oft inhomogene Differentialgleichungen auf. So zum Beispiel bei der Simulation von Geräten oder Systemen. In diesen Fällen ist die Übertragungsfunktion oder die Differentialgleichung der betrachteten Komponente gegeben. Die Komponente wird mit einem Eingangssignal $x(t)$ stimuliert (Bild 4.7). Das zugehörige Ausgangssignal $y(t)$ ist dann aufgrund der Differentialgleichung zu bestimmen. Diese enthält jetzt im Unterschied zu

Bild 4.7 Eine Komponente wird mit dem Eingangssignal $x(t)$ stimuliert. Das Ausgangssignal $y(t)$ soll auf Grund der gegebenen Differentialgleichung berechnet werden.

(4.45) noch das Eingangssignal $x(t)$

$$\dot{y}(t) = f\,(x(t),\ y(t))\ . \tag{4.50}$$

Die Integration führt wieder zu den Ausdrücken

$$\int_{t_0}^{t_1} \dot{y}\, dt = \int_{t_0}^{t_1} f\,(x(t),\ y(t))\ dt$$

$$y(t_1) = y_0 + \int_{t_0}^{t_1} f\,(x(t),\ y(t))\ dt \tag{4.51}$$

$$y_{n+1} = y_n + \int_{t_n}^{t_{n+1}} f\,(x(t),\ y(t))\ dt\,. \tag{4.52}$$

Während in der Differentialgleichung (4.45) die Zeit t als Argument auftritt, wird sie in (4.50) als unabhängige Variable t nicht mehr explizit erwähnt, sondern in den Argumenten der Signale $x(t)$ und $y(t)$ implizit mitgeführt.

Im folgenden werden die Formeln unter Berücksichtigung einer anregenden Funktion angegeben. Sie sind leicht auf den Fall der homogenen Differentialgleichung zu übertragen, indem in den Rechenvorschriften das Argument

$$x(t_n) = x_n = x_0 + n\,h$$

jeweils durch den Zeitpunkt

$$t_n = t_0 + n\,h$$

ersetzt wird.

4.4.2 Polygonzugverfahren nach Euler

a) Explizite Rechnung

Das Verfahren startet, indem an den durch die Randbedingungen festgelegten Ausgangspunkt x_0, y_0 die Tangente mit der bekannten Steigung $\dot{y}_0$

$$\dot{y}_0 = f\,(x_0,\ y_0) \tag{4.53}$$

gelegt wird (Bild 4.8). Die Tangente wird bis t_1 verlängert, wodurch ein rechtwinkliges Dreieck mit den Seiten $\Delta x = h$ und $\Delta y = h\dot{y}_0$ entsteht. Der letzte Term ist die Näherung für das Integral in (4.51). Damit wird $y(t_1)$ approximiert durch y_1 mit

$$y_1 = y_0 + h\,f\,(x_0,\ y_0) = y_0 + h\,\dot{y}_0\,,$$

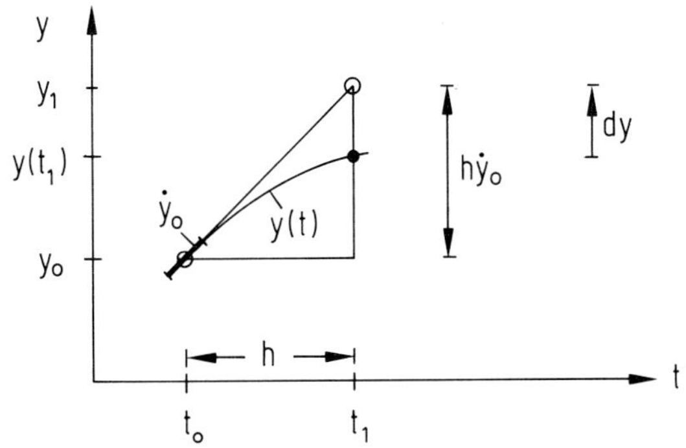

Bild 4.8 Integration einer Differentialgleichung mit dem expliziten Polygonzugverfahren nach Euler.

oder allgemein

$$y_{n+1} = y_n + h\, f(x_n,\ y_n) = y_n + h\, \dot{y}_n\,. \tag{4.54}$$

Ausgehend von der Ordinate y_n wird die Steigung $f(x_n,\ y_n)$ des Punktes $(x_n,\ y_n)$ benutzt, um den neuen Wert y_{n+1} zu berechnen.

• **Beispiel 4.4.** Zunächst wird eine homogene Differentialgleichung gelöst. Gegeben ist die Differentialgleichung

$$\dot{y} = -a\, y$$

mit dem Startwert $y(t_0) = y_0 = 1$. Der Koeffizient a hat die Größe $a = 10^{-2}\ \mathrm{h}^{-1}$; als Schrittweite wird $h = 10$ Stunden gewählt.

Die Gleichung (4.54) liefert die Rechenschritte

$$y_{n+1} = y_n + h\, \dot{y}_n = y_n - 10 \cdot 10^{-2}\, y_n$$
$$y_{n+1} = y_n - 0{,}1\, y_n = 0{,}9\, y_n\,.$$

Die numerische Behandlung führt zu den Zahlenwerten der Tabelle 4.5.

Tab 4.5 Zahlenwerte zum Beispiel 4.4

n	t_n (Std.)	y_n	y_{n+1}
0	0	1	0,9
1	10	0,9	0,81
2	20	0,81	0,729
3	30	0,729	0,6561
4	40	0,6561	0,5905
5	50	0,5905	

Die analytische Lösung der Differentialgleichung ist

$$y(t) = e^{-at} .$$

Für $t = 50$ Std. ist der richtige Wert $y(t = 50) = 0,6065$. Der Fehler ist mit $dy(50) = 0,5905 - 0,6065 = -0,0160$ noch relativ groß. Das soll zunächst nicht stören, da im folgenden noch genauere Integrationsverfahren vorgestellt werden.

• **Beispiel 4.5.** Nun soll eine inhomogene Differentialgleichung behandelt werden. Als Beispiel dient der Tiefpaß von Bild 4.9 mit der Zeitkonstanten $T = RC$. Er hat die Differentialgleichung

$$y(t) + T\ \dot{y}(t) = x(t)$$

$$\dot{y}(t) = \frac{x(t) - y(t)}{T} \tag{4.55}$$

mit der analytischen Lösung

$$y(t) = x(t)\left(1 - e^{-t/T}\right) . \tag{4.55a}$$

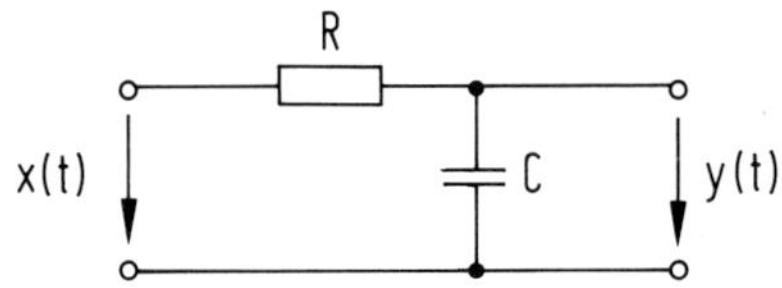

Bild 4.9
Tiefpaß mit dem Eingangssignal $x(t)$, dem Ausgangssignal $y(t)$ und der Zeitkonstanten RC.

Wird die Differentialgleichung diskretisiert,

$$\dot{y}(t_n) = \dot{y}_n ,$$

$$x(t_n) = x_n ,$$

$$y(t_n) = y_n$$

so ergibt sich aus (4.55)

$$\dot{y}_n = \frac{x_n - y_n}{T} . \tag{4.56}$$

Infolge der Diskretisierung ist aus der Differentialgleichung (4.55) die algebraische Gleichung (4.56) entstanden.

Eingesetzt in (4.54) folgt dann die Rechenvorschrift

$$y_{n+1} = y_n + h\,\frac{x_n - y_n}{T} . \tag{4.57}$$

Dies ist eine explizite Gleichung zur Bestimmung von y_{n+1}.

Die Zeitkonstante betrage 1 s, $T = 1$ s, die Schrittweite h 1/10 der Zeitkonstanten, $h = 0,1\,\text{s}$, und die Randbedingung sei $y(t_0) = y_0 = 0$. Der Tiefpaß wird mit dem Einheitssprung stimuliert $x(t_n) = 1$ für $n = 0, 1, \ldots$. Die Sprungantwort läßt sich dann aus

$$\begin{aligned} y_{n+1} &= y_n + 0,1\,\frac{x_n - y_n}{1} \\ &= 0,9\,y_n + 0,1\,x_n \qquad \text{für } n = 0,\ 1,\ 2,\ \ldots \end{aligned} \tag{4.58}$$

berechnen, wobei die Zahlenwerte der Tabelle 4.6 erhalten werden:

Als Ergebnis ergibt sich also die ansteigende Exponentialfunktion von Bild 4.10.

Durch Vergleich mit der analytischen Lösung kann der Fehler $y_n - y(t_n)$, der durch die Diskretisierung entsteht, angegeben werden. Da bei der Integration immer die Steigung des Anfangspunktes für das gesamte Intervall zugrunde gelegt worden ist, steigt die numerisch berechnete Kurve zu schnell an. Der Fehler wird null, sobald der stationäre Wert mit $\dot{y} = 0$ erreicht ist.

Tab 4.6 Zahlenwerte zum Beispiel 4.5

n	t_n (s)	x_n	y_n
0	0	1	0
1	0,1	1	$0,9 \cdot 0 \quad + 0,1 \cdot 1 = 0,1$
2	0,2	1	$0,9 \cdot 0,1 \; + 0,1 \cdot 1 = 0,19$
3	0,3	1	$0,9 \cdot 0,19 + 0,1 \cdot 1 = 0,271$

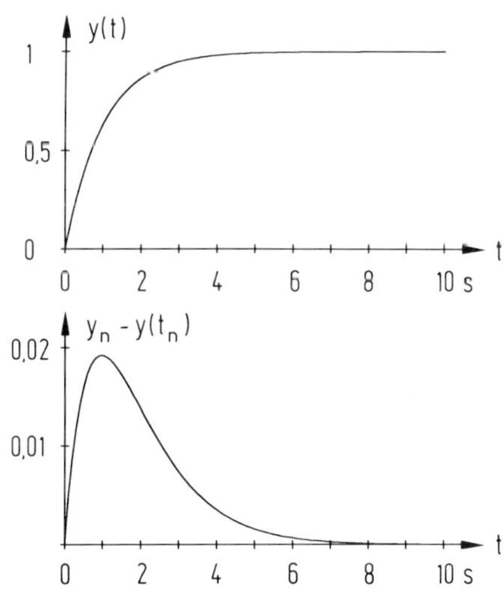

Bild 4.10 Sprungantwort y_n des Tiefpasses von Beispiel 4.5 und Fehler $y_n - y(t_n)$ beim expliziten Polygonzugverfahren (Gl. 4.54).

b) Implizite Rechnung

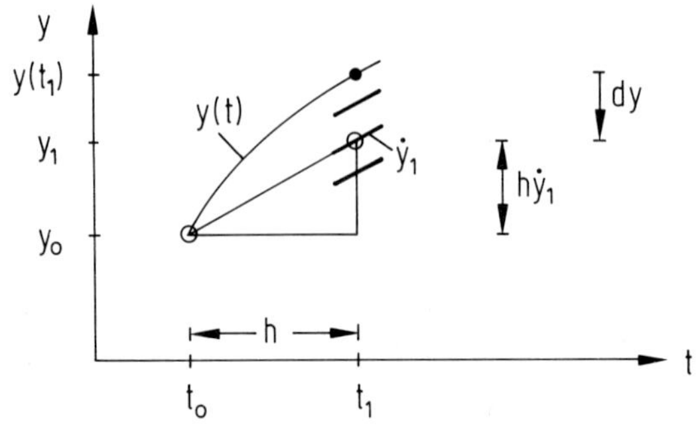

Bild 4.11 Integration einer Differentialgleichung mit dem impliziten Polygonzugverfahren nach Euler.

Bei dem Polygonzugverfahren läßt sich anstelle der Steigung an der linken Grenze des Intervalls auch die an der rechten Grenze benutzen (Bild 4.11). Der Ordinatenzuwachs Δy ergibt sich dann zu

$$\Delta y = h\, f(x_1,\ y_1) = h\, \dot{y}_1 \tag{4.59}$$

und die Gleichung (4.54) geht damit über in

$$\boxed{y_{n+1} = y_n + h\, f(x_{n+1},\ y_{n+1})\,.} \tag{4.60}$$

Diese Gleichung enthält die Ordinate y_{n+1} auf der linken und auf der rechten Seite; sie ist implizit und kann normalerweise nur iterativ gelöst werden. Darauf wird im nächsten Abschnitt eingegangen werden. Nur bei linearen Differentialgleichungen, bei denen sich die Variablen separieren lassen, kann y_{n+1} direkt berechnet werden kann. Dies ist z.B. für die Differentialgleichung des Beispiels 4.6 der Fall.

• **Beispiel 4.6.** Die Sprungantwort des Tiefpasses von Beispiel 4.5 soll mit den dortigen Zahlenwerten nun auch mit der Gleichung (4.60) berechnet werden. Indem die Differentialgleichung (4.56) in (4.60) eingeführt wird, entsteht

$$y_{n+1} = y_n + h\,\frac{x_{n+1} - y_{n+1}}{T} = y_n + 0,1\; x_{n+1} - 0,1\; y_{n+1}$$

$$y_{n+1} = 0,9091\; y_n + 0,0909\; x_{n+1}\,. \tag{4.61}$$

Die zahlenmäßige Auswertung erfolgt wie beim Beispiel 4.4. Den Fehler gegenüber der analytischen Lösung (4.55a) zeigt Bild 4.12. Da jetzt immer mit der kleinsten Steigung des Intervalls gerechnet wurde, liefert (4.61) zu kleine Werte.

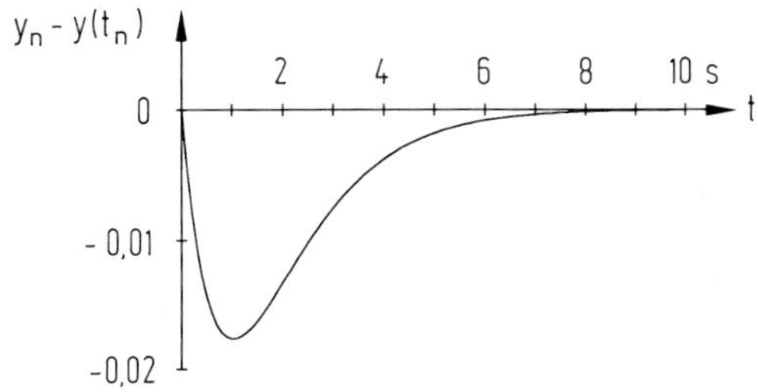

Bild 4.12 Fehler $y_n - y(t_n)$ bei der numerischen Lösung der Dgl. eines Tiefpasses nach dem impliziten Polygonzugverfahren (Gl. 4.61).

4.4.3 Trapezverfahren von Heun

Ausgegangen wird wieder von Gleichung (4.51)

$$y(t_1) = y_0 + \int_{t_0}^{t_1} f\,(x(t),\ y(t))\ dt$$

Das Integral auf der rechten Seite wird nun durch die Trapezregel (4.34) approximiert - es wird also mit einer mittleren Steigung gerechnet (Bild 4.13) - wodurch die Näherung $y_1 \approx y(t_1)$ entsteht

$$y_1 = y_0 + \frac{h}{2}\ [f\,(x_0,\ y_0) + f\,(x_1,\ y_1)] \tag{4.62}$$

oder allgemein

$$\boxed{y_{n+1} = y_n + \frac{h}{2}\ [f\,(x_n,\ y_n) + f\,(x_{n+1},\ y_{n+1})]\ .} \tag{4.63}$$

Dies ist wieder eine implizite Gleichung für y_{n+1}. Nur bei separierbaren Variablen läßt sie sich direkt lösen.

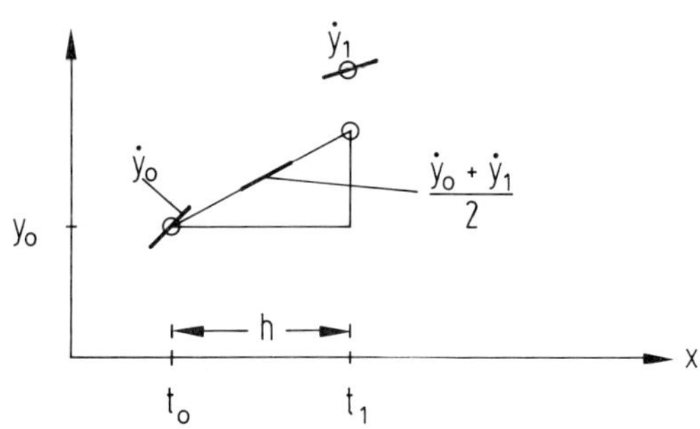

Bild 4.13 Integration einer Differentialgleichung mit dem Trapezverfahren.

a) Direkte Lösung von Gl. (4.63)

Das Vorgehen soll anhand des Beispiel 4.6 veranschaulicht werden:

- **Beispiel 4.7.** Angenommen wird wieder der Tiefpaß von Beispiel 4.5. Wird seine Gleichung

$$\dot{y}_n = f(x_n, y_n) = \frac{x_n - y_n}{T}$$

in (4.63) eingeführt, so entsteht

$$y_{n+1} = y_n + \frac{h}{2}\left[\frac{x_n - y_n}{T} - \frac{x_{n+1} - y_{n+1}}{T}\right],$$

$$y_{n+1} = 0,9048\ y_n + 0,0476\ (x_n + x_{n+1})\,. \tag{4.64}$$

Diese Rechenvorschrift läßt sich wie beim Beispiel 4.5 behandeln. Das Ergebnis zeigt Bild 4.14. Der Fehler ist trotz gleicher Schrittweite um mehr als eine Zehnerpotenz kleiner als beim Polygonzugverfahren.

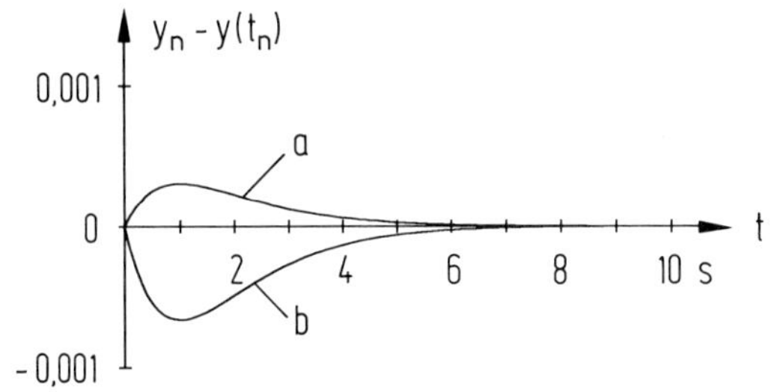

Bild 4.14 Fehler bei der numerischen Lösung der Dgl. eines Tiefpasses nach dem Trapezverfahren
a) Direkte Lösung (Gl. 4.64)
b) Prädiktor-Korrektor-Verfahren (Gl. 4.67 und 4.68).

b) Iterative Lösung von Gl. (4.63), Prädiktor-Korrektor-Verfahren nach Heun

Die Gleichung (4.63) bereitet insoweit Schwierigkeiten, als die zu berechnende Größe y_{n+1} auch auf der rechten Seite als Argument auftritt. Ist die Differentialgleichung $\dot{y} = f(x, y)$ nichtlinear, so muß sie iterativ gelöst werden. Dies ist in zwei Schritten möglich:

1.Schritt: Prädiktor:

Ein Schätzwert y_1^p wird mit dem expliziten Polygonzugverfahren bestimmt:

$$y_1^p = y_0 + h\,f(x_0,\, y_0) = y_0 + h\,\dot{y}_0\,. \tag{4.65}$$

2.Schritt: Korrektor:

Die Näherung y_1^p wird in die Gleichung (4.62) eingesetzt, um den besseren Wert y_1 zu erhalten,

$$y_1 = y_0 + \frac{h}{2}\left[f(x_0,\, y_0) + f(x_1,\, y_1^p)\right]. \tag{4.66}$$

Allgemein lauten dann die Formeln:

$$y_{n+1}^p = y_n + h\,f(x_n,\, y_n) \tag{4.67}$$

$$y_{n+1} = y_n + \frac{h}{2}\left[f(x_n,\, y_n) + f(x_{n+1},\, y_{n+1}^p)\right]. \tag{4.68}$$

Mit den Zahlenwerten

$$k_1 = \dot{y}_n = f(x_n,\, y_n) \tag{4.69}$$

$$k_2 = \dot{y}_{n+1} = f(x_{n+1},\, y_n + h\,k_1) \tag{4.70}$$

läßt sich (4.68) auch schreiben als

$$y_{n+1} = y_n + \frac{h}{2}\,(k_1 + k_2)\,. \tag{4.71}$$

Dieses Rechenverfahren wird auch als zweistufiges Runge-Kutta-Verfahren bezeichnet.

• **Beispiel 4.8.** Um die Handhabung der letzten Formeln zu erklären, soll die Sprungantwort des Tiefpasses von Beispiel 4.5 nun auch iterativ mit dem Prädiktor-Korrektor-Verfahren nach Heun berechnet werden. Mit

$$k_1 = \frac{x_n - y_n}{T}\,,$$

$$k_2 = \frac{x_{n+1} - (y_n + h\,k_1)}{T}$$

ergeben sich aus (4.71) für y_{n+1} die Werte der Tabelle 4.7.

Das Ergebnis ist in Bild 4.14b dargestellt. Der Fehler ist etwas größer als bei der direkten Integration von Beispiel 4.7.

Tab 4.7 Zahlenwerte zum Beispiel 4.8

n	t_n (s)	x_n	y_n	k_1	k_2	y_{n+1}
0	0	1	0	1	$\frac{1-(0+0,1\cdot 1)}{1}=0,9$	0,095
1	0,1	1	0,095	0,905	$\frac{1-(0,095+0,1\cdot 0,905)}{1}=0,8145$	0,181
2	0,2	1	0,181	0,819	$\frac{1-(0,181+0,1\cdot 0,819)}{1}=0,7371$	0,259
3	0,3	1	0,259	0,741	$\frac{1-(0,259+0,1\cdot 0,741)}{1}=0,6669$	0,330

4.4.4 Runge-Kutta-Verfahren

Ausgegangen wird wieder von der Gleichung 4.51 mit

$$y(t_2) = y_0 + \int_{t_0}^{t_2} f\,(x(t),\ y(t))\ dt\,.$$

Zur Approximation des Integrals wird nun aber an Stelle der Trapezregel eine genauere Regel, nämlich die Keplersche Faßregel benutzt. Die Integration wird also über zwei Schritte von t_0 über t_1 bis t_2 durchgeführt (Bild 4.15). Dementsprechend wird der Wert $y_2 \approx y(t_2)$ berechnet. Dies führt zu dem Ansatz

$$y_2 = y_0 + \frac{2h}{6}\,[f(x_0,\ y_0) + 4\,f(x_1,\ y(t_1)) + f(x_2,\ y(t_2))]\ . \tag{4.75}$$

Wenn von dem bekannten Koordinaten t_0, x_0, y_0 ausgegangen wird, so stehen auf der rechten Seite der Gleichung die noch nicht bekannten Ordinaten $y(t_1)$

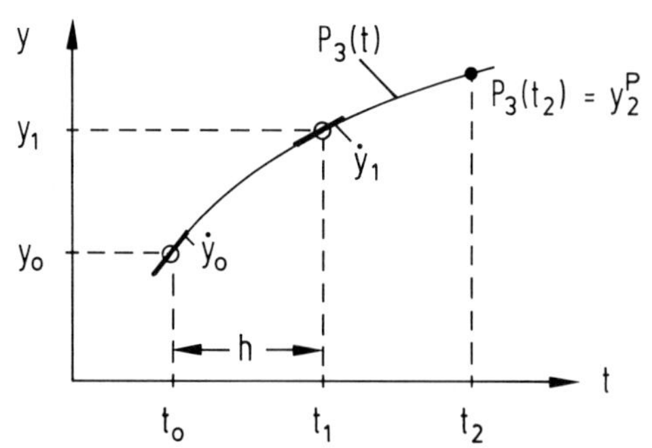

Bild 4.15 Integration einer Differentialgleichung mit dem Runge-Kutta-Verfahren.

und $y(t_2)$. Diese werden mit der Prädiktor-Korrektor-Methode in den folgenden Schritten ermittelt:

a) Der Anfangswert $y(t_0) = y_0$ ist gegeben.

b) Mit der expliziten Eulerformel (4.65) wird der Schätzwert y_1^p berechnet:

$$y_1^p = y_0 + h\,f(x_0,\,y_0) \qquad \text{Prädiktor} \tag{4.76}$$

c) Diese Näherung y_1^p wird in die Trapezformel von Heun (4.66) eingesetzt, um den besseren Wert y_1 zu erhalten:

$$y_1 = y_0 + \frac{h}{2}\,\left[f(x_0,\,y_0) + f(x_1,\,y_1^p)\right] \qquad \text{Korrektor} \tag{4.77}$$

d) Nun wird die Näherung y_2^p benötigt. Um diese zu erhalten, wird zunächst ein Polynom 3. Grades $P_3(t)$ aufgrund der folgenden Forderungen ermittelt:

$$\begin{aligned} P_3(t_0) &= y_0 \\ P_3(t_1) &= y_1 \\ \dot{P}_3(t_0) &= \dot{y}_0 = f(x_0,\,y_0) \\ \dot{P}_3(t_1) &= \dot{y}_1 = f(x_1,\,y_1)\,. \end{aligned} \tag{4.78}$$

Aus diesen vier Bedingungen lassen sich die vier Koeffizienten des gesuchten Polynoms bestimmen. Der Wert dieses Polynoms beim Argument t_2 wird dann als Schätzwert y_2^p genommen:

$$y_2^p = P_3(t_2)\,. \tag{4.79}$$

e) Dieser Wert y_2^p wird dann auf der rechten Seite von (4.75) für $y(t_2)$ eingesetzt, um den besseren Wert y_2 zu erhalten:

$$y_2 = y_0 + \frac{2h}{6}\,y\left[f(x_0,\,y_0) + 4\,f(x_1,\,y_1) + f(x_2,\,y_2^p)\right]\,. \tag{4.80}$$

Die Aufgabe, die hier zu lösen ist, ist also die Ermittlung des Polynoms $P_3(t)$. Mit $t - t_0 = p$ und $t - t_1 = q$ lautet dieses /1.11/

$$P_3(t) = \frac{1}{h^3}\,\left[q^2(3p - q)y_0 - p^2(3q - p)y_1\right] + \frac{1}{h^2}\,\left[pq^2\dot{y}_0 + p^2q\dot{y}_1\right]\,. \tag{4.81}$$

Es hat die Ableitung

$$\dot{P}_3(t) = \frac{6pq}{h^3}\,(y_0 - y_1) + \frac{1}{h^2}\,\left[q(q + 2p)\dot{y}_0 + p(p + 2q)\dot{y}_1\right]\,. \tag{4.82}$$

Für $t = t_0$ folgt mit $p = 0$ und $q = -h$

$$P_3(t_0) = y_0 ,$$
$$\dot{P}_3(t_0) = \dot{y}_0 .$$

Des weiteren liefert $t = t_1$ mit $p = h$ und $q = 0$ das Ergebnis

$$P_3(t_1) = y_1 , \tag{4.83}$$
$$\dot{P}_3(t_1) = \dot{y}_1 . \tag{4.84}$$

Die Bedingungen (4.78) sind also erfüllt, und so wird nun $P_3(t_2)$ berechnet, um den Schätzwert y_2^p zu erhalten. Dieser ergibt sich mit

$$p = t_2 - t_0 = 2\,h$$
$$q = t_2 - t_1 = h$$

aus (4.81) zu

$$P_3(t_2) = y_2^p = 5y_0 - 4y_1 + 2h\dot{y}_0 + 4h\dot{y}_1 \tag{4.85}$$
$$= 5y_0 - 4y_1 + 2h\,f(x_0,\ y_0) + 4h\,f(x_1,\ y_1) . \tag{4.86}$$

Wird (4.77) für y_1 in (4.86) eingesetzt, so folgt die gesuchte Prädiktor-Formel für y_2^p zu

$$y_2^p = 5y_0 - 4\left\{y_0 + \frac{h}{2}\left[f(x_0,\ y_0) + f(x_1,\ y_1^p)\right]\right\} + 2h\,f(x_0,\ y_0) + 4h\,f(x_1,\ y_1)$$
$$= y_0 - 2h\,f(x_1,\ y_1^p) + 4h\,f(x_1,\ y_1) . \tag{4.87}$$

Damit läßt sich dann aus (4.80) der verbesserte Wert y_2 bestimmen.

Es ist nun zweckmäßig, die numerische Auswertung durch die nachfolgend definierten Hilfsgrößen k_i vorzubereiten. Damit ergibt sich zusammenfassend der folgende vierstufige Runge-Kutta-Algorithmus:

	$k_1 = f(x_0,\ y_0)$	(4.88)
aus (4.76):	$k_2 = f(x_1,\ y_1^p) = f(x_1,\ y_0 + hk_1)$	(4.89)
aus (4.77):	$k_3 = f(x_1,\ y_1) = f\left(x_1,\ y_0 + \frac{h}{2}(k_1 + k_2)\right)$	(4.90)
aus (4.87):	$k_4 = f(x_2,\ p_2^p) = f(x_2,\ y_0 - 2hk_2 + 4hk_3)$	(4.91)
aus (4.80):	$y_2 = y_0 + \frac{2h}{6}\,(k_1 + 4k_3 + k_4)\,.$	(4.92)

Für den allgemeinen Fall ist in den obigen Formeln der Index i durch $n+i$ zu ersetzen. In der Literatur wird meistens der Doppelschritt bei der Integration von t_0 über t_1 nach t_2 in einen Schritt zusammengezogen, wobei dann halbe

Integrationsintervalle wie z.B. von t_0 über $t_{0,5}$ nach t_1 auftreten. Bei dieser Indizierung ist in den vorstehenden Gleichungen

$$\begin{array}{ccc} h & \text{durch} & h/2 \\ x_1,\ y_1 & \text{durch} & x_{0,5},\ y_{0,5} \\ x_2,\ y_2 & \text{durch} & x_1,\ y_1 \end{array} \tag{4.93}$$

auszudrücken.

K. Runge (1895) und M. W. Kutta (1901) hatten seinerzeit ihren klassischen Formelsatz etwas anders entwickelt. Er liefert für lineare Differentialgleichungen dieselben Ergebnisse wie das Gleichungssystem (4.88-4.92):

$$\boxed{\begin{aligned} k_1 &= f(x_0,\ y_0) \\ k_2 &= f(x_1,\ y_0 + hk_1) \\ k_3 &= f(x_1,\ y_0 + hk_2) \\ k_4 &= f(x_2,\ y_0 + 2hk_3) \\ y_2 &= y_0 + \frac{2h}{6}(k_1 + 2k_2 + 2k_3 + k_4) \end{aligned}} \tag{4.94}$$

Diese Gleichungen können nicht mehr von der Keplerschen Faßregel abgeleitet werden.

Ein weiterer Runge-Kutta-Algorithmus 4. Ordnung orientiert sich an der 3/8 Integrationsregel (4.43) /1.9, S.379/:

$$\boxed{\begin{aligned} k_1 &= f(x_0,\ y_0) \\ k_2 &= f(x_1,\ y_0 + hk_1) \\ k_3 &= f(x_2,\ y_0 - hk_1 + 3hk_2) \\ k_4 &= f(x_3,\ y_0 + 3hk_1 - 3hk_2 + 3hk_3) \\ y_3 &= y_0 + \frac{3h}{8}(k_1 + 3k_2 + 3k_3 + k_4) \end{aligned}} \tag{4.95}$$

Im Falle einer linearen Differentialgleichung lassen sich die Gleichungen nach y_2 auflösen und der Wert könnte ohne Iteration berechnet werden. Dieses Vorgehen neigt zur numerischen Instabilität und wird nicht empfohlen /1.11/.

• **Beispiel 4.9.** Die Sprungantwort des Tiefpasses von Beispiel 4.5 soll nun auch mit Hilfe des Runge-Kutta-Formelsatzes (4.88-4.92) berechnet werden. Mit

$$f(x_n, y_n) = \frac{x_n - y_n}{T}$$

ergeben sich dabei für das Intervall von t_0 bis t_2 die folgenden Zahlenwerte:

$$k_1 = \frac{x_0 - y_0}{T} = \frac{1-0}{1} = 1$$

$$k_2 = \frac{x_1 - (y_0 + hk_1)}{T} = \frac{1 - (0 + 0,1 \cdot 1)}{1} = 0,9$$

$$k_3 = \frac{x_1 - \left(y_0 + \frac{h}{2}(k_1 + k_2)\right)}{T} = \frac{1 - (0 + 0,095)}{1} = 0,905$$

$$k_4 = \frac{x_2 - (y_0 - 2hk_2 + 4hk_3)}{T} = \frac{1 - (0 - 0,18 + 0,362)}{1} = 0,8180$$

$$y_2 = y_0 + \frac{2h}{6}(k_1 + 4k_3 + k_4)$$

$$= 0 + \frac{0,2}{6}(1 + 3,620 + 0,8180) = 0,1812666\,.$$

Dieser Wert stimmt mit dem exakten Wert der analytischen Lösung

$$y(0,2\ \mathrm{s}) = 1 - e^{-0,2} = 0,1812692$$

bis auf fünf Stellen hinter dem Komma überein. Der Fehler der numerischen Integration ist in Bild 4.16 aufgetragen. Die Genauigkeit ist gegenüber dem Trapezverfahren von Heun wesentlich verbessert.

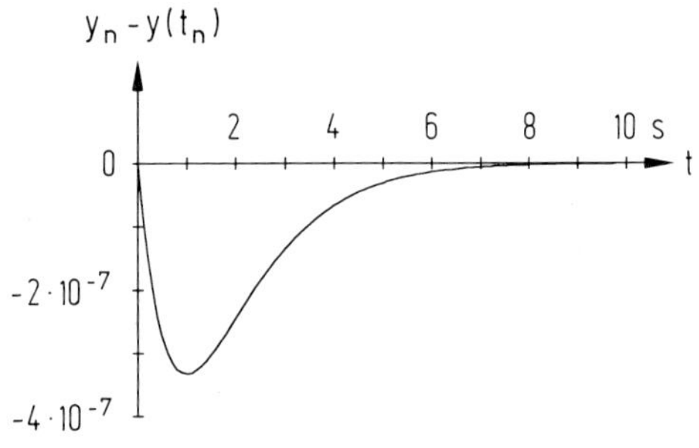

Bild 4.16 Fehler bei der numerischen Lösung der Dgl. eines Tiefpasses nach dem Runge-Kutta-Verfahren (Gl. 4.88 - 4.92).

4.4.5 Mehrschrittverfahren

Auch das Runge-Kutta-Verfahren wird gewöhnlich den Einschrittverfahren zugerechnet, die aus einem vorausgegangenen y-Wert den nachfolgenden berechnen und die damit selbststartend sind.

Es liegt nun nahe, bei der Auswertung der Differentialgleichung nicht nur den letzten Wert, sondern mehrere zurückliegende Ergebnisse zu berücksichtigen. Aus diesen wird dann auf den neuen Wert geschlossen, der dann unter Umständen mit einer besseren Genauigkeit erhalten wird.

a) Explizite Rechnung nach Adams-Bashforth

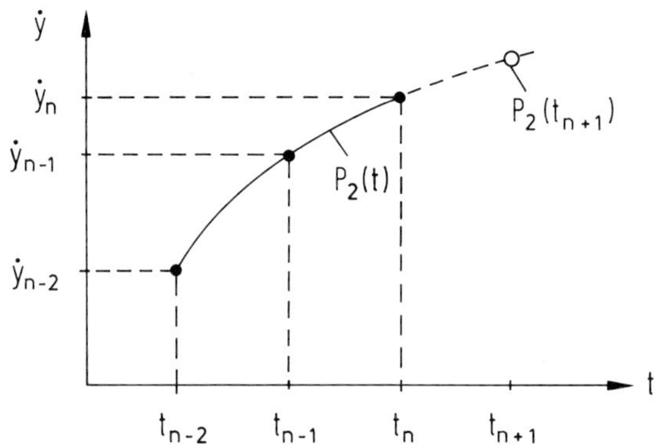

Bild 4.17 Integration einer Differentialgleichung mit dem Mehrschrittverfahren.

Sind z.B. die Steigungen $\dot{y} = f(x, y)$ für drei Zeitpunkte bekannt, (Bild 4.17),

$$
\begin{aligned}
f_{n-2} &= f(x_{n-2},\ y_{n-2}) && \text{bei } t_{n-2} \\
f_{n-1} &= f(x_{n-1},\ y_{n-1}) && \text{bei } t_{n-1} \\
f_n &= f(x_n,\ y_n) && \text{bei } t_n
\end{aligned}
$$

so läßt sich durch diese Punkte ein Interpolationspolynom 2.Ordnung $P_2(t)$ legen. Dessen Wert beim Argument t_{n+1} wird dann als Näherung für die Steigung zu dem Zeitpunkt t_{n+1} genommen:

$$f(x_{n+1},\ y_{n+1}) \approx P_2(t_{n+1})\,.$$

Diese Annahme erlaubt in der Ausgangsgleichung (4.52)

$$y(t_{n+1}) = y_n + \int_{t_n}^{t_{n+1}} f(x, y)\, dt$$

das Integral über $f(x, y)$ zu ersetzen durch das Integral über das Interpolationspolynom $P_2(t)$, wodurch der Näherungswert $y_{n+1} \approx y(t_{n+1})$ erhalten wird:

$$y_{n+1} = y_n + \int_{t_n}^{t_{n+1}} P_2(t)\, dt\,. \tag{4.96}$$

Nach einer Bestimmung der Koeffizienten des Polynoms folgt aus (4.96) die Rechenvorschrift für y_{n+1}, die sogenannte dreischrittige Formel von Adams-Bashforth /1.9, S.388/:

$$y_{n+1} = y_n + \frac{h}{12}\left[23\, f_n - 16\, f_{n-1} + 5\, f_{n-2}\right]. \tag{4.97}$$

Zur Berechnung von y_{n+1} müssen also die Steigungen an den drei Stützstellen t_{n-2} bis t_n bekannt sein. y_{n+1} läßt sich dann explizit bestimmen. Pro Integrationsschritt ist dabei nur ein einziger Funktionswert neu zu berechnen, da die anderen Werte schon vorliegen. Um dieses Verfahren starten zu können, müssen die ersten Werte mit einem Einschrittverfahren ermittelt werden.

Wird ein Interpolationspolynom 3. Ordnung $P_3(t)$ durch vier Stützstellen gelegt, so lautet die entsprechende vierschrittige Adams-Bashforth-Formel

$$y_{n+1} = y_n + \frac{h}{24}\left[55\, f_n - 59\, f_{n-1} + 37\, f_{n-2} - 9\, f_{n-3}\right]. \tag{4.98}$$

• **Beispiel 4.10.** Die Sprungantwort des Tiefpasses von Beispiel 4.5 ist mit der dreischrittigen Adams-Bashforth-Formel (4.97) zu berechnen. Um die neue Ordinate y_{n+1} zu erhalten, müssen die 3 zurückliegenden Werte mit den Indizes n, $n-1$ und $n-2$ bekannt sein. Diese Ausgangswerte sind mit einem selbststartendem Verfahren zu ermitteln und werden hier der Tab. 4.7 entnommen:

$$y_0 = 0; \qquad y_1 = 0{,}095; \qquad y_2 = 0{,}181\,.$$

Mit diesen Daten führt die Dgl. des Tiefpasses

$$f(x_n, y_n) = f_n = \frac{x_n - y_n}{T}$$

für $n = 2$ zu den folgenden Steigungen:

$$\begin{aligned} n = 2: \qquad f_2 &= \frac{x_2 - y_2}{T} = 1 - 0{,}181 = 0{,}819 \\ f_{2-1} &= \frac{x_1 - y_1}{T} = 1 - 0{,}095 = 0{,}905 \\ f_{2-2} &= \frac{x_0 - y_0}{T} = 1 - 0 \qquad = 1. \end{aligned}$$

Werden diese Werte in (4.97) eingesetzt, so ergibt sich die gesuchte Ordinate y_{2+1} zu

$$y_{2+1} = y_2 + \frac{h}{12}\,(23f_2 - 16f_1 + 5f_0)$$

$$= 0,181 + \frac{0,1}{12}(23 \cdot 0,819 - 16 \cdot 0,905 + 5 \cdot 1)$$
$$= 0,25925.$$

Auf diese Weise lassen sich mit wachsendem n die neuen Ordinatenwerte gewinnen. Werden diese mit der analytischen Lösung (4.55a) verglichen, so ergibt sich die Fehlerfunktion von Bild 4.18. Der Fehler durch die ungenauen Startwerte wird schnell verkleinert. Insgesamt bleibt aber bei dem Tiefpaß des Beispiels die Genauigkeit geringer als beim vierschrittigen Runge-Kutta-Verfahren.

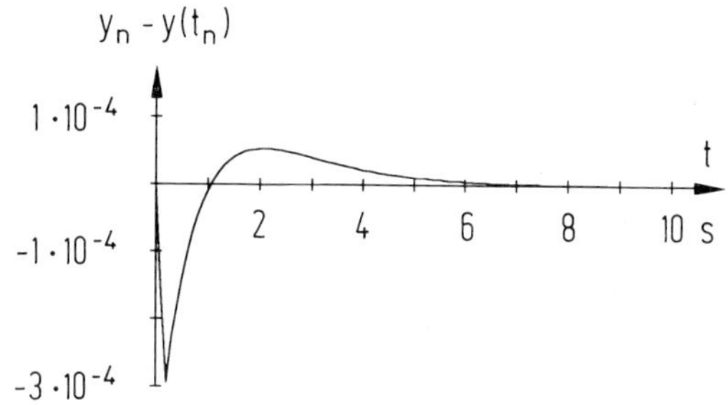

Bild 4.18 Fehler bei der numerischen Lösung der Dgl. eines Tiefpasses mit der dreischrittigen Formel von Adams-Bashforth (Gl. 4.97).

b) Implizite Rechnung nach Adams-Bashforth-Moulton

Zur angenäherten Berechnung des Integrals in (4.52) soll nun zusätzlich zu den bekannten Werten f_{n-2}, f_{n-1}, f_n noch der unbekannte Wert $f_{n+1} = f(x_{n+1}, y_{n+1})$ mitverwendet werden. Aus diesen vier Stützstellen läßt sich ein Interpolationspolynom 3. Ordnung $P_3(t)$ konstruieren. Über dieses Polynom wird dann integriert, woraus in Verbindung mit (4.96) die folgende Rechenvorschrift entsteht:

$$y_{n+1} = y_n + \frac{h}{24}\left[9\, f(x_{n+1}, y_{n+1}) + 19\, f_n - 5\, f_{n-1} + f_{n-2}\right]. \tag{4.99}$$

Dies ist eine implizite Gleichung für y_{n+1}, da ja dieser Wert auch als Argument auf der rechten Seite auftritt. So läßt sich die Formel nur iterativ handhaben. In einem ersten Schritt wird ein Prädiktor y^p_{n+1} nach (4.97) bestimmt. Dieser Wert wird dann in (4.99) eingesetzt um den besseren Korrektor-Wert y_{n+1} zu erhalten. Diese Kombination der beiden Formeln führt dann zum dreischrittigen Adams-Bashforth-Moulton-Verfahren (A-B-M-Methode):

$$y_{n+1}^p = y_n + \frac{h}{12}\left[23\,f_n - 16\,f_{n-1} + 5\,f_{n-2}\right] \tag{4.100}$$

$$y_{n+1} = y_n + \frac{h}{24}\left[9\,f(x_{n+1},\, y_{n+1}^p) + 19\,f_n - 5\,f_{n-1} + f_{n-2}\right] \tag{4.101}$$

Wird die vierschrittige Formel (4.98) als Prädiktor für eine vierschrittige implizite Formel benutzt, so entsteht der vierschrittige A-B-M-Algorithmus:

$$y_{n+1}^p = y_n + \frac{h}{24}\left[55\,f_n - 59\,f_{n-1} + 37\,f_{n-2} - 9\,f_{n-3}\right] \tag{4.102}$$

$$y_{n+1} = y_n + \frac{h}{720}\left[251\,f(x_{n+1},\, y_{n+1}^p) + 646\,f_n - 264\,f_{n-1} + 106\,f_{n-2} - 19\,f_{n-3}\right] \tag{4.103}$$

Fehlerbetrachtungen /1.9/ ergeben, daß die Korrektor-Formeln etwas genauer sind als die Prädiktor-Formeln. Es ist nun wünschenwert, zwei Formeln mit etwa gleicher Genauigkeit zu kombinieren. Dies führt zu dem folgenden Gleichungssystem, das den Prädiktor von (4.102) und den Korrektor von (4.101) enthält und noch etwas genauer als der vierschrittige A-B-M-Alogrithmus ist:

$$y_{n+1}^p = y_n + \frac{h}{24}\left[55\,f_n - 59\,f_{n-1} + 37\,f_{n+2} - 9\,f_{n-3}\right] \tag{4.104}$$

$$y_{n+1} = y_n + \frac{h}{24}\left[9\,f(x_{n+1},\, y_{n+1}^p) + 19\,f_n - 5\,f_{n-1} + f_{n-2}\right] \tag{4.105}$$

4.4.6 System von Differentialgleichungen 1. Ordnung

Systeme von Differentialgleichungen 1. Ordnung treten in den Natur- und Ingenieurwissenschaften häufig auf. Erinnert sei zum Beispiel an die Kopplung von Spannung und Strom in Schwingkreisen oder an die Zustandsbeschreibung durch Markow-Ketten. Darüber hinaus spielen Differentialgleichungssysteme eine große Rolle, da jede Differentialgleichung höherer Ordnung auf ein System von Differentialgleichungen 1. Ordnung zurückgeführt werden kann.

Ist z.B. eine Differentialgleichung 4. Ordnung gegeben,

$$y^{(4)}(t) = f\left(t,\, y(t),\, \dot{y}(t),\, \ddot{y}(t),\, y^{(3)}(t)\right) \tag{4.106}$$

mit den Anfangsbedingungen

$$\begin{aligned} y(t_0) &= y_0 \\ \dot{y}(t_0) &= \dot{y}_0 \\ \ddot{y}(t_0) &= \ddot{y}_0 \\ y^{(3)}(t_0) &= y_0^{(3)} \end{aligned}$$

so kann (4.106) bei einer Definition der folgenden Funktionen und ihrer Anfangsbedingungen

$$\begin{aligned} y_1(t) &= y(t); & y_1(t_0) &= y_0 \\ y_2(t) &= \dot{y}(t); & y_2(t_0) &= \dot{y}_0 \\ y_3(t) &= \ddot{y}(t); & y_3(t_0) &= \ddot{y}_0 \\ y_4(t) &= y^{(3)}(t); & y_4(t_0) &= y_0^{(3)}. \end{aligned} \tag{4.107}$$

in ein System von Differentialgleichung 1. Ordnung übergeführt werden:

$$\begin{aligned} \dot{y}_1(t) &= y_2(t); & y_1(0) &= y_0 \\ \dot{y}_2(t) &= y_3(t); & y_2(0) &= \dot{y}_0 \\ \dot{y}_3(t) &= y_4(t); & y_3(0) &= \ddot{y}_0 \\ \dot{y}_4(t) &= f\left(t,\ y(t),\ \dot{y}(t),\ \ddot{y}(t),\ y^{(3)}(t)\right); & y_4(0) &= y_0^{(3)}. \end{aligned} \tag{4.108}$$

Werden nun die folgenden Vektoren definiert,

$$\underline{y}(t) - \begin{pmatrix} y_1(t) \\ y_2(t) \\ y_3(t) \\ y_4(t) \end{pmatrix}, \quad \underline{\dot{y}}(t) = \begin{pmatrix} \dot{y}_1(t) \\ \dot{y}_2(t) \\ \dot{y}_3(t) \\ \dot{y}_4(t) \end{pmatrix}, \quad \underline{y}_0 = \begin{pmatrix} y_1(t_0) \\ y_2(t_0) \\ y_3(t_0) \\ y_4(t_0) \end{pmatrix} \tag{4.109}$$

und wird die rechte Seite von (4.106) in der Vektorfunktion $\underline{f}\left(t, \underline{y}(t)\right)$ zusammengefaßt, so reduziert sich (4.106) auf die folgende Vektorgleichung

$$\boxed{\underline{\dot{y}}(t) = \underline{f}\left(t,\ \underline{y}(t)\right) \qquad \text{mit} \qquad \underline{y}(t_0) = \underline{y}_0.} \tag{4.110}$$

Diese Vektorgleichung ist von derselben Form wie die skalare Gleichung (4.45). Alle in den vorausgegangenen Abschnitten diskutierten Rechenvorschriften lassen sich so auch auf die Vektorgleichung anwenden.

Dabei wird wie folgt vorgegangen: Die Anfangswerte liegen mit $\underline{y}_0$ fest. Diese werden in (4.110) eingesetzt und der Vektor $\underline{\dot{y}}(t_0)$ wird berechnet. Mit der Kenntnis von $\underline{\dot{y}}(t_0)$ läßt sich dann - im einfachsten Fall über die explizite Euler-Formel – bei der Schrittweite h der neue Wert $\underline{y}_1$ bestimmen aus

$$\underline{y}_1 = \underline{y}_0 + h\,\underline{\dot{y}}_0.$$

Dann wird $\underline{y}_1$ auf der rechten Seite von (4.110) eingesetzt, woraus sich $\dot{\underline{y}}_1$ ergibt. Damit kann dann

$$\underline{y}_2 = \underline{y}_1 + h\,\dot{\underline{y}}_1$$

bestimmt werden. Die Vektorgleichung läßt sich also ähnlich wie die skalare Gleichung behandeln.

• **Beispiel 4.11.** Gegeben ist die Markowkette von Bild 4.19, die den Zustand einer reparierbaren Komponente beschreibt. v ist die Besetzungswahrscheinlichkeit für den Zustand „funktionsfähig", u ist die für den Zustand „ausgefallen". Mit der Ausfallrate a gelangt die Komponente vom Zustand „funktionsfähig" in den Zustand „ausgefallen". Mit der Reparaturrate b kehrt sie zurück zur Funktionsfähigkeit. Die entsprechende Differentialgleichung lautet:

$$\begin{aligned} \dot{v} &= -a\,v + b\,u \\ \dot{u} &= a\,v - b\,u \end{aligned} \tag{4.111}$$

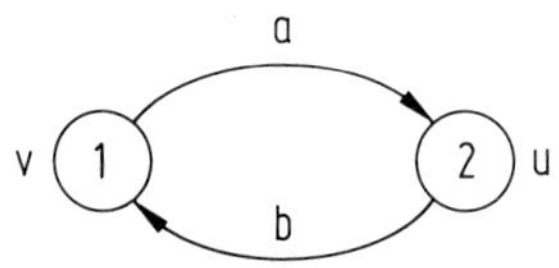

Bild 4.19 Markow-Kette für eine Komponente mit Erneuerung; a Ausfallrate, b Reparaturrate.
Zustand 1: Komponente ist funktionsfähig mit der Wahrscheinlichkeit v
Zustand 2: Die Komponente ist ausgefallen und in Reparatur mit der Wahrscheinlichkeit u.

Es gilt die Anfgangsbedingung $v(t_0) = 1$; $u(t_0) = 0$, und die Randbedingung ist

$$v(t) + u(t) = 1\,. \tag{4.112}$$

Um die numerische Auswertung zu vereinfachen, wird diese Randbedingung in (4.111) eingeführt

$$\begin{aligned} \dot{v} &= -a\,v + b\,(1-v) = b - (a+b)\,v \\ \dot{u} &= a\,(1-u) - b\,u = a - (a+b)\,u\,. \end{aligned} \tag{4.113}$$

Dabei wäre es im vorliegenden Fall ausreichend, nur $\dot{v}$ und v zu bestimmen. $\dot{u}$ und u lassen sich schneller berechnen aus

$$\dot{u} = -\dot{v} \quad \text{und} \quad u = 1 - v\,. \tag{4.114}$$

Mit der (nicht realistischen) Ausfallrate $a = 1 \cdot 10^{-2}\ \mathrm{h}^{-1}$, der Reparaturrate $b = 3 \cdot 10^{-2}\ \mathrm{h}^{-1}$ und der Schrittweite $h = 5$ Stunden gestaltet sich mit dem expliziten Euler-Algorithmus die numerische Integration wie folgt:

Die Steigungen zum Zeitpunkt t_0 berechnen sich zu

$$\dot{v}_0 = b - (a+b)\, v_0 = 3 \cdot 10^{-2} - 4 \cdot 10^{-2} \cdot 1 = -1 \cdot 10^{-2},$$
$$\dot{u}_0 = a - (a+b)\, u_0 = 1 \cdot 10^{-2} - 4 \cdot 10^{-2} \cdot 0 = 1 \cdot 10^{-2}.$$

Die Formel (4.54) für den expliziten Euler-Algorithmus liefert

$$v_1 = v_0 + h\, \dot{v}_0 = 1 + 5 \cdot (-1 \cdot 10^{-2}) = 0,95$$
$$u_1 = u_0 + h\, \dot{u}_o = 0 + 5 \cdot 1 \cdot 10^{-2} = 0,05\,.$$

Damit lassen sich im nächsten Schritt $\dot{v}_1$, $\dot{u}_1$ und v_2 und u_2 berechnen:

$$\dot{v}_1 = b - (a+b)\, v_1 = 3 \cdot 10^{-2} - 4 \cdot 10^{-2} \cdot 0,95 = -8 \cdot 10^{-3}$$
$$\dot{u}_1 = a - (a+b)\, u_1 = 1 \cdot 10^{-2} - 4 \cdot 10^{-2} \cdot 0,05 = 8 \cdot 10^{-3}$$
$$v_2 = v_1 + h\, \dot{v}_1 = 0,95 + 5 \cdot (-8 \cdot 10^{-3}) = 0,91$$
$$u_2 = u_1 + h\, \dot{u}_1 = 0,05 + 5 \cdot 8 \cdot 10^{-3} = 0,09\,.$$

Die Zahlenwerte sind in der Tabelle 4.8 zusammengefaßt. Sie zeigen, daß die Gleichungen (4.114) erfüllt sind. Als komplette Lösung ergibt sich die im Bild 4.20 gezeigte Kurve. Der stationäre Zustand ist nach etwa 100 Stunden mit $v = 0,75$ und $u = 0,25$ erreicht.

Tab 4.8 Zahlenwerte zum Beispiel 4.11

n	t_n	$\dot{v}_n$	$\dot{u}_n$	v_n	u_n
0	0	−0,0100	0,0100	1	0
1	5	−0,0080	0,0080	0,9500	0,0500
2	10	−0,0064	0,0064	0,9100	0,0900
3	15	−0,0051	0,0051	0,8780	0,1220
4	20	−0,0041	0,0041	0,8524	0,1476
5	25	−0,0033	0,0033	0,8319	0,1681

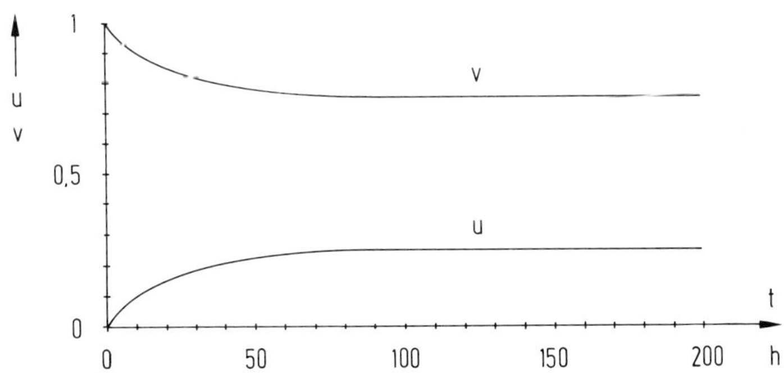

Bild 4.20 Besetzungswahrscheinlichkeiten u, v für die Zustände der Markow-Kette von Bild 4.19 in Abhängigkeit von der Zeit.

• **Beispiel 4.12.** Das etwas umfangreichere Differentialgleichungssystem

$$\begin{aligned}\dot{w}_1 &= -(\lambda_2 + \lambda_k)\, w_1 + \varepsilon\, w_2\\ \dot{w}_2 &= \lambda_2\, w_1 - \varepsilon\, w_2\\ \dot{w}_3 &= \lambda_k\, w_1 - \lambda_2\, w_3\\ \dot{w}_4 &= \lambda_2\, w_3\end{aligned}$$

wurde nach dem Runge-Kutta-Verfahren mit Hilfe des im Anhang erwähnten Rechenprogramms numerisch integriert, wobei sich die Lösung von Bild 4.21 ergab.

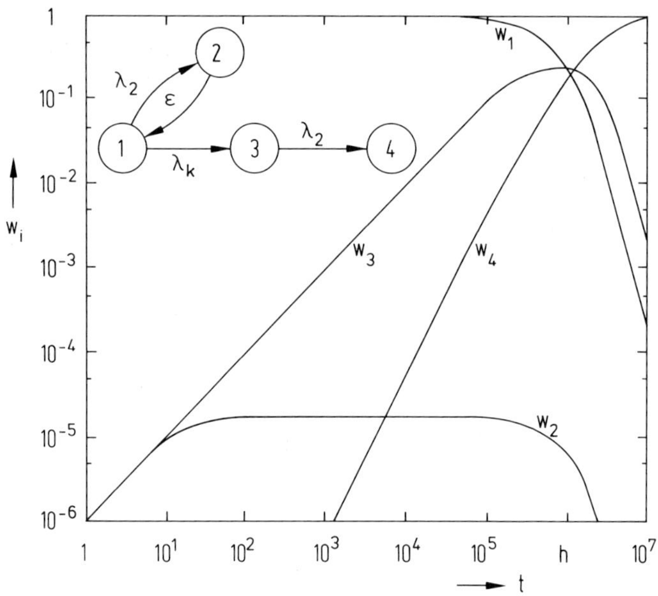

Bild 4.21 Besetzungswahrscheinlichkeiten w_i für die Zustände i der im Bild gezeigten Markow-Kette /2.8/.
Zahlenwerte: $\lambda_2 = 10^{-6}\,h^{-1}$, $\varepsilon = 5 \cdot 10^{-2}\,h^{-1}$, $\lambda_k = 10^{-6}\,h^{-1}$.

4.4.7 Schrittweite und Fehler

Durch die Diskretisierung der Differentialgleichung entstehen bei der numerischen Integration Fehler. Unterschieden werden der lokale und der globale Verfahrensfehler, der Rundungsfehler und schließlich der Gesamtfehler.

Der **lokale Verfahrensfehler** ist der Fehler, der innerhalb eines einzigen Integrationsschrittes entsteht. Der Grund seines Auftretens liegt darin, daß das Integral in (4.52) nur approximiert wird. Der Fehler ist umso größer, je größer die Schrittweite ist und je mehr sich die Ableitung innerhalb des Integrationsschrittes ändert. In der Tabelle 4.9 sind die lokalen Verfahrensfehler für die besprochenen Integrationsverfahren in Potenzen der Schrittweite h angegeben. Ist der lokale Verfahrensfehler von der Ordnung h^3, so würde er bei einer Halbierung der Schrittweite auf 1/8 abnehmen.

Von Integrationsschritt zu Integrationsschritt überlagern sich die einzelnen lokalen Verfahrensfehler zu dem **globalen Verfahrensfehler.** Er ist – Rundungsfehler werden nicht betrachtet – die Differenz zwischen dem berechneten Wert y_n und dem tatsächlichen Wert $y(t_n)$. Der globale Verfahrensfehler ist größer als der lokale. Ist der lokale Fehler von der Größenordnung h^{n+1}, so ist der globale Verfahrensfehler von der Größenordnung h^n.

Um die Verfahrensfehler zu verringern, liegt es nahe, die Schrittweite möglichst klein zu wählen. Das bringt aber auch Nachteile mit sich. Zum einem nehmen mit der verringerten Schrittweite der Rechenaufwand und die Rechenzeit zu, zum anderen entsteht während jedes Rechenschrittes wegen der endlichen Stellenzahl ein **Rundungsfehler**. Bei zu kleinen Schrittweiten wird dieser Rundungsfehler größer als der globale Verfahrensfehler. So hat es sich als zweckmäßig erwiesen, solange keine anderen Kriterien gegeben sind, die Schrittweite h zu etwa 1/10 der maßgeblichen Zeitkonstanten zu wählen.

Während der Integration ändert sich gewöhnlich die Steigung der Funktion. So bringt es hinsichtlich der Rechenzeit und der Genauigkeit Vorteile, die Schrittweite der jeweiligen Steigung anzupassen, d.h. die Schrittweite zu variieren. Dies

Tab 4.9 Vergleich der verschiedenen Integrationsverfahren

Algorithmus	Gleichung	Zahl der Funktionsauswertungen	lokaler Verfahrensfehler ist von der Ordnung
Euler explizit	(4.54)	2	h^2
Prädiktor-Korrektor nach Heun	(4.67)	2	h^3
Runge-Kutta 4.Ordnung	(4.88) - (4.92) (4.94)	4	h^5
Adams-Bashforth explizit	(4.98)	1	h^5
Prädiktor-Korrektor nach Adams-Bashforth-Moulton	(4.101)	2	h^5

geschieht, indem nach jedem Integrationsschritt ein Kriterium für den lokalen Verfahrensfehler betrachtet wird. In Abhängigkeit von dieser Überprüfung wird dann die Schrittweite entweder verkürzt oder vergrößert. Eine für das Runge-Kutta-Verfahren geeignete Methode ist in dem Programm implementiert.

Der **Gesamtfehler** schließlich ergibt sich aus der Überlagerung von globalen Verfahrensfehler und Rundungsfehler.

5 Diskrete Fourier-Transformation

5.1 Aufgabenstellung

Die Fourier-Transformation ermöglicht es, die in einem Zeitsignal enthaltenen Frequenzen zu ermitteln. Derartige Messungen im Frequenzbereich werden insbesondere bei Signalen mit periodischen Komponenten durchgeführt. Diese Signale, die zum Beispiel bei Schwingungsmessungen anfallen, ändern und wiederholen sich so rasch, daß es völlig unübersichtlich wäre, den Zeitverlauf aufzeichnen und auswerten zu wollen. Hier empfiehlt es sich, die „Harmonische Analyse", die „Digitale Signalanalyse", durchzuführen und das Spektrum der Signale aufzuzeichnen. Dazu wird das interessierende Signal für eine gewisse Zeit beobachtet und abgetastet. Der Abtastsatz wird abgespeichert. Aus seinen Daten kann dann das Spektrum berechnet und die abgetastete Funktion wieder vollständig rekonstruiert werden.

Genaugenommen gehört auch die im Abschnitt 3.4 behandelte Approximation von periodischen Signalen durch eine Fourier-Reihe zu diesem Thema „Spektralmessungen". Sobald dort die Fourier-Koeffizienten bestimmt waren, war das Spektrum ermittelt und die abgetastete Funktion konnte lückenlos, auch zwischen den Abtastwerten, dargestellt werden. So ist die Ausgleichsrechnung eine spezielle Methode der harmonischen Analyse, die sich bei bekannter Grundfrequenz f_0 des beobachteten Signals vorteilhaft einsetzen läßt.

5.2 Fourier-Transformation eines zeitkontinuierlichen Signals

Zunächst sei an die Fourier-Transformation eines zeitkontinuierlichen Signals erinnert. Die Systemtheorie zeigt, wie über die Fourier-Transformation einer zeitbegrenzten Funktion $f(t)$ das Spektrum $F(j\omega)$ erhalten werden kann. Umgekehrt läßt sich über die inverse Fourier-Transformation aus der Spektralfunktion $F(j\omega)$ die Zeitfunktion $f(t)$ gewinnen:

$$F(j\omega) = \int_{-\infty}^{+\infty} f(t)\, e^{-j\omega t}\, dt \tag{5.1}$$

$$f(t) = \frac{1}{2\pi} \int_{-\infty}^{+\infty} F(j\omega)\, e^{j\omega t}\, d\omega. \tag{5.2}$$

Die Spektralfunktion $F(j\omega)$ ist eine komplexe Funktion mit Real- und Imaginärteil, bzw. mit Betrag und Phase. Oft wird nur der Betrag $|F(j\omega)|$ in Abhängigkeit von ω oder f berechnet und als Amplitudenspektrum dargestellt. Stellt die Zeitfunktion $f(t)$ z.B. den Verlauf einer Spannung mit der Einheit

Volt dar, so hat die Spektralfunktion $F(j\omega)$ wegen der Integration über die Zeit (Sekunde) die Einheit

$$\mathrm{Vs} = \frac{\mathrm{V}}{\frac{1}{s}} = \frac{\mathrm{V}}{\mathrm{Hz}}.$$

Als Beispiel ist in Bild 5.1 der Verlauf $f(t)$ des Stromes in einem zu einer gedämpften Schwingung angestoßenen Resonanzkreis gezeichnet,

$$f(t) = 3\,e^{-t/T} \sin 2\pi f t \ \ [\mathrm{A}] \tag{5.3}$$

Das zugehörige, aus (5.1) berechnete, Amplitudenspektrum $|F(j\omega)|$

$$|F(j\omega)| = \frac{6}{\sqrt{\omega^4 - 7,5\omega^2 + (17/4)^2}} \quad \frac{\mathrm{A}}{\mathrm{Hz}}. \tag{5.4}$$

mit einem Maximum bei $\omega \approx 2\ \mathrm{s}^{-1}$ zeigt Bild 5.4a.

5.3 Diskrete Fourier-Transformation eines abgetasteten, zeitbegrenzten Signals

Nach diesen vorbereitenden Überlegungen kommen wir zum eigentlichen Thema dieses Abschnitts, zur Berechnung der Diskreten Fourier-Transformierten $F_d(j\omega)$ aus dem Abtastsatz eines zunächst als zeitbegrenzt angenommenen Signals. Ausgegangen wird von der abklingenden Funktion $f(t)$ von Bild 5.1. Diese ist zu den Zeitpunkten $t_n = nT_a$ abgetastet, wobei n von 0 bis $N-1$ läuft. T_a bezeichnet das Abtastintervall (Bild 5.2). Die gesamte Meßzeit T ist dann das N-fache Abtastintervall,

$$T = N T_a. \tag{5.5}$$

Die abgetasteten Werte der Funktion $f(t)$ sind nur zu den diskreten Zeitpunkten nT_a vorhanden. Aus der kontinuierlichen Variablen t wurde die diskrete nT_a.

Hier entsteht nun die Aufgabe, die zu den diskreten Amplitudenwerten $f(nT_a)$ gehörende Spektralfunktion zu berechnen. Diese wird als Diskrete Fourier-Transformierte $F_d(j\omega)$ bezeichnet (DFT) und durch den Index d von der Fourier-Transformierten $F(j\omega)$ eines kontinuierlichen Signals unterschieden. Um die Rechenvorschrift der DFT zu erhalten, sind in (5.1) — nachdem jetzt nur mit diskreten Werten gerechnet werden kann —

$$\begin{aligned} t &\ \text{durch}\ nT_a \\ f(t) &\ \text{durch}\ f(nT_a) \\ e^{-j\omega t} &\ \text{durch}\ e^{-j\omega nT_a} \end{aligned} \tag{5.6}$$

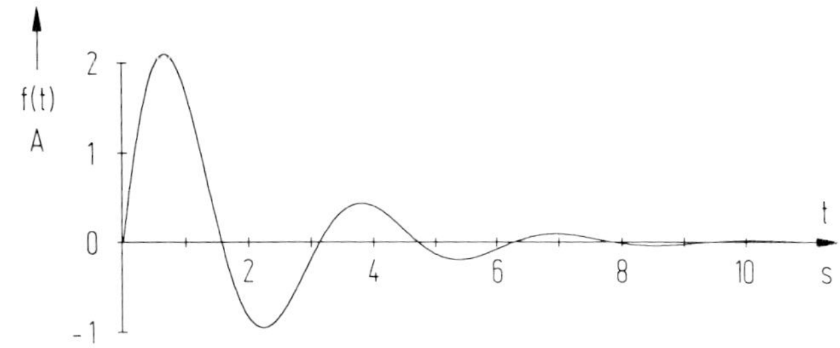

Bild 5.1 Die transiente Zeitfunktion $f(t) = 3e^{-t/T} \sin 2\pi f t$ mit der Dämpfungskonstanten $T = 2\,\mathrm{s}$ und der Frequenz $f = \frac{1}{\pi}\,\mathrm{s}^{-1}$.

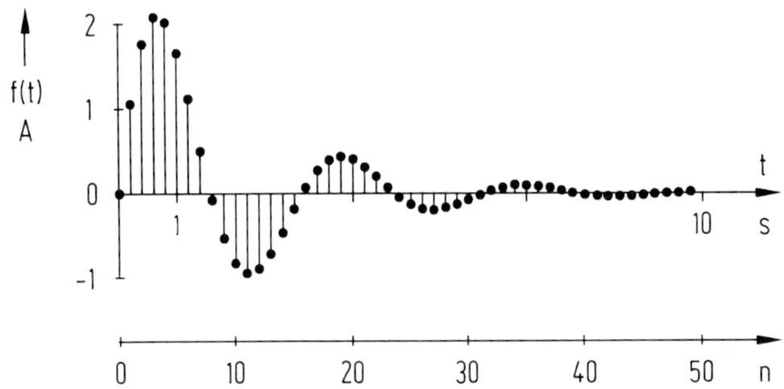

Bild 5.2 Abgetastete Zeitfunktion von Bild 5.1
Abtastintervall $T_a = 0{,}2\,\mathrm{s}$
Zahl der Abtastpunkte $N = 50$
Gesamte Meßzeit $N T_a = 10\,\mathrm{s}$

zu ersetzen. Desweiteren ist das Integral in (5.1) entsprechend (4.33) durch eine Summe von Rechtecken der Höhe $f(nT_a)$ und der Breite T_a zu approximieren,

$$\int f(t)\,dt \approx T_a \sum f(nT_a). \tag{5.7}$$

Die Multiplikation mit dem Abtastintervall wird nicht in die Definition der DFT aufgenommen. So ergibt sich unter Berücksichtigung der Kreisfunktion der folgende Algorithmus:

$$\begin{aligned} F_d(j\omega) &= \sum_{n=0}^{N-1} f(nT_a)\, e^{-j\omega n T_a} \\ &= \sum_{n=0}^{N-1} f(nT_a) \cos \omega n T_a - j \sum_{n=0}^{N-1} f(nT_a) \sin \omega n T_a. \end{aligned} \tag{5.8}$$

Wenn auch (5.8) noch nicht die endgültige Schreibweise der Diskreten Fourier-Transformation darstellt, so läßt sie sich doch schon mit der Gl. (5.1) der Fourier-Transformation kontinuierlicher Signale vergleichen. Beide Transformationen stimmen in den folgenden Eigenschaften überein:

a) Ist die Zeitfunktion gerade, $f_n = f_{-n}$, so ist die Spektralfunktion gerade und reell.
b) Ist die Zeitfunktion ungerade, $f_n = -f_{-n}$, so ist die Spektralfunktion ungerade und imaginär.
c) $F(j\omega)$ und $F(-j\omega)$, bzw. $F_d(j\omega)$ und $F_d(-j\omega)$ sind konjugiert komplex.

Darüberhinaus zeigt die Diskrete Fourier-Transformierte die folgenden noch zu erläuternden Besonderheiten:

d) Die DFT ist über ω periodisch mit der Periode $2\pi/T_a$;
die DFT ist über f periodisch mit der Periode $1/T_a = f_a$.
e) Die DFT ist erst nach Multiplikation mit dem Abtastintervall T_a der Größe und der Einheit nach gleich der Fourier-Transformierten.
f) Die DFT ist nur für diskrete Werte ω_k zu berechnen.

Zu d): Die in (5.8) stehende Exponentialfunktion hat die Periode 2π,

$$e^{-j\omega n T_a} = e^{-jn(\omega T_a + 2\pi)} = e^{jnT_a(\omega + 2\pi/T_a)}.$$

Entsprechend ist dann auch

$$\boxed{F_d(j\omega) = F_d\left(j\left[\omega + \frac{2\pi}{T_a}\right]\right).} \tag{5.9}$$

D.h., das Spektrum wiederholt sich periodisch mit $\omega = z2\pi/T_a$, bzw. mit $f = zf_a$, wobei z eine beliebige ganze Zahl $z = 1, 2, \ldots$ bedeutet. Während eine periodische Zeitfunktion (Fourier-Reihe) ein diskretes Spektrum hat, ist das Spektrum der durch Abtastung entstandenen diskreten Zeitfunktion periodisch.

Aus dieser Periodizität der DFT läßt sich eine Forderung an die Abtastfrequenz f_a ableiten. Die sich wiederholenden Spektren der DFT dürfen sich nicht überlappen, um sich nicht zu verfälschen (Bild 5.3). Dies ist dann der Fall, wenn die höchste Signalfrequenz f_{max} kleiner als die Hälfte der Abtastfrequenz f_a ist,

$$\boxed{f_{max} < \frac{1}{2} f_a, \qquad \omega_{max} < \frac{1}{2}\frac{2\pi}{T_a}} \tag{5.10}$$

Das ist das Abtasttheorem. Die Abtastfrequenz muß höher als das Doppelte der höchsten im Signal enthaltenen Frequenz sein.

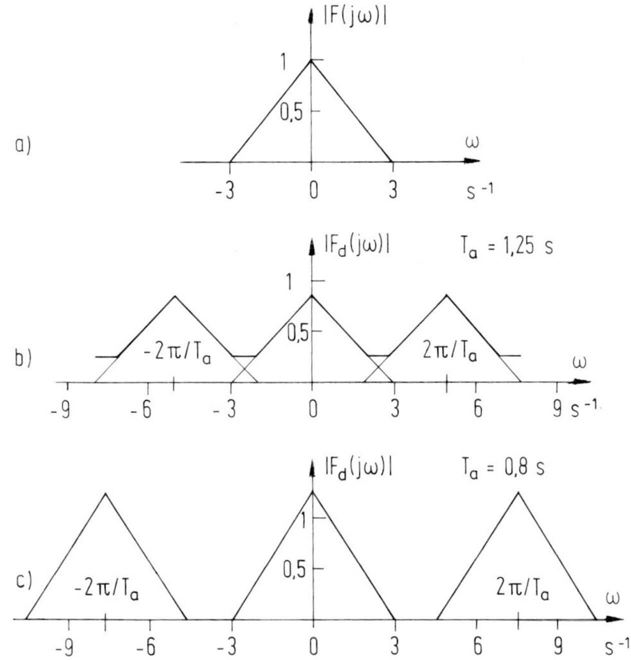

Bild 5.3 Zusammenhang zwischen der Fourier-Transformierten und der Diskreten Fourier-Transformierten.

a) Fourier-Transformierte eines bandbegrenzten Signals mit $\omega_{\max} < 3\ \mathrm{s}^{-1}$.

b) Einhüllende der DFT des Signals a bei einem Abtastintervall $T_a = 1,25$ s. Das Spektrum wiederholt sich bei $\omega = 2\pi/T_a = 5\ \mathrm{s}^{-1}$; die sich wiederholenden Spektren überlappen; die Abtastfrequenz ist nicht ausreichend. Die maximale Amplitude nimmt von 1 auf $1/T_a = 0,8$ ab.

c) Einhüllende der DFT des Signals a bei einem Abtastintervall $T_a = 0,8$ s. Das Spektrum wiederholt sich bei $\omega = 2\pi/T_a = 7,9\ \mathrm{s}^{-1}$. Die sich wiederholenden Spektren überlappen nicht; die Abtastfrequenz ist ausreichend. Die maximale Amplitude steigt von 1 auf $1/T_a = 1,25$.

Zu e): Wenn $f(t)$ z.B. den Verlauf einer Spannung beschreibt und dementsprechend die Einheit V hat, dann hat die normale Fourier-Transformierte aus Gl. (5.1) wegen der Integration über die Zeit die Einheit Vs, das heißt, die Einheit V/Hz. In der Gl. (5.8) der DFT ist nun das Integral durch die Summenfunktion ersetzt und die Multiplikation mit der Zeit fehlt. Damit haben die Amplituden der DFT nur die Einheit der gemessenen Größe. Die DFT ist so nach (5.7) mit dem Abtastintervall T_a zu multiplizieren, damit sie der Fourier-Transformierten von Gl. (5.1) nach Größe und Einheit entspricht,

$$\boxed{F(j\omega) = T_a \cdot F_d(j\omega).} \tag{5.11}$$

Zu f): In Gl. (5.8) ist die Kreisfrequenz ω als kontinuierliche Variable geschrieben, die jeden beliebigen Wert annehmen kann. $F_d(j\omega)$ wäre demnach für alle Werte von ω zu berechnen. Das kann nicht zutreffen, da auf der rechten Seite von (5.8) nur endlich viele diskrete Daten $f(nT_a)$ zur Verfügung stehen. Die Amplituden lassen sich deshalb nur für endlich viele diskrete Frequenzen berechnen.

Jede Spektrallinie besteht aus einem Real- und einem Imaginärteil. Aus N reellen Abtastwerten können so Amplituden und Phasen für $N/2$ diskrete Frequenzen bestimmt werden. Diese liegen im Bereich zwischen $f = 0$ und $f = f_a/2$. Die entsprechenden Linien wiederholen sich zwischen $f_a/2$ und f_a. Im Bereich zwischen $f = 0$ und $f = f_a$ lassen sich so N Linien zeichnen für die Frequenzen

$$\omega_k = \frac{2\pi}{NT_a} k \qquad \text{mit} \qquad k = 0, 1, \ldots, N-1 \tag{5.12a}$$

$$f_k = \frac{1}{NT_a} k \qquad \text{mit} \qquad k = 0, 1, \ldots, N-1 \tag{5.12b}$$

Indem so in Gl. (5.8) ω durch ω_k ersetzt wird, ergibt sich die übliche Schreibweise der DFT:

$$\boxed{F_d(j\omega_k) = F_d\left(j\frac{2\pi}{NT_a} k\right) = \sum_{n=0}^{N-1} f(nT_a) e^{-j\omega_k n T_a}} \tag{5.13a}$$

$$\boxed{F_d(j\omega_k) = \sum_{n=0}^{N-1} f(nT_a)\, e^{-j2\pi kn/N} \quad \text{mit} \quad k = 0, 1, \ldots, N-1} \tag{5.13b}$$

Die diskreten Frequenzen liegen im Abstand $\Delta\omega$, bzw. Δf

$$\Delta\omega = w_{k+1} - w_k = \frac{2\pi}{NT_a}(k + 1 - k) = \frac{2\pi}{NT_a}$$

$$\boxed{\Delta f = f_{k+1} - f_k = \frac{1}{NT_a}.} \tag{5.14}$$

Die Trennschärfe, die spektrale Auflösung der Messung, ist also umgekehrt proportional zur Meßzeit NT_a.

In der Praxis wird die höchste Signalfrequenz durch die Grenzfrequenz des Antialiasing-Filters festgelegt. Der Amplitudengang dieses Filters geht nun jenseits der Grenzfrequenz nicht senkrecht, sondern mit einer gewissen Steigung gegen null. Aus diesem Grund sollte der Abstand zwischen Abtastfrequenz und

Grenzfrequenz größer als der Faktor 2 sein. So wird die Abtastfrequenz häufig um den Faktor 5 bis 20 größer als die höchste Signalfrequenz gewählt.

Ist das Abtasttheorem eingehalten, so wird die Spektralfunktion nicht durch Überlagerungen (aliasing) verfälscht. Das Abtasttheorem gibt aber noch keine Aussage darüber, wie gut einzelne Spektralanteile voneinander unterschieden werden können. Für diese „spektrale Auflösung" ist nicht die Abtastfrequenz f_a, sondern die gesamte Meßzeit $N T_a$ maßgebend.

• **Beispiel 5.1.** Die Zeitfunktion von Bild 5.1 ist für 10 s im Abstand von 0,2 s abgetastet:

Abtastintervall	T_a	$= 0,2$ s
Abtastfrequenz	f_a	$= 5$ Hz
gesamte Meßzeit	$N T_a$	$= 10$ s
Zahl der Abtastungen	N	$= 50$

Die zu berechnende Spektralfunktion ist nach (5.10) über ω periodisch mit $2\pi/T_a = 2\pi/0,2 = 10\pi \quad s^{-1}$. Die Amplituden lassen sich für $N = 50$ diskrete Frequenzen ω_k berechnen. Sie liegen nach (5.14) im Abstand von $2\pi/N T_a = 0,2\pi\ s^{-1}$.

Der Abtastsatz besteht aus den folgenden Werten:

n	nT_a in s	$f(nT_a)$
0	0	0
1	0,2	1,0571
2	0,4	1,7620
3	0,6	2,0714
⋮	⋮	⋮
47	9,4	−0,0014
48	9,6	0,0085
49	9,8	0,0152

Die mit T_a multiplizierte DFT ergibt sich aus (5.13) zu

$$T_a \cdot F_d(j\omega_k) = T_a \cdot \sum_{n=0}^{N-1} f(nT_a)\, e^{-j\omega_k n T_a} .$$

Ihr Betrag ist

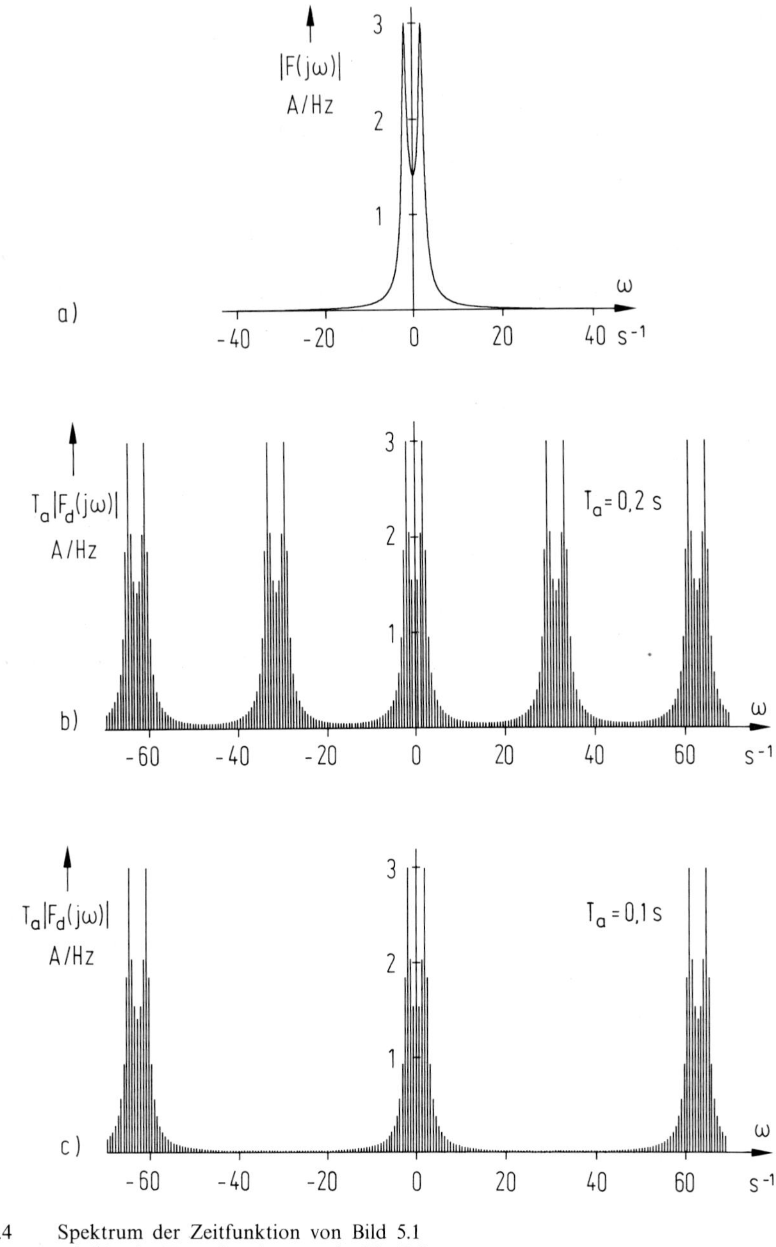

Bild 5.4 Spektrum der Zeitfunktion von Bild 5.1
a) Fourier-Transformierte nach Gl. (5.4)
b) Diskrete Fourier-Transformierte bei einem Abtastintervall von $T_a = 0,2$ s.
c) Diskrete Fourier-Transformierte bei einem Abtastintervall von $T_a = 0,1$ s.

$$T_a \cdot |F_d(j\omega_k)| =$$

$$= T_a \cdot \sqrt{\left[\sum_{n=0}^{N-1} f(nT_a) \cos \omega_k n T_a\right]^2 + \left[\sum_{n=0}^{N-1} f(nT_a) \sin \omega_k n T_a\right]^2}\,. \qquad (5.15)$$

Für $\omega_k = \pi \ \mathrm{s}^{-1}$ hat die letzte Gleichung die Zahlenwerte

$$0,2\ |F_d(j\omega_k = j\pi)| = 0,2 \cdot \Big\{[0 \cos \pi 0 + 1,0571 \cos \pi 0,2$$
$$+1,762 \cos \pi 0,4 + \ldots + 0,0085 \cos \pi 9,6 + 0,0152 \cos \pi 9,8]^2$$
$$+ [0 \sin \pi 0 + 1,0571 \sin \pi 0,2 + \ldots + 0,0085 \sin \pi 9,6$$
$$+0,0152 \sin \pi 9,8]^2\Big\}^{1/2} = 0,9476.$$

Auf diese Weise lassen sich auch für andere Frequenzen die Amplituden gewinnen. Bild 5.4b zeigt das aus (5.15) berechnete Amplitudenspektrum. Insgesamt sind nicht N, sondern nur $N/2$ Amplituden unabhängig voneinander. Die sich wiederholenden Spektren überschneiden sich. Die Abtastfrequenz war offensichtlich zu niedrig.

• **Beispiel 5.2.** In einem zweiten Versuch wurde nun die Abtastfrequenz verdoppelt:

Abtastintervall	T_a	$= 0,1$ s
Abtastfrequenz	f_a	$= 10$ Hz
gesamte Meßzeit	NT_a	$= 10$ s
Zahl der Abtastungen	N	$- 100$

Die Spektralfunktion ist jetzt über ω periodisch mit $2\pi/T_a = 2\pi/0,1 = 20\pi \ \mathrm{s}^{-1}$. Insgesamt lassen sich Amplituden für $N = 100$ diskrete Frequenzen ω_k berechnen, die wieder im Abstand $2\pi/NT_a = 0,6 \ \mathrm{s}^{-1}$ liegen. Das sich ergebende Amplitudenspektrum ist in Bild 5.4c gezeigt. Die Abtastfrequenz ist offensichtlich groß genug und die Überschneidungen sind verschwunden.

5.4 Diskrete Fourier-Transformation eines abgetasteten, nicht zeitbegrenzten Signals

Die harmonische Analyse zeitlich unbegrenzter Signale bereitet zunächst Schwierigkeiten, da das Integral (5.1) für $t \to \infty$ nicht konvergiert. Diese Schwierigkeiten versucht man dadurch zu umgehen, daß man das Signal durch ein Fenster betrachtet, d.h. mit einer Fensterfunktion multipliziert. Innerhalb des Fensters ist das Signal vorhanden, außerhalb ist es null. Das Signal von unbegrenzter Dauer wird durch die Multiplikation mit der Fensterfunktion in ein zeitlich begrenztes Signal überführt. Diese Operation wirkt sich natürlich auf das Spektrum des Signals aus. Der Multiplikation im Zeitbereich entspricht im Frequenzbereich die Faltung des Signalspektrums mit dem Fensterspektrum. Dies führt zu einer Verbreiterung, zu einem Auslaufen (leakage) des Spektrums und damit letztendlich zu einer Verringerung des spektralen Auflösungsvermögens.

5.4.1 Konstantes Signal

Zur Einführung in das Problem soll das Spektrum eines unbegrenzten konstanten Signals ermittelt werden. Der Einfachheit halber habe die Zeitfunktion den Wert 1,

$$f(t) = 1.$$

Über dieses Signal wird ein Zeitfenster mit der Breite der Meßzeit gelegt. Abgetastet wird das Signal zu den diskreten Zeitpunkten nT_a, wobei n jetzt nicht mehr von 0 bis $N-1$, sondern von $-(N-1)/2 \ldots 0 \ldots (N-1)/2$ laufen soll (Bild 5.5). Die Konvergenz des Fourier-Integrals wird dann durch die folgende Annahme erzwungen:

$$f(t) = 1 \qquad \text{für } -\frac{N-1}{2}T_a \le nT_a \le \frac{N-1}{2}T_a$$

$$f(t) = 0 \qquad \text{außerhalb des obigen Intervalls.}$$

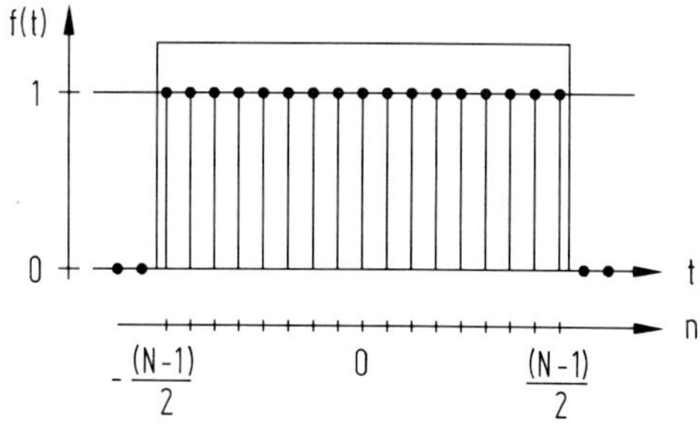

Bild 5.5 Abtasten der Funktion $f(t) = 1$ innerhalb eines Fensters mit N Abtastpunkten.

Diese diskrete Zeitfunktion $f(nT_a) = 1$ wird nun in die Rechenvorschrift (5.8) zur Diskreten Fourier-Transformation eingesetzt,

$$F_d(j\omega) = \sum_{-(N-1)/2}^{(N-1)/2} f(nT_a)\, e^{-j\omega nT_a} = \sum_{-(N-1)/2}^{(N-1)/2} 1 \cdot e^{-j\omega nT_a}. \tag{5.16}$$

Auf der rechten Seite von (5.16) steht die Summe einer geometrischen Reihe mit N Summanden. Indem das Glied mit $n = -(N-1)/2$ ausgeklammert wird, entsteht

$$F_d(j\omega) = e^{j\omega T_a(N-1)/2}\left(e^{-j\omega T_a \cdot 0} + e^{-j\omega T_a \cdot 1} + \ldots + e^{-j\omega T_a(N-1)}\right).$$

Dieser Ausdruck geht mit der Summenformel für die geometrische Reihe über in

$$F_d(j\omega) = e^{j\omega T_a(N-1)/2} \cdot \frac{1 - e^{-j\omega T_a \cdot N}}{1 - e^{-j\omega T_a}} \tag{5.17}$$

Die rechte Seite der letzten Gleichung kann jetzt im Zähler und im Nenner mit $e^{j\omega T_a/2}$ erweitert werden. Wird dann einschließlich des vor dem Bruch stehenden Faktors ausmultipliziert, so ergibt sich zunächst

$$F_d(j\omega) = \frac{e^{j\omega T_a N/2} - e^{-j\omega T_a N/2}}{e^{j\omega T_a/2} - e^{-j\omega T_a/2}}, \tag{5.18}$$

das nichts anderes ist als

$$\boxed{F_d(j\omega) = \frac{\sin(N\omega T_a/2)}{\sin(\omega T_a/2)} = \frac{\sin N\pi f T_a}{\sin \pi f T_a}.} \tag{5.19}$$

Die Diskrete Fourier-Transformierte eines abgetasteten Einheitsimpulses von der Fensterbreite, das heißt der Meßzeit NT_a, ist also die $(\sin Nx/\sin x)$ - Funktion mit $x = \omega T_a/2$. Da auch hier wieder das Spektrum nur für diskrete Frequenzen ω_k berechnet werden kann, liefert Gl. (5.19) die **Einhüllende** der zu den ω_k gehörenden Amplituden.

Diese in Bild 5.6 dargestellte $(\sin Nx/\sin x)$ -Funktion hat ihr Maximum bei der Kreisfrequenz $\omega = 0$. Dieses Maximum ist gleich der Zahl der Abtastwerte:

$$F_d(\omega = 0) = \frac{\sin N\frac{T_a}{2} \cdot 0}{\sin \frac{T_a}{2} \cdot 0} = \frac{2NT_a \cos 0}{2T_a \cos 0} = N. \tag{5.20}$$

Die Funktion geht durch null, wenn das Argument des Sinus im Zähler ein ganzzahliges Vielfaches z von $\pm\pi$ und der Nenner $\neq 0$ ist. Die Nullstellen liegen also bei

$$N\omega_z T_a/2 = \pm z\pi. \tag{5.21}$$

Für $z = 1$ ergibt sich die 1. Nullstelle bei $\omega_1 = \pm\frac{2\pi}{NT_a} \cdot 1$ und

für $z = 2$ die 2. Nullstelle bei $\omega_2 = \pm\frac{2\pi}{NT_a} \cdot 2 = \pm\frac{4\pi}{NT_a}$.

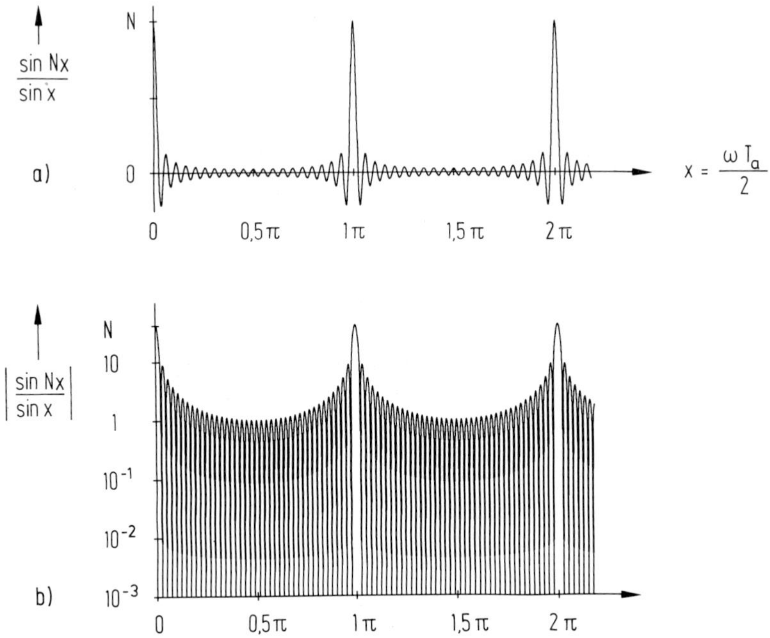

Bild 5.6 Die periodische $(\sin Nx/\sin x)$ -Funktion als Einhüllende der DFT eines durch ein Rechteckfenster ausgeblendeten konstanten Zeitsignals für $x = \omega T_a/2$ und $N = 41$; die Nullstellen x_z liegen bei $z\pi/N$.
a) Lineare Darstellung. Da die Funktion eine Diskrete Fourier-Transformierte ist, wiederholt sie sich bei $\omega = 2\pi/T_a$, d.h. bei $x = \pi$.
b) Logarithmische Darstellung des Betrags.

Die $(\sin Nx/\sin x)$ -Funktion ist als Diskrete Fourier-Transformierte schließlich auch periodisch über ω . Sie wiederholt sich mit der Periode $2\pi/T_a$:

$$\sin\frac{N}{2}\omega T_a = \sin\frac{N}{2}(\omega T_a + 2\pi) \tag{5.22}$$

Wie schon erwähnt, sollte die Gl. (5.19) eigentlich mit diskreten Frequenzen ω_k geschrieben werden. Der Übersichtlichkeit halber ist hier darauf verzichtet. Diese Vernachlässigung bleibt ohne Folgen. Die Gl. (5.12) zeigt, daß die möglichen Amplituden bei $\omega_k = k2\pi/NT_a$, also im Abstand von $2\pi/NT_a$ liegen. Das sind aber genau die ω_k , bei denen die Funktion durch null geht. Die einzige Ausnahme ist die Amplitude bei $\omega = 0$, die den Wert N annimmt.

5.4.2 Periodisches Signal

Als einfaches Beispiel wird eine periodische Funktion $f(t)$ mit der Kreisfrequenz ω_0 angenommen:

$$f(t) = e^{j\omega_0 t}. \tag{5.23}$$

Diese Funktion $f(t)$ wird mit einer Fensterfunktion $w(t)$ multipliziert. Das Produkt ist außerhalb des Fensters null. Innerhalb des Fensters werden zu diskreten Zeitpunktion nT_a die Amplituden

$$f(nT_a) \cdot w(nT_a) \tag{5.24}$$

erhalten.

Als Fensterfunktion wird das Rechteckfenster vom vorausgegangenen Abschnitt unterstellt mit $w(nT_a) = 1$. Wird nun (5.24) in Gl. (5.8) der Diskreten Fourier-Transformation eingesetzt, so ergibt sich

$$\begin{aligned} F_d(j\omega) &= \sum_{-(N-1)/2}^{(N-1)/2} f(nT_a) \cdot w(nT_a) \cdot e^{-j\omega nT_a} \\ &= \sum_{-(N-1)/2}^{(N-1)/2} e^{j\omega_0 nT_a} \cdot 1 \cdot e^{-j\omega nT_a} \\ &= \sum_{-(N-1)/2}^{(N-1)/2} e^{-j(\omega - \omega_0)nT_a}. \end{aligned} \tag{5.25}$$

Diese Gleichung hat dieselbe Form wie (5.16), nur daß jetzt anstelle von ω die Differenz $\omega - \omega_0$ auftritt. (5.25) kann wie (5.16) umgeformt werden und geht schließlich über in

$$\boxed{F_d(j\omega) = \frac{\sin N \dfrac{(\omega - \omega_0)T_a}{2}}{\sin \dfrac{(\omega - \omega_0)T_a}{2}} = \frac{\sin N\pi(f - f_0)T_a}{\sin \pi(f - f_0)T_a}.} \tag{5.26}$$

Das ist wieder die $(\sin Nx/\sin x)$-Funktion, die aber ihr Maximum nicht mehr bei $\omega = 0$, sondern bei $\omega = \omega_0$ hat (Bild 5.7). Die Funktion ist nach rechts verschoben. Das Maximum erreicht wieder den Wert N; d.h. es nimmt mit der Zahl der Meßpunkte, mit der Breite des Fensters, zu:

$$F_d(j\omega = j\omega_0) = N.$$

Die Nullstellen der Diskreten Fourier-Transformierten liegen an den Stellen, an denen die Differenz $\omega - \omega_0$ ein Vielfaches von $2\pi/NT_a$ und der Nenner $\neq 0$ ist,

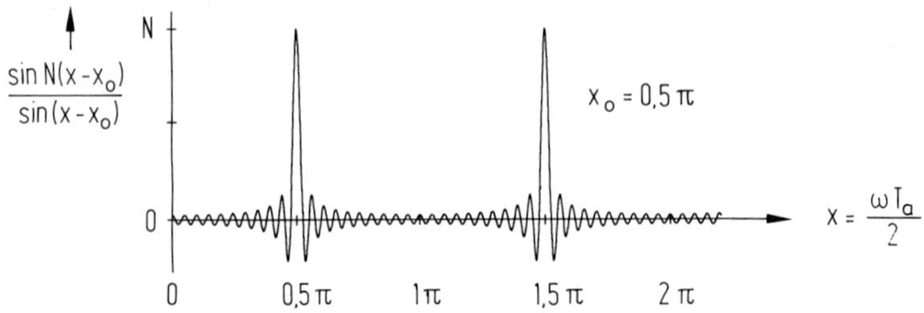

Bild 5.7 Die $\sin N(x - x_o)/\sin(x - x_o)$ -Funktion mit $N = 41$ und $x_o = 0,5\pi$ in linearer Darstellung.

$$\omega_z - \omega_0 = \pm\, z\,\frac{2\pi}{N T_a} \tag{5.27a}$$

$$f_z - f_0 = \pm\frac{z}{N T_a}. \tag{5.27b}$$

Sinusfunktion. Wird eine Sinusfunktion abgetastet, so ist diese als die Differenz zweier Exponential-Funktionen anzusetzen:

$$\sin\omega_0 t = \frac{1}{2j} e^{j\omega_0 t} - \frac{1}{2j} e^{-j\omega_0 t}. \tag{5.28}$$

Die DFT's der beiden Zeitfunktionen von (5.28) werden getrennt berechnet. Für den ersten Term ist das Spektrum mit Gl. (5.26) schon gefunden. Die zum zweiten Term $e^{-j\omega_0 t}$ gehörende DFT ergibt sich nach denselben Überlegungen als eine nach links verschobene $\sin Nx/\sin x$ -Funktion:

$$F_d(j\omega) = \frac{\sin N\dfrac{(\omega + \omega_0)T_a}{2}}{\sin\dfrac{(\omega + \omega_0)T_a}{2}} \tag{5.29}$$

Das Spektrum der in einem Fenster abgetasteten Sinusfunktion wird dann als Differenz der Gln. (5.26) und (5.29) erhalten (Bild 5.8):

$$F_d(j\omega) = \frac{1}{2j}\,\frac{\sin N\dfrac{(\omega - \omega_0)T_a}{2}}{\sin\dfrac{(\omega - \omega_0)T_a}{2}} - \frac{1}{2j}\,\frac{\sin N\dfrac{(\omega + \omega_0)T_a}{2}}{\sin\dfrac{(\omega + \omega_0)T_a}{2}}. \tag{5.30}$$

Die Gl. (5.30) liefert wieder die Einhüllende des Spektrums. Die Amplituden der Linien lassen sich auf zwei Arten gewinnen:

a) Aus (5.30) wird die Einhüllende berechnet und im Abstand $2\pi/N T_a$ werden die Linien gezeichnet, oder:

b) Auf die Einhüllende wird verzichtet und die Amplituden werden direkt aus (5.13) bestimmt.

Beide Rechenverfahren liefern dasselbe Ergebnis.

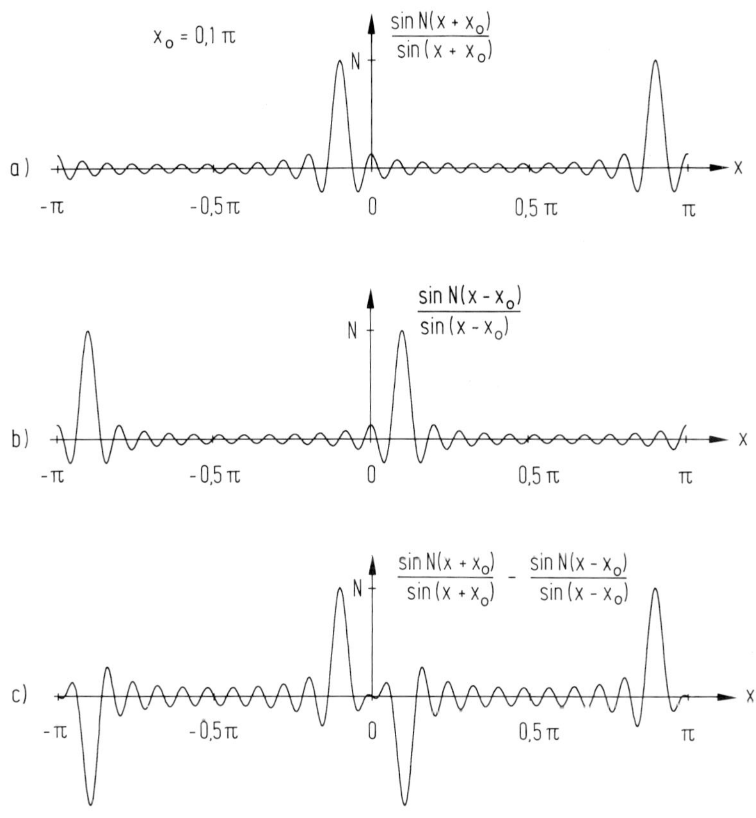

Bild 5.8 Die Differenz zweier $\sin Nx/\sin x$ -Funktionen ergibt das Spektrum einer sin -Funktion

a) $\dfrac{\sin N(x+x_o)}{\sin(x+x_o)}$ mit $N = 25$ und $x_o = 0{,}1\,\pi$

b) $\dfrac{\sin N(x-x_o)}{\sin(x-x_o)}$ mit $N = 25$ und $x_o = 0{,}1\,\pi$

c) $\dfrac{\sin N(x+x_o)}{\sin(x+x_o)} - \dfrac{\sin N(x-x_o)}{\sin(x-x_o)}$ mit $N = 25$ und $x_o = 0{,}1\,\pi$

• **Beispiel 5.3.** Die Anwendung der Gl. (5.27) soll durch folgendes Beispiel veranschaulicht werden: Eine harmonische Schwingung der Frequenz $f_0 = 50\,\mathrm{Hz}$

wird während der Meßzeit $NT_a = 50\,\text{ms}$ mit einer Frequenz $f_a = 500\,\text{Hz}$ abgetastet (Bild 5.9a). Das Abtasttheorem ist also eingehalten, man könnte erwarten, daß die harmonische Analyse die einzige im Signal enthaltene Frequenz f_0 leicht finden. Wie Bild 5.9b zeigt, sind die Verhältnisse jedoch komplizierter.

Die Diskrete Fourier-Transformierte liefert Amplituden für diskrete Frequenzen, die nach (5.12) von $f = 0\,\text{Hz}$ ausgehend im Abstand von

$$\frac{1}{NT_a} = \frac{1}{0{,}05\,\text{s}} = 20\,\text{Hz}$$

möglich sind. Die Einhüllende dieser Linien ist durch die Gl. (5.30) festgelegt. Das Maximum liegt ziemlich nahe bei $f = f_0 = 50\,\text{Hz}$; dort kann aber wegen der Quantelung von f_k keine Linie gezeichnet werden. Die Nullstellen der Einhüllenden Gl. (5.30) liegen bei $50\,\text{Hz} \pm z \cdot 20\,\text{Hz}$. So entsteht das relativ breite Spektrum von Bild 5.9b.

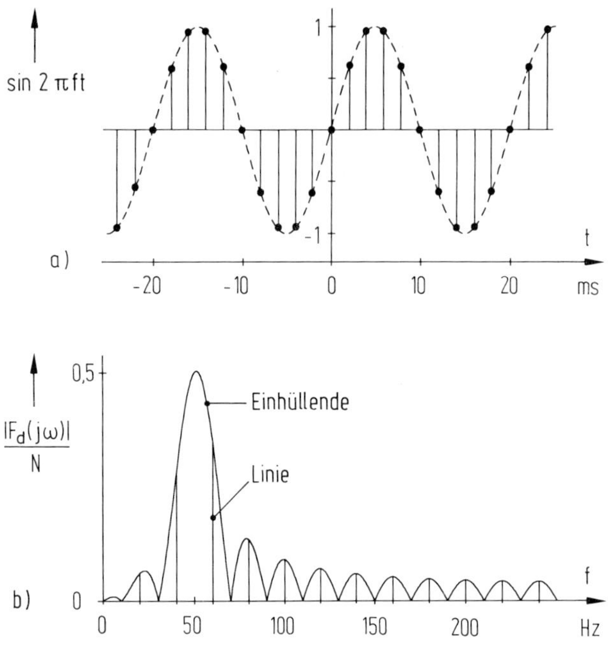

Bild 5.9 a) 50 Hz Sinusschwingung in einem 50 ms breiten Fenster. Abtastintervall $T_a = 2$ ms ; Meßzeit $NT_a = 50$ ms .
b) Spektrum zu a);
die gezeichneten Linien liegen im Abstand von $1/NT_a = 20$ Hz . Das Spektrum wiederholt sich bei $f_a = 500$ Hz . Die Einhüllende ist aus (5.30) berechnet; die Linien sind aus (5.15) ermittelt.

Die Analyse wird sofort eindeutig, wenn die Kenntnis von f_0 bzw. von T_0 ausgenutzt werden kann. In diesem Fall bietet es sich an, über eine volle Zahl von Perioden abzutasten. Bei unserem Beispiel könnte die Messung also bei $NT_a = 40\,\text{ms}$ beendet werden. Die sich dann ergebenden Spektrallinien f_k liegen jetzt zwar noch weiter auseinander, nämlich nach (5.12) von 0 ausgehend im Abstand von 25 Hz. Das Maximum der DFT nach (5.30) bleibt praktisch bei $f = f_0 = 50\,\text{Hz}$ und fällt mit einer möglichen Spektrallinie zusammen. Die Nullstellen der Einhüllenden liegen bei $50\,\text{Hz} \pm z \cdot 25\,\text{Hz}$ und löschen so alle anderen Spektrallinien aus. Das führt dazu, daß jetzt das Spektrum ohne jede Verbreiterung nur eine einzige Linie bei der richtigen Frequenz f_0 aufweist (Bild 5.10).

Es empfiehlt sich also, bei bekannter Grundperiode T_0 des Signals die Meßzeit NT_a so zu wählen, daß sie ein Vielfaches z dieser Periode T_0 ist,

$$NT_a = zT_0. \tag{5.31}$$

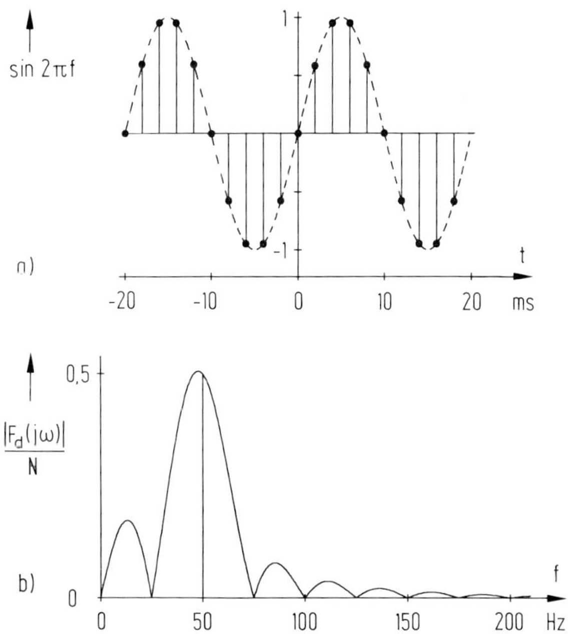

Bild 5.10 a) 50 Hz Sinusschwingung in einem 40 ms breiten Fenster; Abtastintervall $T_a = 2$ ms ; Meßzeit $NT_a = 40$ ms .
b) Spektrum zu a);
die möglichen Linien haben einen Abstand von $1/NT_a = 25$ Hz . Mit Ausnahme der einen Linie bei 50 Hz fallen sie alle mit Nullstellen der Einhüllenden $\sin Nx/\sin x$ zusammen. Das Spektrum wiederholt sich bei $f_a = 500$ Hz .

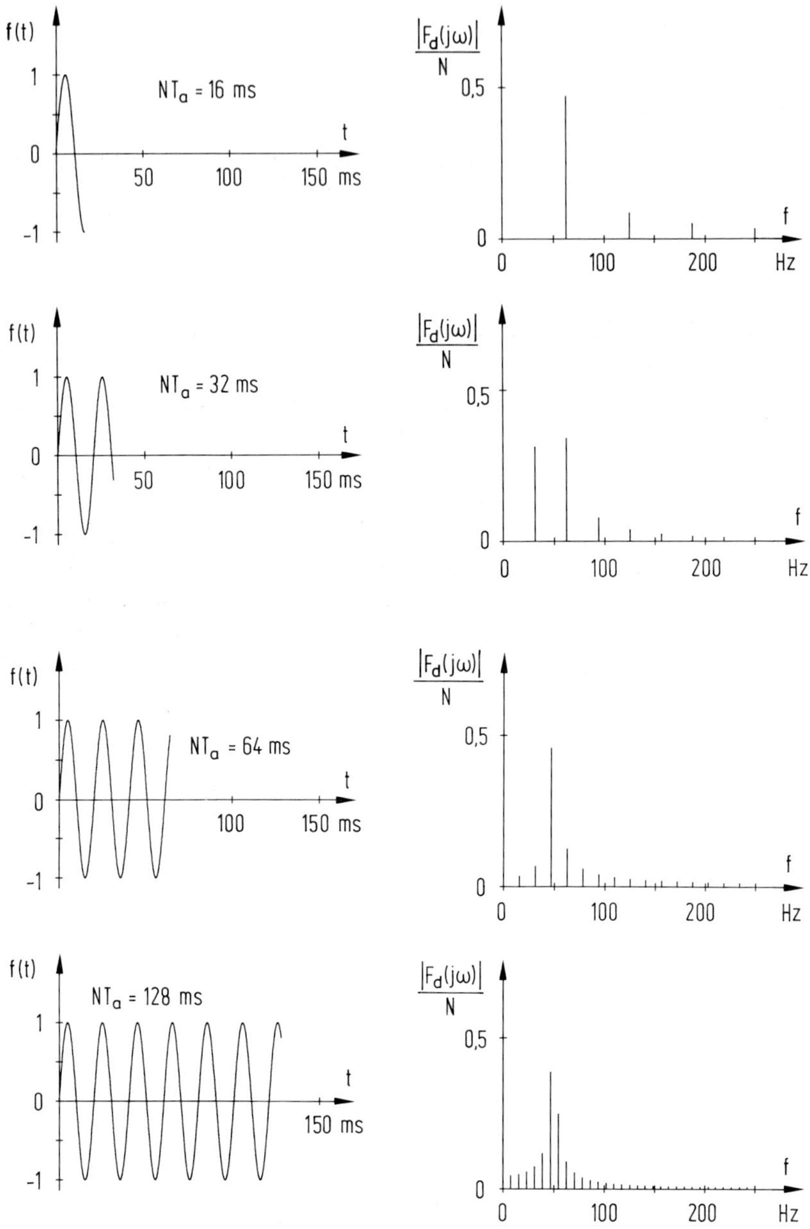

Bild 5.11 Das spektrale Auflösungsvermögen nimmt mit der Meßzeit NT_a zu. Eine 50 Hz Sinusschwingung ist mit der Abtastfrequenz $f_a = 1000$ Hz abgetastet. Die Diskrete Fourier-Transformierte ist aus (5.13) berechnet und normiert dargestellt. Die Linien liegen im Abstand $\Delta f = 1/NT_a$. Die Spektren wiederholen sich bei $f_a = 1000$ Hz.

Für diesen Fall liefert mit

$$\frac{1}{T_0} = f_0 = \frac{z}{N T_a} \tag{5.32}$$

die DFT genau bei f_0 eine Amplitude.

Bild 5.11 verdeutlicht in einem weiteren Beispiel, daß trotz eingehaltenem Abtasttheorem ein großer Fehler im berechneten Spektrum dann auftritt, wenn weder eine große noch eine ganze Zahl von Perioden abgetastet wird.

5.4.3 Vergleich der Diskreten Fourier-Transformation mit der Ausgleichung durch eine Fourier-Reihe

Beim „gefensterten" Abtasten einer periodischen Funktion und der anschließenden Berechnung der DFT tritt eine Verbreiterung des Spektrums dann auf, wenn die Meßzeit $N T_a$ nicht ein ganzzahliges Vielfaches der Grundperiode T_0 ist. Will man die Meßzeit entsprechend günstig wählen, so muß T_0 bzw. f_0 bekannt sein. Ist dies der Fall, dann kann man sich die Diskrete Fourier-Transformation sparen und versuchen, die abgetastete Funktion durch eine Fourier-Reihe zu approximieren und über eine Ausgleichsrechnung die Fourier-Koeffizienten wie im Abschnitt 3.4 zu bestimmen. Diese Rechnung liefert die exakten Amplituden ohne den Effekt der Verbreiterung des Spektrums. Hier entsteht die Frage, ob die Rechenvorschriften (3.67) und (3.68) zur Bestimmung der Fourier-Koeffizienten leistungsfähiger sind als die Algorithmen der Diskreten Fourier-Transformation. Als Antwort läßt sich zeigen, daß die DFT den allgemeineren Fall behandelt und die Ausgleichsrechnung von Abschnitt 3.4 einschließt.

Die komplexen Fourier-Koeffizienten sind nach (3.70) zu bestimmen aus

$$c_k = \frac{1}{N} \sum_{n=0}^{N-1} f(nT_a)\, e^{-jk\omega_0 n T_a} . \tag{3.70}$$

Hierin bedeutet ω_0 die Kreisfrequenz der Grundschwingung und $k\omega_0$ ist die Kreisfrequenz der k-ten Oberwelle. Mit (3.70) wird nun die Rechenvorschrift (5.13a) der DFT verglichen,

$$F_d(j\omega_k) = F_d\left(j\frac{2\pi}{N T_a} k\right) = \sum_{n=0}^{N-1} f(nT_a)\, e^{-j\omega_k n T_a} . \tag{5.13a}$$

In dieser Gleichung steht ω_k für die diskreten Frequenzen

$$\omega_k = \frac{2\pi}{N T_a} k \qquad \text{mit} \quad k = 0,\ 1,\ \ldots,\ N-1. \tag{5.12a}$$

Wird nun wie in (3.70) genau 1 Periode abgetastet,

$$N T_a = T_0,$$

dann ist

$$\omega_k = \frac{2\pi}{T_0} k = \omega_0 k$$

und die beiden Gleichungen (3.70) und (5.13a) sind bis auf den Skalierungsfaktor $1/N$ einander gleich. Zwischen den komplexen Amplituden c_k der Fourier-Reihe und der Diskreten Fourier-Transformation besteht die Beziehung

$$c_k = \frac{F_d(j\omega_k)}{N} = \frac{F_d(j\omega_k)\ T_a}{N T_a}. \tag{5.33}$$

5.4.4 Abtastfrequenz und Meßzeit

Bei der Abtastung und Digitalisierung analoger Signale zum Zweck der harmonischen Analyse richtet sich die Abtastfrequenz f_a nach der höchsten Signalfrequenz. Nicht weniger wichtig als die Abtastfrequenz ist dann die Zahl N der abgetasteten Werte, d.h. die gesamte Meßzeit $N T_a$. Diese legt die spektrale Auflösung fest. Die abgetasteten Werte sind zunächst zwischenzuspeichern, bevor mit der Rechnung begonnen werden kann. Der Speicher ist umso schneller voll,

- je häufiger abgetastet wird,
- je länger die Meßzeit ist und
- je größer die Wortbreite des Analog-Digital-Umsetzers ist.

In der Praxis sind diese drei Parameter aufeinander abzustimmen. Hier darf keinesfalls die Abtastfrequenz auf Kosten der gesamten Meßzeit unnötig groß gewählt werden.

Hat das Antialiasing-Filter eines Meßkanals z.B. die Grenzfrequenz 1 kHz, so kann die Abtastfrequenz, die nach dem Abtasttheorem größer als die doppelte Frequenz sein soll, zu 8 kHz gewählt werden. Das bedeutet ein Abtastintervall $T_a = 125\,\mu\text{s}$. Bei einer Meßzeit von 2 s haben die diskreten Frequenzen einen Abstand $\Delta f = 1/2\,\text{s} = 0{,}5\,\text{Hz}$. Insgesamt sind 16000 Meßwerte abzuspeichern. Bei einem Bedarf von 2 Byte pro Meßwert ist also ein Speicher von 32 kByte notwendig.

5.4.5 Anwendungen der DFT

Die Rechenmethode der DFT ist in der Nachrichtentechnik entstanden und dient dort der Signal-, Sprach- und Bildanalyse. Darüberhinaus wurde dieses

Verfahren auch in die allgemeine Meßtechnik übernommen und wird hier zur Beurteilung elektrischer und nichtelektrischer Größen eingesetzt. Ein Anwendungsgebiet ist zum Beispiel die schon erwähnte Überwachung, Schadensfrüherkennung und Diagnose von Maschinen mit rotierenden Teilen wie zum Beispiel bei Turbinen, Generatoren oder Pumpen /3.25, 3.28, 3.33/. In verfahrenstechnischen Kreisläufen, in denen z.B. Medien mit großer Geschwindigkeit umgewälzt werden, werden die Einbauten in den Rohrleitungen und Behältern zu charakteristischen Schwingungen angeregt. Die Messung dieser Schwingungen und Vergleich der Spektren mit dem Neuzustand der Anlagen läßt erkennen, ob sich das System noch im bestimmungsgemäßen Zustand befindet oder ob sich anormale Frequenzen zeigen. Auf diese Weise wurden schon abgerissene Einbauten, gelockerte Schraubverbindungen und auch irrtümlich liegengebliebene Werkzeugteile in Behältern entdeckt. Die notwendigen Reparaturen konnten infolge der Schadensfrüherkennung schon bei beginnenden Störungen eingeleitet werden und die Anlage wurde so vor irreparablen Schäden bewahrt.

Ein weitere Klasse von Anwendungen eröffnet sich der Diskreten Fourier-Transformation in der Korrelations-Meßtechnik, auf die im Kap. 7 eingegangen wird.

5.5 Fensterfunktionen

Die Verbreiterung der Spektren bei der DFT eines nicht zeitbegrenzten Signals tritt auf, da nicht das Spektrum des Signals für sich allein erhalten wird, sondern immer gefaltet mit dem Spektrum des Fensters. Ist die Meßzeit, die Breite des Fensters, nicht ein ganzzahliges Vielfaches einer Periode der Grundschwingung, so treten die „falschen“ Spektrallinien von z.B. Bild 5.9 auf. Die scharfen Kanten des Rechteckfensters sind in dieser Beziehung besonders ungünstig. So sind eine Reihe anderer Datenfenster gebräuchlich, die den Amplitudensprung am Anfang und am Ende des Fensters vermeiden /3.27/. Einige werden hier vorgestellt, nachdem zunächst drei Vergleichskriterien erklärt werden.

5.5.1 Kriterien zur Beurteilung

Die Diskrete Fourier-Transformation eines Fensters hat im Prinzip die Form von Bild 5.6b. Die $(\sin Nx/\sin x)$-Funktion hat einen Haupt- und viele Nebenzipfel. Sie liefert die Einhüllende der Spektrallinien. Die diskreten Spektrallinien liegen im Abstand Δf

$$\Delta f = \frac{1}{N T_a}. \tag{5.34}$$

Das Spektrum wiederholt sich bei der Abtastfrequenz $f_a = 1/T_a$. Bei der Auswahl eines Fensters ist dann auf die folgenden Punkte zu achten (Bild 5.12):

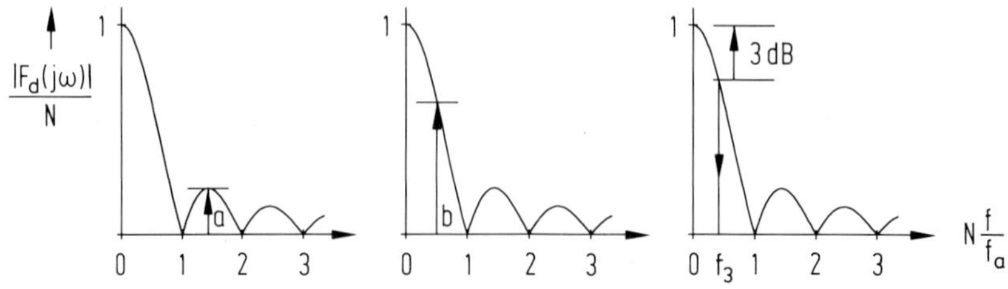

Bild 5.12 Kriterien zur Beurteilung eines Fensters (Rechteckfenster, $N = 17$)
a) Verhältnis aus der Amplitude des höchsten Nebenzipfels und der Amplitude des Hauptzipfels
b) Maximaler Abtastfehler
c) Breite des Hauptzipfels, ausgedrückt durch Frequenzdifferenz $c = f_0 - f_3$

a) Verhältnis aus der Amplitude des höchsten Nebenzipfels und der Amplitude des Hauptzipfels

Die Diskrete Fourier-Transformierte $W_d(j\omega)$ einer Fensterfunktion $w(t)$ liefert bei $\omega = 0$ die maximale Amplitude des Hauptzipfels. Die Amplituden der Nebenzipfel sind geringer. Das Verhältnis a

$$a = \frac{\text{Amplitude des höchsten Nebenzipfels}}{\text{Amplitude des Hauptzipfels}} \tag{5.35}$$

wird für den Vergleich verschiedener Fensterfunktionen benutzt.

b) Maximaler Abtastfehler

Die Spektrallinien einer abgetasteten Funktion fallen nicht notwendigerweise mit den Nullstellen der Diskreten Fourier-Transformierten eines Fensters zusammen (Bild 5.9b). Die Spektrallinien des Fensters liegen im Abstand Δf. Die Amplitude des Hauptzipfels bei $f = 0$ ist größer als die Amplitude bei der Frequenz $f = \Delta f / 2$. Das Verhältnis b

$$b = \frac{\text{Amplitude der Fenster-FT bei } f = \frac{1}{2}\,\Delta f}{\text{Amplitude der Fenster-FT bei } f = 0} \tag{5.36}$$

gibt an, um wieviel eine Amplitude höchstens falsch gemessen wird. Es wird als maximaler Abtastfehler bezeichnet.

c) Breite des Hauptzipfels

Die Fensterfunktionen, bei denen die Nebenzipfel niedrig bleiben, haben einen besonders breiten Hauptzipfel. Dies ist ungünstig und führt zu einem Auseinanderlaufen der Spektrallinien. Zur Charakterisierung des Hauptzipfels dient die 3-dB-Grenzfrequenz. Dieses ist die Frequenz, bei der die Amplitude des Hauptzipfels auf 3 dB abgefallen ist. Das Verhältnis

$$\frac{\text{Amplitude bei } f_0 = 0}{\text{Amplitude bei } f_3} = 3\,\text{dB} \tag{5.37}$$

definiert die Frequenz f_3. Sie ist ein Maß für die Breite des Hauptzipfels.

5.5.2 Fensterfunktionen und ihre Spektren

Im folgenden werden einige Fensterfunktionen zusammen mit ihren Spektren gezeigt. Ihre Kenngrößen sind in der Tab. 5.1 zusammengestellt.

Rechteckfenster. Das Rechteckfenster wurde schon durch die Bilder 5.5 und 5.6 erläutert. Um es besser mit den anderen Fenstern vergleichen zu können, ist es im Bild 5.13 noch einmal gezeigt. Seine Formel lautet:

$$w(nT_a) = 1 \qquad \text{für} \quad |nT_a| < \frac{NT_a}{2} \tag{5.38}$$

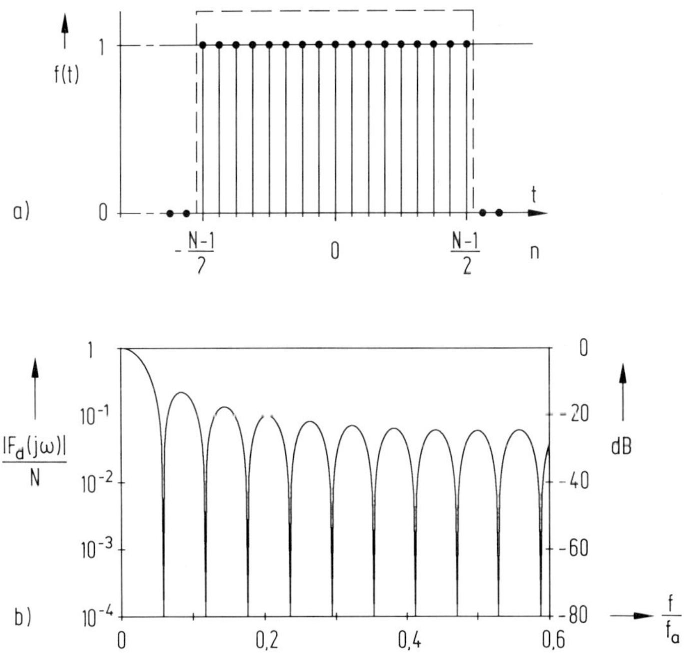

Bild 5.13 Rechteckfenster;
a) Amplituden
b) Einhüllende der DFT beim Abtasten eines zeitbegrenzten Signals

Weitere Fensterfunktionen zeigen die Bilder 5.14 bis 5.17:

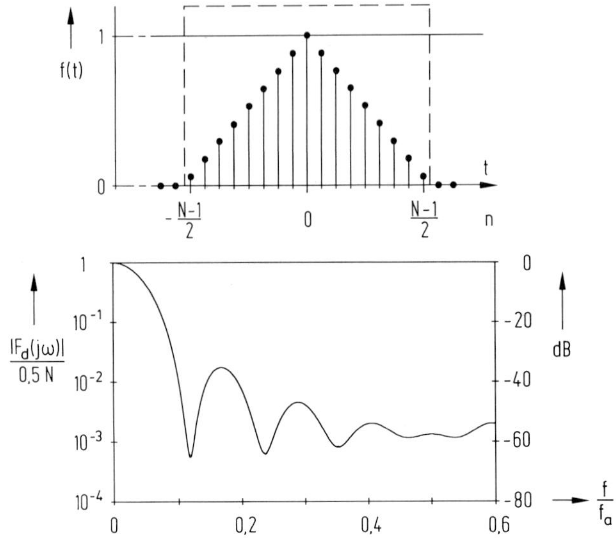

Bild 5.14 Dreieckfenster, Bartlett-Fenster:

$$w(nT_a) = 1 - \frac{2\,|nT_a|}{N\,T_a} \qquad \text{für} \quad |nT_a| < \frac{N\,T_a}{2} \tag{5.39}$$

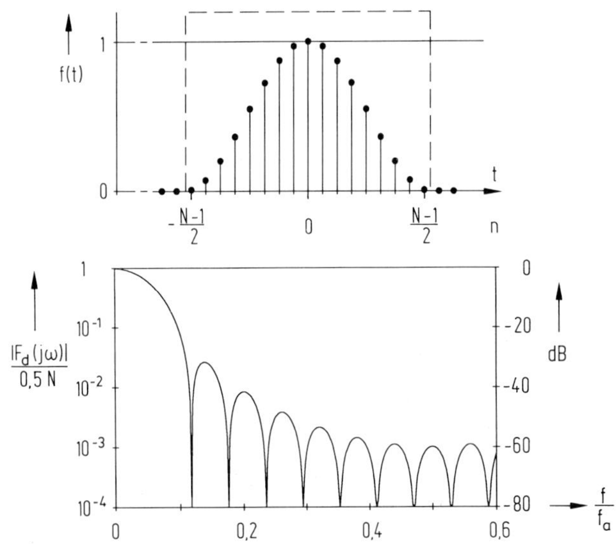

Bild 5.15 Von-Hann-Fenster:

$$w(nT_a) = \frac{1}{2}\left(1 + \cos\frac{2\pi n T_a}{N\,T_a}\right) \qquad \text{für} \quad |nT_a| < \frac{N\,T_a}{2} \tag{5.40}$$

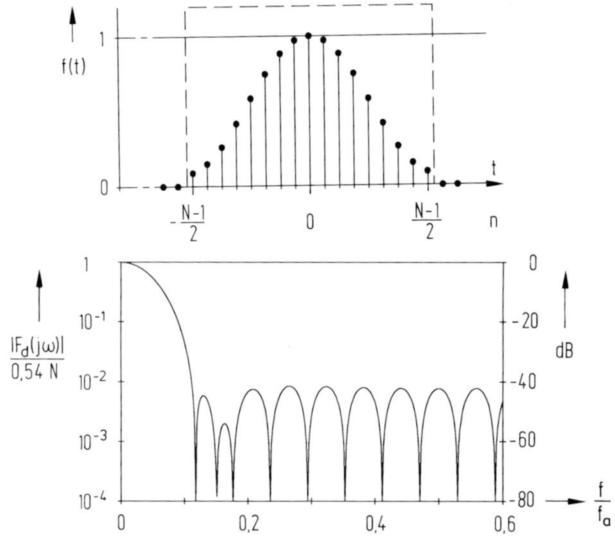

Bild 5.16 Hamming-Fenster:

$$w(nT_a) = 0,54 + 0,46 \cos \frac{2\pi n T_a}{N T_a} \qquad \text{für} \quad |nT_a| < \frac{N T_a}{2} \tag{5.41}$$

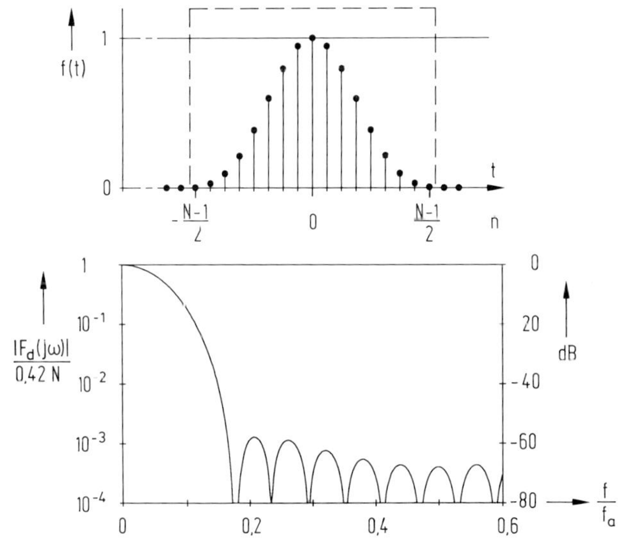

Bild 5.17 Blackman-Fenster:

$$w(nT_a) = 0,42 + 0,5 \cos\frac{2\pi n T_a}{N T_a} + 0,08 \cos\frac{4\pi n T_a}{N T_a} \qquad \text{für} \quad |nT_a| < \frac{N T_a}{2} \tag{5.42}$$

Tab 5.1 Eigenschaften von Fensterfunktionen

Fenster-typ	Höchster Nebenzipfel a	maximaler Abtastfehler b	Breite des Hauptzipfel c
Rechteck	$-13\,\text{dB} = 0,224$	0,64	$0,45\ \Delta f$
Dreieck	$-27\,\text{dB} = 0,045$	0,81	$0,64\ \Delta f$
von-Hann	$-32\,\text{dB} = 0,025$	0,85	$0,72\ \Delta f$
Hamming	$-43\,\text{dB} = 0,007$	0,82	$0,65\ \Delta f$
Blackman	$-58\,\text{dB} = 0,001$	0,88	$0,84\ \Delta f$

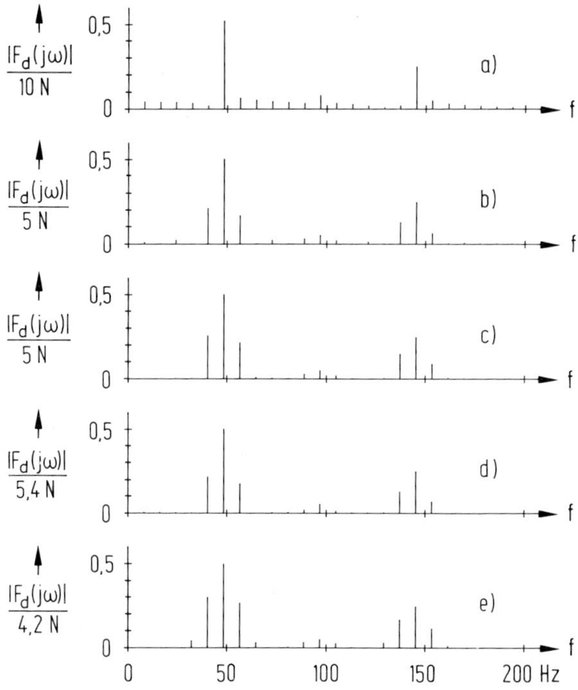

Bild 5.18 Vergleich der verschiedenen Abtastfenster; Spektren der Funktion $f(t) = 10\cos\omega_0 t + 1\cos 2\omega_0 t + 5\cos 3\omega_0 t$ (Beispiel 5.4);
a) Rechteckfenster, b) Dreieckfenster, c) von-Hann-Fenster,
d) Hamming-Fenster, e) Blackman-Fenster

• **Beispiel 5.4.** Die Funktion $f(t)$

$$f(t) = 10 \cos \omega_0 t + \cos 2\omega_0 t + 5 \cos 3\omega_0 t \qquad \text{mit} \quad f_0 = 50 \text{ Hz}$$

wird mit $f_a = 500$ Hz während $NT_a = 124$ ms abgetastet. Verwendet werden die oben definierten Fensterfunktionen. Die erhaltenen Spektren sind in Bild 5.18 einander gegenüber gestellt.

5.5.3 Fensterung bei transienten Signalen

Zum Schluß sei noch einmal darauf hingewiesen, daß bei zeitlich abklingenden Signalen wie z.B. Impulsen, nur das Rechteckfenster verwendet werden darf. Die anderen Fenster würden die Impulsform und damit auch das Spektrum verfälschen (Bild 5.19).

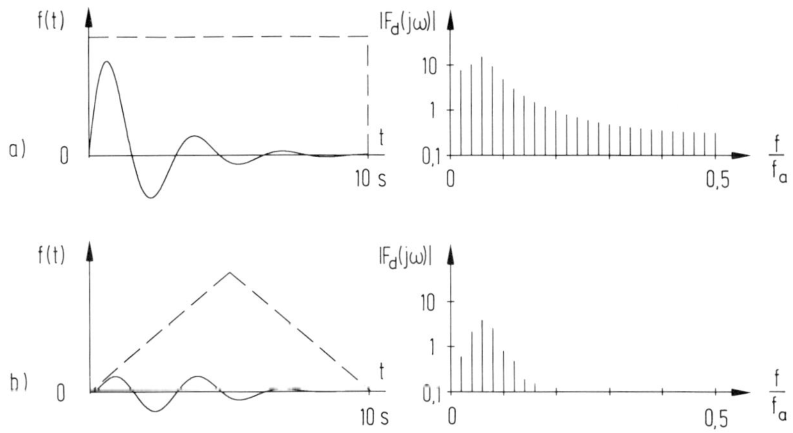

Bild 5.19 Beim Abtasten von zeitbegrenzten Signalen darf nur das Rechteckfenster verwendet werden.
a) Originalfunktion
b) Originalfunktion, gewichtet mit dem Dreieckfenster.

5.6 Rekonstruktion der Zeitfunktion aus dem Abtastsatz

Während sich die vorausgegangenen Abschnitte mit der Berechnung des Spektrums aus dem Abtastsatz beschäftigten, geht es jetzt darum, die Werte der abgetasteten Funktion auch zwischen den Abtastzeitpunkten zu berechnen. Die ursprüngliche Funktion ist zu rekonstruieren. Aus den diskreten Werten $f(nT_a)$ soll eine kontinuierliche Funktion $f_r(t)$ gebildet werden.

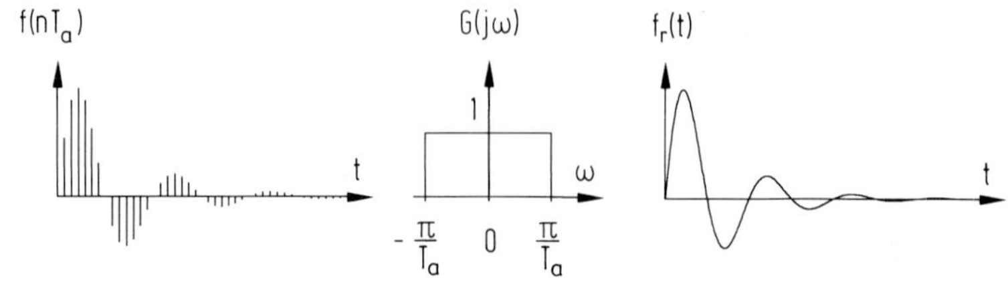

Bild 5.20 Vorgehensweise bei der Rekonstruktion einer Funktion aus ihrem Abtastsatz.

Dazu werden nach Bild 5.20 die abgetasteten Werte $f(nT_a)$ als Eingangssignale an einen idealen Tiefpaß gelegt (Küpfmüller-Tiefpaß). Die gesuchte kontinuierliche Funktion $f_r(t)$ ergibt sich dann als Antwort des idealen Tiefpasses auf die diskreten Eingangssignale (Whittakersche Rekonstruktion). Nachfolgend wird kurz erläutert, daß die gefundene Funktion $f_r(t)$ tatsächlich die ursprüngliche Funktion $f(t)$, aus der der Abtastsatz stammt, approximiert.

Der ideale Tiefpaß läßt die Frequenzen ω im Bereich $|\omega| < \pi/T_a$ passieren und sperrt die Frequenzen $|\omega| > \pi/T_a$. Er hat also die Übertragungsfunktion $G(j\omega)$

$$G(j\omega) = \begin{cases} 1 & \text{für } |\omega| < \pi/T_a \\ 0 & \text{für } |\omega| > \pi/T_a . \end{cases} \tag{5.43}$$

Damit ist der Tiefpaß durch seine Übertragungsfunktion definiert. Die zugehörige Zeitfunktion, die Impulsantwort $g(t)$, errechnet sich aus der inversen Fourier-Transformation zu

$$g(t) = \frac{1}{2\pi} \int_{-\infty}^{\infty} G(j\omega)\, e^{j\omega t}\, d\omega. \tag{5.44}$$

Hier lassen sich wegen (5.43) die Integrationsgrenzen auf $\pm\, \pi/T_a$ einschränken:

$$\begin{aligned} g(t) &= \frac{1}{2\pi} \int_{-\pi/T_a}^{\pi/T_a} 1 \cdot e^{j\omega t}\, d\omega \\ &= \frac{1}{2\pi}\, \frac{1}{jt} \left(e^{j\pi t/T_a} - e^{-j\pi t/T_a} \right) = \frac{1}{\pi t} \sin \frac{\pi t}{T_a} \end{aligned} \qquad . \tag{5.44}$$

Indem noch Zähler und Nenner mit dem Abtastintervall T_a multipliziert werden, ergibt sich

$$g(t) = \frac{1}{T_a}\, \frac{\sin \pi t/T_a}{\pi t/T_a} = \frac{1}{T_a} \operatorname{si} \pi t/T_a. \tag{5.45}$$

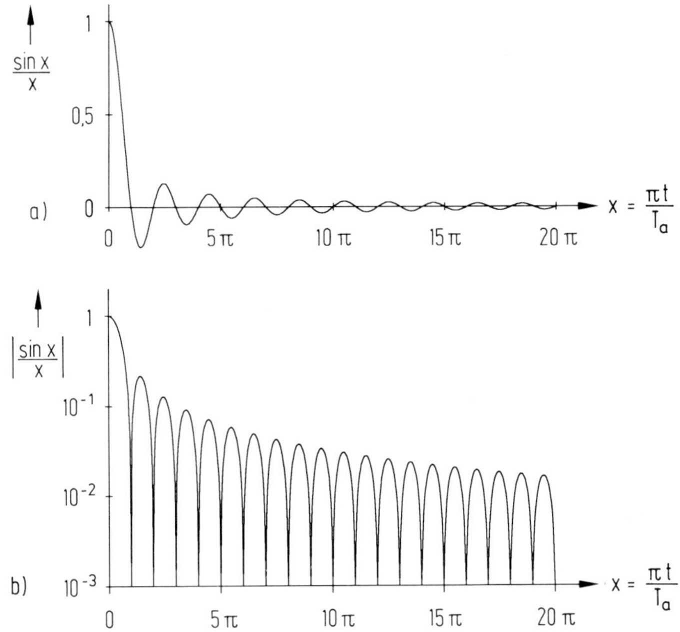

Bild 5.21 Die Spaltfunktion $\text{si}\, x = \frac{\sin x}{x}$ mit $x = \frac{\pi t}{T_a}$.

a) Lineare Darstellung

b) Logarithmische Darstellung des Betrags

Die Impulsantwort $g(t)$ des Tiefpaßfilters enthält also die si-Funktion mit dem Argument $\pi t/T_a$ (Bild 5.21). Diese Funktion hat bei $t = 0$ ihr Maximum mit dem Wert 1. Die Nullstellen liegen bei $\pi t/T_a = \pm z\pi$, das heißt bei

$$t = \pm z\, T_a \qquad (z \neq 0). \tag{5.46}$$

Die Impulsantwort hilft uns bei der gewünschten Rekonstruktion. Die Systemtheorie zeigt, daß bei dem hier angenommenen linearen, zeitinvarianten System die Ausgangszeitfunktion das Faltungsprodukt von Eingangszeitfunktion und Impulsantwort ist. Dieser Faltungssatz ermöglicht, die Ausgangszeitfunktion $f_r(t)$ für eine beliebige Eingangszeitfunktion zu berechnen. Die durchzuführende Operation ist die Faltung der Eingangsfunktion mit der Impulsantwort. Wäre die Eingangsfunktion eine kontinuierliche Zeitfunktion $f(t)$, so wäre das Faltungsintegral anzusetzen mit

$$f_r(t) = \int_{-\infty}^{\infty} f(\tau)\, g(t-\tau)\, d\tau\,. \tag{5.47}$$

In unserem Fall ist die Eingangsfunktion diskret, so daß anstelle des Faltungsintegrals die mit dem Abtastintervall multiplizierte diskrete Faltungssumme tritt:

$$f_r(t) = T_a \sum_{n=0}^{N-1} f(nT_a)\, g(t - nT_a). \tag{5.48}$$

Unter Berücksichtigung von (5.45) entsteht so die Rechenvorschrift zur Rekonstruktion der Zeitfunktion:

$$\boxed{f_r(t) = \sum_{n=0}^{N-1} f(nT_a) \operatorname{si} \frac{\pi(t - nT_a)}{T_a}}\,. \tag{5.49}$$

Um mit dieser Formel rechnen zu können, müssen zunächst alle Abtastwerte vorliegen. Erst nach vollendeter Abtastung kann mit der Rekonstruktion begonnen werden. Dabei bleiben die Abtastwerte erhalten. Bei $t = nT_a$ z.B. wird nur der Funktionswert $f(nT_a)$ mit 1 multipliziert (si 0 = 1); die Funktionswerte $f(zT_a)$ mit $z \neq n$ haben wegen (5.46) den Faktor null. Zu den zwischen zwei Abtastpunkten liegenden Funktionswerten, z.B. zu $f\left(\frac{2n+1}{2}\, T_a\right)$ tragen die Abtastwerte bei, bei denen die si-Funktion ungleich null ist (Bild 5.22). Diese Art der Rekonstruktion ist also vom Prinzip her völlig anders als die einfache Digitalisierung mit einem Abtast- und Halteglied.

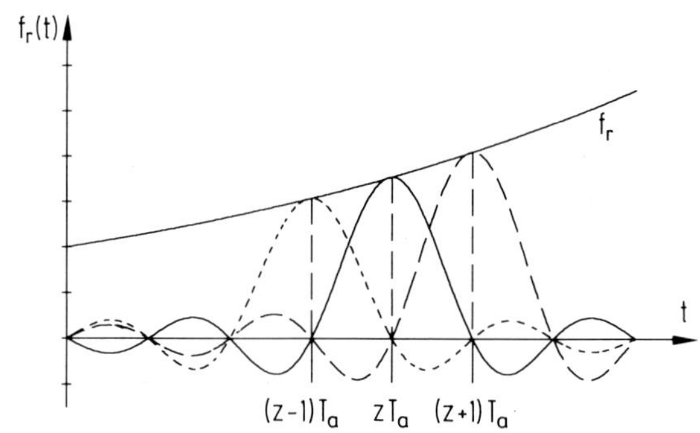

Bild 5.22 Rekonstruktion einer abgetasteten Funktion aus der Überlagung verschiedener $\frac{\sin x}{x}$ -Funktionen.

• **Beispiel 5.5.** Die Funktion $f(t) = \cos\omega_0 t - 1/3\ \cos 3\omega_0 t$ wurde während einer Periode symmetrisch zum Nullpunkt im Abstand von $T_a = 2\pi/7\omega_0$ abgetastet (Bild 5.23a). Dabei wurden die folgenden Meßwerte erhalten

n	$f(nT_a)$
−3	−0,8268
−2	−0,4304
−1	0,9238
0	0,6667
1	0,9238
2	−0,4304
3	−0,8268

Die rekonstruierte Funktion $f_r(t)$ ergibt sich aus (5.49), wobei n von -3 bis +3 läuft:

$$\begin{aligned} f_r = &- 0,8268 \cdot \text{si}\,\frac{\pi(t+3T_a)}{T_a} - 0,4304 \cdot \text{si}\,\frac{\pi(t+2T_a)}{T_a} \\ &+ 0,9238 \cdot \text{si}\,\frac{\pi(t+1T_a)}{T_a} + 0,6667 \cdot \text{si}\,\frac{\pi(t+0T_a)}{T_a} \\ &+ 0,9238 \cdot \text{si}\,\frac{\pi(t-1T_a)}{T_a} - 0,4304 \cdot \text{si}\,\frac{\pi(t-2T_a)}{T_a} \\ &- 0,8268 \cdot \text{si}\,\frac{\pi(t-3T_a)}{T_a}. \end{aligned} \tag{5.50}$$

Zu den Abtastzeitpunkten nimmt die rekonstruierte Funktion den Wert der abgetasteten Funktion an. Für $t = -3T_a$ z.B., hat nur bei dem ersten Term auf der rechten Seite von (5.50) die si-Funktion den Wert 1, bei allen anderen Werten aber den Wert 0, so daß übrig bleibt

$$f_r(-3T_a) = f(-3T_a).$$

Zu den Funktionswerten zwischen den Abtastpunkten tragen im Prinzip alle abgetasteten Werte bei. Für $t = \pi/7\omega_0$ z.B. ist

$$\begin{aligned} f_r(t = \pi/7\omega_0) &= -0,8268 \cdot \text{si}\ 3,5\pi - 0,4304 \cdot \text{si}\ 2,5\pi \\ &\quad + 0,9238 \cdot \text{si}\ 1,5\pi + 0,6667 \cdot \text{si}\ 0,5\pi \\ &\quad + 0,9238 \cdot \text{si}\ (-0,5\pi) - 0,4304 \cdot \text{si}\ (-1,5\pi) \\ &\quad - 0,8268 \cdot \text{si}\ (-2,5\pi) \\ &= 0,8230. \end{aligned} \tag{5.51}$$

Der exakte Wert der analytisch bekannten Funktion wäre $f(\pi/7\omega_0) = 0,8268$. Bei der Rekonstruktion tritt also der Fehler $0,8230 - 0,8268 = -0,0038$ auf.

Die gesamte rekonstruierte Funktion und den dazugehörigen Fehler zeigt Bild 5.23b. Dieser Fehler läßt sich verringern, wenn

- entweder über eine längere Zeit, über mehrere Perioden oder
- häufiger pro Periode abgetastet wird.

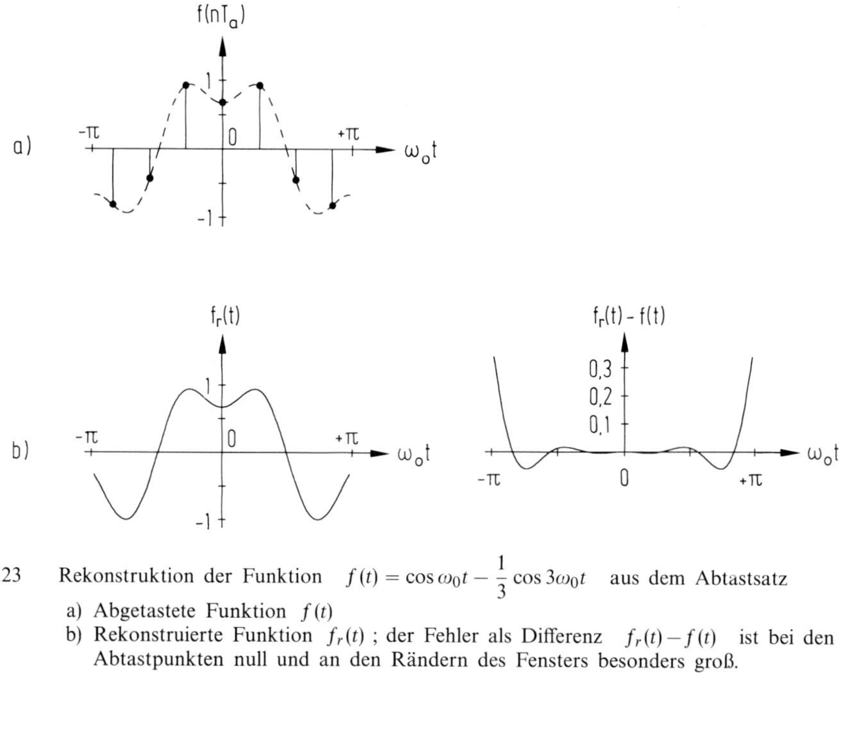

Bild 5.23 Rekonstruktion der Funktion $f(t) = \cos\omega_0 t - \frac{1}{3}\cos 3\omega_0 t$ aus dem Abtastsatz

a) Abgetastete Funktion $f(t)$

b) Rekonstruierte Funktion $f_r(t)$; der Fehler als Differenz $f_r(t) - f(t)$ ist bei den Abtastpunkten null und an den Rändern des Fensters besonders groß.

• **Beispiel 5.6.** Als weiteres Beispiel wird die zeitbegrenzte Funktion von Bild 5.1 aus ihrem Abtastsatz nach Gl. (5.49) rekonstruiert. Bild 5.24b zeigt das Ergebnis für ein Abtastintervall von 0,2 s, bei dem geringe spektrale Überschneidungen aufgetreten sind. Bild 5.24c läßt bei der doppelten Abtastfrequenz den kleineren Fehler $f_r(t) - f(t)$ erkennen.

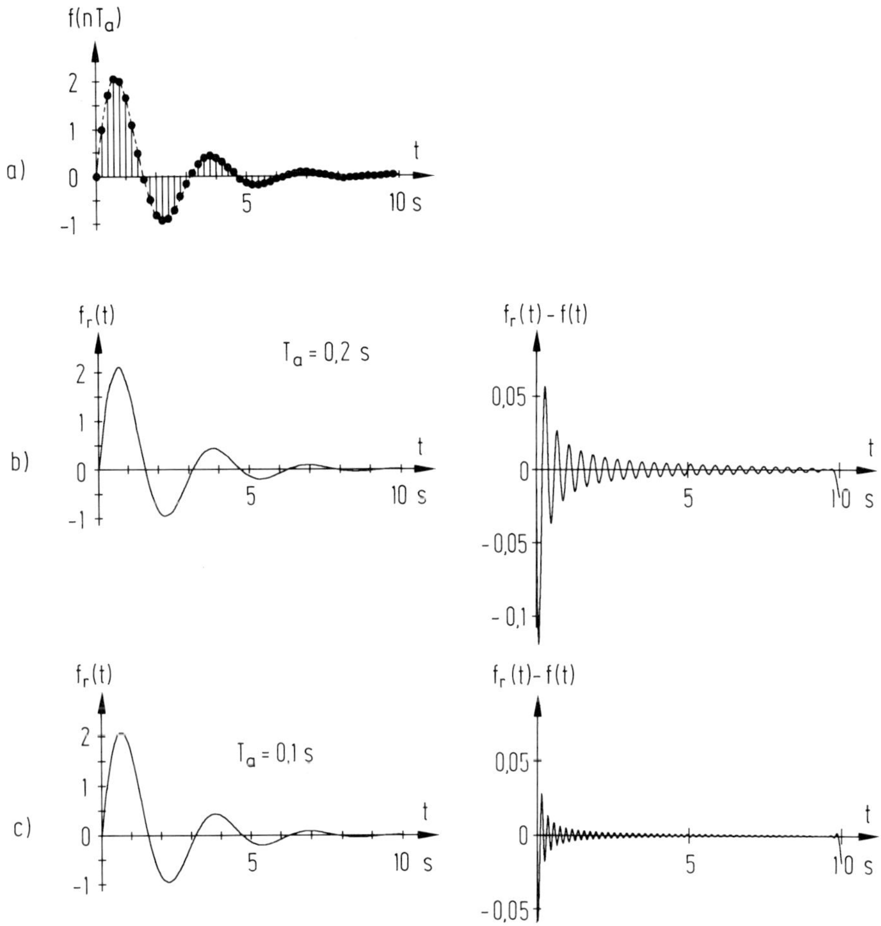

Bild 5.24 Rekonstruktion der Funktion $f(t) = 3e^{-t/T} \sin 2\pi f t$ aus dem Abtastsatz.
a) Originalfunktion
b) Rekonstruktion bei einem Abtastintervall $T_a = 0,2$ s
c) Rekonstruktion bei einem Abtastintervall $T_a = 0,1$ s

• **Beispiel 5.7.** Falls die abgetastete Funktion an den Fenstergrenzen durch null geht, ist es sinnvoll, sie um ihr zeitverschobenes Spiegelbild zu ergänzen. Die sich so ergebende erweiterte Funktion ist periodisch und vermeidet an den Fenstergrenzen Amplitudensprünge. Wird aus dem erweiterten Abtastsatz die Funktion rekonstruiert, so ist in unserem Beispiel schon bei einem Abtastintervall von $T_a = 0,2$ s der Fehler kaum noch zu erkennnen (Bild 5.25).

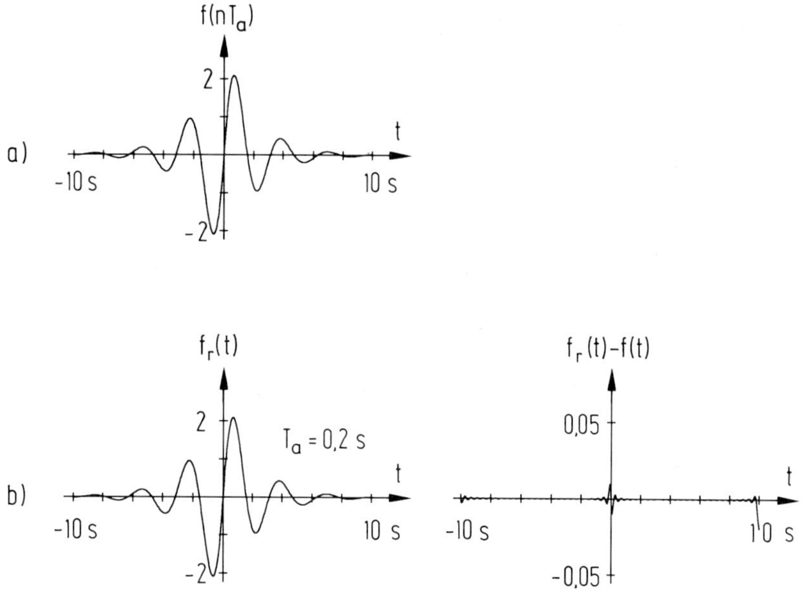

Bild 5.25 Die Funktion von Bild 5.24a ist am Nullpunkt gespiegelt und zu negativen Zeiten hin extrapoliert.
a) Originalfunktion
b) Rekonstruktion bei einem Abtastintervall $T_a = 0,2$ s .

6 Digitale Filter

In dem Maße, in dem abgetastete und quantisierte Signale in der allgemeinen Bedeutung des Wortes digital verarbeitet werden, werden speziell auch immer mehr digitale Filter eingesetzt. Im Signal werden Frequenzen ausgeblendet oder unterdrückt, um das Signal/Rauschverhältnis zu verbessern. So haben die digitalen Filter eine große praktische Bedeutung.

6.1 Nichtrekursive Filter

6.1.1 Algorithmus

Das digitale Filter von Bild 6.1 hat die Filterkoeffizienten a_k. Das diskretisierte Eingangssignal

$$x(n\,T_a) = x_n \tag{6.1}$$

ist aus einem stetigen Eingangssignal $x(t)$ durch Abtasten und Quantisieren entstanden. Das Filter liefert das Ausgangssignal

$$y(n\,T_a) = y_n\,, \tag{6.2}$$

das nach folgender Rechenvorschrift mit den Filterkoeffizienten a_k und den Eingangsdaten verknüpft sein kann:

$$\boxed{y_n = \sum_{k=0}^{N} a_k\; x_{n-k}\,.} \tag{6.3}$$

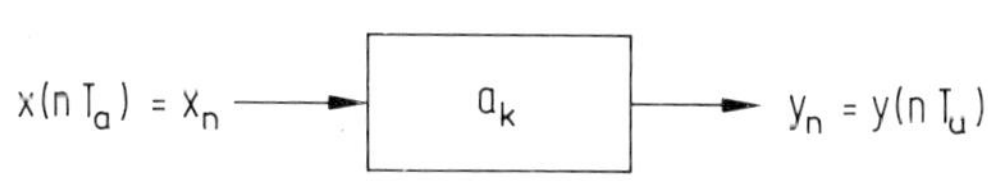

Bild 6.1 Blockschaltbild eines nichtrekursiven digitalen Filters

Im folgenden werden die Koeffizienten des Filters jedoch symmetrisch indiziert, sodaß die Summe in (6.3) von $k = -N$ bis $k = N$ läuft. Damit lassen sich später einige Ergebnisse schneller gewinnen. Das nichtrekursive Filter wird also definiert durch

$$\boxed{y_n = \sum_{k=-N}^{N} a_k\; x_{n-k}\,.} \tag{6.4}$$

Die Zahl der zeitverschobenen Eingangssignale kennzeichnet den Grad oder die Ordnung des Filters. Ein Filter nach Gl. (6.3) hat die Ordnung N, eines nach Gl. (6.4) die Ordnung $2N$. Für $N = 2$ entsteht nach (6.4) ein Filter mit

$$y_n = a_{-2}\ x_{n+2} + a_{-1}\ x_{n+1} + a_0\ x_n + a_1\ x_{n-1} + a_2\ x_{n-2}\,.$$

In dieser Gleichung ist x_n das Eingangssignal zum Zeitpunkt nT_a. $y(nT_a)$ ist das zu diesem Eingangssignal gehörende Ausgangssignal. Es kann erst ermittelt werden, wenn die „zukünftigen" Eingangswerte x_{n+k} verfügbar sind. Mit der Berechnung von y_n ist also zu warten, bis die Eingangssignale x_{n+k} vorliegen. Dies ist für digitale Systeme, in denen die Eingangsdaten abgespeichert werden, keine wesentliche Einschränkung.

Zu beachten ist weiterhin, daß die Filterkoeffizienten a_k anders indiziert sind als in Kapitel 4. So werden die Eingangssignale nicht mit den Filterkoeffizienten multipliziert $(a_k\ x_{n+k})$, sondern die Folge der Filterkoeffizienten ist mit der Folge der Eingangssignale gefaltet $(a_k\ x_{n-k})$.

Die Eigenschaft „nichtrekursiv" drückt aus, daß das Ausgangssignal des Filters nur von Werten des Eingangssignals abhängt, aber nicht – wie beim rekursiven Filter – von zurückliegenden Werten des Ausgangssignals. Wegen dieser fehlenden Rückkopplung kann das nichtrekursive Filter nicht schwingen. Es ist immer stabil.

• **Beispiel 6.1.** Bei der Glättung durch eine kubische Parabel nach Gleichung (4.13) lautet die Rechenvorschrift

$$y_n = \frac{1}{35}\,(-3\,x_{n+2} + 12\,x_{n+1} + 17\,x_n + 12\,x_{n-1} - 3\,x_{n-2})\,. \tag{6.5}$$

Das ist nach (6.4) die Gleichung eines nichtrekursiven Filters mit

$$a_k = a_{-k}$$

$$a_0 = 17/35$$

$$a_{-1} = a_1 = 12/35$$

$$a_{-2} = a_2 = -3/35\,.$$

6.1.2 Impulsantwort

Wird ein nichtrekursives Filter mit dem Einheitsimpuls

$$x_n = 1 \quad \text{für} \quad n = 0$$

$$x_n = 0 \quad \text{für} \quad n \neq 0$$

stimuliert, so treten als Ausgangssignal y_n die Filterkoeffizienten auf (Bild 6.2).

Nach $(2N + 1)$ Takten ist der Einfluß des Eingangssignals auf das Ausgangssignal verschwunden. Das nichtrekursive Filter hat eine endliche Impulsantwort und wird so als finite impulse response filter, als FIR-Filter, bezeichnet.

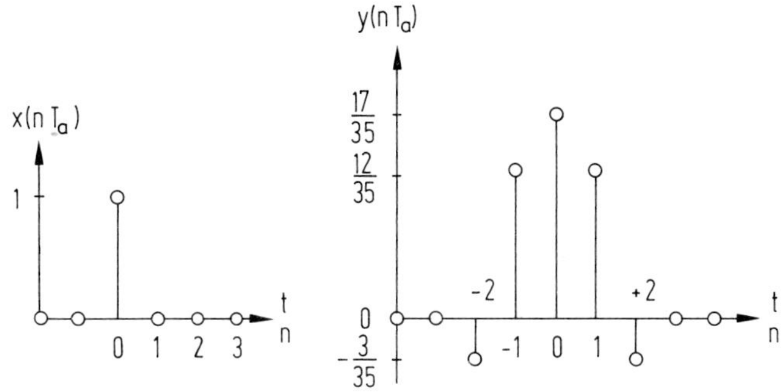

Bild 6.2 Impulsantwort des digitalen Filters von Gl. (6.5)

6.1.3 Übertragungsfunktion

Lineare und zeitinvariante Systeme haben die spezielle Eigenschaft, daß ihre Antwort auf eine Kreisfunktion eine Kreisfunktion derselben Frequenz ist. Die Übertragungsfunktion ergibt sich so als Verhältnis aus dem periodischen Eingangs- und Ausgangssignal. Dies gilt auch für diskrete Systeme. So läßt sich die diskrete Übertragungsfunktion $G_d(j\omega)$ des digitalen Filters ermitteln, indem dieses mit dem diskreten periodischen Eingangssignal

$$x(nT_a) = e^{j\omega nT_a} \tag{6.6}$$

stimuliert wird. Unter Berücksichtigung von (6.4) entsteht das Ausgangssignal

$$y(nT_a) = \sum_{k=-N}^{N} a_k \, e^{j\omega(n-k)T_a} . \tag{6.7}$$

Daraus errechnet sich die Übertragungsfunktion $G_d(j\omega)$ zu

$$G_d(j\omega) = \frac{\sum\limits_{k=-N}^{N} a_k \, e^{j\omega(n-k)T_a}}{e^{j\omega nT_a}} = \sum_{k=-N}^{N} a_k \, e^{-j\omega kT_a} . \tag{6.8}$$

Die Summe der Filterkoeffizienten ergibt die Gleichspannungsverstärkung:

$$G_d(j\omega = 0) = \sum_{k=-N}^{N} a_k . \tag{6.9}$$

Faßt man die Filterkoeffizienten a_k als Abtastwerte einer Zeitfunktion $a(t)$ zu den Zeitpunkten kT_a auf, so ist (6.8) die Gleichung einer Fouriertransformierten eines diskreten, aperiodischen Signals. Die zu den Filterkoeffizienten a_k gehörende Diskrete Fourier-Transformierte wird $A_d(j\omega)$ genannt. Damit ergibt sich die Übertragungsfunktion des Filters als die Diskrete Fourier-Transformierte der Filterkoeffizienten:

$$G_d(j\omega) = A_d(j\omega) = \sum_{k=-N}^{N} a_k \; e^{-j\omega k T_a} . \tag{6.10a}$$

Hier ist es üblich, die Filterkoeffizienten a_k zu null zu definieren für $|k| > N$ und in (6.10a) einzuführen. Die Summation erstreckt sich jetzt von $k = -\infty$ bis $k = \infty$ und (6.10a) geht über in

$$\boxed{G_d(j\omega) = A_d(j\omega) = \sum_{k=-\infty}^{\infty} a_k \; e^{-j\omega k T_a} \quad \text{mit } a_k = 0 \text{ für } |k| > N .} \tag{6.10b}$$

Die Frequenzdifferenzen von Gl. (5.14) verschwinden,

$$\omega_{k+1} - \omega_k = 0 \qquad \text{für} \quad k \to \infty,$$

und ω läßt sich damit als eine kontinuierliche Variable behandeln.

Wie jede Diskrete Fourier-Transformierte sind auch $A_d(j\omega)$ und $G_d(j\omega)$ periodisch mit $\omega = 2\pi/T_a$. $G_d(j\omega)$ und $G_d(-j\omega)$ sind konjugiert komplexe Funktionen. Der Betrag $|G_d(j\omega)|$ ist eine gerade Funktion von ω.

Wird für $N = 2$ die Gleichung (6.8) aufgelöst, so entsteht

$$G_d(j\omega) = a_{-2}\, e^{j\omega 2T_a} + a_{-1}\, e^{j\omega 1T_a} + a_0 \cdot 1 + a_1\, e^{-j\omega 1T_a} + a_2\, e^{-j\omega 2T_a} . \tag{6.11}$$

Für eine gerade Filterfunktion mit $a_k = a_{-k}$ ist die Übertragungsfunktion rein reell mit

$$\begin{aligned} G_d(j\omega) &= a_0 + a_1 \left(e^{-j\omega T_a} + e^{j\omega T_a}\right) + a_2 \left(e^{-j\omega 2T_a} + e^{j\omega 2T_a}\right) \\ &= a_0 + a_1\, 2\cos\omega T_a + a_2\, 2\cos 2\omega T_a \end{aligned} \tag{6.12}$$

und für den allgemeinen Fall ergibt sich

$$\boxed{G_d(j\omega) = a_0 + 2\sum_{k=1}^{N} a_k \; \cos k\omega T_a .} \tag{6.13}$$

Umgekehrt ist für eine ungerade Filterfunktion mit $a_0 = 0$ und $a_k = -a_{-k}$ die Übertragungsfunktion rein imaginär mit

$$\boxed{G_d(j\omega) = -2j \sum_{k=1}^{N} a_k \; \sin k\omega T_a .} \tag{6.14}$$

• **Beispiel 6.2.** Die Übertragungsfunktion des Filters von Gleichung (6.5) ist nach (6.13) rein reell mit

$$G_d(j\omega) = \frac{17}{35} + \frac{24}{35}\cos\omega T_a - \frac{6}{35}\cos 2\omega T_a \tag{6.15}$$

Die Übertragungsfunktion hat den Wert 1 bei $\omega = 0$. Die Cosinus-Glieder oszillieren um den Wert 17/35 und führen damit zu einer Welligkeit (Bild 6.3). Die Übertragungsfunktion als eine Diskrete Fourier-Transformierte ist periodisch mit $\omega = 2\pi/T_a$.

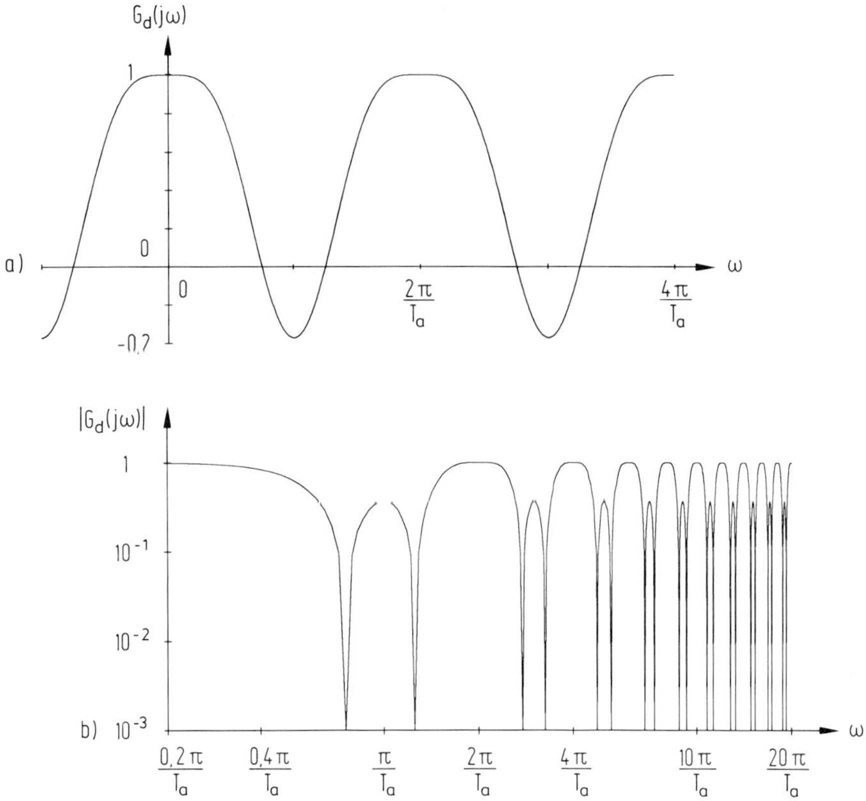

Bild 6.3 Die Übertragungsfunktion $G_d(j\omega)$ des Filters von Gl. (6.5)
a) lineare Darstellung
b) logarithmische Darstellung des Betrages

6.1.4 Auslegung eines nichtrekursiven Tiefpasses

Approximation nach dem Prinzip der kleinsten Quadrate

Bei der Synthese eines nichtrekursiven Filters stellt sich die Aufgabe, die Koeffizienten a_k so zu bestimmen, daß eine vorgegebene gewünschte Übertragungsfunktion „möglichst“ gut erreicht wird. Dieses „möglichst“ wird realisiert, indem die Approximation der gewünschten Übertragungsfunktion nach dem Prinzip der kleinsten Quadrate durchgeführt wird. Das Integral über die quadrierten Differenzen soll ein Minimum werden. Um die Koeffizienten zu finden, wird so in den folgenden Schritten vorgegangen:

a) Die gewünschte Übertragungsfunktion $G_w(j\omega)$ mit der Grenzfrequenz ω_g (Bild 6.4a) ist die des idealen Tiefpasses mit

$$G_w(j\omega) = \begin{cases} 1 & \text{für} \quad |\omega| \le \omega_g \\ 0 & \text{für} \quad |\omega| > \omega_g \end{cases} \tag{6.16}$$

b) Da die Übertragungsfunktion eines digitalen Filters die Diskrete Fourier-Transformierte der Filterkoeffizienten ist, ist sie immer periodisch (Bild 6.4 b).

c) Die Übertragungsfunktion des realisierten Filters wird wie in (6.8) $G_d(j\omega)$ genannt. Sie wird als Fourier-Reihe angesetzt. Diese Fourier-Reihe wird die gewünschte periodische Funktion $G_w(j\omega)$ umso besser approximieren, je mehr Glieder die Fourier-Reihe umfaßt. Da die Zahl der Filterkoeffizienten endlich bleiben muß, wird die Fourier-Reihe einmal abgebrochen und eine Abweichung zwischen $G_w(j\omega)$ und $G_d(j\omega)$ wird auftreten (Bild 6.4c).

d) Das Gauß'sche Prinzip der kleinsten Quadrate dient als Approximationskriterium. Das Integral über die quadrierten Differenzen soll ein Minimum werden:

$$\frac{T_a}{2\pi} \int_{-\pi/T_a}^{\pi/T_a} \left[G_d(j\omega) - G_w(j\omega)\right]^2 d\omega = \text{Min !} \tag{6.17}$$

e) Der Approximationsfehler ist im quadratischen Mittel am kleinsten, wenn die Koeffizienten a_k des gesuchten Filters die Fourier-Koeffizienten der Reihenentwicklung von $G_d(j\omega)$ sind.

Im Zeitbereich – wie zunächst in Erinnerung gerufen werden soll – kann eine periodische Funktion $f(t)$ durch ihre Reihe $f_R(t)$

$$f_R(t) = \sum_{k=-K}^{K} c_k \; e^{jk\omega_0 t} \tag{6.18}$$

approximiert werden. Die Koeffizienten dieser Reihe errechnen sich nach Gleichung (3.71) zu

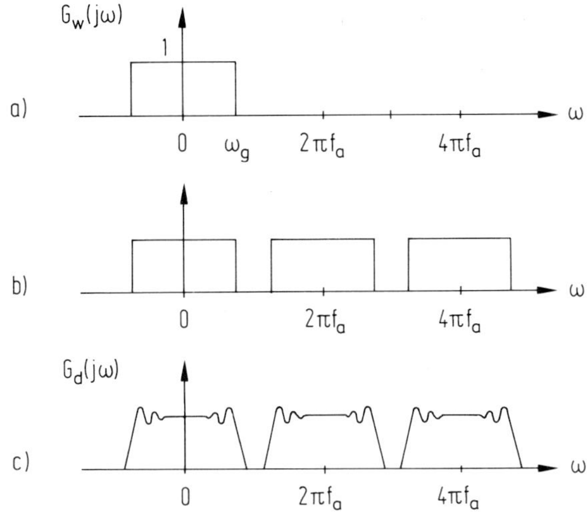

Bild 6.4 Schritte bei der Auslegung eines FIR-Filters nach dem Prinzip der kleinsten Quadrate

$$c_k = \frac{1}{T_0} \int_{-T_0/2}^{T_0/2} f_R(t)\; e^{-jk\omega_0 t}\, dt\,. \tag{6.19}$$

Im Frequenzbereich ist die Übertragungsfunktion $G_d(j\omega)$ identisch mit der Diskreten Fourier-Transformierten der Filterkoeffizienten. Deren Reihenentwicklungen lautet

$$G_d(j\omega) = A_d(j\omega) = \sum_{k=-N}^{N} a_k\; e^{-j\omega k T_a}\,. \tag{6.20}$$

Die zugehörigen Koeffizienten a_k dieser Reihe errechnen sich entsprechend (6.19) aus

$$a_k = \frac{T_a}{2\pi} \int_{-\pi/T_a}^{\pi/T_a} G_d(j\omega)\; e^{j\omega k T_a}\, d\omega\,. \tag{6.21}$$

Dabei wird über die erste Periode von $G_d(j\omega)$ integriert.

Das Integral läßt sich aufspalten in zwei Integrale mit der unteren Grenze bei $\omega = 0$:

$$a_k = \frac{T_a}{2\pi} \int_{0}^{\pi/T_a} G_d(j\omega)\; e^{j\omega k T_a}\, d\omega + \frac{T_a}{2\pi} \int_{0}^{\pi/T_a} G_d(-j\omega)\; e^{-j\omega k T_a}\, d\omega\,.$$

Ist $G_d(j\omega)$ eine gerade Funktion mit $G_d(j\omega) = G_d(-j\omega)$, so entsteht aus der letzten Gleichung

$$a_k = \frac{T_a}{2\pi} \int_0^{\pi/T_a} G_d(j\omega) \left[e^{j\omega k T_a} + e^{-j\omega k T_a}\right] d\omega$$

$$= \frac{T_a}{2\pi} \cdot 2 \int_0^{\pi/T_a} G_d(j\omega) \cos k\omega T_a \, d\omega = a_{-k}. \tag{6.22}$$

Umgekehrt ergeben sich für eine ungerade Übertragungsfunktion mit $G_d(j\omega) = -G_d(-j\omega)$ die Filterkoeffizienten zu

$$a_k = \frac{T_a}{2\pi} \int_0^{\pi/T_a} G_d(j\omega) \left[e^{j\omega k T_a} - e^{-j\omega k T_a}\right] d\omega$$

$$= \frac{T_a}{2\pi} 2j \int_0^{\pi/T_a} G_d(j\omega) \sin k\omega T_a \, d\omega = -a_{-k}. \tag{6.23}$$

Wird dann in den Gleichungen (6.21) – (6.23) die gewünschte Übertragungsfunktion $G_w(j\omega)$ anstelle von $G_d(j\omega)$ eingesetzt, so liefern die berechneten Koeffizienten a_k die Übertragungsfunktion $G_d(j\omega)$, die $G_w(j\omega)$ im quadratischen Mittel approximiert.

Berechnung der Filterkoeffizienten

Mit den obigen Gleichungen lassen sich nun die gesuchten Filterkoeffizienten bestimmen. Gewünscht ist der ideale Tiefpaß mit der Übertragungsfunktion

$$G_w(j\omega) = 1 \qquad \text{für} \qquad |\omega| \leq \omega_g. \tag{6.24}$$

$G_w(j\omega)$ ist eine gerade Funktion. Angewendet wird also die Gleichung (6.22). Da die Übertragungsfunktion null ist für $|\omega| > \omega_g$, genügt es, nur bis ω_g als obere Grenze zu integrieren:

$$a_k = a_{-k} = \frac{T_a}{\pi} \int_0^{\omega_g} 1 \cdot \cos k\omega T_a \, d\omega$$

$$= \frac{T_a}{\pi} \frac{\sin k\omega_g T_a}{k T_a} = \frac{\omega_g T_a}{\pi} \frac{\sin k\omega_g T_a}{k\omega_g T_a}$$

$$= \frac{2f_g}{f_a} \operatorname{si} k2\pi \frac{f_g}{f_a}. \tag{6.25}$$

Die Koeffizienten a_k berechnen sich also aus der Spaltfunktion, in deren Argument das Verhältnis aus Grenzfrequenz und Abtastfrequenz steht. Diese beiden Größen sind generell miteinander gekoppelt. Wird bei einem einmal ausgelegten Filter die Abtastfrequenz geändert, so ändert sich auch die Grenzfrequenz. Aus diesem Grund wird bei der Filterauslegung oft mit der auf die Abtastfrequenz bezogenen Kreisgrenzfrequenz Ω_g gerechnet:

$$\Omega_g = \frac{\omega_g}{f_a} = 2\pi \frac{f_g}{f_a} \tag{6.26}$$

Die Gl. (6.25) für die Filterkoeffizienten des Tiefpasses geht damit über in

$$a_k = a_{-k} = \frac{\Omega_g}{\pi} \frac{\sin k\Omega_g}{k\Omega_g} = \frac{\Omega_g}{\pi} \operatorname{si} k\Omega_g . \tag{6.27}$$

• **Beispiel 6.3.** Ein idealer Tiefpaß ist für $N = 3$ durch ein Filter mit 7 Koeffizienten zu approximieren für

Grenzfrequenz $f_g = 25\,\text{Hz}$

Abtastfrequenz $f_a = 100\,\text{Hz}$.

Das Verhältnis f_g/f_a ist hier also $1/4$ und die normierte Kreisgrenzfrequenz wird

$$\Omega_g = 2\pi \frac{f_g}{f_a} = 2\pi \frac{25}{100} = 0,5\pi . \tag{6.28}$$

Dafür berechnen sich die Koeffizienten wie folgt:

$$\begin{aligned}
k = 0: &\quad a_0 = \frac{1}{2} \operatorname{si}(0) = \frac{1}{2} \\
k = 1: &\quad a_1 = a_{-1} = \frac{1}{2} \frac{\sin 1 \cdot 0,5\pi}{1 \cdot 0,5\pi} = \frac{1}{\pi} \\
k = 2: &\quad a_2 = a_{-2} = \frac{1}{2} \frac{\sin 2 \cdot 0,5\pi}{2 \cdot 0,5\pi} = 0 \\
k = 3: &\quad a_3 = a_{-3} = \frac{1}{2} \frac{\sin 3 \cdot 0,5\pi}{3 \cdot 0,5\pi} = -\frac{1}{3\pi} .
\end{aligned} \tag{6.29}$$

Die Filtergleichung lautet also

$$\begin{aligned}
y_n &= -\frac{1}{3\pi} x_{n+3} + \frac{1}{\pi} x_{n+1} + \frac{1}{2} x_n + \frac{1}{\pi} x_{n-1} - \frac{1}{3\pi} x_{n-3} \\
&= \frac{1}{2} x_n + \frac{1}{\pi} (x_{n+1} + x_{n-1}) - \frac{1}{3\pi} (x_{n+3} + x_{n-3}) .
\end{aligned} \tag{6.30}$$

Die zugehörige Übertragungsfunktion $G_d(j\omega)$ ist nach (6.12)

$$G_d(j\omega) = \frac{1}{2} + \frac{2}{\pi} \cos 1\omega T_a - \frac{2}{3\pi} \cos 3\omega T_a \,. \tag{6.31}$$

Sie ist in Bild 6.5 dargestellt. Das gewählte Verhältnis aus Grenz- und Abtastfrequenz in Höhe von 1:4 hat den Vorteil, daß die geradzahligen Filterkoeffizienten verschwinden. Obwohl die Gleichung (6.30) nicht aufwendiger zu handhaben ist, als die Gleichung (6.5), nähert das Filter höherer Ordnung nach (6.30) den idealen Tiefpaß besser an. Die Gleichspannungsverstärkung dieses Filters ist kleiner als 1.

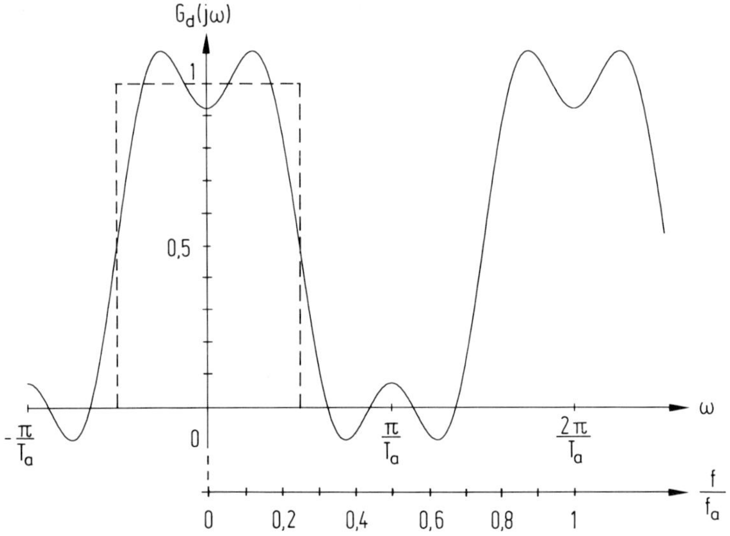

Bild 6.5 Übertragungsfunktion eines nach dem Prinzip der kleinsten Quadrate ausgelegten Tiefpasses mit $N = 3$ und $f_a = 4f_g$

Gibbsches Phänomen

Es ist zu erwarten, daß die Abweichungen zwischen dem idealen Tiefpaß und dem dimensionierten Filter umso geringer sind, je mehr Koeffizienten letzteres enthält. Diese Annahme trifft zwar für die quadrierten Fehler zu. Deren Amplituden gehen jedoch nicht gegen null. In der Übertragungsfunktion des approximierenden Filters tritt ein konstantes Überschwingen von etwa 10 % auf. Die Amplitude des Überschwingens ist unabhängig von der Zahl der Filterkoeffizienten. Bei zunehmenden N wandern die Überschwinger nur näher an die Flanken des Filters (Bilder 6.5 – 6.7). Dieses Verhalten wird als „Gibbsches Phänomen" bezeichnet.

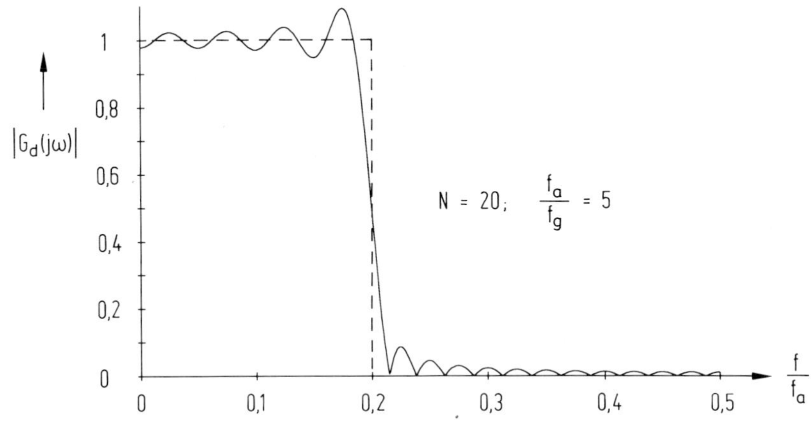

Bild 6.6 Amplitudengang eines FIR-Tiefpasses mit $N = 20$ und $f_a = 5f_g$

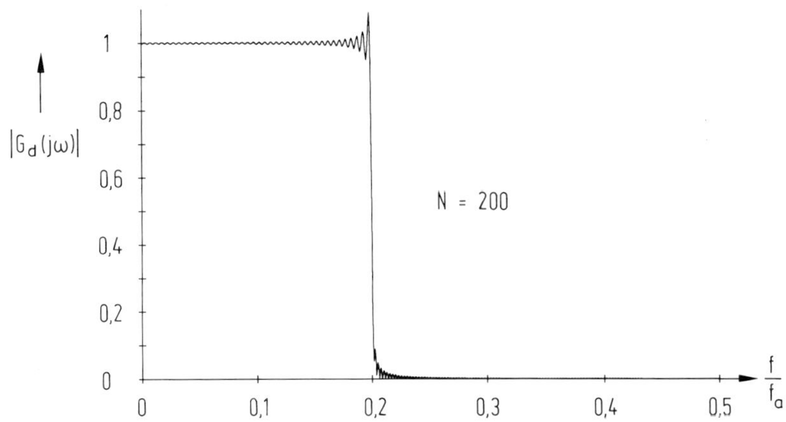

Bild 6.7 Amplitudengang eines FIR-Tiefpasses mit $N = 200$ und $f_a = 5f_g$

Fensterfunktionen

Das Überschwingen in der Übertragungsfunktion eines Tiefpasses resultiert aus dem Sprung der idealen Übertragungsfunktion bei ω_g. Durch Verwendung einer Fensterfunktion $w(t)$ kann auf Kosten der Steilheit des Filters dieses Überschwingen reduziert werden. In diesem Fall hat das Filter die Gleichung

$$\boxed{y_n = \sum_{k=-N}^{N} a_k \; w_k \; x_{n-k}} \tag{6.32}$$

mit der Tiefpaß-Übertragungsfunktion

$$G_d(j\omega) = a_0\, w_0 + 2\sum_{k=1}^{N} a_k\, w_k\, \cos k\omega T_a. \tag{6.33}$$

Als glättende Funktionen sind die im Abschnitt 5.5 aufgeführten Cosinus-Glokken geeignet. Dabei ist jedoch zu berücksichtigen, daß die Formelzeichen in Kapitel 6 zum Teil eine andere Bedeutung als im Kapitel 5 haben. So ist der Zählindex jetzt nicht mehr mit n, sondern mit k bezeichnet. Wichtiger ist, daß im Kapitel 6 die Fensterbreite $2N$ beträgt. Deshalb ist in den Formeln (5.39) bis (5.42) jetzt $2N$ anstelle von N zu schreiben. Die Gleichung (5.40) für das von-Hann-Fenster lautet dementsprechend (Tab 6.1):

$$w_k = \frac{1}{2}\left(1 + \cos\frac{2\pi k T_a}{2N T_a}\right) = \frac{1}{2}\left(1 + \cos\frac{\pi k}{N}\right) \tag{6.34}$$

Tab. 6.1 Filterkoeffizienten a_k und von-Hann-Glättungsfaktoren w_k für einen FIR-Tiefpaß mit $N = 20$ und $f_a = 5f_g$

k	a_k	w_k Gl.(6.34)	$a_k w_k$
0	0,4000	1,0000	0,4000
1	0,3027	0,9938	0,3009
2	0,0935	0,9755	0,0913
3	–0,0624	0,9455	–0,0590
4	–0,0757	0,9045	–0,0685
5	0,0000	0,8536	0,0000
6	0,0505	0,7939	0,0401
7	0,0267	0,7270	0,0194
8	–0,0234	0,6545	–0,0153
9	–0,0336	0,5782	–0,0194
10	0,0000	0,5000	0,0000
11	0,0275	0,4218	0,0116
12	0,0156	0,3455	0,0054
13	–0,0144	0,2730	–0,0039
14	–0,0216	0,2061	–0,0045
15	0,0000	0,1464	0,0000
16	0,0189	0,0955	0,0018
17	0,0110	0,0545	0,0006
18	–0,0104	0,0245	–0,0003
19	–0,0159	0,0062	–0,0001
20	0,0000	0,0000	0,0000

Für einen Tiefpaß nach (6.32) mit $N = 3$ ergeben sich so die folgenden Glättungskoeffizienten:

$$k = 0; \quad w_0 \quad = \frac{1}{2}(1 + 1) = 1$$

$$k = 1; \quad w_1 = w_{-1} = \frac{1}{2}(1 + \cos\frac{\pi}{3}) = \frac{1}{2}(1 + \frac{1}{2}) = 0,75$$

$$k = 2; \quad w_2 = w_{-2} = \frac{1}{2}(1 + \cos\frac{2\pi}{3}) = \frac{1}{2}(1 - 0,5) = 0,25$$

$$k = 3; \quad w_3 = w_{-3} = \frac{1}{2}(1 + \cos\frac{3\pi}{3}) = \frac{1}{2}(1 - 1) = 0.$$

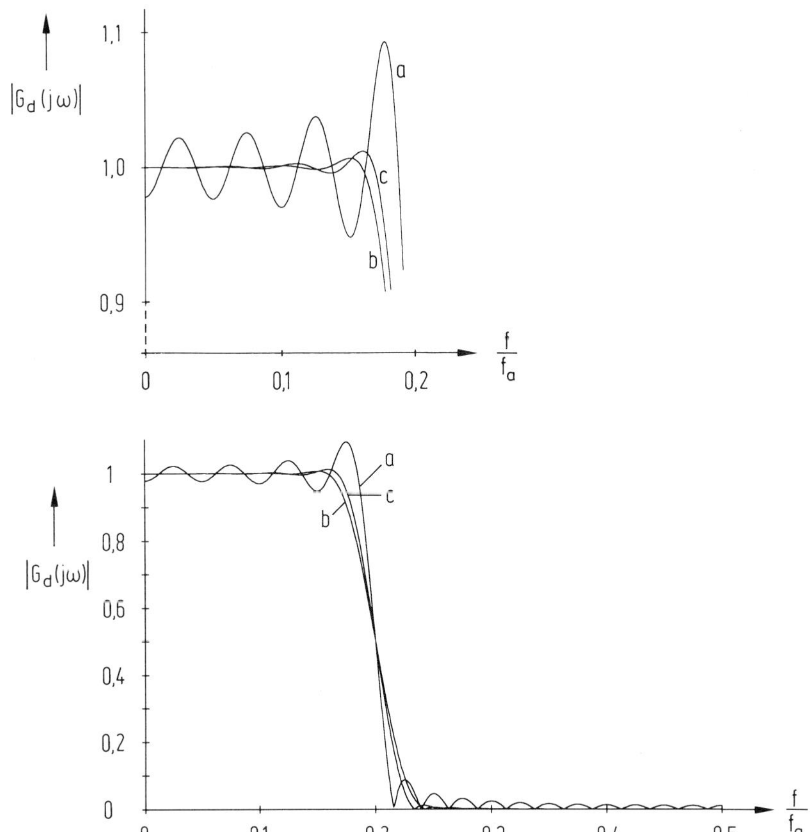

Bild 6.8 Amplitudengang eines FIR-Tiefpasses mit $N = 20$ und $f_a = 5f_g$
Kurve a: Rechteckfenster, nicht geglättet
Kurve b: geglättet mit einem von-Hann-Fenster
Kurve c: geglättet mit den σ-Faktoren von Gl. (6.36)

Eine andere glättende Funktion ist von C. Lanczos angegeben. Es läßt sich zeigen, daß die Welligkeit in der Übertragungsfunktion entweder die Periode des ersten vernachlässigten oder die des letzten beibehaltenen Gliedes der Fourier-Reihe hat /3.6/. Eine Mittelwertbildung über diese Periode kann die Welligkeit maßgeblich mildern. Dazu sind die Koeffizienten a_k des Filters mit den σ-Faktoren zu multiplizieren:

$$\boxed{\sigma(N,k) = \frac{\sin \pi k/N}{\pi k/N}} \tag{6.36}$$

Das nach Lanczos geglättete Filter hat damit die Gleichung

$$y_n = \sum_{k=-N}^{N} a_k \, \frac{\sin \pi k/N}{\pi k/N} \, x_{n-k} \, . \tag{6.37}$$

Beispielhaft sind in Bild 6.8 die Übertragungsfunktionen des nichtgeglätteten und geglätteten Filters einander gegenübergestellt. Bei Verwendung einer Fensterfunktion geht die Welligkeit der Übertragungsfunktion – sowohl im Durchlaß- als auch im Sperrbereich – auf Kosten der Flankensteilheit zurück.

Abtastfrequenz

Bei einem nichtrekursiven Tiefpaß soll die Abtastfrequenz nicht wesentlich höher als die Grenzfrequenz sein. Ein Faktor 4 bis 6 ist angemessen. Der Vergleich der Bilder 6.6 und 6.9 zeigt, daß bei einer zu hohen Abtastfrequenz die Wunschübertragungsfunktion nur unzureichend angenähert wird.

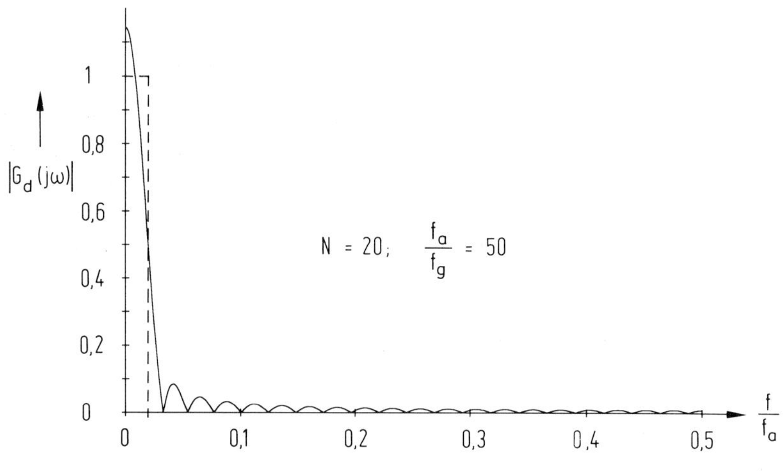

Bild 6.9 Amplitudengang eines FIR-Tiefpasses mit $N = 20$ und $f_a = 50 f_g$

Toleranzschema

Der Frequenzgang eines Tiefpasses hat im Prinzip die Form von Bild 6.10. Sowohl im Durchlaß- als auch im Sperrbereich können Welligkeiten auftreten. Die maximalen Über- und Unterschwinger lassen sich durch die Größen δ und ε des Bildes 6.10 ausdrücken. Diese Größen definieren auch die Durchlaßfrequenz f_D und die Sperrfrequenz f_S. Das Filter ist umso besser, je geringer die Welligkeiten sind und je kleiner der Abstand zwischen f_D und f_S bleibt. Im Durchlaßbereich $f < f_D$ werden die Amplituden auf höchstens $1 - \delta$, im Sperrbereich $f > f_S$ auf mindestens ε abgeschwächt.

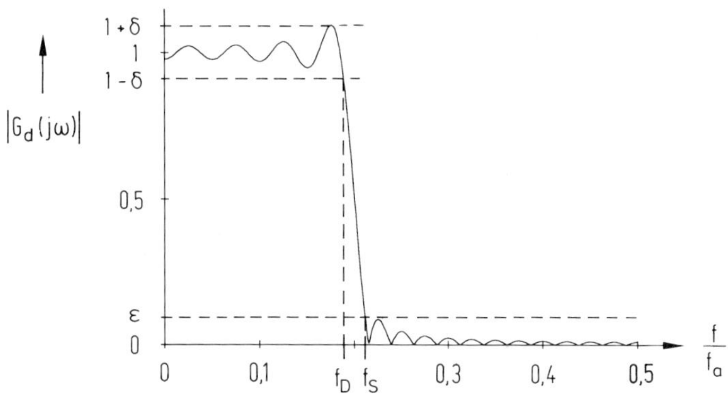

Bild 6.10 Toleranzschema eines Tiefpasses

6.1.5 Koeffizienten für Hochpaß-, Bandpaß- und Bandsperre-Filter

Die Koeffizienten eines Hochpaß-, Bandpaß- oder Bandsperre-Filters lassen sich aus denen eines Tiefpaßfilters berechnen. Dazu wird von dem Additionstheorem der Fouriertransformation ausgegangen. Werden im Frequenzbereich Spektralfunktionen addiert, so ergibt sich die zugehörige resultierende Zeitfunktion durch eine Addition der Gewichtsfunktionen, das heißt, der Filterkoeffizienten.

Umwandlung Tiefpaß → Hochpaß

Das Allpaß-Filter läßt alle Frequenzen ungeschwächt passieren. Seine Filtergleichung

$$y_n = x_n \tag{6.40}$$

enthält nur den Koeffizienten $a_0 = 1$. Alle anderen Koeffizienten a_k sind null, $a_k = 0$ für $k \neq 0$. Wird von dem Spektrum des Allpasses AP das eines Tiefpasses TP abgezogen, so bleibt das Spektrum eines Hochpasses HP mit derselben Grenzfrequenz übrig (Bild 6.11). Für die Filterkoeffizienten bedeutet dies

$$\text{Koeffizient HP} = \text{Koeffizient AP} - \text{Koeffizient TP} \tag{6.41}$$

$$\boxed{a_{k,\mathrm{HP}} = a_{k,\mathrm{AP}} - a_{k,\mathrm{TP}}.} \tag{6.42}$$

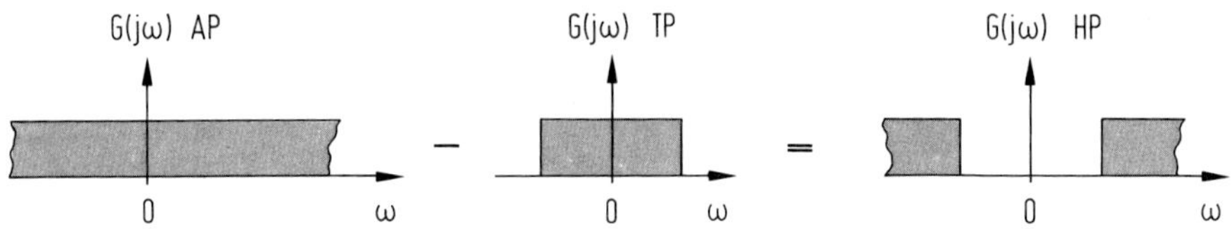

Bild 6.11 Wird von der Übertragungsfunktion eines Allpasses die eines Tiefpasses abgezogen, so ergibt sich die Übertragungsfunktion eines Hochpasses

• **Beispiel 6.4.** Ein Hochpaß mit der Grenzfrequenz $f_g = 20\,\mathrm{Hz}$ ist als nichtrekursives Filter für $N = 3$ auszulegen. Die Abtastfrequenz wird zu $f_a = 100\,\mathrm{Hz}$ gewählt. Die normierte Grenzfrequenz wird

$$\Omega_g = \frac{2\pi\,20}{100} = 0,4\,\pi\,.$$

Die Filterkoeffizienten des Tiefpasses errechnen sich aus (6.27). Sie sind in Tabelle 6.2 mit den aus ihnen folgenden Koeffizienten des Hochpasses angegeben. Das gewünschte Hochpaß-Filter mit $2N + 1 = 7$ Koeffizienten (Bild 6.12) hat also die Gleichung

$$\begin{aligned} y_n =& 0,06\,x_{n+3} - 0,09\,x_{n+2} - 0,30\,x_{n+1} + 0,60\,x_n - 0,30\,x_{n-1} \\ & - 0,09\,x_{n-2} + 0,06\,x_{n-3}\,. \end{aligned}$$

Tab. 6.2 Koeffizienten des FIR-Hochpasses von Beispiel 6.4

k	0	±1	±2	±3
$a_{\mathrm{k,AP}}$	1	0	0	0
$a_{\mathrm{k,TP}}$	0,4	0,3	0,09	–0,06
$a_{\mathrm{k,HP}}$	0,6	–0,3	–0,09	+0,06

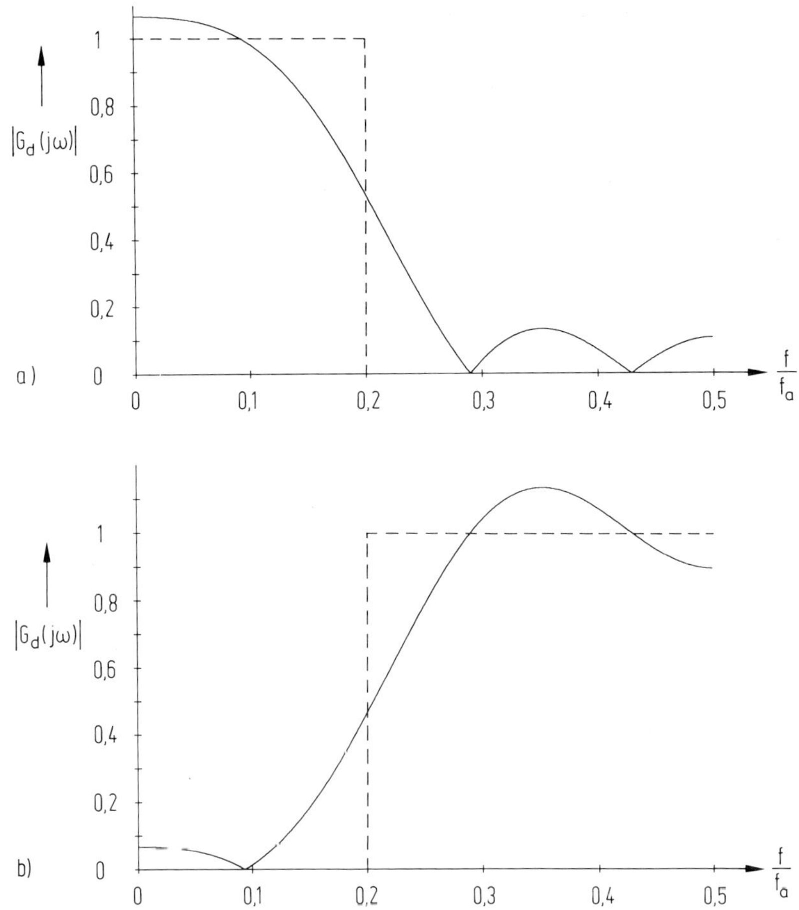

Bild 6.12 Betrag der Übertragungsfunktion des Filters von Beispiel 6.4;
Aus dem Amplitudengang des Tiefpasses (Bild a) ist der des Hochpasses (Bild b) entstanden

Umwandlung Tiefpaß → Bandpaß

Ausgegangen wird von einem Tiefpaß mit der Grenzfrequenz ω_o, die der oberen Frequenz des späteren Bandpasses BP entspricht. Von dem Spektrum des Tiefpasses wird dann das eines weiteren Tiefpasses mit der kleineren Grenzfrequenz ω_u abgezogen. Übrig bleibt dann das Spektrum eines Bandpasses mit einem Durchlaßbereich zwischen ω_u und ω_o (Bild 6.13). Die gesuchten Filterkoeffizienten des Bandpasses berechnen sich aus

$$\boxed{a_{k,\mathrm{BP}} = a_{k,\mathrm{TP}_o} - a_{k,\mathrm{TP}_u}\,.} \tag{6.43}$$

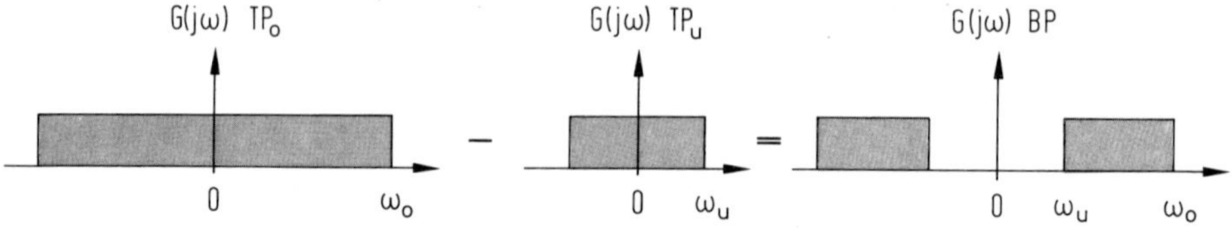

Bild 6.13 Die Übertragungsfunktion eines Bandpasses ergibt sich als Differenz der Übertragungsfunktionen zweier Tiefpässe

• **Beispiel 6.5.** Die Koeffizienten eines digitalen Bandpaß-Filters sind zu bestimmen für die

- untere Grenzfrequenz $f_u = 5$ kHz
- obere Grenzfrequenz $f_o = 10$ kHz
- Abtastfrequenz $f_a = 50$ kHz

Die Koeffizienten der Tiefpässe werden wieder nach (6.27) berechnet. Sie sind mit denen des Bandsperrefilters in Tabelle 6.3 zusammengestellt. Das gesuchte Bandpaßfilter (Bild 6.14) mit $2N + 1 = 7$ Koeffizienten hat also die Gleichung

$$y_n = -0,16\,x_{n+3} - 0,06\,x_{n+2} + 0,11\,x_{n+1} + 0,20\,x_n + 0,11\,x_{n-1} - 0,06\,x_{n-2} - 0,16\,x_{n-3}\,.$$

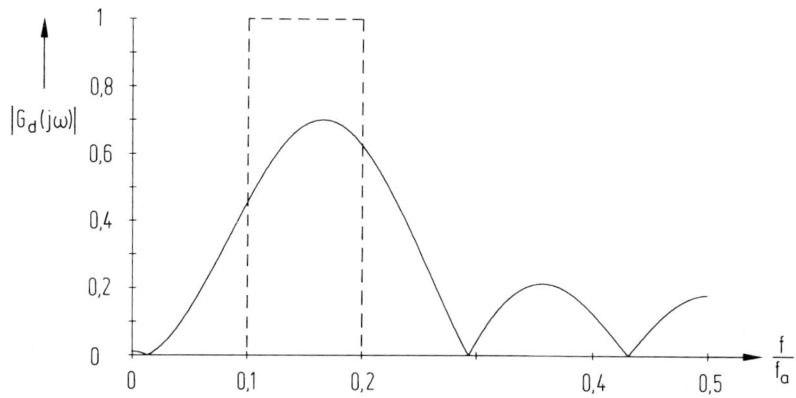

Bild 6.14 Amplitudengang des Bandpaßfilters von Beispiel 6.5 mit $N = 3$, $f_a = 50\,\text{kHz}$, $f_u = 5\,\text{kHz}$ und $f_o = 10\,\text{kHz}$

Tab. 6.3 Filterkoeffizienten des Bandpasses von Beispiel 6.5 und der Bandsperre von Beispiel 6.6

k	0	±1	±2	±3
$a_{\mathrm{k,AP}}$	1	0	0	0
$a_{\mathrm{k,TPo}}$	0, 4	0, 3	0, 09	–0, 06
$a_{\mathrm{k,TPu}}$	0, 2	0, 19	0, 15	0, 10
$a_{\mathrm{k,BP}}$	0, 2	0, 11	–0, 06	–0, 16
$a_{\mathrm{k,BS}}$	0, 8	–0, 11	0, 06	0, 16

Umwandlung Tiefpaß → Bandsperre

Wird von dem Spektrum eines Allpasses das eines Bandpasses abgezogen, so bleibt das Spektrum einer Bandsperre BS übrig (Bild 6.15). Für die Filterkoeffizienten bedeutet dies

$$a_{k,\mathrm{BS}} = a_{k,\mathrm{AP}} - a_{k,\mathrm{BP}}$$
$$a_{k,\mathrm{BS}} = a_{k,\mathrm{AP}} - a_{k,\mathrm{TP}_o} + a_{k,\mathrm{TP}_u} \,. \qquad (6.44)$$

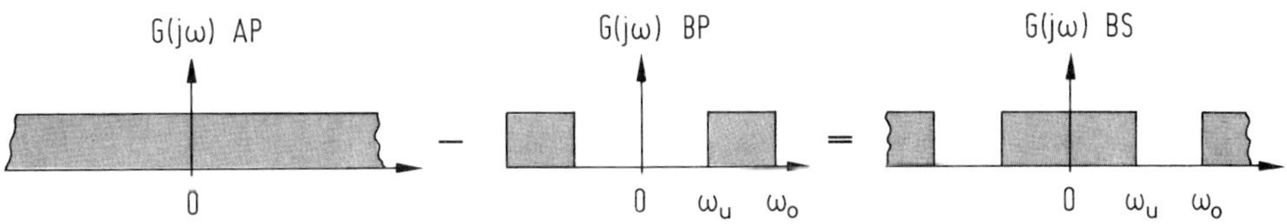

Bild 6.15 Wird von der Übertragungsfunktion eines Allpasses die eines Bandpasses abgezogen, so entsteht die einer Bandsperre

• **Beispiel 6.6.** Die Koeffizienten eines digitalen Bandsperre-Filters sind zu ermitteln für die Daten des Beispiel 6.5. Ausgehend von den schon berechneten Koeffizienten der Tiefpässe wurden die der Bandsperre nach (6.44) bestimmt (Tab. 6.3). Das gesuchte Bandsperre-Filter (Bild 6.16) mit 7 Koeffizienten hat also die Gleichung

$$y_n = 0,16\,x_{n+3} + 0,06\,x_{n+2} - 0,11\,x_{n+1} + 0,80\,x_n - 0,11\,x_{n-1}$$
$$+ 0,06\,x_{n-2} + 0,16\,x_{n-3} \,.$$

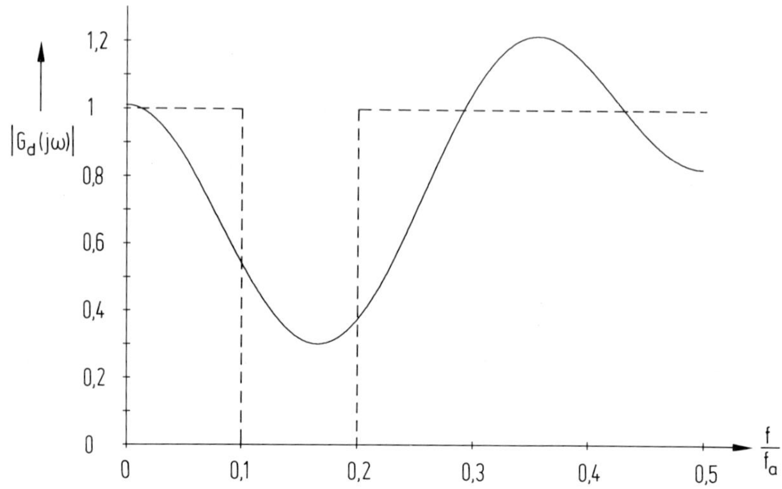

Bild 6.16 Amplitudengang des Bandsperrefilters von Beispiel 6.6 mit $N = 3$, $f_a = 50\,\text{kHz}$, $f_u = 5\,\text{kHz}$ und $f_o = 10\,\text{kHz}$

6.1.6 Nichtrekursives differenzierendes Filter

Bei dem bis jetzt behandelten Filtertyp eines Tiefpasses stammen die Filterkoeffizienten aus einer geraden Funktion mit $a_k = a_{-k}$. Es lassen sich nun auch nichtrekursive Filter mit ungeraden Koeffizienten $a_k = -a_{-k}$ realisieren. Dieses soll am Beispiel eines differenzierenden Filters gezeigt werden.

Auszulegen ist also ein nichtrekursives differenzierendes Filter mit der ungeraden gewünschten Übertragungsfunktion $G_w(j\omega)$

$$G_w(j\omega) = j\omega \tag{6.45}$$

Die gesuchten Koeffizienten $a_k = -a_{-k}$ errechnen sich aus (6.23) zu

$$a_k = -a_{-k} = \frac{T_a}{2\pi}\, 2j \int\limits_0^{\pi/T_a} j\omega \, \sin k\omega T_a \, d\omega \, . \tag{6.46}$$

Für $k = 0$ wird $a_0 = 0$. Für $k \neq 0$ ist (6.46) mit Hilfe der partiellen Integration zu lösen:

$$a_k = -\frac{T_a}{\pi} \int\limits_0^{\pi/T_a} \omega \sin k\omega T_a \, d\omega$$

$$= +\frac{T_a}{\pi}\,\frac{\omega\cos k\omega T_a}{k\,T_a}\Bigg|_0^{\pi/T_a} + \frac{T_a}{\pi}\int\limits_0^{\pi/T_a}\frac{\cos k\omega T_a}{k\,T_a}\,d\omega\,. \tag{6.47}$$

Hier verschwindet das letzte Glied mit der Cosinusfunktion für alle k und es bleibt übrig

$$\boxed{a_k = \frac{\cos k\pi}{k\,T_a} = \frac{(-1)^k}{k\,T_a}\,.} \tag{6.48}$$

Die ersten Koeffizienten des gesuchten differenzierenden Filters errechen sich also zu

$$\begin{aligned} a_1 &= \frac{(-1)^1}{T_a} = -\frac{1}{T_a}\,; & a_{-1} &= \frac{1}{T_a} \\ a_2 &= \frac{1}{2T_a}\,; & a_{-2} &= -\frac{1}{2T_a} \\ a_3 &= -\frac{1}{3T_a}\,; & a_{-3} &= \frac{1}{3T_a}\,. \end{aligned} \tag{6.49}$$

Damit lautet die Gleichung eines differenzierenden Filters für $N = 3$:

$$y_n = \frac{1}{T_a}\left(\frac{1}{3}\,x_{n+3} - \frac{1}{2}\,x_{n+2} + x_{n+1} - x_{n-1} + \frac{1}{2}\,x_{n-2} - \frac{1}{3}\,x_{n-3}\right)\,. \tag{6.50}$$

Die zugehörige Übertragungsfunktion ist

$$\begin{aligned} G_d(j\omega) &= -2j\sum_{k=1}^{3} a_k\,\sin k\omega T_a \\ &= -\frac{2j}{T_a}\left(-\sin\omega T_a + \frac{1}{2}\sin 2\omega T_a - \frac{1}{3}\sin 3\omega T_a\right)\,. \end{aligned} \tag{6.51}$$

Die Übertragungsfunktion zeigt eine Welligkeit, welche bei Glättung durch eine Fensterfunktion auf Kosten der Filtersteilheit verschwindet (Bild 6.17).

Die Übertragungsfunktion des realisierten Filters $G_d(j\omega)$ hat ebenso wie die des gewünschten Filters $G_w(j\omega)$ die Einheit s^{-1}. Um bei der Berechnung von Übertragungsfunktionen und Frequenzgängen diese Einheit nicht immer berücksichtigen zu müssen, wird oft für die Diskussion des Frequenzverhaltens das Verhältnis $G_d(j\omega)/G_w(j\omega)$ aufgetragen. Dies ist auch im Bild 6.18 geschehen.

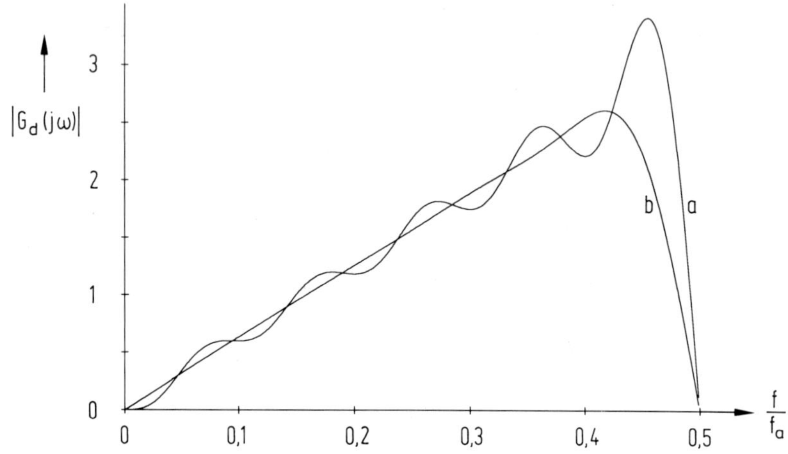

Bild 6.17 Amplitudengang eines differenzierenden Filters mit Koeffizienten nach Gl. (6.48) für $N = 10$;
Kurve a: Rechteckfenster, nicht geglättet
Kurve b: geglättet mit einem von-Hann-Fenster

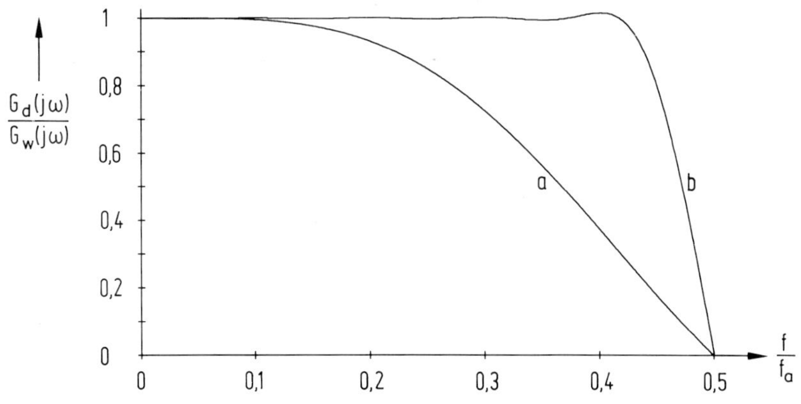

Bild 6.18 Normierte Übertragungsfunktionen differenzierender Filter
Kurve a: Filter nach Gl. (6.53)
Kurve b: Filter nach Kurve b von Bild 6.17

• **Beispiel 6.7.** Der differenzierende Algorithmus von Gleichung (4.17) führt zu dem Filter

$$y_n = \frac{1}{12\,T_a}\Big(-x_{n+2} + 8\,x_{n+1} - 8\,x_{n-1} + x_{n-2}\Big) \tag{6.52}$$

mit den Koeffizienten

$$a_0 = 0, \quad a_1 = -\frac{8}{12\,T_a}, \quad a_{-1} = \frac{8}{12\,T_a}, \quad a_2 = \frac{1}{12\,T_a}, \quad a_{-2} = -\frac{1}{12\,T_a}.$$

Die zugehörige Übertragungsfunktion

$$G_d(j\omega) = -2j\left(-\frac{8}{12\,T_a}\sin\omega T_a + \frac{1}{12\,T_a}\sin 2\omega T_a\right) \tag{6.53}$$

ist in Bild 6.18 auf $G_w(j\omega) = j\omega$ bezogen eingetragen. Es zeigt sich, daß für kleine Werte von ωT_a, das heißt, solange $\sin\omega T_a$ durch ωT_a angenähert werden kann, die Funktion des Differenzierens erfüllt wird:

$$\begin{aligned} G_d(j\omega) &\approx -2j\left(-\frac{8}{12\,T_a}\,\omega T_a + \frac{1}{12\,T_a}\,2\omega T_a\right) \\ &\approx j\omega \qquad \text{für} \quad \omega T_a \ll 1\,. \end{aligned} \tag{6.54}$$

6.2 z-Transformation

Kontinuierliche Zeitsignale können mit Hilfe der Fourier-Transformation im Spektralbereich untersucht werden. Die entsprechende Funktionaltransformation für diskrete Zeitsignale ist die z-Transformation, die die Diskrete Fourier-Transformation als Spezialfall enthält. Bisher wurde von der z-Transformation noch kein Gebrauch gemacht. Sie wird jetzt eingeführt, da sie im nächsten Abschnitt die Behandlung der rekursiven Filter erleichtert.

Definition

Die z-Transformation ordnet dem diskreten Zeitsignal $x(nT_a) = x_n$ nach der Beziehung

$$\boxed{\widehat{X}(z) = \sum_{n=-\infty}^{+\infty} x_n\, z^{-n}} \tag{6.60}$$

die Funktion $\widehat{X}(z)$ der komplexen Variablen z zu. Die gesamte komplexe z-Ebene ist der Definitionsbereich für die Variable z. Die z-Transformierte $\widehat{X}(z)$ unterscheidet sich von der Fourier-Transformierten $X(j\omega)$ und auch von der Diskreten Fourier-Transformierten $X_d(j\omega)$

$$\widehat{X}(z) \neq X(j\omega) \neq X_d(j\omega)\,. \tag{6.61}$$

Sind die Werte x_n null für $n < 0$, so genügt die einseitige z-Transformation.

Die Summierung läuft von null bis unendlich

$$\widehat{X}(z) = \sum_{n=0}^{\infty} x_n z^{-n}. \tag{6.62}$$

Die z-Transformierte hat folgende Eigenschaften:

- $\widehat{X}(z)$ ist ein Polynom von z.
- Der Faktor z^{-n} separiert die Funktionswerte voneinander.
- Der Faktor z^{-n} beinhaltet eine Verzögerung um nT_a von $t = 0$ aus gerechnet.
- Die Gleichung

  $$z = e^{j\omega T_a}$$

  beschreibt den Einheitskreis in der z-Ebene. Für dieses Argument von z ist die z-Transformierte identisch mit der Diskreten Fourier-Transformierten DFT

  $$\widehat{X}\left(z = e^{j\omega T_a}\right) = X_d(j\omega). \tag{6.63}$$

Anwendung auf nichtrekursive Filter

Die z-Transformierte $\widehat{Y}(z)$ des Filter-Ausgangssignals von Bild 6.1 ergibt sich nach (6.60) zu

$$\begin{aligned}\widehat{Y}(z) &= \sum_{n=-\infty}^{\infty} y_n z^{-n} \\ &= \sum_{n=-\infty}^{\infty} \left(\sum_{k=-N}^{N} a_k x_{n-k} \right) z^{-n} \\ &= \sum_{k=-N}^{N} a_k z^{-k} \sum_{n=-\infty}^{\infty} x_{n-k} z^{-(n-k)}.\end{aligned} \tag{6.64}$$

Indem die Differenz $n-k$ durch m ausgedrückt wird und die Filterkoeffizienten a_k zu null definiert werden für $|k| > N$, lassen sich die Summationsgrenzen erweitern und die letzte Gleichung geht über in

$$\widehat{Y}(z) = \sum_{k=-\infty}^{\infty} a_k z^{-k} \sum_{m=-\infty}^{\infty} x_m z^{-m} \tag{6.65}$$

Auf der rechten Seite steht das Produkt aus der z-Transformierten $\widehat{A}(z)$ der Filterkoeffizienten und der z-Transformierten $\widehat{X}(z)$ der Eingangswerte:

$$\boxed{\widehat{Y}(z) = \widehat{A}(z) \cdot \widehat{X}(z)\,.} \tag{6.66}$$

Diese Gleichung erlaubt die Übertragungsfunktion $\widehat{G}(z)$ des Filters in der z-Ebene zu bestimmen

$$\boxed{\widehat{G}(z) = \frac{\widehat{Y}(z)}{\widehat{X}(z)} = \widehat{A}(z)\,.} \tag{6.67}$$

Die Übertragungsfunktion $\widehat{G}(z)$ läßt sich also ermitteln

- entweder aus dem Verhältnis der z-Transformierten von Eingangs- und Ausgangssignal (das Filter wird als schwarzer Kasten betrachtet)

$$\widehat{G}(z) = \frac{\widehat{Y}(z)}{\widehat{X}(z)}\,, \tag{6.68}$$

- oder bei bekannten Filterkoeffizienten aus der z-Transformierten dieser Koeffizienten

$$\widehat{G}(z) = \widehat{A}(z) = \sum_{k=-\infty}^{\infty} a_k\, z^{-k}\,. \tag{6.69}$$

Für $z = e^{j\omega T_a}$ liefert (6.69) mit

$$\widehat{G}\left(z = e^{j\omega T_a}\right) = \widehat{A}\left(z = e^{j\omega T_a}\right) = \sum_{k=-\infty}^{\infty} a_k\; e^{-j\omega k T_a}$$

dasselbe Ergebnis wie (6.8), womit sich die obige Aussage (6.63) bestätigt.

- **Beispiel 6.8.** Die Übertragungsfunktion $\widehat{G}(z)$ des mittelnden Filters

$$y_n = \frac{1}{3}\, x_{n+1} + \frac{1}{3}\, x_n + \frac{1}{3}\, x_{n-1}$$

ist nach (6.69)

$$\widehat{G}(z) = \sum_{k=-1}^{1} a_k\, z^{-k} = \frac{1}{3}\,\left(z^1 + z^0 + z^{-1}\right) = \frac{1}{3}\,\left(z + 1 + \frac{1}{z}\right)\,.$$

Blockschaltbild

Bei der z-Transformation bringt der Faktor z^{-1} eine Verzögerung des Signals um ein Abtastintervall T_a zum Ausdruck. Diese Tatsache führt zu dem Blockschaltbild von Bild 6.19. Die Eingangswerte werden von x_{n+N} ausgehend um je ein Abtastintervall T_a verzögert bis zum ältesten Wert x_{n-N} . Jeder Wert wird mit dem zugehörigen Filterkoeffizienten a_k multipliziert. Die Produkte werden addiert, um den Ausgangswert y_n zu erzeugen.

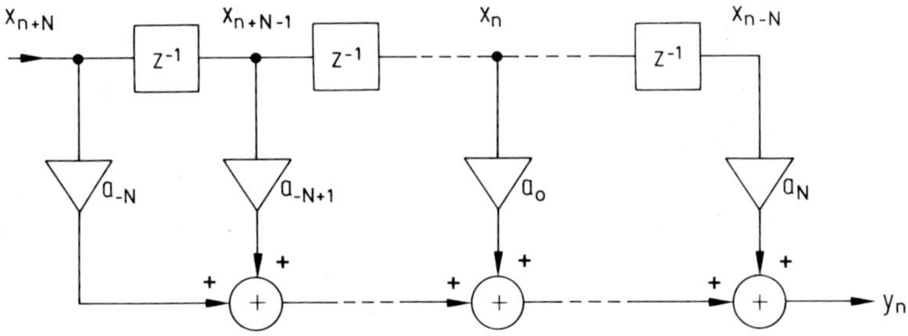

Bild 6.19 Blockschaltbild eines nichtrekursiven Filters

6.3 Rekursive Filter

6.3.1 Algorithmus

Bei einem rekursiven Filter gehen zusätzlich zu den Werten des Eingangssignals auch zurückliegende Werte des Ausgangssignals in das neue aktuelle Ausgangssignal ein. Bei einer Beschränkung auf

- den augenblicklichen Eingangswert x_n und auf zurückliegende Eingangswerte x_{n-k} ,
- die Rückführung von nur vergangenen Ausgangswerten y_{n-k} ,
- eine endliche Anzahl von Koeffizienten

lautet der entsprechende Algorithmus

$$y_n = \sum_{k=0}^{N} a_k \, x_{n-k} - \sum_{k=1}^{M} b_k \, y_{n-k} \, . \tag{6.70}$$

Indem noch dem Ausgangswert y_n der Koeffizient $b_0 = 1$ zugeordnet wird, entsteht daraus

$$y_n = b_0\,y_n = \sum_{k=0}^{N} a_k\,x_{n-k} - \sum_{k=1}^{M} b_k\,y_{n-k} \qquad (6.71)$$

$$\boxed{\sum_{k=0}^{M} b_k\,y_{n-k} = \sum_{k=0}^{N} a_k\,x_{n-k}\,.} \qquad (6.72)$$

Die größere der beiden Zahlen M und N bezeichnet die Ordnung des Filters.

Die Gleichung (6.71) liefert für das rekursive Filter das Blockschaltbild von Bild 6.20. Dazu ist das Bild 6.19 lediglich um die rückgeführten Signale ergänzt. Die Filterkoeffizienten a_k laufen wegen des Ausschlusses zukünftiger Werte jetzt von a_0 bis a_N und nicht mehr von a_{-N} bis a_N .

Wegen der Rückführung des Ausgangssignals sind Instabilitäten vom Prinzip her möglich.

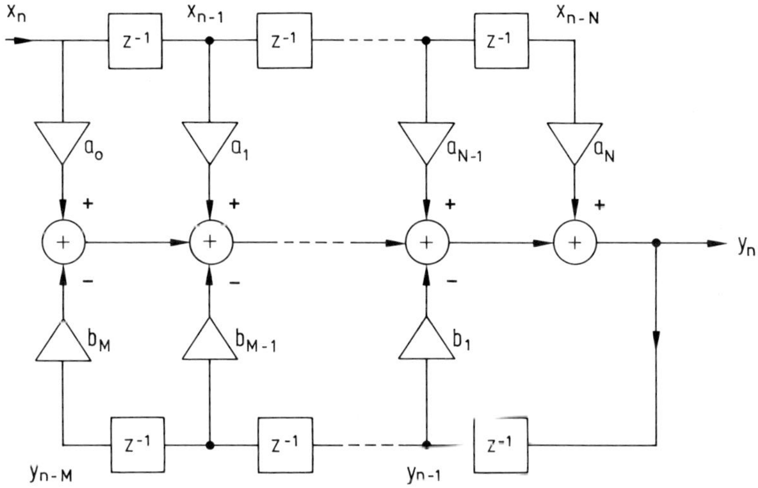

Bild 6.20 Blockschaltbild eines rekursiven Filters

Die Struktur von Bild 6.20 benötigt $N+M$ Verzögerungsglieder und $N+M+1$ Multiplizierer. Dieser Aufwand läßt sich noch reduzieren oder auch vergrößern. So sind in der Praxis noch andere Schaltungen wie in Bild 6.20 gebräuchlich.

6.3.2 Impulsantwort

Ein digitales rekursives Filter mit der Differenzengleichung

$$y_n = x_n + 0,5\, y_{n-1} \tag{6.73}$$

werde durch einen Einheitsimpuls

$$x_n = x_0 = 1 \qquad \text{für} \quad n = 0$$

$$x_n = 0 \qquad \text{für} \quad n \neq 0$$

stimuliert. Vor dem Auftreten des Einheitsimpulses war das Filter nicht angeregt und das Ausgangssignal war null, $y_{n-1} = 0$. Damit entstehen bei einer Anregung mit dem Einheitsimpuls die folgenden Ausgangssignale (Bild 6.21):

$$n = 0: \quad x_0 = 1; \quad y_0 = x_0 + 0,5\, y_{0-1} = x_0$$

$$n = 1: \quad x_1 = 0; \quad y_1 = x_1 + 0,5\, y_0 = 0,5\, x_0$$

$$n = 2: \quad x_2 = 0; \quad y_2 = x_2 + 0,5\, y_1 = 0,5 \cdot 0,5\, x_0$$

$$\vdots$$

$$n = k: \quad x_k = 0; \quad y_k = x_k + 0,5\, y_{k-1} = (0,5)^k\, x_0\,.$$

Das Ausgangssignal y_k zum Zeitpunkt kT_a ist also immer noch durch das zum Zeitpunkt $t = 0$ wirksam gewesene Eingangssignal x_0 beeinflußt. Theoretisch kann das Ausgangssignal nie verschwinden. Das rekursive Filter hat ein Gedächtnis. Es hat die unendliche Impulsantwort

$$y(kT_a) = (0,5)^k x_0.$$

Es ist ein infinite impulse response Filter, ein IIR-Filter.

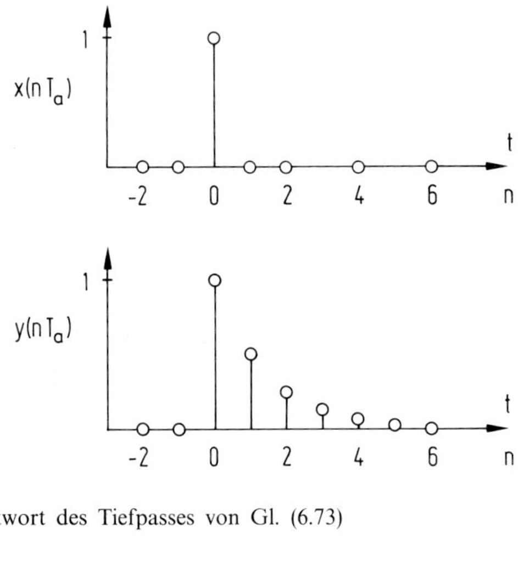

Bild 6.21 Impulsantwort des Tiefpasses von Gl. (6.73)

6.3.3 Übertragungsfunktion

Die Operation der z-Transformation wird jetzt auf (6.72) angewendet. Dadurch entsteht

$$\sum_{n=-\infty}^{\infty}\left(\sum_{k=0}^{M} b_k\, y_{n-k}\right) z^{-n} = \sum_{n=-\infty}^{\infty}\left(\sum_{k=0}^{N} a_k\, x_{n-k}\right) z^{-n}\,. \tag{6.74}$$

Wir definieren nun

$$a_k = 0 \quad \text{für} \quad k < 0 \quad \text{und} \quad k > N$$

$$b_k = 0 \quad \text{für} \quad k < 0 \quad \text{und} \quad k > M$$

und können somit die Summationsgrenzen erweitern:

$$\sum_{n=-\infty}^{\infty}\left(\sum_{k=-\infty}^{\infty} b_k\, y_{n-k}\right) z^{-n} = \sum_{n=-\infty}^{\infty}\left(\sum_{k=-\infty}^{\infty} a_k\, x_{n-k}\right) z^{-n}. \tag{6.75}$$

Nun werden die Summenzeichen vertauscht und die Potenzen von z aufgeteilt,

$$\sum_{k=-\infty}^{\infty} b_k\, z^{-k} \sum_{n=-\infty}^{\infty} y_{n-k}\, z^{-(n-k)} = \sum_{k=-\infty}^{\infty} a_k\, z^{-k} \sum_{n=-\infty}^{\infty} x_{n-k}\, z^{-(n-k)}\,. \tag{6.76}$$

Wird jetzt noch die Differenz $n-k$ durch m ausgedrückt, so wird besonders deutlich, daß in (6.76) links und rechts je zwei z-Transformierte stehen:

$$\sum_{k=-\infty}^{\infty} b_k\, z^{-k} \sum_{m=-\infty}^{\infty} y_m\, z^{-m} = \sum_{k=-\infty}^{\infty} a_k\, z^{-k} \sum_{m=-\infty}^{\infty} x_m\, z^{-m} \tag{6.77}$$

$$\boxed{\widehat{B}(z)\,\widehat{Y}(z) = \widehat{A}(z)\,\widehat{X}(z)\,.} \tag{6.78}$$

Die Übertragungsfunktion $\widehat{G}(z)$ errechnet sich damit

– entweder aus den z-Transformierten von Aus- und Eingangssignal

$$\boxed{\widehat{G}(z) = \frac{\widehat{Y}(z)}{\widehat{X}(z)}\,,} \tag{6.79}$$

– oder aus den z-Transformierten der Filterkoeffizienten

$$\boxed{\widehat{G}(z) = \frac{\widehat{A}(z)}{\widehat{B}(z)}\,.} \tag{6.80}$$

Für $z = e^{j\omega T_a}$ ergibt sich die periodische Übertragungsfunktion $G_d(j\omega)$

$$\widehat{G}\left(z = e^{j\omega T_a}\right) = G_d(j\omega) = \frac{Y_d(j\omega)}{X_d(j\omega)} = \frac{A_d(j\omega)}{B_d(j\omega)} . \tag{6.81}$$

Für ein nichtrekursives Filter mit $b_0 = 1$, $b_n = 0$ für $n \neq 0$ ist $\widehat{B}(z) = 1$ und (6.81) liefert mit

$$G_d(j\omega) = A_d(j\omega)$$

das schon von (6.10) her bekannte Ergebnis. Die nichtrekursiven Filter bilden eine Untermenge der rekursiven.

• **Beispiel 6.9.** Nach den vorausgegangenen Überlegungen soll nun die Übertragungsfunktion eines rekursiven Tiefpasses 1. Ordnung berechnet werden. Gegeben ist das rekursive Filter mit

$$b_0\, y_n + b_1\, y_{n-1} = a_0\, x_n \tag{6.82}$$

Unter Berücksichtigung von $b_0 = 1$ ergibt sich die Übertragungsfunktion $\widehat{G}(z)$ im z-Bereich zu

$$\widehat{G}(z) = \frac{\widehat{A}(z)}{\widehat{B}(z)} = \frac{a_0}{b_0 + b_1\, z^{-1}} = \frac{a_0}{1 + \dfrac{b_1}{z}} . \tag{6.83}$$

Um zur Übertragungsfunktion $G_d(j\omega)$ zu kommen, wird gesetzt

$$z = e^{j\omega T_a}$$

$$z^{-1} = e^{-j\omega T_a} = \cos\omega T_a - j \sin\omega T_a .$$

Damit geht (6.83) über in

$$\widehat{G}\left(z = e^{j\omega T_a}\right) = G_d(j\omega) = \frac{a_0}{1 + b_1\, \cos\omega T_a - j\, b_1\, \sin\omega T_a} .$$

Um den Betrag der Übertragungsfunktion zu berechnen, werden zunächst Zähler und Nenner mit dem konjugiert Komplexen des Nenners multipliziert. Anschließend lassen sich der Real- und Imaginärteil der Übertragungsfunktion angeben. Diese werden quadriert und addiert. Indem dann von der Summe noch die Wurzel gezogen wird, wird erhalten

$$|G_d(j\omega)| = \frac{a_0}{\sqrt{1 + b_1^2 + 2\, b_1\, \cos\omega T_a}} .$$

Für den Tiefpaß mit

$$a_0 = 1\,; \qquad b_1 = -0,5$$

ergibt sich der Betrag des Frequenzgangs zu

$$|G_d(j\omega)| = \frac{1}{\sqrt{1 + 0,25 - \cos\omega T_a}}. \tag{6.84}$$

Er ist periodisch mit $\omega = 2\pi/T_a$ (Bild 6.22). Die Maxima liegen bei $\cos\omega T_a = 1$ mit $\omega T_a = n \cdot 2\pi$, die Minima bei $\cos\omega T_a = -1$ mit $\omega T_a = (2n+1)\pi$.

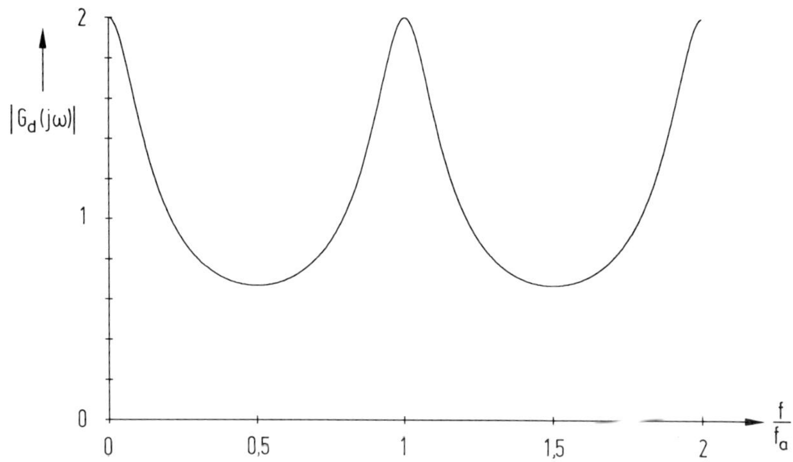

Bild 6.22 Amplitudengang des rekursiven Filters 1. Ordnung von Gl. (6.84)

6.3.4 Filtertypen

Rekursive Filter lassen sich mit unterschiedlichen Eigenschaften realisieren. Von Interesse sind z.B.

- die Welligkeit im Durchlaßbereich,
- die Welligkeit im Sperrbereich,
- die Steilheit beim Übergang vom Durchlaß- zum Sperrbereich,
- die Eignung zur Impulsübertragung.

Es gibt nun kein Filter, das in allen angesprochenen Punkten das beste wäre. Vielmehr sind für unterschiedliche Aufgaben auch die Filter unterschiedlich auszulegen. So sind z. B. die folgenden Typen gebräuchlich:

Butterworth-Tiefpaß; Potenz-Tiefpaß

Der Butterworth-Tiefpaß ist optimiert auf einen maximal flachen Amplitudengang im Durchlaßbereich. Überschwinger treten nicht auf. Die Steilheit nimmt mit der Ordnung N des Filters zu. Die Sprungantwort schwingt merklich über. Das Butterworth-Filter kann Impulse nicht formgetreu übertragen (Bild 6.23).

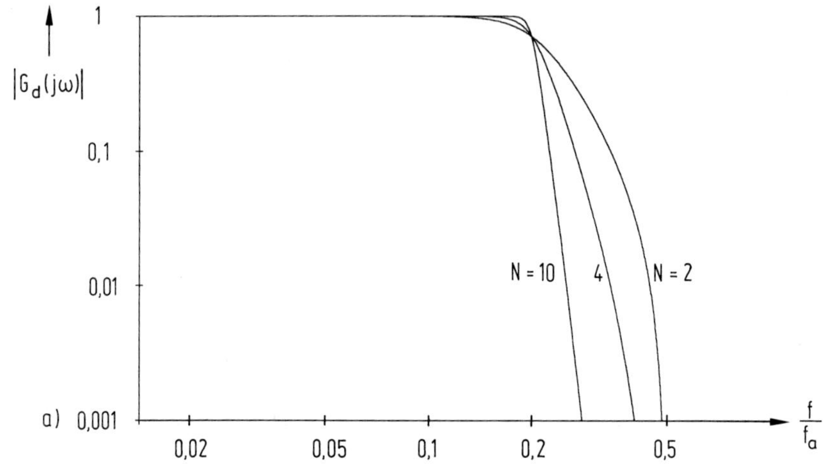

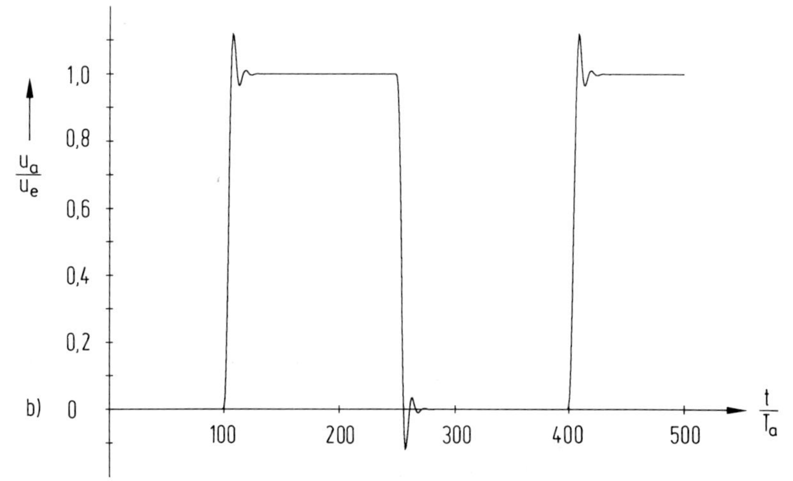

Bild 6.23 Butterworth-Tiefpässe der Ordnung N für $f_a = 5f_g$; Amplitudengang (a) und Impulswiedergabe (b)

Bessel-Tiefpaß

Beim Bessel-Tiefpaß ist die Phasenverschiebung der einzelnen Frequenzen proportional zur Frequenz. Die Gruppenlaufzeit ist konstant. Damit hat das Bessel-Filter das beste Rechteck-Übertragungsverhalten (Bild 6.24). Der Amplitudengang fällt weniger steil ab als beim Butterworth-Filter.

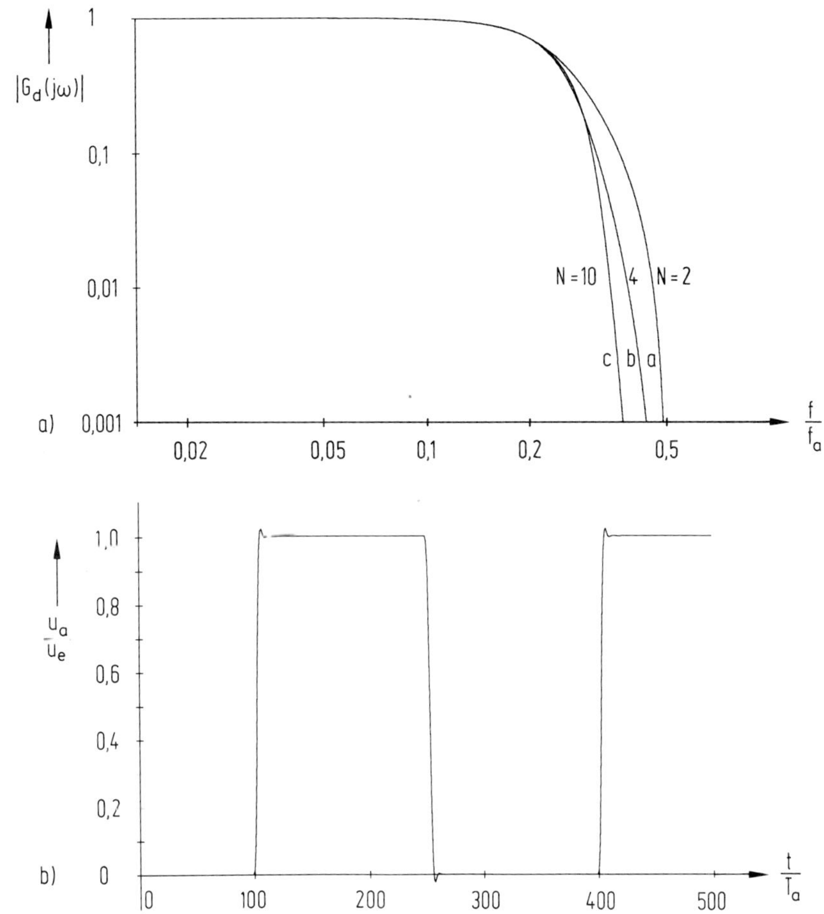

Bild 6.24 Bessel-Tiefpässe der Ordnung N für $f_a = 5f_g$; Amplitudengang (a) und Impulswiedergabe (b)

Tschebyscheff-Tiefpaß

Der Tschebyscheff-Tiefpaß hat entweder im Durchlaßbereich (Typ 1) oder im Sperrbereich (Typ 2) eine Welligkeit mit definierter maximaler Amplitude (Bild 6.25). Der Übergang vom Durchlaß- zum Sperrbereich erfolgt steiler als bei den erstgenannten Filtern. Die Sprungantwort schwingt stark über.

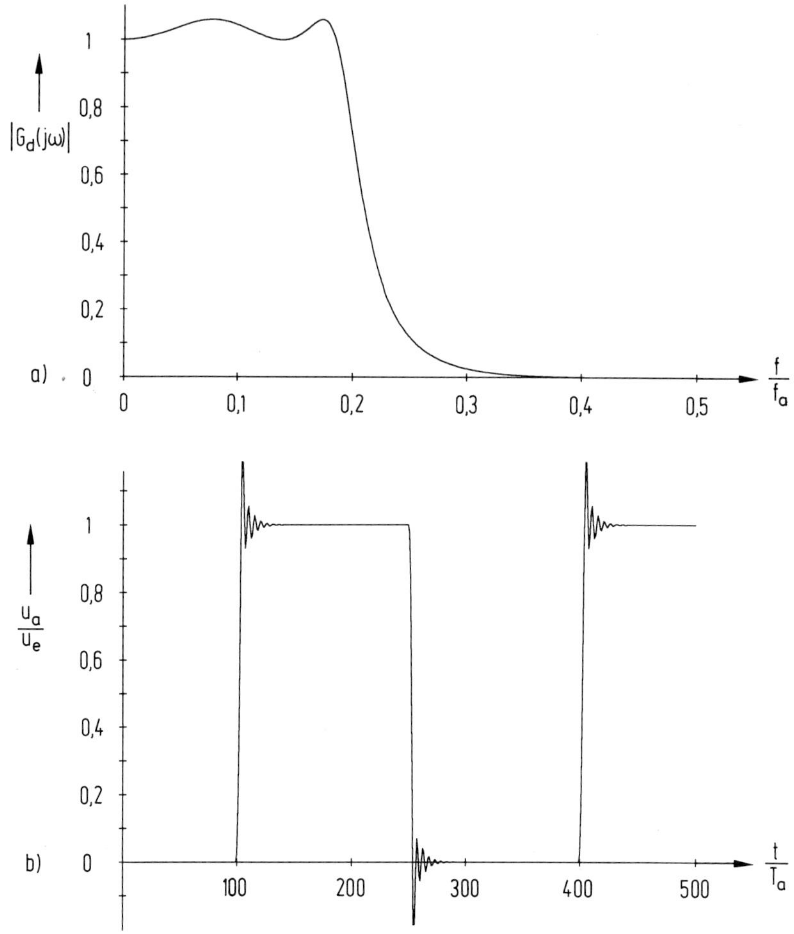

Bild 6.25 Tschebyscheff-Tiefpaß 4. Ordnung (Typ 1) mit einer Welligkeit von 6 % (0,5 dB) für $f_a = 5f_g$;
Amplitudengang (a) und Impulswiedergabe (b)

Cauer-Tiefpaß

Der Amplitudengang des Cauer-Tiefpasses hat eine Welligkeit sowohl im Durchlaß- als auch Sperrbereich (Bild 6.26). Dies ist der Preis für die große Flankensteilheit des Filters. Um ein gegebenes Toleranzschema einzuhalten, kann die Ordnung eines Cauer-Filters im allgemeinen niedriger bleiben, als die der anderen Filtertypen. Für die Impulswiedergabe ist das Cauer-Filter nicht geeignet.

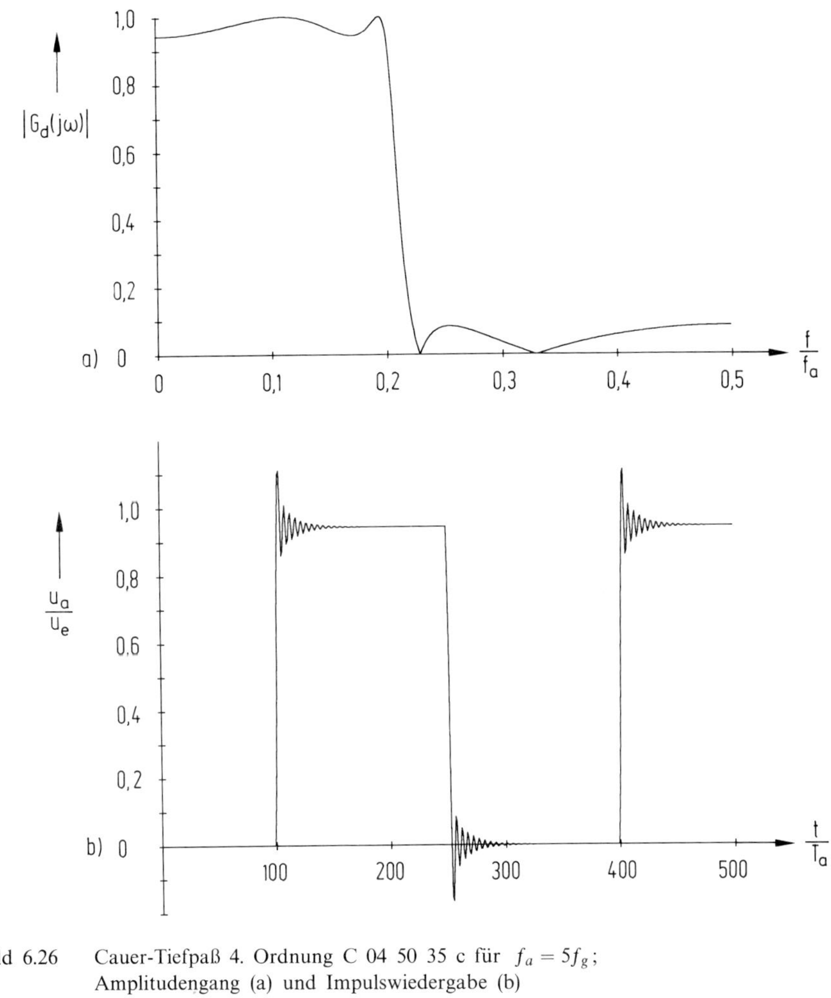

Bild 6.26 Cauer-Tiefpaß 4. Ordnung C 04 50 35 c für $f_a = 5f_g$; Amplitudengang (a) und Impulswiedergabe (b)

6.3.5 Filterkatalog für rekursive Filter

Bei der Synthese eines rekursiven digitalen Filters wird gewöhnlich von der eines entsprechenden analogen Filters ausgegangen. Bei einem vorgegebenen Toleranzschema wird für das analoge Filter die Übertragungsfunktion bestimmt. Diese wird über die bilineare Transformation auf die z-Ebene abgebildet. Damit ist die Übertragungsfunktion in der z-Ebene bekannt und die Koeffizienten des digitalen Filters lassen sich ermitteln.

Dieser Weg ist beschwerlich für den, der nur hin und wieder ein digitales Filter benötigt und nicht dauernd mit der Auslegung von Filtern beschäftigt ist. So soll hier die Gewinnung eines digitalen rekursiven Filters erleichtert werden. Die auf der analogen Seite des Filterentwurfs notwendig gewesenen Überlegungen werden im folgenden nicht behandelt. Nur die Ergebnisse dieser Überlegungen werden in Form von Tabellen mitgeteilt, die die Koeffizienten von Prototyp-Tiefpässen enthalten. Aus diesen Tabellen läßt sich ein Filter auswählen. Dessen Übertragungsfunktion ist rechnergestützt zu ermitteln und zu betrachten. Zu prüfen ist, ob das Filter den Anforderungen entspricht. Sollte dies nicht der Fall sein, so können iterativ weitere Filter einer anderen Ordnung oder eines anderen Typs so lange „ausprobiert“ werden, bis im Rahmen des Filterkatalogs das bestmögliche Filter gefunden ist.

Prototyp-Tiefpässe

Es würde nun zu weit führen, wenn für alle möglichen Abtast- und Grenzfrequenzen die Filterkoeffizienten angegeben werden sollten. So ist dies in den Tabellen 6.4 bis 6.7 nur für sogenannte Prototyp-Tiefpässe geschehen. Diese lassen sich dann mit Hilfe der Frequenz-Transformation den konkreten Betriebsbedingungen anpassen.

Die zum Prototyp gehörenden Größen sind durch einen hochgestellten Stern gekennzeichnet. Die Abtastfrequenz f_a^* ist immer 4 mal so groß wie die Grenzfrequenz f_g^*,

$$f_a^* = 4 f_g^* \,. \tag{6.88}$$

Die Filter sind normiert mit

$$b_0^* = 1 \,.$$

Die Übertragungsfunktion des Prototyp-Tiefpasses wird für den z^*-Bereich angegeben. Mit Hilfe der Frequenz-Transformation läßt sich dann $\widehat{G}(z^*)$ in $\widehat{G}(z)$ umrechnen.

Tab. 6.4 Koeffizienten für **Butterworth**-Prototyp-Tiefpässe (Gl. 6.91) der Ordnung N; Die Koeffizienten wurden aus denen kontinuierlicher Tiefpässe von /3.21/, 5. Auflage, Tabelle S. 283, berechnet.

N	i	a^*_{0i}	a^*_{1i}	a^*_{2i}	b^*_{1i}	b^*_{2i}
1	1	0,5000	0,5000	0,0000	0,0000	0,0000
2	1	0,2929	0,5858	0,2929	0,0000	0,1716
3	1	0,5000	0,5000	0,0000	0,0000	0,0000
	2	0,3333	0,6667	0,3333	0,0000	0,3333
4	1	0,2599	0,5198	0,2599	0,0000	0,0396
	2	0,3616	0,7232	0,3616	0,0000	0,4464
5	1	0,5000	0,5000	0,0000	0,0000	0,0000
	2	0,2764	0,5528	0,2764	0,0000	0,1056
	3	0,3820	0,7639	0,3820	0,0000	0,5279
6	1	0,2543	0,5087	0,2543	0,0000	0,0173
	2	0,2929	0,5858	0,2929	0,0000	0,1716
	3	0,3972	0,7944	0,3972	0,0000	0,5888
7	1	0,5000	0,5000	0,0000	0,0000	0,0000
	2	0,2630	0,5261	0,2630	0,0000	0,0521
	3	0,3080	0,6160	0,3080	0,0000	0,2319
	4	0,4090	0,8180	0,4090	0,0000	0,6360
8	1	0,2524	0,5048	0,2524	0,0000	0,0097
	2	0,2730	0,5460	0,2730	0,0000	0,0920
	3	0,3214	0,6429	0,3214	0,0000	0,2857
	4	0,4184	0,8368	0,4184	0,0000	0,6735
9	1	0,5000	0,5000	0,0000	0,0000	0,0000
	2	0,2578	0,5155	0,2578	0,0000	0,0311
	3	0,2831	0,5662	0,2831	0,0000	0,1325
	4	0,3333	0,6667	0,3333	0,0000	0,3333
	5	0,4260	0,8520	0,4260	0,0000	0,7041
10	1	0,2515	0,5031	0,2515	0,0000	0,0062
	2	0,2644	0,5288	0,2644	0,0000	0,0576
	3	0,2929	0,5858	0,2929	0,0000	0,1716
	4	0,3439	0,6878	0,3439	0,0000	0,3755
	5	0,4324	0,8647	0,4324	0,0000	0,7294

Tab. 6.5 Koeffizienten für **Bessel**-Prototyp-Tiefpässe (Gl. 6.91) der Ordnung N; Die Koeffizienten wurden aus denen kontinuierlicher Tiefpässe von /3.21/, 5. Auflage, Tabelle S. 282, berechnet.

N	i	a^*_{0i}	a^*_{1i}	a^*_{2i}	b^*_{1i}	b^*_{2i}
1	1	0,5000	0,5000	0,0000	0,0000	0,0000
2	1	0,3356	0,6712	0,3356	0,2564	0,0860
3	1	0,5695	0,5695	0,0000	0,1390	0,0000
	2	0,4037	0,8075	0,4037	0,4222	0,1928
4	1	0,3535	0,7071	0,3535	0,3614	0,0527
	2	0,4623	0,9245	0,4623	0,5649	0,2841
5	1	0,6004	0,6004	0,0000	0,2008	0,0000
	2	0,3917	0,7834	0,3917	0,4600	0,1068
	3	0,5138	1,0277	0,5138	0,6942	0,3612
6	1	0,3831	0,7662	0,3831	0,4684	0,0640
	2	0,4312	0,8624	0,4312	0,5601	0,1647
	3	0,5591	1,1181	0,5591	0,8100	0,4263
7	1	0,6275	0,6275	0,0000	0,2549	0,0000
	2	0,4109	0,8217	0,4109	0,5428	0,1007
	3	0,4692	0,9383	0,4692	0,6558	0,2208
	4	0,5983	1,1967	0,5983	0,9117	0,4816
8	1	0,4120	0,8239	0,4120	0,5634	0,0845
	2	0,4399	0,8798	0,4399	0,6177	0,1419
	3	0,5045	1,0089	0,5045	0,7445	0,2734
	4	0,6323	1,2646	0,6323	1,0007	0,5285
9	1	0,6499	0,6499	0,0000	0,2999	0,0000
	2	0,4333	0,8666	0,4333	0,6210	0,1122
	3	0,4685	0,9369	0,4685	0,6900	0,1839
	4	0,5367	1,0735	0,5367	0,8254	0,3216
	5	0,6618	1,3235	0,6618	1,0782	0,5689
10	1	0,4373	0,8747	0,4373	0,6429	0,1065
	2	0,4557	0,9115	0,4557	0,6792	0,1438
	3	0,4959	0,9918	0,4959	0,7586	0,2249
	4	0,5662	1,1323	0,5662	0,8992	0,3655
	5	0,6874	1,3748	0,6874	1,1459	0,6037

Tab. 6.6 Koeffizienten für **Tschebyscheff**-Prototyp-Tiefpässe (Gl. 6.91) der Ordnung N mit 11 % (1 dB) Welligkeit; Die Koeffizienten wurden aus denen kontinuierlicher Tiefpässe von /3.21/, 5. Auflage, Tabelle S. 283, berechnet.

N	i	a^*_{0i}	a^*_{1i}	a^*_{2i}	b^*_{1i}	b^*_{2i}
1	1	0,5000	0,5000	0,0000	0,0000	0,0000
2	1	0,2595	0,5190	0,2595	–0,2862	0,3242
3	1	0,3110	0,3110	0,0000	–0,3780	0,0000
	2	0,3636	0,7273	0,3636	–0,1496	0,6042
4	1	0,1295	0,2591	0,1295	–0,8109	0,3290
	2	0,4043	0,8085	0,4043	–0,1372	0,7543
5	1	0,2188	0,2188	0,0000	–0,5625	0,0000
	2	0,2166	0,4331	0,2166	–0,6452	0,5114
	3	0,4408	0,8816	0,4408	–0,0718	0,8350
6	1	0,0746	0,1493	0,0746	–1,1276	0,4262
	2	0,2824	0,5647	0,2824	–0,5152	0,6447
	3	0,4533	0,9065	0,4533	–0,0694	0,8825
7	1	0,1680	0,1680	0,0000	–0,6640	0,0000
	2	0,1404	0,2808	0,1404	–0,9798	0,5413
	3	0,3353	0,6707	0,3353	–0,3913	0,7326
	4	0,4682	0,9363	0,4682	–0,0396	0,9123
8	1	0,0479	0,0959	0,0479	–1,3192	0,5109
	2	0,2027	0,4053	0,2027	–0,8279	0,6386
	3	0,3685	0,7369	0,3685	–0,3194	0,7932
	4	0,4728	0,9457	0,4728	–0,0409	0,9322
9	1	0,1362	0,1362	0,0000	–0,7276	0,0000
	2	0,0971	0,1942	0,0971	–1,1987	0,5872
	3	0,2571	0,5141	0,2571	–0,6826	0,7109
	4	0,3962	0,7923	0,3962	–0,2509	0,8355
	5	0,4803	0,9606	0,4803	–0,0248	0,9460
10	1	0,0332	0,0664	0,0332	–1,4445	0,5773
	2	0,1502	0,3005	0,1502	–1,0566	0,6575
	3	0,2976	0,5952	0,2976	–0,5752	0,7656
	4	0,4135	0,8270	0,4135	–0,2124	0,8664
	5	0,4823	0,9647	0,4823	–0,0267	0,9561

Tab. 6.7 Koeffizienten für **Cauer**-Prototyp-Tiefpässe (Gl. 6.91) mit einer Welligkeit von 15 % (1,25 dB); Die Koeffizienten wurden aus denen kontinuierlicher Tiefpässe von /3.18/ berechnet.

N	i	a^*_{0i}	a^*_{1i}	a^*_{2i}	b^*_{1i}	b^*_{2i}	Typ
3	1	0,3306	0,3306	0,0000	–0,3389	0,0000	C 03 50 30
		0,4898	0,6612	0,4898	–0,0219	0,6627	
4	1	0,1851	0,2397	0,1851	–0,5678	0,1778	C 04 50 35 c
	2	0,4347	0,8693	0,4347	–0,0215	0,7602	
5	1	0,2233	0,2233	0,0000	–0,5535	0,0000	C 05 50 30
	2	0,2656	0,4394	0,2656	–0,5754	0,5461	
	3	0,5674	0,7118	0,5674	–0,0184	0,8651	
6	1	0,1059	0,1434	0,1059	–0,9245	0,2796	C 06 50 40 c
	2	0,4125	0,3973	0,4125	–0,4352	0,6575	
	3	0,4730	0,9459	0,4730	–0,0132	0,9050	
7	1	0,1836	0,1836	0,0000	–0,6329	0,0000	C 07 50 45
	2	0,1991	0,3112	0,1991	–0,8518	0,5612	
	3	0,5602	0,3912	0,5602	–0,2819	0,7935	
	4	0,6504	0,6331	0,6504	–0,0085	0,9423	
8	1	0,0772	0,1021	0,0772	–1,0950	0,3514	C 08 50 50 c
	2	0,3694	0,2183	0,3694	–0,6909	0,6479	
	3	0,5788	0,4678	0,5788	–0,2177	0,8431	
	4	0,4874	0,9748	0,4874	–0,0066	0,9562	
9	1	0,1689	0,1689	0,0000	–0,6621	0,0000	C 09 50 60
	2	0,1769	0,2607	0,1769	–0,9632	0,5776	
	3	0,5580	0,2404	0,5580	–0,4290	0,7855	
	4	0,7770	0,2331	0,7770	–0,1234	0,9105	
	5	0,7084	0,5556	0,7084	–0,0036	0,9760	
10	1	0,0742	0,0869	0,0742	–1,1360	0,3713	C 10 50 60 c
	2	0,3808	0,1226	0,3808	–0,7723	0,6566	
	3	0,6821	0,1540	0,6821	–0,3220	0,8401	
	4	0,7126	0,4184	0,7126	–0,0909	0,9344	
	5	0,4950	0,9899	0,4950	–0,0026	0,9825	

Kaskadierung

Ein Prototyp-Tiefpaß 2.Ordnung mit der Gleichung

$$b_0^* \, y_n + b_1^* \, y_{n-1} + b_2 \, y_{n-2} = a_0^* \, x_n + a_1^* \, x_{n-1} + a_2^* \, x_{n-2} \tag{6.89}$$

hat die Übertragungsfunktion

$$\widehat{G}(z^*) = \frac{a_0^* + a_1^* \, z^{*\,-1} + a_2^* \, z^{*\,-2}}{b_0^* + b_1^* \, z^{*\,-1} + b_2^* \, z^{*\,-2}} \, . \tag{6.90}$$

Tiefpässe höherer Ordung werden durch hintereinander geschaltete Tiefpässe 1. oder 2. Ordnung realisiert. Die Teilfilter haben dabei andere Grenzfrequenzen als das Gesamtfilter. Um die vorgegebene Grenzfrequenz f_g^* des Gesamtfilters einzuhalten, müssen die Teilfilter in Abhängigkeit von der Zahl der hintereinander zu schaltenden Filter unterschiedlich ausgelegt werden.

Um die Teilfilter unterscheiden zu können, sind die Koeffizienten mit einem zweiten Index i versehen. Dieser gibt die Nummer des jeweiligen Teilfilters an. Liegen insgesamt P Teilfilter in Reihe, so ergibt sich die Übertragungsfunktion des Gesamtfilters als Produkt der Übertragungsfunktionen der Teilfilter zu

$$\boxed{\widehat{G}(z^*) = \prod_{i=1}^{P} \frac{a_{0i}^* + a_{1i}^* \, z^{*\,-1} + a_{2i}^* \, z^{*\,-2}}{b_{0i}^* + b_{1i}^* \, z^{*\,-1} + b_{2i}^* \, z^{*\,-2}} \, .} \tag{6.91}$$

Frequenztransformation

Vom Prototyp-Tiefpaß ausgehend lassen sich mit Hilfe der Frequenztransformation andere Tiefpässe und auch andere Filtertypen ableiten. Bei einem derartigen Übergang

Prototyp-Tiefpaß	→	Tiefpaß
Prototyp-Tiefpaß	→	Hochpaß
Prototyp-Tiefpaß	→	Bandpaß
Prototyp-Tiefpaß	→	Bandsperre

sind die z^*-Ebene und die z-Ebene aufeinander abzubilden. Dabei muß eine rationale Funktion von z in eine rationale Funktion von z^* übergehen. Der Einheitskreis auf der z-Ebene wird der Einheitskreis auf der z^*-Ebene und zur Erhaltung der Stabilität muß das Innere des Einheitskreises der z-Ebene auf das Innere des Einheitskreises der z^*-Ebene abgebildet werden. Die Algorithmen, die die Beziehungen zwischen den Variablen z und z^* definieren, sind in Tabelle 6.8 angegeben /3.1/.

Mit der Kenntnis der Koeffizienten des Prototyp-Tiefpasses und den Gleichungen der Frequenztransformation sind dann bei der Auslegung eines speziellen Tiefpasses, Hochpasses, Bandpasses oder einer Bandsperre die folgenden Schritte notwendig:

Tab. 6.8 Frequenztransformationen für digitale Filter /3.1/

Tiefpaß → Tiefpaß	$z^{*-1} = \dfrac{z^{-1} - d}{1 - d z^{-1}}$ $d = \dfrac{\sin(\pi f_g^*/f_a^* - \pi f_g/f_a)}{\sin(\pi f_g^*/f_a^* + \pi f_g/f_a)}$	(6.92)
Tiefpaß → Hochpaß	$z^{*-1} = -\dfrac{z^{-1} + d}{1 + d z^{-1}}$ $d = -\dfrac{\cos(\pi f_g^*/f_a^* + \pi f_g/f_a)}{\cos(\pi f_g^*/f_a^* - \pi f_g/f_a)}$	(6.93)
Tiefpaß → Bandpaß	$z^{*-1} = -\dfrac{z^{-2} - \dfrac{2dk}{k+1} z^{-1} + \dfrac{k-1}{k+1}}{\dfrac{k-1}{k+1} z^{-2} - \dfrac{2dk}{k+1} z^{-1} + 1}$ $d = \dfrac{\cos(\pi f_o/f_a + \pi f_u/f_a)}{\cos(\pi f_o/f_a - \pi f_u/f_a)}$ $k = \mathrm{ctg}\ (\pi f_o/f_a - \pi f_u/f_a)\ \mathrm{tg}\ \pi f_g^*/f_a^*$	(6.94)
Tiefpaß → Bandsperre	$z^{*-1} = \dfrac{z^{-2} - \dfrac{2d}{1+k} z^{-1} + \dfrac{1-k}{1+k}}{\dfrac{1-k}{1+k} z^{-2} - \dfrac{2a}{1+k} z^{-1} + 1}$ $d = \dfrac{\cos(\pi f_o/f_a + \pi f_u/f_a)}{\cos(\pi f_o/f_a - \pi f_u/f_a)}$ $k = \mathrm{tg}\ (\pi f_o/f_a - \pi f_u/f_a)\ \mathrm{tg}\ \pi f_g^*/f_a^*$	(6.95)

a) Die Grenzfrequenz f_g des gewünschten Filters ist festzulegen.
b) Der Typ des Filters und seine Ordnung ist festzulegen. Die Koeffizienten des Prototyps sind den Tabellen 6.4 bis 6.7 zu entnehmen.
c) Die Übertragungsfunktion $\widehat{G}(z^*)$ ist nach Gleichung (6.91) anzugeben und die Variable z^* ist mit Hilfe einer der Gleichungen von Tabelle 6.8 durch z zu ersetzen.
d) Aus $\widehat{G}(z^*)$ wird also $\widehat{G}(z)$ berechnet.
e) Anschließend wird $\widehat{G}(z)$ so normiert, daß der Koeffizient b_0 den Wert 1 annimmt, $b_0 = 1$.
f) Der so normierten Übertragungsfunktion $\widehat{G}(z)$ werden die Filterkoeffizienten entnommen.
g) Damit läßt sich die Gleichung des gesuchten Filters angeben.
h) Zu prüfen ist, ob das Filter hinsichtlich seiner Funktion und seines Aufwands den Anforderungen entspricht. Gegebenenfalls ist ein weiteres Filter zu dimensionieren und auf seine Verwendbarkeit hin zu untersuchen.

Das Vorgehen wird anhand der folgenden zwei Beispiele erläutert.

• **Beispiel 6.10.** Entwurf eines Butterworth-Hochpasses 2. Ordnung, wobei der Einfachheit halber nur mit 2 Stellen gerechnet wird.

a) Gewünscht ist ein Hochpaß mit einer Grenzfrequenz $f_g = 10$ kHz bei einer Abtastfrequenz $f_a = 50$ kHz.

b) Die Koeffizienten des Prototyp-Tiefpasses von Tabelle 6.4 sind gerundet auf

$$a_0^* = 0,29; \qquad a_1^* = 0,59; \qquad a_2^* = 0,29;$$
$$b_0^* = 1; \qquad b_1^* = 0; \qquad b_2^* = 0,17.$$

c) Die Übertragungsfunktion lautet

$$\widehat{G}(z^*) = \frac{0,29 + 0,59\, z^{*\,-1} + 0,29\, z^{*\,-2}}{1 + 0,17\, z^{*\,-2}}. \tag{6.96}$$

Um z^* durch z auszudrücken, wird Gleichung (6.93) benötigt mit

$$z^{*\,-1} = -\frac{z^{-1} + d}{1 + d\, z^{-1}}$$

$$d = \frac{-\cos\left(\frac{\pi}{4} + \frac{\pi}{5}\right)}{\cos\left(\frac{\pi}{4} - \frac{\pi}{5}\right)} = -0,16\,.$$

Damit wird

$$z^{*-1} = \frac{0,16 - z^{-1}}{1 - 0,16\,z^{-1}},$$

$$z^{*-2} = \frac{0,03 - 0,32\,z^{-1} + z^{-2}}{1 - 0,32\,z^{-1} + 0,03\,z^{-2}}.$$

d) Dieses Ergebnis wird in (6.96) eingesetzt, um $\widehat{G}(z)$ zu berechnen:

$$\widehat{G}(z) = \frac{0,29 + 0,59\,\dfrac{0,16 - z^{-1}}{1 - 0,16z^{-1}} + 0,29\,\dfrac{0,03 - 0,32z^{-1} + z^{-2}}{1 - 0,32z^{-1} + 0,03z^{-2}}}{1 + 0,17\,\dfrac{0,03 - 0,32z^{-1} + z^{-2}}{1 - 0,32z^{-1} + 0,03z^{-2}}}.$$

Hier werden im Zähler und Nenner die Brüche vereinheitlicht und die Faktoren von z^{-k} werden zusammengefaßt. Damit bleibt nach einigen Zwischenrechnungen übrig:

$$\widehat{G}(z) = \frac{0,39 - 0,79\,z^{-1} + 0,39\,z^{-2}}{1,01 - 0,37\,z^{-1} + 0,20\,z^{-2}}.$$

e) Nun sind Zähler und Nenner durch 1,01 zu dividieren, damit der Koeffizient von b_0 den Wert 1 annimmt:

$$\widehat{G}(z) = \frac{0,39 - 0,78\,z^{-1} + 0,39\,z^{-2}}{1,00 - 0,37\,z^{-1} + 0,20\,z^{-2}}.$$

f) Die gesuchten Filterkoeffizienten lauten damit:

$$a_0 = 0,39; \qquad a_1 = -0,78; \qquad a_2 = 0,39;$$

$$b_0 = 1,00; \qquad b_1 = -0,37; \qquad b_2 = 0,20;$$

g) Daraus folgt die Gleichung des Hochpasses zu

$$y_n = 0,39\,x_n - 0,78\,x_{n-1} + 0,39\,x_{n-2} + 0,37\,y_{n-1} - 0,20\,y_{n-2}.$$

h) Die mit dem Filter-Programm berechnete Übertragungsfunktion des Hochpasses zeigt Bild 6.27.

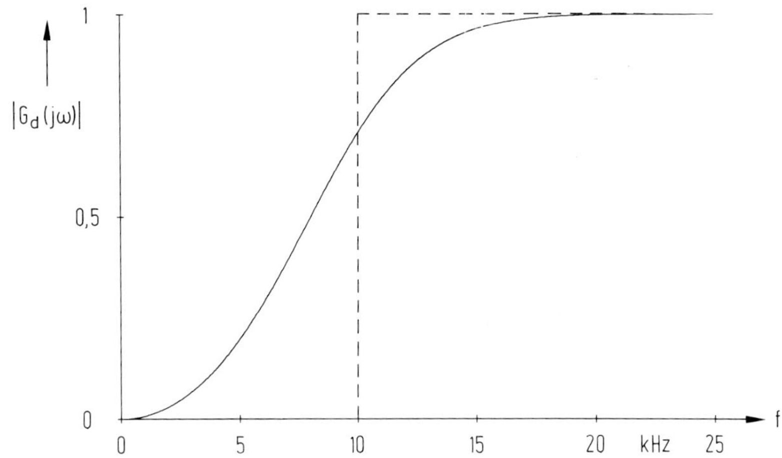

Bild 6.27 Amplitudengang des Butterworth-Hochpasses von Beispiel 6.10 mit $N^* = 2$, $f_a = 50\,\text{kHz}$, $f_g = 10\,\text{kHz}$

• **Beispiel 6.11.** Entwurf eines Butterworth-Bandpasses 2.Ordung.

a) Für den gewünschten Bandpaß sind die Abtastfrequenz f_a, die obere Grenzfrequenz f_o und die untere Grenzfrequenz f_u wie folgt vorgegeben:

$$f_u = 1\text{ kHz},\qquad f_o = 10\text{ kHz},\qquad f_a = 50\text{ kHz}$$

b) Die gerundeten Koeffizienten des Prototyp-Tiefpasses lauten:

$$a_0^* = 0,29;\qquad a_1^* = 0,59;\qquad a_2^* = 0,29;$$
$$b_0^* = 1;\qquad b_1^* = 0;\qquad b_2^* = 0,17.$$

c) Die Übertragungsfunktion in z^* ergibt sich zu

$$\widehat{G}(z^*) = \frac{0,29 + 0,59\,z^{*-1} + 0,29\,z^{*-2}}{1 + 0,17\,z^{*-2}}\,. \tag{6.97}$$

In Gl. (6.94) wird

$$d = \frac{\cos\left(\frac{\pi}{5} + \frac{\pi}{50}\right)}{\cos\left(\frac{\pi}{5} - \frac{\pi}{50}\right)} = 0,91$$

$$k = \operatorname{ctg}\left(\pi/5 - \pi/50\right)\,\operatorname{tg}\pi/4 = 1,58\,.$$

Damit wird

$$z^{*-1} = -\frac{z^{-2} - 1,11\,z^{-1} + 0,22}{0,22\,z^{-2} - 1,11\,z^{-1} + 1}$$

$$z^{*\,-2} = \frac{z^{-4} - 2,22\,z^{-3} + 1,67\,z^{-2} - 0,49\,z^{-1} + 0,05}{1 - 2,22\,z^{-1} + 1,67\,z^{-2} - 0,49\,z^{-3} + 0,05\,z^{-4}}\,.$$

d) Die beiden letzten Ergebnisse werden in (6.97) eingesetzt, um $\widehat{G}(z)$ zu berechnen. Ausgehend von

$$\widehat{G}(z) = \frac{\text{Zähler}}{\text{Nenner}} \qquad \text{mit}$$

$$\text{Zähler} = 0,29 + 0,59\,\frac{-z^{-2} + 1,11z^{-1} - 0,22}{0,22z^{-2} - 1,11z^{-1} + 1} + 0,29\,\frac{z^{-4} - 2,22z^{-3} + 1,67z^{-2} - 0,49\,z^{-1} + 0,05}{1 - 2,22z^{-1} + 1,67z^{-2} - 0,49z^{-3} + 0,05z^{-4}}$$

$$\text{Nenner} = 1 + 0,17\,\frac{z^{-4} - 2,22z^{-3} + 1,67z^{-2} - 0,49z^{-1} + 0,05}{1 - 2,22z^{-1} + 1,67z^{-2} - 0,49z^{-3} + 0,05z^{-4}}$$

ergibt sich nach einigen Zwischenrechnungen

$$\widehat{G}(z) = \frac{0,17 + 0,02z^{-1} - 0,39z^{-2} + 0,02z^{-3} + 0,17z^{-4}}{1,01 - 2,30z^{-1} + 1,95z^{-2} - 0,87z^{-3} + 0,22z^{-4}}\,.$$

e) Zähler und Nenner werden durch 1,01 dividiert, damit der Koeffizient b_0 den Wert 1 annimmt:

$$\widehat{G}(z) = \frac{0,17 + 0,02z^{-1} - 0,39z^{-2} + 0,02z^{-3} + 0,17z^{-4}}{1,00 - 2,28z^{-1} + 1,93z^{-2} - 0,86z^{-3} + 0,22z^{-4}}\,. \tag{6.98}$$

f) Die gesuchten Filterkoeffizienten lauten

$$\begin{aligned} a_0 &= 0,17 & b_0 &= 1 \\ a_1 &= 0,02 & b_1 &= -2,28 \\ a_2 &= -0,39 & b_2 &= 1,93 \\ a_3 &= 0,02 & b_3 &= -0,86 \\ a_4 &= 0,17 & b_4 &= 0,22\,. \end{aligned}$$

g) Der gesuchte Bandpaß hat also die Gleichung

$$\begin{aligned} y_n = {} & 0,17\,x_n + 0,02\,x_{n-1} - 0,39\,x_{n-2} + 0,02\,x_{n-3} + 0,17\,x_{n-4} \\ & + 2,28\,y_{n-1} - 1,93\,y_{n-2} + 0,86\,y_{n-3} - 0,22\,y_{n-4}\,. \end{aligned}$$

und den Frequenzgang von Bild 6.28. Infolge der Frequenztransformation (6.94) und (6.95) ergeben sich bei den Bandpässen und Bandsperren Gleichungen 4.

Grades, da der Prototyp-Tiefpaß 2. Ordnung einmal für die untere und einmal für die obere Grenzfrequenz benutzt wird. Eine Gleichung 4. Grades läßt sich in zwei Gleichungen 2. Grades zerlegen. Eine entsprechende Routine ist in dem Programm „Digitale Filter“ implementiert. Gl. (6.98) geht damit über in

$$\widehat{G}(z) = \frac{0,17 + 0,05z^{-1} - 0,27z^{-2}}{1 - 1,83z^{-1} + 0,84z^{-2}} \cdot \frac{1 - 0,19z^{-1} - 0,62z^{-2}}{1 - 0,45z^{-1} + 0,26z^{-2}}.$$

Das erste Teilfilter hat also die Koeffizienten

$$a_{01} = 0,17; \quad a_{11} = 0,05; \quad a_{21} = -0,27$$
$$b_{01} = 1; \quad b_{11} = -1,83; \quad b_{21} = 0,84$$

und die des zweiten sind

$$a_{02} = 1; \quad a_{12} = -0,19; \quad a_{22} = -0,62$$
$$b_{02} = 1; \quad b_{12} = -0,45; \quad b_{22} = 0,26.$$

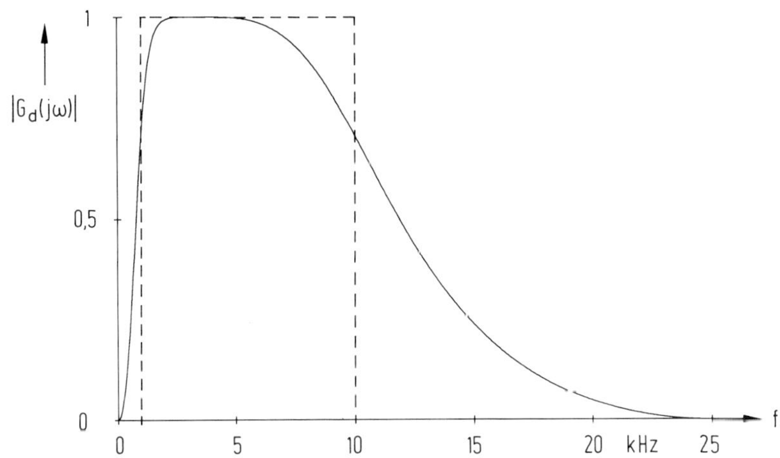

Bild 6.28 Amplitudengang des Butterworth-Bandpasses von Beispiel 6.11 mit $N^* = 2$, $f_a = 50\,\text{kHz}$, $f_u = 1\,\text{kHz}$, $f_o = 10\,\text{kHz}$

• **Beispiel 6.12.** Ein Butterworth-Tiefpaß 8. Ordnung wurde mit den Koeffizienten der Tab. 6.4 für die Abtastfrequenz $f_a = 10\,\text{kHz}$ und die Grenzfrequenz $f_g = 2\,\text{kHz}$ berechnet. Bild 6.29 zeigt den Amplitudengang der Teilfilter und des aus den Teilfiltern resultierenden Gesamtfilters. Das Teilfilter i hat die Grenzfrequenz f_{gi} mit

$$f_{g1} = 1,43\,\text{kHz}$$

$$f_{g2} = 1,73\,\text{kHz}$$

$$f_{g3} = 2,29\,\text{kHz}$$

$$f_{g4} = 2,65\,\text{kHz}$$

Die Teilfilter sind also in Richtung steigender Grenzfrequenz geordnet.

Generell hat das Teilfilter mit der höchsten Grenzfrequenz die größere Polgüte und sein Amplitudengang steigt in der Nähe der Grenzfrequenz an. Um eine Übersteuerung zu vermeiden empfiehlt es sich, als erstes Teilfilter das mit der niedrigsten Grenzfrequenz zu wählen. Andererseits kann es auch sinnvoll sein, dieses Teilfilter an das Ende der Kette zu setzen, da dann auch das Rauschen der vorderen Teilfilter abgeschwächt werden würde.

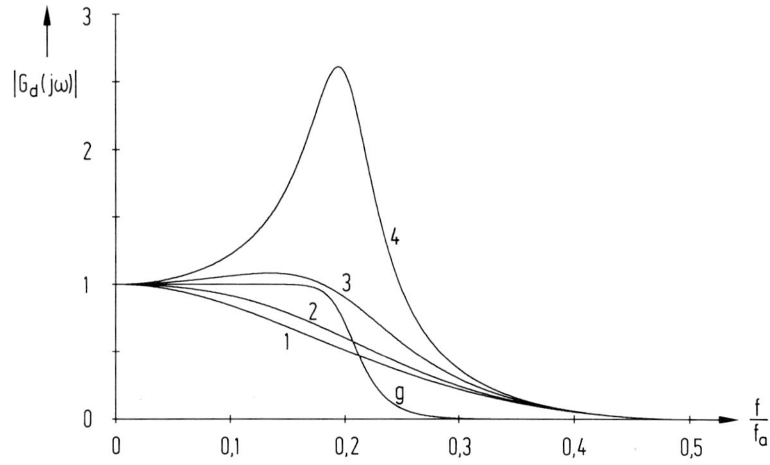

Bild 6.29 Butterworth-Tiefpaß 8. Ordnung für $f_a = 10\,\text{kHz}$, $f_g = 2\,\text{kHz}$; Amplitudengang der Teilfilter 1 bis 4 und des Gesamtfilters (Kurve g)

• **Beispiel 6.13.** Ein Bessel-Tiefpaß 8.Ordnung wurde mit den Koeffizienten der Tabelle 6.5 für die Abtastfrequenz $f_a = 100\,\text{kHz}$ und die Grenzfrequenz $f_g = 2\,\text{kHz}$ berechnet. Bild 6.30 zeigt die Gruppenlaufzeit τ

$$\tau = \frac{d\varphi}{d\omega} \tag{6.100}$$

der Teilfilter und des Gesamtfilters. Die Gruppenlaufzeit des Gesamtfilters ist über einen größeren Frequenzbereich konstant. Daraus resultiert das gute Rechteckübertragungsverhalten der Besselfilter.

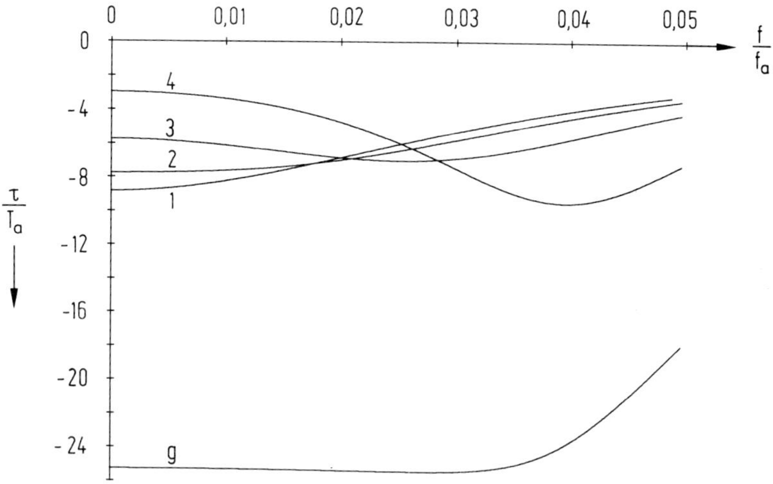

Bild 6.30 Bessel-Tiefpaß 8. Ordnung für $f_a = 100\,\text{kHz}$, $f_g = 2\,\text{kHz}$; Gruppenlaufzeit τ der Teilfilter 1 bis 4 und des Gesamtfilters (Kurve g)

6.3.6 Integrierendes rekursives Filter

Im Abschnitt 4.3 wurden Formeln für die numerische Integration abgeleitet. Diese lassen sich rekursiv schreiben und bilden damit die Algorithmen rekursiver Filter. Um die Bezeichnungen dieses Abschnittes beizubehalten, ist die unabhängige Variable jetzt die Zeit t,

T_a ist das Abtastintervall
x_n ist die zu integrierende Variable
y_n ist der Wert des Integrals bis zum Zeitpunkt t_n.

Die Trapezregel (4.35) geht damit über in

$$y_n = y_{n-1} + T_a \frac{x_{n-1} + x_n}{2}, \qquad (6.101)$$

und die Simpson-Regel (4.42) lautet

$$y_n = y_{n-2} + \frac{2\,T_a}{6}\,(x_{n-2} + 4\,x_{n-1} + x_n)\,. \qquad (6.102)$$

Um zu erfahren, wie sich die Simpson-Regel bei der Integration von Signalen unterschiedlicher Frequenzen verhält, soll im folgenden der Amplitudengang eines derartigen Filters ermittelt werden. Zunächst könnte ja angenommen werden, daß sich hochfrequente Signale leichter integrieren und „ausmitteln“ lassen als niederfrequente oder Gleichsignale.

Das Simpson-Filter hat im z-Bereich die Übertragungsfunktion

$$\widehat{G}(z) = \frac{T_a/3\ \left(1+4z^{-1}+z^{-2}\right)}{1-z^{-2}} . \tag{6.103}$$

Für $z = e^{j\omega T_a}$ entsteht die Übertragungsfunktion $G_d(j\omega)$

$$\begin{aligned}\widehat{G}\left(z = e^{j\omega T_a}\right) = G_d(j\omega) &= \frac{T_a}{3}\,\frac{1+4e^{-j\omega T_a}+e^{-j\omega 2T_a}}{1-e^{-j\omega 2T_a}}\\ &= \frac{T_a}{3}\,\frac{e^{j\omega T_a}+4+e^{-j\omega T_a}}{e^{j\omega T_a}-e^{-j\omega T_a}}\\ &= \frac{T_a}{3}\,\frac{2+\cos\omega T_a}{j\sin\omega T_a} .\end{aligned} \tag{6.104}$$

Werden in dieser Gleichung die trigonometrischen Funktionen in einer Reihe entwickelt und wird die Reihe nach dem ersten Glied abgebrochen, was für $\omega T_a \ll 1$ erlaubt ist, so bleibt übrig

$$G_d(j\omega) \approx \frac{T_a}{3}\,\frac{2+1}{j\omega T_a} \approx \frac{1}{j\omega} . \tag{6.105}$$

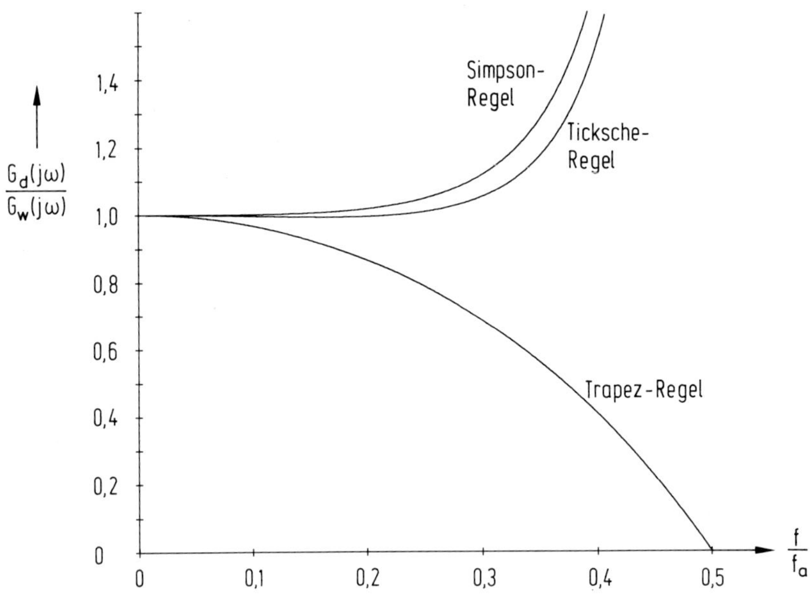

Bild 6.31 Normierte Amplitudengänge von integrierenden Filtern
Simpson-Regel, Gl. (6.102);
Ticksche Regel, Gl. (6.106);
Trapez-Regel, Gl. (6.101)

Für niedrige Frequenzen $\omega \ll 1/T_a$ arbeitet das Filter als idealer Integrierer. Probleme aber entstehen bei höheren Frequenzen. Bei $\omega = \pi/T_a$ wird der Nenner in (6.104) zu null. Das Filter ist instabil. Dieses Verhalten zeigt Bild 6.31. Dort ist das Verhältnis aus der Übertragungsfunktion $G_d(j\omega)$ des Simpson-Filters und der Übertragunsfunktion $G_w(j\omega) = 1/j\omega$ des idealen Integrierers aufgetragen. Die Signale werden integriert bis zu Frequenzen von etwa 1/4 der Abtastfrequenz, $f < f_a/4$. Größere Frequenzen, so z.B. die höherfrequenten Rauschsignale, werden nicht ausgemittelt, sondern verstärkt. Die einfachere Trapezregel (6.101) zeigt diesen Effekt nicht. So ist vor dem Einsatz eines Integrierers jeweils zu prüfen, ob der gewählte Algorithmus mit dem Spektrum des Signals verträglich ist. Das Rauschen stört so nicht nur beim Differenzieren, sondern auch beim Integrieren.

Bild 6.31 enthält noch den Amplitudengang des Tickschen Integrierers /3.6/

$$y_n = y_{n-2} + T_a\,(0,3584\,x_n + 1,2832\,x_{n-1} + 0,3584\,x_{n-2}) \tag{6.106}$$

Dies ist die Gleichung eines Tschebyscheff-Filters vom Typ 1. Das Filter hat eine begrenzte Welligkeit zwischen $\omega = 0$ und $\omega = \pi/2T_a$. Damit ist gegenüber dem Simpson-Filter der Integrationsbereich auf Kosten der Genauigkeit bei $\omega = 0$ erweitert.

6.4 Diskrete Faltung

Die Operation der diskreten Faltung soll hier kurz angesprochen werden, obwohl sie natürlich nicht nur für Filter, sondern generell für lineare zeitinvariante Systeme von Bedeutung ist. $x(nT_a)$ sei das Eingangssignal eines derartigen linearen zeitinvarianten Systems. Gesucht ist das Ausgangssignal $y(nT_a)$. Dieses läßt sich aus einer Überlagerung der Impulsantworten gewinnen.

Gegeben sei die Folge $x(nT_a) = x_n$ der Eingangswerte. Diese Folge kann mit Hilfe des diskreten Einheitsimpulses $d(nT_a)$

$$d(nT_a) = \begin{cases} 1 & \text{für} \quad n = 0 \\ 0 & \text{für} \quad n \neq 0 \end{cases} \tag{6.107}$$

in Form einer Summe geschrieben werden:

$$\boxed{x(nT_a) = \sum_{k=-\infty}^{\infty} x(kT_a)\, d\big([n-k]\,T_a\big)} \tag{6.108}$$

Die Ausblendeigenschaft des diskreten Einheitsimpulses führt dazu, daß zum Zeitpunkt $nT_a = kT_a$ lediglich der Wert $x(nT_a)$ in der Summe auftritt. Die Folge der Eingangsimpulse $x(nT_a)$ läßt sich somit als eine Summe von gewichteten und zeitlich verschobenen Einheitsimpulsen darstellen (Bild 6.32).

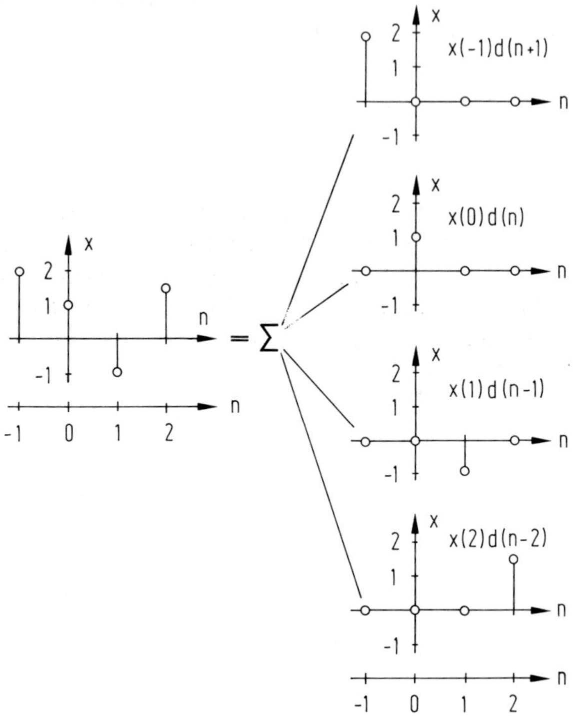

Bild 6.32 Ein beliebiges Eingangssignal $x(nT_a)$ läßt sich als eine Summe von gewichteten und zeitlich verschobenen Einheitsimpulsen $d(n-k)$ darstellen.

Ein lineares, zeitinvariantes System reagiert auf einen Einheitsimpuls mit der Gewichtsfunktion $g(t)$ als Impulsantwort. Ist der Einheitsimpuls $d(nT_a)$ mit dem Abtastwert $x(nT_a)$ multipliziert, so liefert das System als Ausgangssignal $y(nT_a)$ die mit $x(nT_a)$ multiplizierte Gewichtsfunktion:

$$y(nT_a) = x(nT_a)\, g(nT_a) \tag{6.109}$$

Erhält das System nun die gewichteten und zeitverschobenen Eingangsimpulse nach (6.108), so überlagern sich die einzelnen Impulsantworten und das Ausgangssignal ergibt sich als deren Summe zu

$$\boxed{y(nT_a) = \sum_{k=-\infty}^{\infty} x(kT_a)\, g\big([n-k]T_a\big)\,.} \tag{6.110}$$

Diese Operation von Gleichung (6.110) wird als diskrete Faltung bezeichnet. Mit ihrer Hilfe läßt sich aus der Kenntnis der Impulsantwort die Systemantwort $y(nT_a)$ für beliebige Eingangsfolgen $x(nT_a)$ berechnen.

Die Operation der Faltung ist kommutativ. In Gleichung (6.110) lassen sich die zu faltenden Funktionen vertauschen. Das führt zu

$$\boxed{y(nT_a) = \sum_{k=-\infty}^{\infty} x\big([n-k]T_a\big)\, g(kT_a)\,.} \tag{6.111}$$

Diese Form des Faltungsintegrals läßt sich leicht interpretieren. Das Ausgangssignal zum Zeitpunkt nT_a hängt nicht nur von dem Eingangssignal dieses Zeitpunktes $x(nT_a)$ ab, sondern auch von zurückliegenden Eingangssignalen $x\big([n-k]T_a\big)$. Die früheren Eingangssignale gehen jedoch nicht voll ins Ergebnis ein. Sie sind mit der Gewichtsfunktion $g(kT_a)$ multipliziert. Diese repräsentiert das Gedächtnis des Systems. In dem Maße, in dem mit wachsendem k die Gewichtsfunktion abnimmt, tragen die zurückliegenden Eingangswerte immer weniger zum Ausgangssignal bei.

- **Beispiel 6.14.** Gegeben sei das System mit der Impulsantwort

$$g(nT_a) = \begin{cases} (0,5)^n & \text{für} \quad 0 \le n \le 2 \\ 0 & \text{für} \quad n < 0 \quad \text{und} \quad n > 2\,, \end{cases}$$

also mit

$$g(0T_a) = 1$$
$$g(1T_a) = 0,5$$
$$g(2T_a) = 0,25$$

Dieses System wird nach Bild (6.33) mit dem Eingangssignal $x(nT_a)$ angeregt

$$\text{mit} \quad x(1T_a) = 1$$
$$x(2T_a) = 2$$
$$x(3T_a) = 4$$
$$x(4T_a) = 4$$
$$x(nT_a) = 0 \qquad \text{für} \quad n < 1 \quad n > 4\,.$$

Zu berechnen ist die Systemantwort $y(nT_a)$ nach Gleichung (6.111). Diese wird der Einfachheit halber abgekürzt wie folgt geschrieben

$$y(nT_a) = \sum_{k=-\infty}^{\infty} g_k\, x_{n-k}\,. \tag{6.112}$$

Für die gestellte Aufgabe ist diese Gleichung nur für $0 \le k \le 2$ auszuwerten, da nur für diese Zeitpunkte die Gewichtsfunktion von null verschieden ist. Zu den einzelnen Zeitpunkten nT_a ergeben sich damit die folgenden Ausgangswerte (Bild 6.33):

$$\begin{aligned}
n&=0; & y(0T_a) &= g_0\,x_0+g_1\,x_{-1}+g_2\,x_{-2} = 1\cdot 0+0,5\cdot 0+0,25\cdot 0=0\\
n&=1; & y(1T_a) &= g_0\,x_1+g_1\,x_0\;+g_2\,x_{-1} = 1\cdot 1+0,5\cdot 0+0,25\cdot 0=1\\
n&=2; & y(2T_a) &= g_0\,x_2+g_1\,x_1\;+g_2\,x_0 \;= 1\cdot 2+0,5\cdot 1+0,25\cdot 0=2,5\\
n&=3; & y(3T_a) &= g_0\,x_3+g_1\,x_2\;+g_2\,x_1 \;= 1\cdot 4+0,5\cdot 2+0,25\cdot 1=5,25\\
n&=4; & y(4T_a) &= g_0\,x_4+g_1\,x_3\;+g_2\,x_2 \;= 1\cdot 4+0,5\cdot 4+0,25\cdot 2=6,5\\
n&=5; & y(5T_a) &= g_0\,x_5+g_1\,x_4\;+g_2\,x_3 \;= 1\cdot 0+0,5\cdot 4+0,25\cdot 4=3\\
n&=6; & y(6T_a) &= g_0\,x_6+g_1\,x_5\;+g_2\,x_4 \;= 1\cdot 0+0,5\cdot 0+0,25\cdot 4=1\\
n&=7; & y(7T_a) &= g_0\,x_7+g_1\,x_6\;+g_2\,x_5 \;= 1\cdot 0+0,5\cdot 0+0,25\cdot 0=0.
\end{aligned}$$

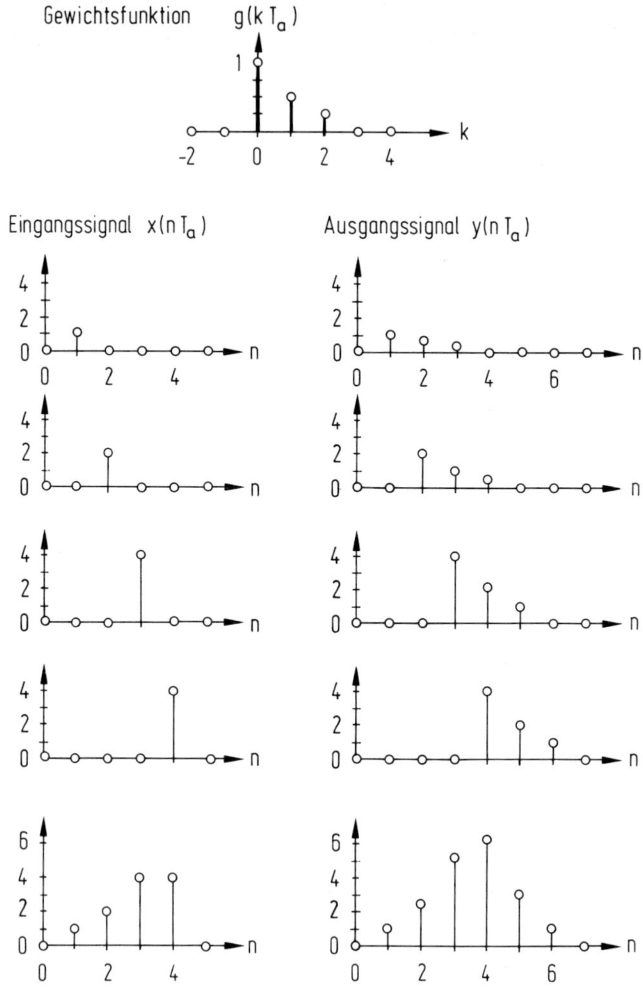

Bild 6.33 Das Ausgangssignal eines linearen zeitinvarianten Systems ergibt sich als die Summe der gewichteten Impulsantworten; Die Bilder in der untersten Reihe sind aus der Überlagerung der obenstehenden entstanden.

7 Korrelationsmeßtechnik

Die Korrelationsmeßtechnik beschäftigt sich mit deterministischen und stochastischen Signalen. Eine Meßgröße x und eine andere Meßgröße y sind gegeben. Geprüft wird, ob zwischen den beiden Variablen x und y irgendein Zusammenhang, eine Korrelation, besteht. Die zur Beantwortung dieser Frage notwendigen Algorithmen werden in diesem Kapitel behandelt. Beispiele zeigen, wie mittels der Korrelationsrechnung noch Informationen aus den Signalen extrahiert werden können, die bei anderen Meßverfahren unentdeckt bleiben.

7.1 Diskrete Korrelationsfunktionen

7.1.1 Begriffe

Kovarianz. Gegeben sei ein Datensatz x_n mit dem Mittelwert $\overline{x}$ (Gl. 2.13)

$$\overline{x} = \frac{1}{N} \sum_{n=1}^{N} x_n \tag{7.1}$$

und der Varianz σ_x^2 (Gl. 2.17)

$$\sigma_x^2 = \frac{1}{N} \sum_{n=1}^{N} (x_n - \overline{x})^2 . \tag{7.2}$$

Dabei läßt es sich in der Praxis nicht umgehen, daß anstelle der wahren Größen $\overline{x}$ und σ_x nur ihre Schätzwerte $\hat{\overline{x}}$ und s_x verwendet werden können.

Des weiteren sei nun ein zweiter Datensatz y_n mit dem Mittelwert $\overline{y}$ und der Varianz σ_y^2 vorhanden. Als Maß für den Zusammenhang der beiden Datensätze x_n und y_n ist die **Kovarianz** σ_{xy} definiert durch

$$\sigma_{xy} = \frac{1}{N} \sum_{n=1}^{N} (x_n - \overline{x}) (y_n - y) . \tag{7.3}$$

Bei Wechselgrößen sind die linearen Mittelwerte null mit $\overline{x} = 0$ und $\overline{y} = 0$. In diesen Fällen vereinfacht sich die letzte Gleichung zu

$$\sigma_{xy} = \frac{1}{N} \sum_{n=1}^{N} x_n \, y_n . \tag{7.4}$$

Korrelationskoeffizient. Der Korrelationskoeffizient r ist die normierte Kovarianz mit $-1 \leq r \leq 1$. Die Normierung ergibt sich, indem die Kovarianz durch das Produkt aus den Standardabweichungen σ_x und σ_y dividiert wird:

$$r = \frac{\sigma_{xy}}{\sigma_x \, \sigma_y} = \frac{s_{xy}}{s_x \, s_y} . \tag{7.5}$$

Der Zusammenhang zwischen den beiden Größen x_n und y_n und die Bedeutung des Korrelationskoeffizienten lassen sich veranschaulichen, indem die zugehörigen $(x_n; y_n)$-Wertepaare in einem x/y-Koordinatensystem dargestellt werden (Bild 7.1). Entwickeln sich die beiden Größen x_n und y_n gleichsinnig, so sind sie kovariant und der Korrelationskoeffizient ist positiv. Verlaufen die beiden Größen gegensinnig, sind sie kontravariant, so ist der Korrelationskoeffizient negativ. Bei einem Korrelationskoeffizient 0 hängen die beiden Größen nicht zusammen. Sie sind unkorreliert. Der Betrag des Korrelationskoeffizienten liegt um so näher bei 1, je mehr die beiden Variablen voneinander abhängen.

Ein Beispiel für eine stark korrelierte Größe bringt Tabelle 7.1 /3.11/. Dort ist für Weizenfelder in Kalifornien der Ernteertrag im August korreliert mit der Regenmenge im vorausgegangenen Januar. Die Ernte im August hängt so stark vom Regen im Januar ab, daß schon im Winter der zu erwartende Ertrag abgeschätzt werden kann.

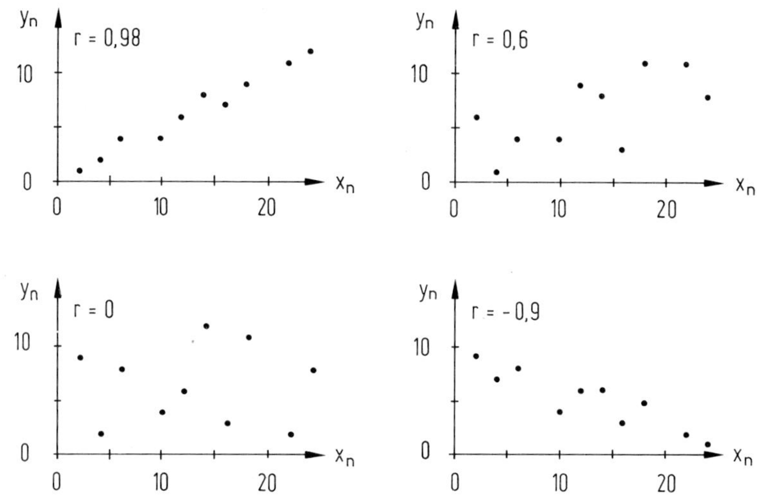

Bild 7.1 Datensätze mit verschiedenen Werten des Korrelationskoeffizienten r /2.5/

Tab. 7.1 Korrelation zwischen Niederschlag und Ernteertrag /3.11/

$$\bar{x} = 15,65 \qquad \bar{y} = 9,5$$
$$\sigma_x = 7,78 \qquad \sigma_y = 3,64$$
$$\sigma_{xy} = 27,97 \qquad r = 0,987\,.$$

Jahr	Niederschlag im Januar in Zoll x_i	Ernteertrag im August in dz y_i	Abweichung Niederschlag $\Delta x_i = x_i - \bar{x}$		Abweichung Ertrag $\Delta y_i = y_i - \bar{y}$	
1900	2	3	−13,65		− 6,5	
1901	16	10		+ 0,35		+ 0,5
1902	14	9	− 1,65		− 0,5	
1903	26	14		+10,35		+ 4,5
1904	12	8	− 3,65		− 1,5	
1905	18	10		+ 2,35		+ 0,5
1906	6	5	− 9,65		− 4,5	
1907	21	13		+ 5,35		+ 3,5
1908	4	4	−11,65		− 5,5	
1909	30	16		+14,35		+ 6,5
1910	8	6	− 7,65		− 3,5	
1911	22	13		+ 6,35		+ 3,5
1912	15	9	− 0,65		− 0,5	
1913	25	12		+ 9,35		+ 2,5
1914	10	7	− 5,65		− 2,5	
1915	26	15		+10,35		+ 5,5
1916	9	6	− 6,65		− 3,5	
1917	19	11		+ 3,35		+ 1,5
1918	10	7	− 5,65		− 2,5	
1919	20	12		+ 4,35		+ 2,5
Summen	313	190	−66,50	+66,50	−31,0	+31,0

Regressionsanalyse. Die zusammengehörenden $(x_n;\, y_n)$ -Wertepaare werden wieder in der x/y -Ebene aufgetragen. Um die „Regression“ der Variablen y bezüglich der Variablen x quantifizieren zu können (Bild 7.2), wird oft eine Regressionsanalyse in Form einer Ausgleichsrechnung durchgeführt. Ist die gefundene Ausgleichsfunktion eine Gerade, so wird ihr Koeffizient b, der nach Gl. (3.14) die Steigung definiert, als Regressionskoeffizient bezeichnet.

Im Prinzip beschäftigt sich die Regressionsanalyse mit derselben Aufgabenstellung wie die Korrelationsrechnung. In beiden Fällen wird geprüft, ob ein Zusammenhang zwischen zwei Größen x_n und y_n besteht, ohne daß die eine Größe als deterministisch abhängig von der anderen bezeichnet werden könnte. In einem mathematisch strengen Sinne kann also nicht behauptet werden, daß die eine Größe y eine Funktion der anderen x wäre; y ist also nicht ein $y(x)$.

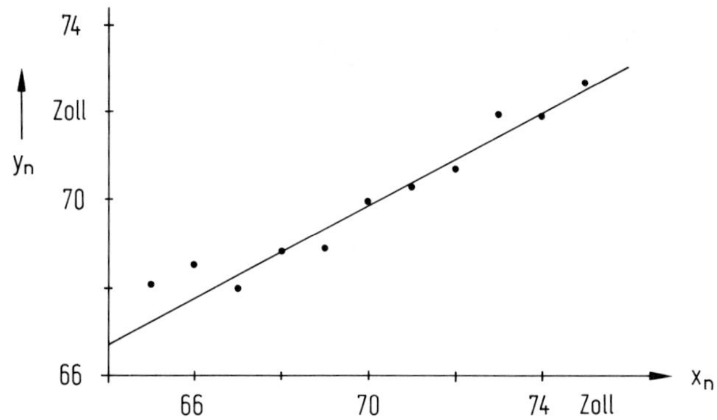

Bild 7.2 Regressionsgerade;
x Größe des Vaters, y Größe des Sohnes /2.5/;
Mittelwerte von insgesamt über 1000 Beobachtungen nach K. Pearson und A. Lee, Biometrika 2, 1903, 357

7.1.2 Korrelationsfunktionen

Die Datensätze x_n und y_n können als Abtastwerte der zeitabhängigen Funktionen $x(t)$ und $y(t)$ entstanden sein mit

$$x(nT_a) = x_n \qquad \text{und} \qquad y(nT_a) = y_n .$$

Mit Hilfe der Gleichungen (7.4) und (7.5) läßt sich untersuchen, ob die zu gleichen Zeitpunkten nT_a genommenen Werte miteinander korreliert sind.

Des weiteren läßt sich auch prüfen, ob ein gegenwärtiges Signal eventuell mit einem früheren Signal zusammenhängt. Zu diesem Zweck wird die Kovarianz gebildet aus dem zum Zeitpunkt nT_a gewonnenen Abtastwert des einen Signals und einem an einem zurückliegenden Zeitpunkt $(n-k)T_a$ ermittelten Wert des anderen Signals. Für jede Verzögerung der beiden Signale um kT_a mit $k = 1, 2, \ldots$ ergibt sich unter Umständen ein neuer Wert für die Kovarianz.

Diese wird damit zu einer Funktion, die von der Verzögerungszeit kT_a abhängt. Sie bekommt einen eigenen Namen und wird Kreuzkorrelationsfunktion (KKF) Φ_{xy} der Signale x und y genannt. Die KKF ist für Signale ohne Gleichanteil definiert durch

$$\Phi_{xy}(kT_a) = \frac{1}{N} \sum_{n=1}^{N} x(nT_a)\ y([n-k]T_a)$$

$$\boxed{\Phi_{xy}(kT_a) = \frac{1}{N} \sum_{n=1}^{N} x_n\ y_{n-k}\,.} \tag{7.6}$$

Die Verzögerungszeit kann auch vom Zeitpunkt $(n+k)T_a$ aus gerechnet werden (Bild 7.3). Damit sind die folgenden Kombinationen möglich

$$\begin{aligned}&\sum x_n y_{n-k}\\&\sum x_n y_{n+k}\\&\sum x_{n-k} y_n\\&\sum x_{n+k} y_n.\end{aligned} \tag{7.7}$$

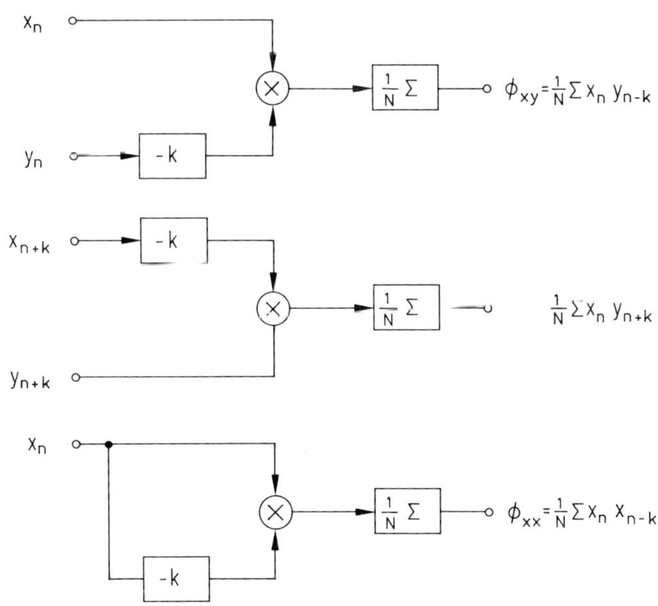

Bild 7.3 Zur Bildung der Korrelationsfunktionen sind die Operationen Verzögerung, Multiplikation, Addition und Division notwendig.

Da das Ergebnis der Korrelation unabhängig von dem gewählten Nullpunkt auf der Zeitachse ist, gilt

$$\sum x_n y_{n-k} = \sum x_{n+k} y_n$$

$$\sum x_n y_{n+k} = \sum x_{n-k} y_n .$$

Werden anstelle der y_n -Daten die x_n -Daten zeitverzögert, so sind die sich ergebenden Kreuzkorrelationsfunktionen an der Ordinatenachse gespiegelt (Bild 7.4):

$$\sum x_n y_{n-k} = \sum y_n x_{n+k}$$

$$\boxed{\Phi_{xy}(kT_a) = \Phi_{yx}(-kT_a)} \tag{7.8}$$

Bei einer Verschiebung der y -Daten nach links ergibt sich dieselbe KKF wie bei der Verschiebung der x -Daten nach rechts.

Es kann auch die Abhängigkeit eines einzigen Signals von seinen früheren Werten untersucht werden. Dies führt zu den Autokorrelationsfunktionen (AKF) Φ_{xx} und Φ_{yy}

$$\Phi_{xx} = \frac{1}{N} \sum_{n=1}^{N} x(nT_a)\; x([n-k]T_a)$$

$$\boxed{\Phi_{xx} = \frac{1}{N} \sum_{n=1}^{N} x_n \; x_{n-k}} \tag{7.9a}$$

$$\boxed{\Phi_{yy} = \frac{1}{N} \sum_{n=1}^{N} y_n \; y_{n-k} .} \tag{7.9b}$$

Die für die Bildung der Korrelationsfunktionen notwendigen Operationen sind in Bild 7.3 angedeutet. Ein Signal wird um kT_a verzögert. Anschließend werden die Daten multipliziert und die Produkte werden summiert.

• **Beispiel 7.1.** Betrachtet werden die periodischen Funktionen $x(t)$ und $y(t)$ von Bild 7.4. Ihre Periode ist T. Sie sind im Abstand $T_a = T/4$ abgetastet. Die entsprechenden Werte sind markiert. Nach (7.6) errechnet sich die Kreuzkorrelationsfunktion Φ_{xy} in Abhängigkeit von der Verzögerungszeit des y -Signals zu

$$k = 0; \qquad \Phi_{xy}(0) \quad = \frac{1}{4}\Big[(-1)\cdot 1 + 0\cdot(-1) + 1\cdot(-3) + 2\cdot 3\Big] = 0,5$$

$$k = 1; \qquad \Phi_{xy}(1\,T_a) = \frac{1}{4}\Big[(-1)\cdot 3 + 0\cdot 1 + 1\cdot(-1) + 2\cdot(-3)\Big] = -2,5$$

$$k = 2; \qquad \Phi_{xy}(2\,T_a) = \frac{1}{4}\Big[(-1)\cdot(-3) + 0\cdot 3 + 1\cdot 1 + 2\cdot(-1)\Big] = 0,5$$

$$k = 3; \qquad \Phi_{xy}(3\,T_a) = \frac{1}{4}\Big[(-1)\cdot(-1) + 0\cdot(-3) + 1\cdot 3 + 2\cdot 1\Big] = 1,5$$

$$k = 4; \qquad \Phi_{xy}(4\,T_a) = \Phi_{xy}(0) = 0,5.$$

• **Beispiel 7.2.** Die Autokorrelationsfunktion Φ_{xx} des x-Signals läßt sich nach (7.9a) wie folgt ermitteln (Bild 7.4)

$$k = 0; \qquad \Phi_{xx}(0) \quad = \frac{1}{4}\Big[(-1)\cdot(-1) + 0\cdot 0 + 1\cdot 1 + 2\cdot 2\Big] = 1,5$$

$$k = 1; \qquad \Phi_{xx}(1\,T_a) = \frac{1}{4}\Big[(-1)\cdot 2 + 0\cdot(-1) + 1\cdot 0 + 2\cdot 1\Big] = 0$$

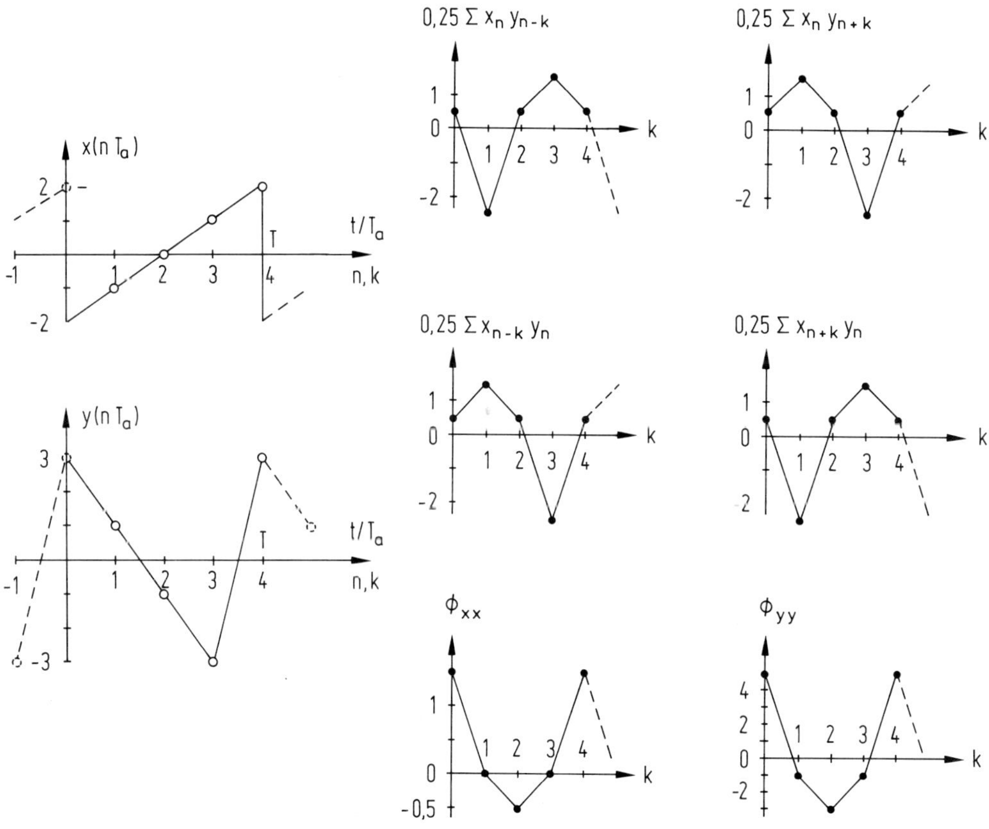

Bild 7.4 Periodische Zeitfunktionen $x(nT_a)$ und $y(nT_a)$ mit zugehörigen Korrelationsfunktionen

$$k = 2; \qquad \Phi_{xx}(2\,T_a) = \frac{1}{4}\Big[(-1)\cdot 1 + 0\cdot 2 + 1\cdot(-1) + 2\cdot 0\Big] = -0{,}5$$

$$k = 3; \qquad \Phi_{xx}(3\,T_a) = \frac{1}{4}\Big[(-1)\cdot 0 + 0\cdot 1 + 1\cdot 2 + 2\cdot(-1)\Big] = 0$$

$$k = 4; \qquad \Phi_{xx}(4\,T_a) = \Phi_{xx}(0) = 1{,}5.$$

7.2 Stetige Korrelationsfunktionen

Um die Korrelationsfunktionen und ihre Bedeutung im Rahmen der Systemtheorie einordnen zu können, werden die Formeln des vorausgegangenen Abschnittes nun noch einmal für kontinuierliche Signale $x(t)$ und $y(t)$ angegeben.

Die Mittelwerte $\overline{x}$ und $\overline{y}$ dieser Funktionen sind

$$\overline{x}(t) = \frac{1}{2T}\int_{-T}^{T} x(t)\,dt \tag{7.10}$$

$$\overline{y}(t) = \frac{1}{2T}\int_{-T}^{T} y(t)\,dt\,. \tag{7.11}$$

Die Varianzen ergeben sich zu

$$\sigma_x^2 = \frac{1}{2T}\int_{-T}^{T} \big(x(t) - \overline{x}\big)^2\,dt \tag{7.12}$$

$$\sigma_y^2 = \frac{1}{2T}\int_{-T}^{T} \big(y(t) - \overline{y}\big)^2\,dt\,. \tag{7.13}$$

Die Kovarianz zwischen den Signalen $x(t)$ und $y(t)$ ist dann erklärt durch

$$\sigma_{xy} = \frac{1}{2T}\int_{-T}^{T} \big(x(t) - \overline{x}\big)\,\big(y(t) - \overline{y}\big)\,dt\,. \tag{7.14}$$

Bei reinen Wechselgrößen sind die linearen Mittelwerte null und es bleiben übrig

$$\sigma_x^2 = \frac{1}{2T}\int_{-T}^{T} x^2(t)\,dt = x_{eff}^2,$$

$$\sigma_y^2 = y_{eff}^2,$$

$$\sigma_{xy} = \frac{1}{2T} \int_{-T}^{T} x(t)\, y(t)\, dt. \tag{7.15}$$

Um die Korrelationsfunktionen zu bilden, ist eines der beiden Zeitsignale um τ zu verzögern. Die Autokorrelationsfunktionen Φ_{xx} und Φ_{yy} und die Kreuzkorrelationsfunktion Φ_{xy} sind Funktionen der Verzögerungszeit τ. Für gleichstromfreie Signale sind sie gegeben durch

$$\Phi_{xx}(\tau) = \lim_{T\to\infty} \frac{1}{2T} \int_{-T}^{T} x(t)\, x(t-\tau)\, dt \tag{7.16a}$$

$$\Phi_{yy}(\tau) = \lim_{T\to\infty} \frac{1}{2T} \int_{-T}^{T} y(t)\, y(t-\tau)\, dt \tag{7.16b}$$

$$\Phi_{xy}(\tau) = \lim_{T\to\infty} \frac{1}{2T} \int_{-T}^{T} x(t)\, y(t-\tau)\, dt\,. \tag{7.17}$$

Entsprechend (7.5) ist die normierte KKF $\Phi_{xy,norm}(\tau)$ erklärt durch

$$\Phi_{xy,norm}(\tau) = \frac{\Phi_{xy}(\tau)}{\sqrt{\Phi_{xx}(0)\, \Phi_{yy}(0)}}\,. \tag{7.18}$$

In der praktischen Anwendung kann die Mittelwertbildung nur über ein begrenztes Zeitintervall $2T$ erfolgen. Es wird trotzdem mit den obigen Formeln gerechnet, ohne daß die Grenzwertbildung ausgeführt wird. Diese Vereinfachung ist in den Fällen erlaubt, in denen zeitlich weit auseinanderliegende Signale nicht korreliert sind. Für eine konkrete Anwendung ist jeweils zu prüfen, wie groß die Mittelungszeit $2T$ mindestens zu wählen ist.

• **Beispiel 7.3.** Zu bilden ist die Autokorrelationsfunktion Φ_{xx} der Funktion

$$x(t) = \widehat{x}\, \sin(\omega t + \varphi)\,.$$

Die Gleichung (7.16a) liefert

$$\Phi_{xx}(\tau) = \lim_{T\to\infty} \frac{1}{2T} \int_{-T}^{T} \widehat{x}\, \sin(\omega t + \varphi) \cdot \widehat{x}\, \sin\big(\omega[t-\tau] + \varphi\big)\, dt\,.$$

Hier wird mittels

$$\sin\alpha\, \sin\beta = \frac{1}{2}\Big[\cos(\alpha-\beta) - \cos(\alpha+\beta)\Big]$$

das Produkt der trigonometrischen Funktionen in eine Differenz umgeformt

$$\Phi_{xx}(\tau) = \lim_{T\to\infty} \frac{1}{2T} \int_{-T}^{T} \frac{\hat{x}^2}{2} \Big[\cos(\omega\tau) - \cos(2\omega t - \omega\tau + 2\varphi)\Big]\, dt$$

$$= \lim_{T\to\infty} \frac{\hat{x}^2}{2} \Bigg[\cos(\omega\tau)\,\frac{2T}{2T} - \frac{1}{2T}\,\frac{\sin(2\omega T - \omega\tau + 2\varphi)}{2\omega} + \frac{1}{2T}\,\frac{\sin(2\omega(-T) - \omega\tau + 2\varphi)}{2\omega}\Bigg] .$$

Die beiden letzten Terme mit der Mittelungszeit $2T$ im Nenner heben sich auf, da über 2 volle Perioden der Cosinusfunktion integriert worden ist. Die gesuchte Autokorrelationsfunktion lautet also

$$\Phi_{xx}(\tau) = \frac{\hat{x}^2}{2} \cos\omega\tau .$$

Eigenschaften der Autokorrelationsfunktion. Das obige Ergebnis läßt sich wie folgt verallgemeinern:

– Die AKF eines periodischen Signals ist eine periodische Funktion mit derselben Frequenz wie die Zeitfunktion.

– Die AKF ist für jede harmonische Schwingung unabhängig von deren Phasenlage stets eine Cosinusfunktion.

– Die AKF ist generell eine gerade Funktion

$$\Phi_{xx}(\tau) = \Phi_{xx}(-\tau) . \tag{7.19}$$

– Die AKF bei dem Argument $\tau = 0$ liefert das Quadrat des quadratischen Mittelwerts (Quadrat des Effektivwerts):

$$\Phi_{xx}(\tau = 0) = \lim_{T\to\infty} \frac{1}{2T} \int_{-T}^{T} x^2(t)\, dt = \frac{\hat{x}^2}{2} = x_{eff}^2 . \tag{7.20}$$

Die AKF ist eine Verallgemeinerung des quadratischen Mittelwerts.

– Die AKF hat ein Maximum an der Stelle $\tau = 0$. Bei periodischen Signalen wiederholt sich dieses Maximum. Die Autokorrelationsfunktion von stochastischen, gleichstromfreien Zeitsignalen geht mit wachsender Verzögerungszeit τ gegen null.

– Die AKF eines Signals verschwindet umso schneller, je breiter und gleichmäßiger das Spektrum des Signals ist. Im Falle eines idealen „weißen" Rauschsignals (Bild 7.5) hat die AKF nur an der Stelle $\tau = 0$ einen von null verschiedenen Wert. (Siehe auch Gl. 7.54 für kontinuierliche Signale).

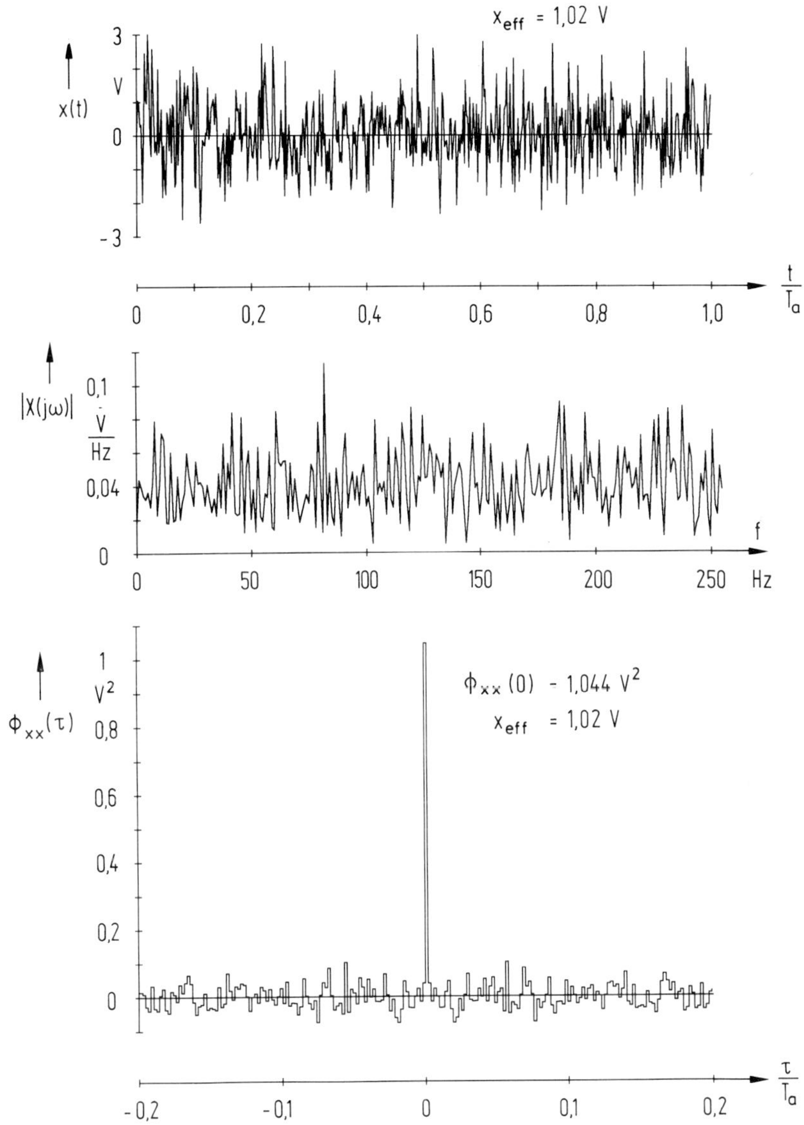

Bild 7.5 Weißes Rauschsignal $x(t)$ mit zugehörigem Betragsspektrum $|X(j\omega)|$, und Autokorrelationsfunktion $\Phi_{xx}(\tau)$. Das Zeitsignal ist nicht korreliert. Die AKF hat ein ausgeprägtes Maximum bei $\tau = 0$.

Polaritätskorrelation. Bei der Polaritätskorrelation wird nur die Polarität der Zeitsignale betrachtet. Mit

$$\operatorname{sgn} x(t) = \begin{cases} 1 & \text{für} \quad x > 0 \\ -1 & \text{für} \quad x < 0 \end{cases}$$

lauten die entsprechenden Funktionen

$$\Phi_{xx}(\tau) = \lim_{T\to\infty} \frac{1}{2T} \int_{-T}^{T} \operatorname{sgn} x(t) \cdot \operatorname{sgn} \left[x(t-\tau)\right] dt \tag{7.21}$$

$$\Phi_{xy}(\tau) = \lim_{T\to\infty} \frac{1}{2T} \int_{-T}^{T} \operatorname{sgn} x(t) \cdot \operatorname{sgn} \left[y(t-\tau)\right] dt. \tag{7.22}$$

Ein Polaritätskorrelator ist besonders einfach zu realisieren. Der sonst notwendige A/D-Umsetzer ist auf einen Komparator reduziert und als Multiplizierer ist ein Äquivalenzgatter ausreichend. Bei normalverteilten Signalen hängt die Polaritäts-AKF über die arcsin-Funktion mit der vollständigen AKF zusammen.

7.3 Spektraldarstellung der Korrelationsfunktionen

Wiener-Chintschin-Theorem. Die Korrelationsfunktionen sind zeitabhängige Funktionen. Sie lassen sich mittels der Fourier-Transformation in den Frequenzbereich transformieren. Dabei werden das Autoleistungsdichtespektrum (ALDS) S_{xx} und das Kreuzleistungsdichtespektrum (KLDS) S_{xy} erhalten:

$$\mathscr{F}\left(\Phi_{xx}(\tau)\right) = \int_{\tau=-\infty}^{\infty} \Phi_{xx}(\tau)\, e^{-j\omega\tau}\, d\tau = S_{xx}(j\omega) \tag{7.23}$$

$$\mathscr{F}\left(\Phi_{xy}(\tau)\right) = \int_{\tau=-\infty}^{\infty} \Phi_{xy}(\tau)\, e^{-j\omega\tau}\, d\tau = S_{xy}(j\omega) \tag{7.24}$$

Auch die Umkehrung gilt. Über die inverse Fourier-Transformation lassen sich aus den Spektren die Korrelationsfunktionen ermitteln:

$$\mathscr{F}^{-1}\left(S_{xx}(j\omega)\right) = \frac{1}{2\pi} \int_{\omega=-\infty}^{\infty} S_{xx}(j\omega)\, e^{j\omega\tau}\, d\omega = \Phi_{xx}(\tau) \tag{7.25}$$

$$\mathscr{F}^{-1}\left(S_{xy}(j\omega)\right) = \frac{1}{2\pi} \int_{\omega=-\infty}^{\infty} S_{xy}(j\omega)\, e^{j\omega\tau}\, d\omega = \Phi_{xy}(\tau) \tag{7.26}$$

Damit gelten zwischen den Korrelationsfunktionen und den Leistungsdichtespektren die Korrespondenzen **(Theorem von Wiener und Chintschin):**

AKF	$\Phi_{xx}(\tau) \circ\!\!-\!\!\bullet\, S_{xx}(j\omega)$	Autoleistungsdichtespektrum ALDS auto power spectral density APSD	(7.27)
KKF	$\Phi_{xy}(\tau) \circ\!\!-\!\!\bullet\, S_{xy}(j\omega)$	Kreuzleistungsdichtespektrum KLDS cross power spectral density CPSD	(7.28)

Parsevalsche Gleichung. Weiterhin zeigt die Parseval'sche Gleichung, daß das Autoleistungsdichtespektrum S_{xx} gleich ist dem quadrierten Amplitudenspektrum $|X(j\omega)|^2$ dividiert durch die Beobachtungszeit $2T$:

$$S_{xx}(j\omega) = \lim_{T\to\infty} \frac{|X(j\omega)|^2}{2T} = \lim_{T\to\infty} \frac{1}{2T} X(j\omega)\, X^*(j\omega)\,. \tag{7.29}$$

In dieser Gleichung bedeutet $X^*(j\omega)$ das zu $X(j\omega)$ konjugiert komplexe Amplitudenspektrum. Entsprechend (7.29) läßt sich das Kreuzleistungsspektrum S_{xy} schreiben als

$$S_{xy}(j\omega) = \lim_{T\to\infty} \frac{1}{2T} X(j\omega)\, Y^*(j\omega) \tag{7.30}$$

$$S_{xy}^*(j\omega) = \lim_{T\to\infty} \frac{1}{2T} X^*(j\omega)\, Y(j\omega)\,. \tag{7.31}$$

Eigenschaften der Leistungsspektren. Das Zeitsignal $x(t)$ repräsentiert eine bestimmte physikalische Größe mit einer Einheit, z.B. eine Spannung, die in Volt gemessen wird. Die Fouriertransformierte, das Amplitudenspektrum, hat dann die Einheit Volt/Hz. Für die Leistungsdichtespektren folgt daraus wegen der Quadrierung und der Division durch die Beobachtungszeit $2T$ die Einheit $(\text{Volt})^2/\text{Hz}$.

Das Autoleistungsdichtespektrum ist eine gerade, reelle Funktion mit

$$S_{xx}(j\omega) = S_{xx}(-j\omega).$$

Das ALDS $S_{xx}(j\omega)$ eines idealen weißen Signals ist eine Konstante, unabhängig von der Frequenz:

$$S_{xx}(j\omega) = k \;\; (\text{V}^2\text{s})\,.$$

Das Kreuzleistungsdichtespektrum ist eine ungerade, komplexe Funktion mit

$$S_{xy}(j\omega) = S_{yx}(-j\omega).$$

Der Korrelationskoeffizient $\rho(j\omega)$ der Leistungsspektren ist erklärt durch

$$\rho(j\omega) = \frac{S_{xy}(j\omega)}{\sqrt{S_{xx}(j\omega) S_{yy}(j\omega)}}.$$

Verifikation von Gleichung (7.25). Stellvertretend für die Gleichungen des Wiener-Chintschin-Theorems soll hier lediglich (7.25) verifiziert werden:

In die zu betrachtende Gleichung (7.25)

$$\mathscr{F}^{-1}\big(S_{xx}(j\omega)\big) = \frac{1}{2\pi}\int\limits_{\omega=-\infty}^{\infty} S_{xx}\, e^{j\omega\tau}\, d\omega$$

wird (7.29) eingeführt:

$$\mathscr{F}^{-1}\big(S_{xx}(j\omega)\big) = \frac{1}{2\pi}\int\limits_{\omega=-\infty}^{\infty} \lim_{T\to\infty}\frac{1}{2T} X(j\omega)\, X^*(j\omega)\, e^{j\omega\tau}\, d\omega\,.$$

Unter Berücksichtigung von

$$X^*(j\omega) = \int\limits_{t=-T}^{T} x(t)\, e^{j\omega t}\, dt$$

geht dann die letzte Gleichung über in

$$\mathscr{F}^{-1}\big(S_{xx}(j\omega)\big) = \frac{1}{2\pi}\lim_{T\to\infty}\frac{1}{2T}\int\limits_{\omega=-\infty}^{\infty} X(j\omega)\,\Big(\int\limits_{t=-T}^{T} x(t)e^{j\omega t}dt\Big)\, e^{j\omega\tau}\, d\omega.$$

Hier wird die Reihenfolge der Integrationen vertauscht,

$$\mathscr{F}^{-1}\big(S_{xx}(j\omega)\big) = \lim_{T\to\infty}\frac{1}{2T}\int\limits_{t=-T}^{T} x(t)\,\Big(\frac{1}{2\pi}\int\limits_{\omega=-\infty}^{\infty} X(j\omega)e^{j\omega(t+\tau)}\, d\omega\Big)\, dt,$$

sodaß sich über die inverse Fourier-Transformation die Zeitfunktion $x(t+\tau)$ einführen läßt:

$$\frac{1}{2\pi}\int\limits_{\omega=-\infty}^{\infty} X(j\omega)\, e^{j\omega(t+\tau)}\, d\omega = x(t+\tau)\,.$$

Wird diese Beziehung in die vorletzte Gleichung eingesetzt, so bleibt die Definitionsgleichung der Autokorrelationsfunktion übrig. Aus dem Autoleistungsspektrum wurde also die Autokorrelationsfunktion berechnet, womit (7.25) verifiziert ist:

$$\mathscr{F}^{-1}\big(S_{xx}(j\omega)\big) = \lim_{T\to\infty}\frac{1}{2T}\int\limits_{t=-T}^{T} x(t)\, x(t+\tau)\, dt = \Phi_{xx}(-\tau) = \Phi_{xx}(\tau).$$

Anwendung des Wiener-Chintschin-Theorems für die Korrelationsmessung. In der Tabelle 7.2 sind für den Zeitbereich und für den Frequenzbereich die korrespondierenden Funktionen einander gegenübergestellt. Zur Berechnung der Korrelationsfunktionen bestehen danach die beiden unterschiedlichen Wege I und II.

– Weg I: Ausgehend von der Zeitfunktion $x(t)$ wird über die Fourier-Transformation die Spektralfunktion $X(j\omega)$ errechnet (2b). Damit ist das Amplitudenspektrum bekannt. Das Autoleistungsdichtespektrum (3b) läßt sich ermitteln. Aus ihm folgt dann über die inverse Fourier-Transformation die Autokorrelationsfunktion (3a).

– Weg II: Ausgehend von der Zeitfunktion $x(t)$ wird direkt die Autokorrelationsfunktion (4a) berechnet. Aus dieser läßt sich dann – falls gewünscht – über die Fourier-Transformation die Spektralfunktion (4b) bestimmen.

Bei einem Vergleich der beiden Möglichkeiten erscheint der Weg II als der direktere. Er hat zudem den Vorteil, daß das Integral in (4b) wegen der mit der Zeit abklingenden Autokorrelationsfunktion im allgemeinen besser konvergiert

Tab. 7.2 Korrespondenzen zwischen den Funktionen des Zeit- und Frequenzbereichs. Der Übersichtlichkeit wegen ist die Grenzwertbildung lim(T → ∞) nicht mehr gesondert erwähnt.

Zeitbereich		Frequenzbereich	
$x(t)$	(1a)	$X(j\omega)$	(1b)
$x(t) = \frac{1}{2\pi}\int_{-\infty}^{\infty} X(j\omega)e^{j\omega t}\,d\omega$	(2a)	$X(j\omega) = \int_{-\infty}^{\infty} x(t)\,e^{-j\omega t}\,dt$	(2b)
$\Phi_{xx} = \frac{1}{2\pi}\int_{-\infty}^{\infty} S_{xx}(j\omega)e^{j\omega\tau}\,d\omega$	(3a)	$S_{xx}(j\omega) = \frac{\lvert X(j\omega)\rvert^2}{2T}$	(3b)
$\Phi_{xx} = \frac{1}{2T}\int_{-T}^{T} x(t)\,x(t-\tau)\,dt$	(4a)	$S_{xx}(j\omega) = \int_{-\infty}^{\infty} \Phi_{xx}(\tau)\,e^{-j\omega\tau}\,d\tau$	(4b)

als das Fourier-Integral in (2b). Trotzdem ist bei den heute verfügbaren Rechnern der Weg I der schnellere. Er wird im allgemeinen beschritten. Über die Fast-Fourier-Transformation läßt sich das Amplitudenspektrum (2b) schnell ermitteln und von diesem aus die Korrelationsfunktion bestimmen. So ist es kein Umweg, zur Bildung der Autokorrelationsfunktion zunächst vom Zeitbereich in den Frequenzbereich überzugehen und von dort wieder in den Zeitbereich zurückzukehren.

Korrelation zeitbegrenzter Funktionen. Werden die Formeln (7.16) und (7.17) auf zeitbegrenzte Vorgänge wie z.B. Impulse angewendet, so ergibt sich bei großen Mittelungszeiten für die Korrelationsfunktionen jeweils der Wert null. Um dies zu vermeiden, wird bei der Korrelation zeitbegrenzter Funktionen auf die Division durch $2T$ verzichtet. Damit bleiben die folgenden Rechenvorschriften übrig:

$$\Phi_{xx}(\tau) = \int_{t=-\infty}^{\infty} x(t)\, x(t-\tau)\, dt \tag{7.32}$$

$$\Phi_{xy}(\tau) = \int_{t=-\infty}^{\infty} x(t)\, y(t-\tau)\, dt \tag{7.33}$$

$$S_{xx}(j\omega) = |X(j\omega)|^2 = X(j\omega)\, X^*(j\omega) \tag{7.34}$$

$$S_{xy}(j\omega) = X(j\omega)\, Y^*(j\omega) \tag{7.35a}$$

$$S^*_{xy}(j\omega) = X^*(j\omega)\, Y(j\omega) \tag{7.35b}$$

- **Beispiel 7.4.** Gegeben ist die Funktion

$$x(t) = e^{-t} \qquad \text{für} \qquad t \geq 0\,.$$

Die Spektral- und Korrelationsfunktionen dieser zeitbegrenzten Funktion sind zu berechnen. Die Ergebnisse sind in Tabelle 7.3 zusammengestellt und in Bild 7.6 wiedergegeben, wobei die folgenden Zwischenrechnungen notwendig waren:

$$\text{(2b):} \quad X(j\omega) = \int_0^{\infty} e^{-t}\, e^{-j\omega t}\, dt = \int_0^{\infty} e^{-(1+j\omega)t}\, dt = \frac{1}{1+j\omega}$$

$$\text{(3b):} \quad S_{xx}(j\omega) = \frac{1}{(1+j\omega)(1-j\omega)} = \frac{1}{1+\omega^2}$$

$$\text{(4b):} \quad S_{xx}(j\omega) = \frac{1}{2}\int_{-\infty}^{\infty} e^{-\tau}\, e^{-j\omega\tau}\, d\tau$$

$$S_{xx}(j\omega) = \frac{1}{2}\int_{-\infty}^{0} e^{\tau}\, e^{-j\omega\tau}\, d\tau + \frac{1}{2}\int_{0}^{\infty} e^{-\tau}\, e^{-j\omega\tau}\, d\tau$$

$$= \frac{1}{2}\int_{-\infty}^{0} e^{-(j\omega-1)\tau}\, d\tau + \frac{1}{2}\int_{0}^{\infty} e^{-(j\omega+1)\tau}\, d\tau$$

$$= \frac{1}{2}\,\frac{-1}{j\omega-1} + \frac{1}{2}\,\frac{1}{j\omega+1} = \frac{1}{1+\omega^2}$$

$$\text{(2a)}:\quad x(t) = \frac{1}{2\pi}\int_{-\infty}^{\infty} \frac{1}{1+j\omega}\, e^{j\omega t}\, d\omega$$

$$= \frac{1}{2\pi}\, 2\pi j\, \mathrm{Res}(j) = j\left(-j\, e^{-t}\right) = e^{-t} \quad \text{für} \quad t > 0$$

Tab. 7.3 Korrelations- und Spektralfunktionen der zeitbegrenzten Funktion $x(t) = e^{-t}$ für $t \geq 0$ und $\tau \geq 0$

Zeitbereich	Frequenzbereich
$x(t) = e^{-t}$ (1a)	$X(j\omega) = \frac{1}{1+j\omega}$ (1b)
$x(t) = \frac{1}{2\pi}\int_{-\infty}^{\infty} X(j\omega)e^{j\omega t}\, d\omega$ $= e^{-t}$ (2a)	$X(j\omega) = \int_{t=-\infty}^{\infty} x(t)e^{-j\omega t}\, dt$ $= \frac{1}{1+j\omega}$ (2b)
$\Phi_{xx}(\tau) = \frac{1}{2\pi}\int_{\omega=-\infty}^{\infty} S_{xx}(j\omega)\, e^{j\omega\tau}\, d\omega$ $= \frac{1}{2}\, e^{-\tau}$ (3a)	$S_{xx}(j\omega) = \lvert X(j\omega)\rvert^2$ $= \frac{1}{1+\omega^2}$ (3b)
$\Phi_{xx}(\tau) = \int_{t=-\infty}^{\infty} x(t)\, x(t-\tau)\, dt$ $= \frac{1}{2}\, e^{-\tau}$ (4a)	$S_{xx}(j\omega) = \int_{\tau=-\infty}^{\infty} \Phi_{xx}\, e^{-j\omega\tau}\, d\tau$ $= \frac{1}{1+\omega^2}$ (4b)

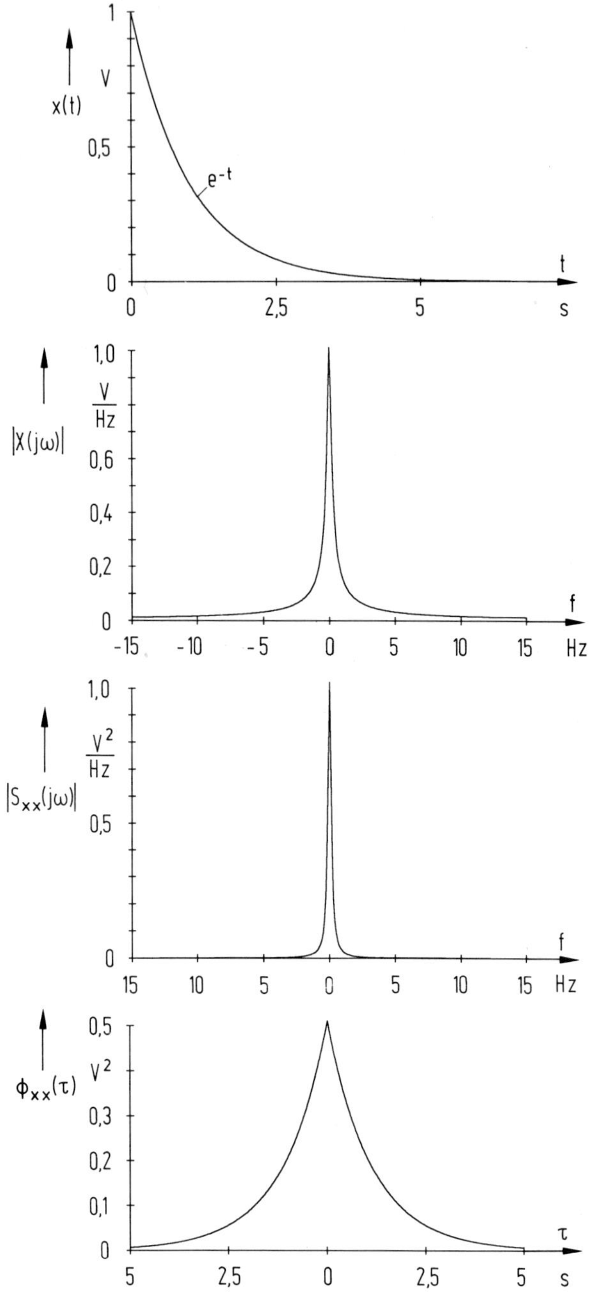

Bild 7.6 Zeitfunktion $x(t) = \mathrm{e}^{-t}$ Volt mit zugehörigem Betragsspektrum $|X(j\omega)|$, Autokorrelationsfunktion $\Phi_{xx}(\tau)$ und Autoleistungsdichtespektrum $|S_{xx}(j\omega)|$.

$$(3a): \quad \Phi_{xx}(\tau) = \frac{1}{2\pi} \int\limits_{-\infty}^{\infty} \frac{1}{1+\omega^2} e^{j\omega\tau} \, d\omega$$

$$= \frac{1}{2\pi} 2\pi j \operatorname{Res}(j) = \frac{1}{2} e^{-\tau} \qquad \text{für} \qquad \tau > 0$$

$$(4a): \quad \Phi_{xx}(\tau) = \int\limits_{t=\tau}^{\infty} e^{-t} e^{-(t-\tau)} \, dt = \int\limits_{t=\tau}^{\infty} e^{-2t+\tau} \, dt$$

$$= \frac{1}{2} e^{-\tau} \qquad \text{für} \quad \tau > 0$$

7.4 Anwendungen der Korrelations-Meßtechnik

7.4.1 Bestimmung von Effektivwert und Wirkleistung

Effektivwert und Wirkleistung lassen sich unabhängig von der Kurvenform der Signale mittels einer Korrelationsmessung bestimmen.

Effektivwert. Zu ermitteln ist die AKF $\Phi_{xx}(\tau)$ des Signals. Wie die Gleichung (7.19) zeigt, liefert diese bei dem Argument $\tau = 0$ das Quadrat des Effektivwerts

$$\Phi_{xx}(\tau = 0) = x_{eff}^2 \,. \tag{7.36}$$

Wirkleistung. Für die nachfolgende Ableitung werden eine sinusförmige Spannung $u(t)$ und ein ebenfalls sinusförmiger Strom $i(t)$ angenommen mit

$$u(t) = \hat{u} \sin \omega t$$

$$i(t) = \hat{i} \sin(\omega t + \varphi) \,.$$

Die Kreuzkorrelation dieser Signale liefert

$$\Phi_{ui}(\tau) = \lim_{T\to\infty} \frac{1}{2T} \int\limits_{-T}^{T} u(t) \, i(t-\tau) \, dt \,.$$

Die Lösung dieses Integrals ergibt

$$\Phi_{ui}(\tau) = \frac{\hat{u}}{\sqrt{2}} \frac{\hat{i}}{\sqrt{2}} \cos(\omega\tau - \varphi) \,.$$

Für $\tau = 0$ wird also die Wirkleistung P_w erhalten mit

$$P_w = \Phi_{ui}(\tau = 0) = U_{eff} \, I_{eff} \cos \varphi \,. \tag{7.37}$$

• **Beispiel 7.5.** Das Ergebnis einer Wirkleistungsmessung zeigt Bild 7.7. Die Wirkleistung läßt sich bei $\tau = 0$ zu $P_w = 0{,}09\,\mathrm{VA}$ ablesen. Darüberhinaus kann der KKF auch der Phasenwinkel φ entnommen werden. Die KKF hat ihr Maximum bei

$$\cos(\omega\tau - \varphi) = 1$$

$$\omega\tau - \varphi = 0 \tag{7.38}$$

$$\varphi = \omega\tau\,.$$

Das erste Maximum der in Bild 7.7 dargestellten Kurve liegt bei $\tau = 1{,}75\,\mathrm{ms}$. Für eine Frequenz von $f = 10^2\,\mathrm{Hz}$ folgt daraus der Phasenwinkel φ zu

$$\varphi = 2\pi f\tau = 2\pi \cdot 10^2 \cdot 1{,}75 \cdot 10^{-3} = 1{,}1\,.$$

Umgerechnet auf 360° ergibt sich

$$\varphi = 63^o\,; \qquad \cos\varphi = 0{,}45\,.$$

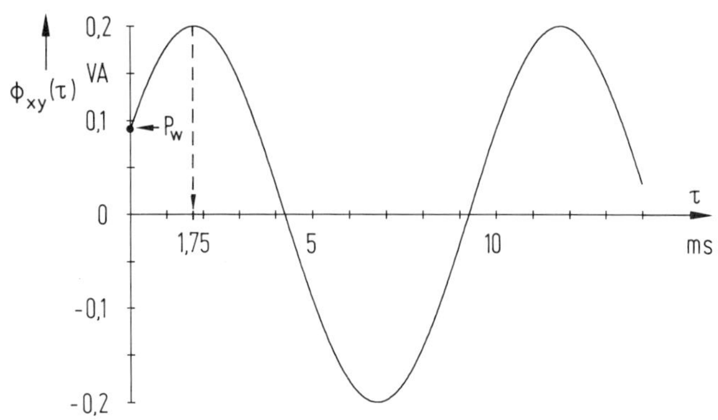

Bild 7.7 Messung der Wirkleistung mit Hilfe der KKF; Wirkleistung $P_w = 0.09$ VA; $\cos\phi = 0{,}45$.

7.4.2 Trennung stochastischer und periodischer Signale

Messungen werden oft durch Rauschen gestört. Die AKF eines Rauschsignals hat ihr Maximum bei der Verzögerungszeit $\tau = 0$ und geht relativ rasch gegen null. Die AKF eines periodischen Signals andererseits ist eine Cosinusfunktion. Ist nun ein periodisches Zeitsignal durch ein stochastisches Signal gestört, so überlagern sich die dazugehörigen Autokorrelationsfunktionen. Bei der Verzögerungszeit $\tau = 0$ entsteht so ein Maximum. Mit zunehmender Verzögerungszeit verschwindet die AKF des Rauschsignals und übrig bleibt die nichtgestörte

AKF des periodischen Signals. Auf diese Weise lassen sich stochastische und periodische Signale trennen. Die AKF des periodischen Signals hat dieselbe Frequenz wie das Zeitsignal, so daß dieses jetzt rauschfrei gemessen werden kann.

• **Beispiel 7.6.** Die Versuchsanordnung von Bild 7.8 soll diesen Sachverhalt erläutern. Ein Glas Wasser wird erwärmt und umgerührt. Seine Temperatur wird mit einem Thermoelement gemessen. Die erhaltene Thermospannung ist

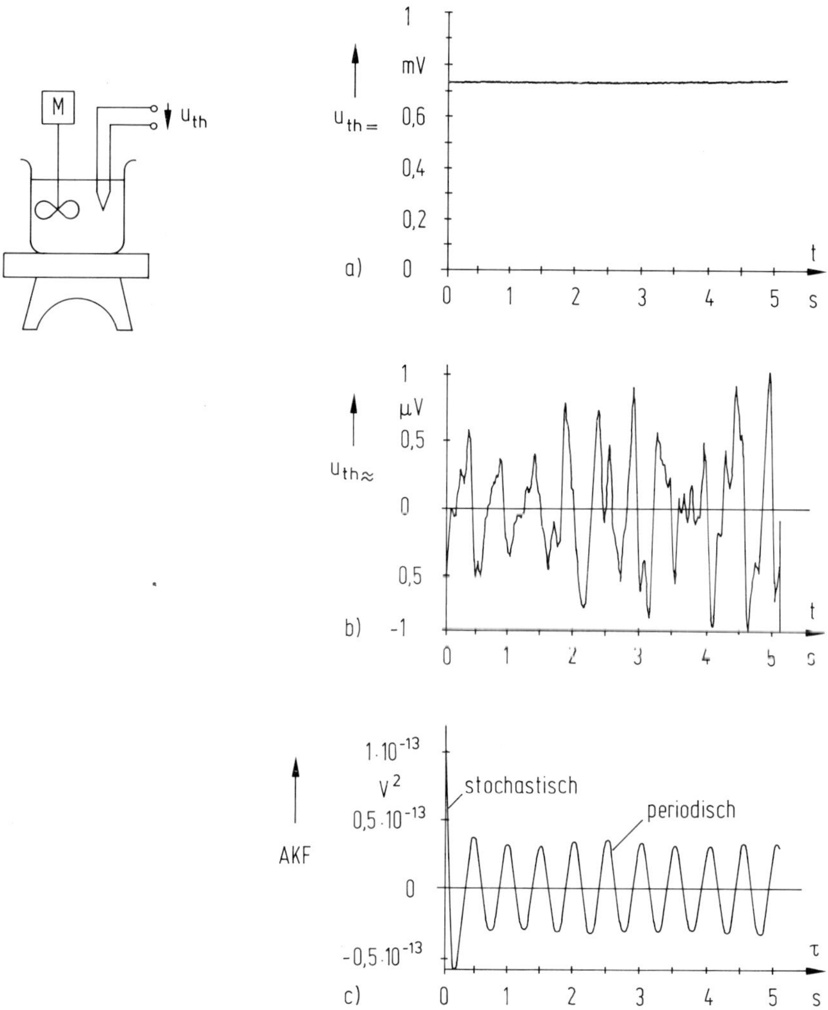

Bild 7.8 Trennung stochastischer und periodischer Signalkomponenten (Beispiel 7.6)

bei genauem Hinsehen etwas verrauscht (Bild a). Bei der üblichen Temperaturmessung wird das Rauschen, sollte es die Meßgenauigkeit begrenzen, durch eine Vergrößerung der Zeitkonstante, d.h. durch eine Tiefpaßfilterung, reduziert.

Für unsere Aufgabenstellung interessiert aber gerade das Rauschen. Das Thermoelementsignal wird hochpaßgefiltert und um einen Faktor 1000 verstärkt. Dieses Signal sieht strukturiert aus (Bild b). Es wird abgetastet, digitalisiert und seine AKF wird berechnet (Bild c). Die AKF enthält eine stochastische und eine periodische Komponente. Der stochastische Anteil resultiert aus den Turbulenzen der Wärmebewegung. Der periodische Beitrag geht auf den Rührer zurück. Die stochastische Komponente klingt relativ schnell ab. Übrig bleibt die ungestörte periodische Komponente. Aus ihr lassen sich die Periode und damit die Drehzahl des Rührers bestimmen. Diese Information steckt in dem kaum sichtbaren Rauschsignal des Thermoelements und kann über die Korrelationsmessung extrahiert werden.

Die Korrelationsmessung benötigt bei der geringen Rauschspannung von Bild 7.8 relativ viel Zeit. So wurde insgesamt über 1697 Abtastsätze gemittelt, wobei die Aufnahme eines Abtastsatzes 5 Sekunden dauerte.

7.4.3 Extraktion korrelierter Signalanteile

Prinzip. Betrachtet wird ein Signal $x_0(t)$, das auf zwei verschiedenen Wegen, in zwei parallelen Kanälen, weiterverarbeitet wird (Bild 7.9). Dabei überlagert sich dem Nutzsignal einmal die Störung $s_1(t)$ und einmal die Störung $s_2(t)$. Daraus resultieren die Signale $x_1(t)$ und $x_2(t)$ mit

$$x_1(t) = x_0(t) + s_1(t) \tag{7.39}$$

$$x_2(t) = x_0(t) + s_2(t) \tag{7.40}$$

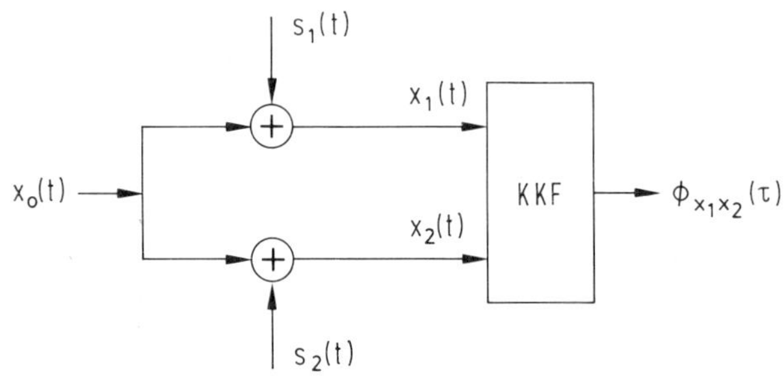

Bild 7.9 Parallele Signalverarbeitung zur Unterdrückung nichtkorrelierter Signalanteile

Wird nun die KKF aus den beiden Signalen $x_1(t)$ und $x_2(t)$ gebildet, so führt das zu dem Ausdruck

$$\begin{aligned}\Phi_{x_1x_2}(\tau) &= \lim_{T\to\infty} \frac{1}{2T} \int_{-T}^{T} x_1(t)\, x_2(t-\tau)\, d\tau \\ &= \lim_{T\to\infty} \frac{1}{2T} \int_{-T}^{T} \left[x_0(t) + s_1(t)\right] \left[x_0(t-\tau) + s_2(t-\tau)\right] dt \\ &= \lim_{T\to\infty} \frac{1}{2T} \left[\int_{-T}^{T} x_0(t)\, x_0(t-\tau)\, dt + \int_{-T}^{T} s_1(t)\, x_0(t-\tau)\, dt \right. \\ &\qquad \left. + \int_{-T}^{T} x_0(t)\, s_2(t-\tau)\, dt + \int_{-T}^{T} s_1(t)\, s_2(t-\tau)\, dt \right] . \end{aligned} \tag{7.41}$$

Es wird nun angenommen, daß die beiden Rauschsignale $s_1(t)$ und $s_2(t)$ nicht korreliert sind. Damit verschwindet das letzte Integral in der obigen Gleichung, das der KKF der beiden Rauschsignale entspricht. Des weiteren wird nun unterstellt, daß die Rauschsignale $s_1(t)$ und $s_2(t)$ gleichstromfrei, also reine Wechselsignale sind. In diesem Fall verschwindet auch das zweite und das dritte Integral, so daß schließlich übrig bleibt

$$\begin{aligned}\Phi_{x_1x_2}(\tau) &= \lim_{T\to\infty} \frac{1}{2T} \int_{-T}^{T} x_0(t)\, x_0(t-\tau)\, dt \\ &= \Phi_{x_0x_0}(\tau) . \end{aligned} \tag{7.42}$$

Die KKF aus den beiden Signalen $x_1(t)$ und $x_2(t)$, die die gemeinsame Nutzkomponente $x_0(t)$ enthalten, ist gleich der AKF dieses Nutzsignals. Die Störungen fallen also heraus. Sie verschwinden auch, wenn nur einer der beiden Kanäle gestört ist. Generell zeigt (7.42), daß in der Kreuzkorrelation zweier Signale nur die korrelierten Anteile übrig bleiben (Bild 7.10).

Rauschunterdrückung. Wird ein beliebiges Signal in zwei parallelen Verstärkern verstärkt und werden anschließend die beiden verstärkten Signale kreuzkorreliert, so wird das Rauschen der beiden Verstärker eliminiert. Dieses Verfahren ist effektiver als die reine Verdopplung der Geräte und die Mittelung der Verstärkersignale, da dann das Signal/Rausch-Verhältnis nur auf $1/\sqrt{2}$ zurückgeht.

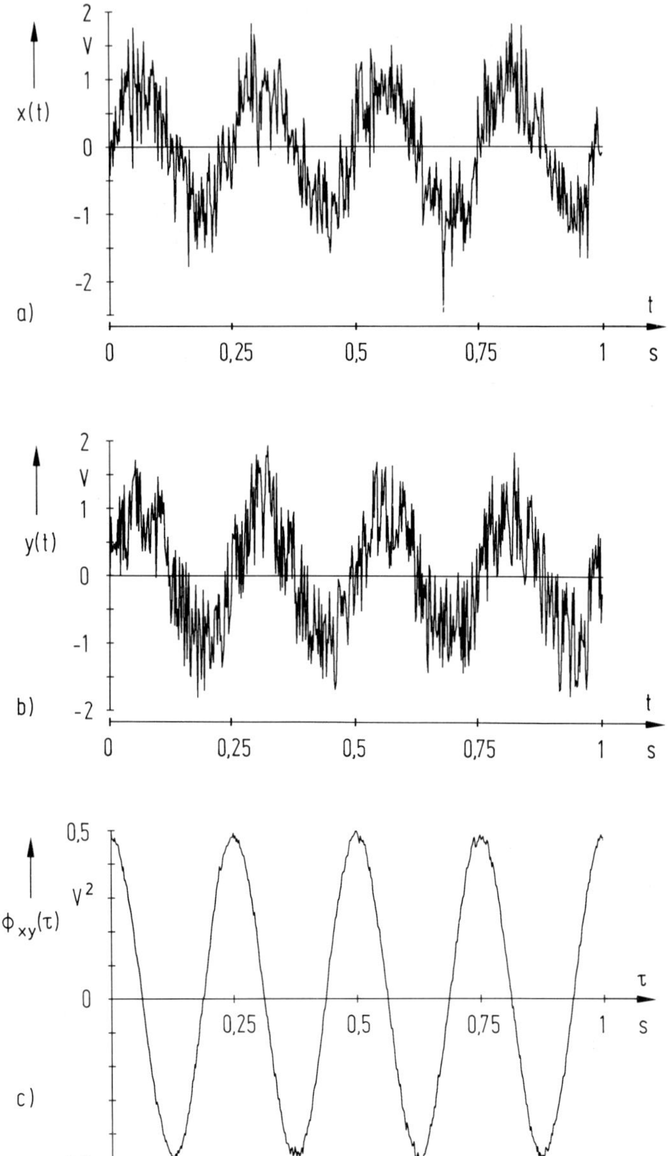

Bild 7.10 Unterdrückung nichtkorrellierter Signalanteile durch die Bildung der KKF

a) $x(t) = \sin \omega t$ V, überlagert von normalverteiltem Rauschen mit dem Effektivwert $x_{eff} = 0,5$ V

b) $x(t) = \sin \omega t$ V, überlagert von gleichverteiltem Rauschen mit der Amplitude ± 1 V

c) KKF, berechnet aus 512 Wertepaaren. Das Rauschen ist weitgehend eliminiert. Übrig geblieben ist die Cosinusfunktion als Autokorrelierte des gemeinsamen Sinussignals.

Laufzeitmessung. Betrachtet wird die Meßanordnung von Bild 7.11. Ein sich bewegendes Medium wird durchleuchtet und von zwei in Strömungsrichtung hintereinander sitzenden Photodetektoren beobachtet. Das Medium ist inhomogen, so daß die beiden Detektoren in einem bestimmten zeitlichen Abstand ungefähr dieselbe Situation sehen und so ähnliche Signale liefern. $x(t)$ ist das Signal des ersten Detektors und $y(t)$ ist das des zweiten. Die Detektoren sitzen im Abstand l. Bei der Geschwindigkeit v des Mediums benötigt dieses die Laufzeit T

$$T = \frac{l}{v}, \tag{7.43}$$

um vom Ort des ersten Detektors zu dem des zweiten zu gelangen. Damit hat das Signal y zum Zeitpunkt t etwa denselben Wert, den das Signal x zum Zeitpunkt $t - T$ hatte:

$$y(t) = x(t - T). \tag{7.44}$$

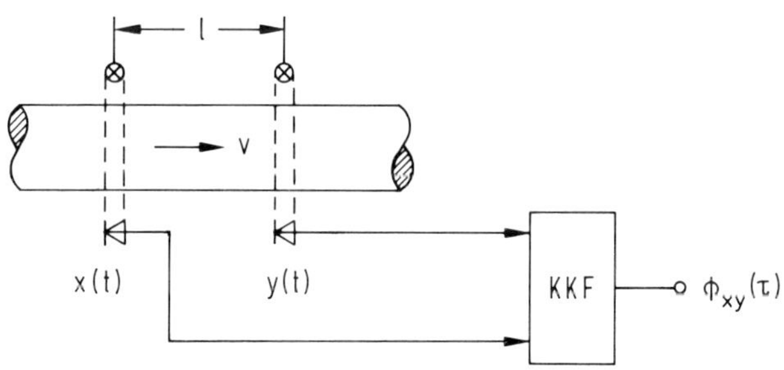

Bild 7.11 Laufzeitmessung über die Bildung der KKF

Wird nun die KKF aus den beiden Signalen gebildet, so entsteht

$$\begin{aligned}\Phi_{xy}(\tau) &= \lim_{T\to\infty} \frac{1}{2T} \int_{-T}^{T} x(t)\, y(t-\tau)\, dt \\ &= \lim_{T\to\infty} \frac{1}{2T} \int_{-T}^{T} x(t)\, x(t-T-\tau)\, dt \\ &= \Phi_{xx}(\tau - T).\end{aligned} \tag{7.45}$$

Die KKF der beiden Signale ist die um die Laufzeit T verschobene AKF des ersten Signals. Die KKF hat ein Maximum bei der Verzögerungszeit $\tau = T$.

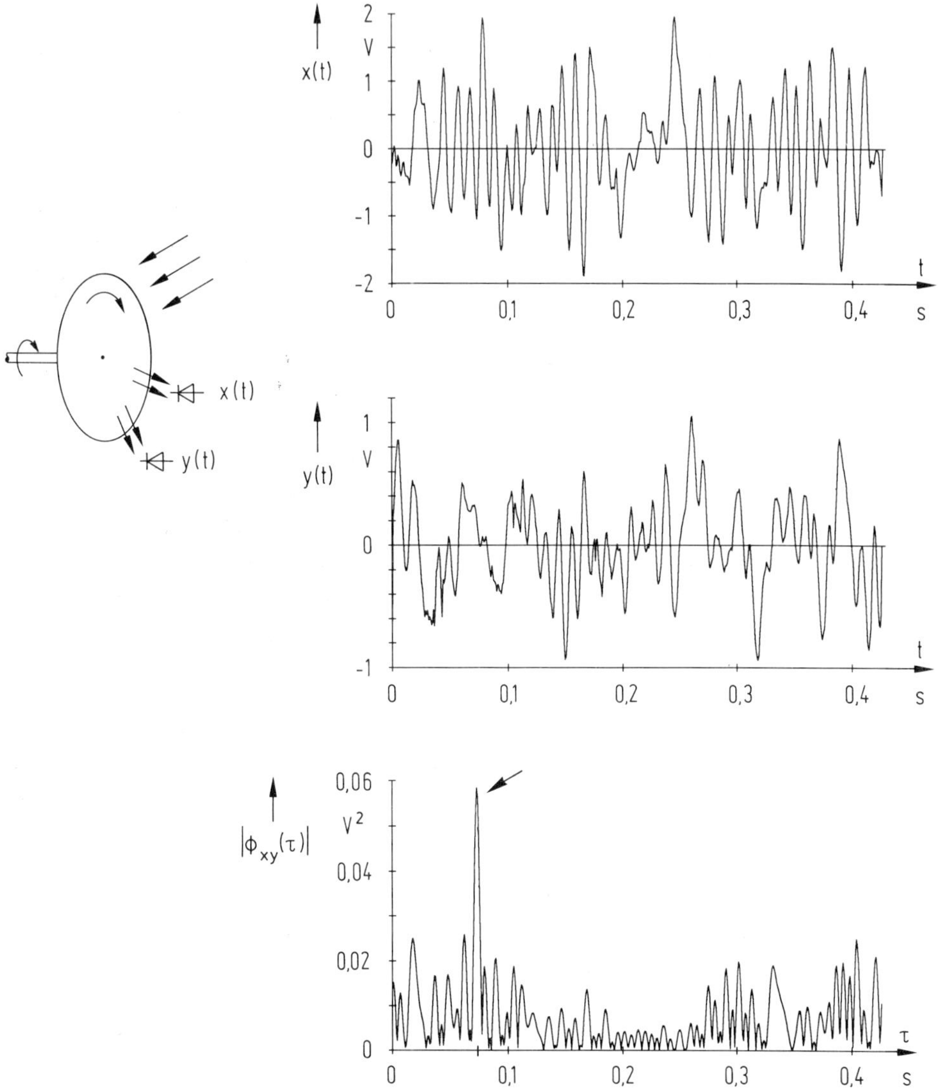

Bild 7.12 Drehzahlmessung über die Bildung der KKF. Eine sich drehende Scheibe wird beleuchtet. Das reflektierte Licht fällt auf zwei konzentrisch angeordnete Dioden. Diese liefern die Signale $x(t)$ und $y(t)$. Die KKF der Signale wird gebildet. Das Maximum liegt bei $\tau = 0,07$ s. Sind die Dioden z.B. um $2\pi/4$ versetzt, so ergibt sich die für eine Umdrehung der Scheibe benötigte Zeit zu $t = 4 \cdot 0,07$ s $= 0,28$ s. Daraus errechnet sich die Drehzahl zu $3,57\ s^{-1}$ oder 214 Upm.

Dieses Maximum wird in der KKF gesucht und die dazugehörige Verzögerungszeit τ wird ermittelt. Damit ist die Laufzeit T bekannt und aus (7.43) kann entweder

- bei bekanntem Abstand l die Geschwindigkeit v des Mediums (Geschwindigkeitsmessung) oder
- bei bekannter Geschwindigkeit v die Entfernung l bestimmt werden (Ortung).

Geschwindigkeitsmessung. Das Verfahren der berührungslosen Geschwindigkeitsmessung über die Bildung KKF wird häufig eingesetzt. Das sich bewegende inhomogene Medium kann fest, flüssig oder gasförmig sein. Beispiele sind Papier, gewebter Stoff, glühende Lava, gewalzte Bänder, Papierbrei, verschmutzte Abwasser, Rauchgase. Das sich bewegende Medium kann optisch, thermisch oder auch akustisch mittels Ultraschall beobachtet werden. Darüberhinaus wird die Methode auch zur Geschwindigkeitsmessung bei Fahrzeugen (Pkw, Ackerschlepper, Eisenbahn) verwendet. Das Fahrzeug enthält im einfachsten Fall zwei in einem bestimmten Abstand sitzende Optiken mit Photodetektoren. Diese beobachten den Straßenbelag. Ihre Signale werden kreuzkorreliert. Aus der KKF ergibt sich die Laufzeit und aus dieser die wahre Geschwindigkeit v über Grund, unabhängig von einem eventuellen Schlupf der Räder.

In derselben Weise wie Geschwindigkeitsmessungen lassen sich auch Drehzahlmessungen durchführen (Bild 7.12).

Ortung. Eine Antenne strahlt ein bestimmtes Signalmuster ab. Trifft dieses auf ein Objekt, so wird ein Teil der Strahlung reflektiert und nach der Laufzeit T am Ort der Sendestation wieder empfangen. Dort wird das reflektierte Signal mit dem ausgesandten Signal kreuzkorreliert, wobei das Sendesignal jeweils um τ verzögert wird (Bild 7.13). Die ermittelte KKF hat ein Maximum bei $\tau = T$, womit die Laufzeit T und bei der bekannten Lichtgeschwindigkeit c des Signals (über 7.43) und auch die Entfernung l des Objekts

$$l = 0,5\,T\,c \tag{7.46}$$

bekannt ist.

Bei der Unterwasserortung werden keine elektromagnetischen, sondern akustische Wellen abgestrahlt. Dabei werden Geräuschmuster verwendet, die dem zu ortenden Objekt angepaßt sind. Von diesem können sie nicht von den eigenen Geräuschen unterschieden werden. Die Sendestation kennt aber die Muster; sie bildet die KKF aus dem abgestrahlten und dem reflektierten Signal. Daraus ergibt sich die Laufzeit T und aus dieser wieder die Entfernung l des gesuchten Objekts.

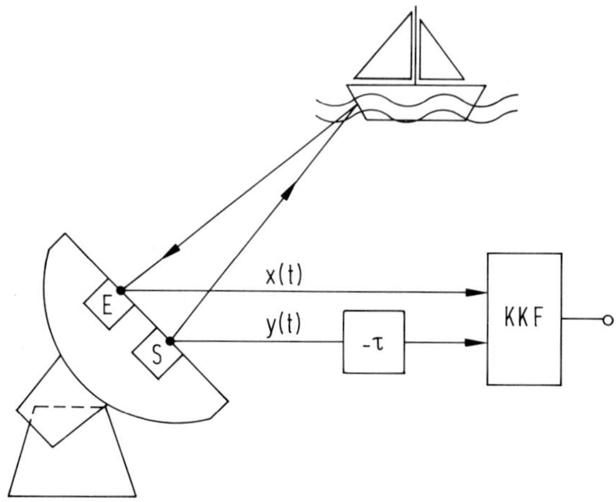

Bild 7.13 Bestimmung der Entfernung eines gesuchten Objekts über die Bildung der KKF. S = Sender, E = Empfänger

Nach demselben Verfahren lassen sich auch in Rohrleitungen Lecks lokalisieren. An zwei zugänglichen Stellen der im Boden liegenden Rohrleitung werden Körperschallaufnehmer so angebracht, daß die vermutete Leckstelle zwischen den Detektoren zu liegen kommt (Bild 7.14). Das ausströmende Medium verursacht stochastische Geräusche. Diese werden über die Rohrleitung zu den Körperschallaufnehmern übertragen. Deren Signale sind korreliert. Aus der KKF ergibt sich der Unterschied der beiden Laufzeiten und damit die Lage der Leckstelle.

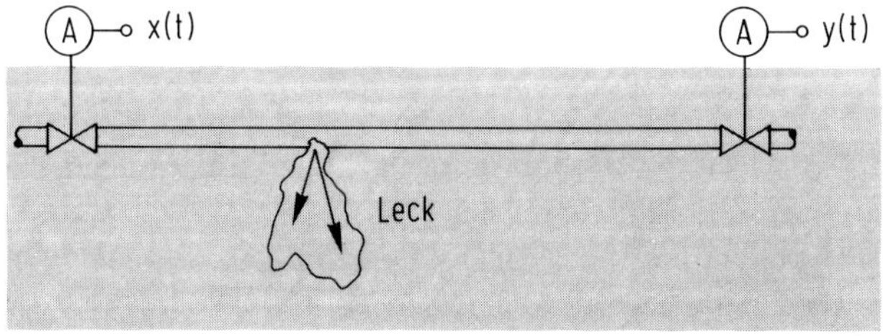

Bild 7.14 Ortung des Lecks einer im Erdreich verlegten Wasserleitung über die KKF der von den Körperschallaufnehmern A gelieferten Signale $x(t)$ und $y(t)$

7.4.4 Ermittlung der Systemfunktion

Die Identifikation eines Geräts oder Systems gestattet, das statische und dynamische Verhalten zu beschreiben. Die Aufgabe ist gelöst, wenn entweder die Übertragungsfunktion oder die Gewichtsfunktion angegeben werden kann. Die Korrelationsmeßtechnik leistet hierfür eine gute Hilfe. Die entsprechenden Beziehungen sind nachfolgend für kontinuierliche Signale angegeben. Sie gelten entsprechend auch für digitalisierte Daten.

Übertragungsfunktion.

Die Übertragungsfunktion $G(j\omega)$ eines Geräts oder eines Systems läßt sich dadurch gewinnen, daß die zu untersuchende Komponente mit einem sinusförmigen Signal stimuliert und das Antwortsignal gemessen wird. Die Übertragungsfunktion ergibt sich als Verhältnis aus dem Ausgangssignal $y(t)$ und dem Eingangssignal $x(t)$ zu

$$\boxed{G(j\omega) = \frac{\widehat{y}\, e^{j\varphi}\, e^{j\omega t}}{\widehat{x}\, e^{j\omega t}}\,.} \tag{7.47}$$

Diese Beziehung läßt sich verallgemeinern, indem die Übertragungsfunktion aus der Fourier-Transformierten $Y(j\omega)$ des Ausgangssignals und der Transformierten $X(j\omega)$ des Eingangssignals gebildet wird,

$$\boxed{G(j\omega) = \frac{Y(j\omega)}{X(j\omega)}\,.} \tag{7.48}$$

Sind die Signale verrauscht, so kann nach (7.48) die Übertragungsfunktion nur ungenau gewonnen werden. In diesem Fall empfiehlt es sich, die Möglichkeiten der Korrelationsmeßtechnik zu nutzen.

Indem in (7.48) Zähler und Nenner mit dem konjugiert Komplexen der Fourier-Transformierten des Eingangssignal erweitert werden, entsteht unter Berücksichtigung von (7.29) und (7.30)

$$\boxed{G(j\omega) = \frac{Y(j\omega)\, X^*(j\omega)}{X(j\omega)\, X^*(j\omega)} = \frac{S_{xy}(j\omega)}{S_{xx}(j\omega)}\,.} \tag{7.49}$$

Die Übertragungsfunktion $G(j\omega)$ ergibt sich so als Quotient vom Kreuzleistungsdichtespektrum KLDS und Autoleistungsdichtespektrum ALDS. Diese Beziehung hat eine große praktische Bedeutung. Definitionsgemäß enthält das KLDS nur die Signalanteile der Zeitfunktionen, die miteinander korreliert sind. Damit ist bei diesem Verfahren sichergestellt, daß weder die Störsignale des zu identifizierenden Systems noch die der Meßanordnung das Ergebnis verfälschen.

Besonders einfach ist die Auswertung von (7.49), wenn als Eingangssignal $x(t)$ weißes Rauschen benutzt wird (Bild 7.15). Im weißen Rauschen sind definitionsgemäß alle Frequenzen gleichmäßig enthalten. Das zugehörige ALDS $S_{xx}(j\omega)$ ist eine Konstante K,

$$S_{xx}(j\omega) = K \qquad \text{für weißes Rauschen.} \tag{7.50}$$

Dementsprechend ist bei einer Anregung mit weißem Rauschen das gemessene KLDS proportional der Übertragungsfunktion des Gerätes,

$$S_{xy}(j\omega) = K \cdot G(j\omega)\,. \tag{7.51}$$

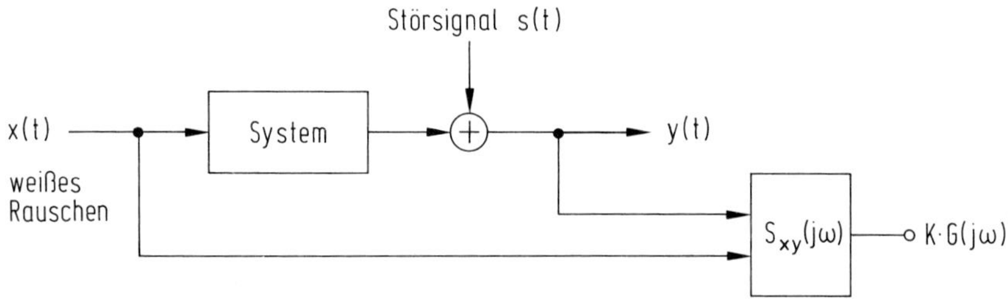

Bild 7.15 Anregung eines zu identifizierenden Systems durch weißes Rauschen und Ermittlung der Übertragungsfunktion aus dem Kreuzleistungsdichtespektrum

• **Beispiel 7.7.** In der Anordnung von Bild 7.15 soll ein System 2. Ordnung mit der Übertragungsfunktion und Impulsantwort von Bild 7.16 identifiziert werden. Das System wird mit weißem Rauschen als Eingangssignal $x(t)$ angeregt. Der Effektivwert des normalverteilten Rauschens beträgt $x_{eff} = 0{,}1\,\mathrm{V}$. Simuliert wird das System 2. Ordnung mit der Dämpfungskonstanten $D = 0{,}1$ und der Eigenfrequenz $f_0 = 200$ Hz. Das in der Praxis nicht zu vermeidende Störrauschen des Systems wird durch das Störsignal $s(t)$ mit dem Effektivwert von 0,015 V nachgebildet. $y(t)$ ist also das verrauschte Ausgangssignal. Eingangs- und Ausgangssignal werden mit der Abtastfrequenz $f_a = 5120\,\mathrm{Hz}$ abgetastet. Der zeitliche Verlauf der Signale ist in Bild 7.17 dargestellt.

Zunächst werden mit Hilfe der Diskreten Fouriertransformation die Amplitudenspektren berechnet. Dazu werden die Zeitsignale mit dem von-Hann-Fenster gewichtet. Diese Messungen und Rechnungen wurden insgesamt zehnmal wiederholt. Daraus resultieren die gemittelten Spektren $|\overline{X}_d(j\omega)|$ und $|\overline{Y}_d(j\omega)|$ (Bild 7.18). Aus ihnen wird nach Gl. (7.48) die Übertragungsfunktion $|G_d(j\omega)|$ bestimmt. Werte von $|\overline{X}_d(j\omega)|$ in der Nähe von null führen zu den Spikes in der Übertragungsfunktion.

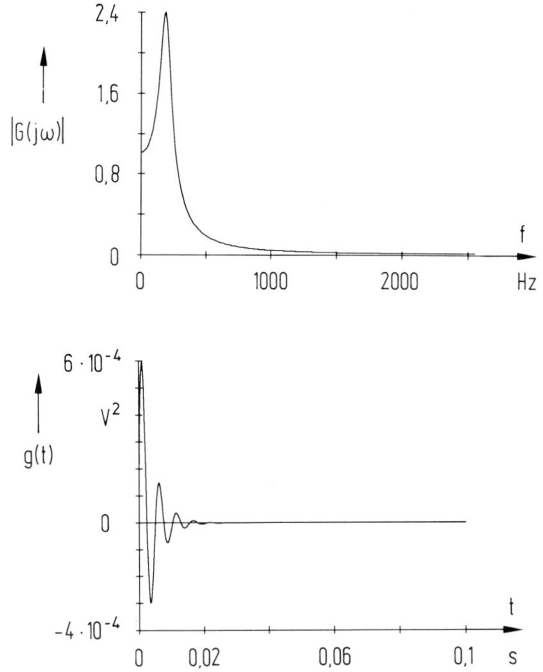

Bild 7.16 Übertragungsfunktion und Gewichtsfunktion des zu identifizierenden Systems von Beispiel 7.7

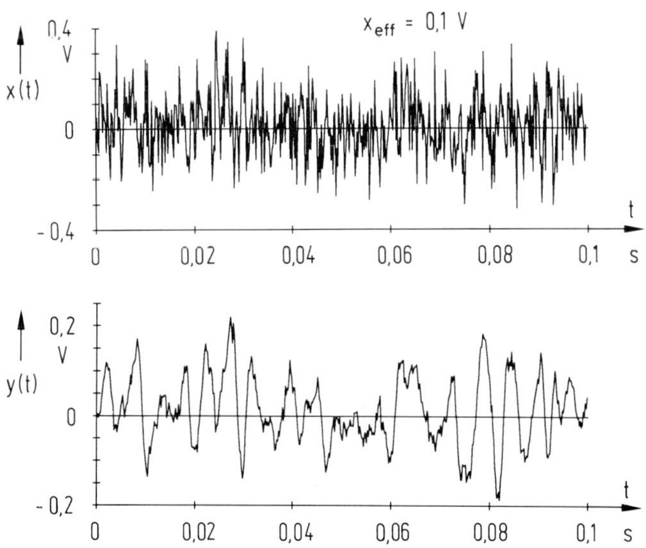

Bild 7.17 Eingangssignal $x(t)$ und Ausgangssignal $y(t)$ des Systems von Beispiel 7.7

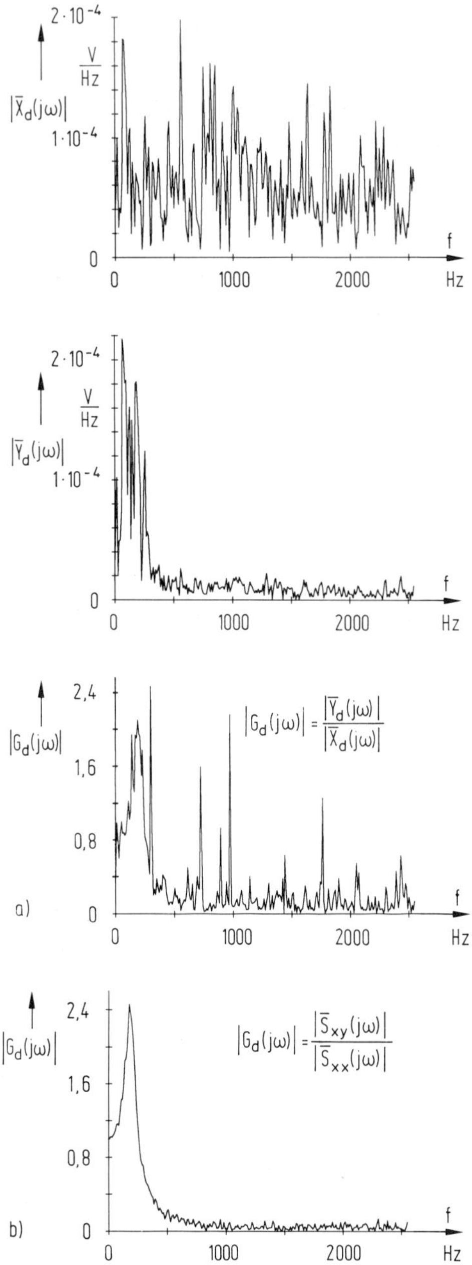

Bild 7.18 Bestimmung der Übertragungsfunktion des Systems von Beispiel 7.7
a) aus den Amplitudenspektren (Gl. 7.48)
b) aus den Leistungsspektren (Gl. 7.49). Hier stört das Rauschen praktisch nicht.

Besser ist, aus zehn Datensätzen zehn Autoleistungsdichtespektren S_{xx} und zehn Kreuzleistungsdichtespektren S_{xy} zu berechnen. Diese wurden jeweils gemittelt. Der Quotient der Mittelwerte $\overline{S}_{xy}$ und $\overline{S}_{xx}$ liefert die Übertragungsfunktion nach Gl. (7.49), die durch das Rauschen weniger gestört wird. Diese gemessene und berechnete Übertragungsfunktion gibt die theoretische Übertragungsfunktion von Bild 7.16 genügend genau wieder.

Gewichtsfunktion.

Die Antwort $y(t)$ eines Gerätes oder Systems auf das Eingangssignal $x(t)$ kann bei bekannter Impulsantwort $g(t)$ mit Hilfe des Faltungsintegrals berechnet werden:

$$y(t) = \int_{-\infty}^{\infty} g(v)\, x(t-v)\, dv\,. \tag{7.52}$$

Wird dieses Ausgangssignal $y(t)$ in die Definitionsgleichung der KKF eingesetzt, so entsteht

$$\begin{aligned}\Phi_{xy}(\tau) &= \lim_{T\to\infty} \frac{1}{2T} \int_{t=-T}^{T} x(t) \int_{v=-\infty}^{\infty} g(v)\, x(t-\tau-v)\, dv\, dt \\ &= \int_{v=-\infty}^{\infty} g(v) \left[\lim_{T\to\infty} \frac{1}{2T} \int_{t=-T}^{T} x(t)\, x(t-\tau-v)\, dt \right] dv \\ &= \int_{v=-\infty}^{\infty} g(v)\, \Phi_{xx}(\tau - v)\, dv\,. \end{aligned} \tag{7.53}$$

Die KKF zwischen dem Eingangs- und dem Ausgangssignal ist also die mit der Impulsantwort gefaltete AKF des Eingangssignals (Wiener-Lee-Beziehung).

Die letzte Gleichung soll für den Fall **weißen Rauschens** als Eingangssignal noch umgeformt werden. Das ideale weiße Rauschen hat ein Spektrum, das von der Frequenz unabhängig ist. Seine Leistungsdichte $S_{xx}(j\omega)$ ist eine Konstante,

$$S_{xx}(j\omega) = K\,.$$

Die Systemtheorie zeigt, daß zu einer konstanten Funktion im Frequenzbereich ein Dirac-Impuls im Zeitbereich gehört und umgekehrt. So hat z.B. der Gleichstrom (Konstante im Zeitbereich) den Dirac-Impuls als Spektrum (Frequenzbereich). Die zur Autoleistungsdichte $S_{xx}(j\omega)$ nun korrespondierende Funktion des Zeitbereichs ist die AKF $\Phi_{xx}(\tau)$. Ist $S_{xx}(\tau)$ eine Konstante, so muß die AKF die Form eines Dirac-Impulses $\delta(\tau)$ haben. Werden nun noch der Zahlenwert und die Einheit der Leistungsdichte K berücksichtigt, so gilt die Beziehung

$$\Phi_{xx}(\tau - v) = K \cdot \delta(\tau - v)\,. \tag{7.54}$$

Indem diese Gleichung in (7.53) eingesetzt wird, entsteht

$$\Phi_{xy}(\tau) = K \int_{-\infty}^{\infty} g(v)\,\delta(\tau - v)\,dv = K\,g(\tau)\,. \tag{7.55}$$

Die KKF ist in diesem Fall gerade die mit der Leistungsdichte K multiplizierte Gewichtsfunktion $g(\tau)$. Wird bei einer Anregung mit weißem Rauschen die KKF gemessen, so wird ein Signal proportional zur Impulsantwort (Gewichtsfunktion) erhalten (Bild 7.19).

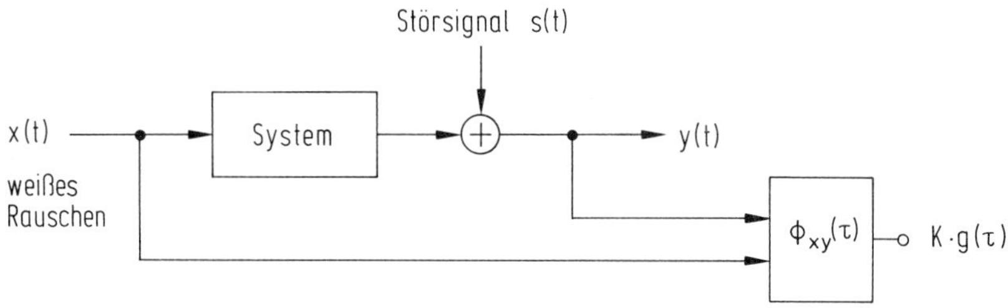

Bild 7.19 Anregung eines zu identifizierenden Systems durch weißes Rauschen und Ermittlung der Gewichtsfunktion aus der Kreuzkorrelationsfunktion

• **Beispiel 7.8.** Wie im vorausgegangenen Beispiel werden die Zeitsignale $x(t)$ und $y(t)$ abgetastet. Aus ihnen wird – ohne in den Frequenzbereich auszuweichen – die Kreuzkorrelationsfunktion berechnet. Dieses Vorgehen wird mit

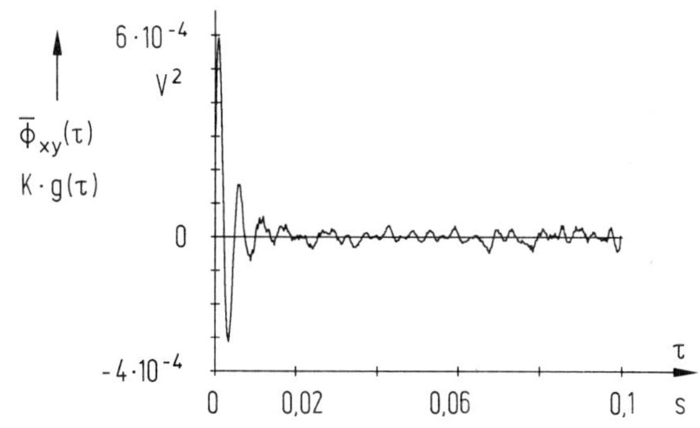

Bild 7.20 Die gemessene KKF $\Phi_{xy}(\tau)$ ist proportional der Gewichtsfunktion. (System von Beispiel 7.7)

unterschiedlichen Eingangsdaten insgesamt zehnmal wiederholt. Der Mittelwert der zehn Kreuzkorrelationsfunktionen liefert dann die mit der Leistungsdichte K multiplizierte Gewichtsfunktion $g(t)$ (Bild 7.20). Die gemessene Funktion ist zwar verrauscht, stimmt aber sonst mit der theoretischen Funktion von Bild 7.16 genüged gut überein.

Fouriertransformation der Gewichtsfunktion. Zum Abschluß dieses Abschnitts ist noch die Probe aufs Exempel zu machen. Wird die Gewichtsfunktion nach Fourier transformiert, so sollten sich die schon bekannten Formeln für die Übertragungsfunktion $G(j\omega)$ ergeben:

$$\int\limits_{\tau=-\infty}^{\infty} g(\tau)\, e^{-j\omega\tau}\, d\tau = G(j\omega)\,. \tag{7.56}$$

Für den speziellen Fall von weißem Rauschen als Eingangssignal liefert Gl. (7.55):

$$\int\limits_{\tau=-\infty}^{\infty} \Phi_{xy}(\tau) e^{-j\omega\tau} d\tau = K \int\limits_{\tau=-\infty}^{\infty} g(\tau) e^{-j\omega\tau} d\tau\,, \tag{7.57}$$

$$\boxed{S_{xy}(j\omega) = K\, G(j\omega)} \tag{7.58}$$

Dies ist die alte Beziehung (7.51).

Wird für den allgemeinen Fall Gl. (7.53) nach Fourier transformiert, so entsteht

$$\begin{aligned} \int\limits_{\tau=-\infty}^{\infty} \Phi_{xy}(\tau)\, e^{-j\omega\tau}\, d\tau &= \int\limits_{\tau=-\infty}^{\infty} \left(\int\limits_{v=-\infty}^{\infty} g(v)\, \Phi_{xx}(\tau - v)\, dv \right) e^{j\omega\tau}\, d\tau \\ &= \int\limits_{v=-\infty}^{\infty} g(v)\, e^{-j\omega v}\, dv \int\limits_{\tau=-\infty}^{\infty} \Phi_{xx}(\tau - v)\, e^{-j\omega(\tau - v)}\, d\tau\,. \end{aligned} \tag{7.59}$$

Damit enthält die letzte Zeile mit

$$\boxed{S_{xy}(j\omega) = G(j\omega)\, S_{xx}(j\omega)} \tag{7.60}$$

das schon von (7.49) her bekannte Ergebnis.

Die Formeln wurden bislang für kontinuierliche Signale abgeleitet. Im Falle zeitdiskreter Meßwerte geht Gl. (7.57) über in

$$\begin{aligned}\sum_{k=0}^{M} \Phi_{xy}(kT_a)\, e^{-j\omega kT_a} &= K \sum_{k=0}^{M} g(kT_a)\, e^{-j\omega kT_a} \\ &= K\, G_d(j\omega)\,. \end{aligned} \tag{7.61}$$

$$\boxed{G_d(j\omega) = \frac{\sum_{k=0}^{M} \Phi_{xy}(kT_a)\, e^{-j\omega kT_a}}{K}\,.} \tag{7.62}$$

In gleicher Weise entsteht aus (7.59)

$$\sum_{k=0}^{M} \Phi_{xy}(kT_a)\, e^{-j\omega kT_a} = \sum_{k=0}^{M} g(kT_a)\, e^{-j\omega kT_a} \sum_{k=0}^{M} \Phi_{xx}(kT_a)\, e^{-j\omega kT_a} \tag{7.63}$$

$$\boxed{G_d(j\omega) = \frac{\sum_{k=0}^{M} \Phi_{xy}(kT_a)\, e^{-j\omega kT_a}}{\sum_{k=0}^{M} \Phi_{xx}(kT_a)\, e^{-j\omega kT_a}}\,.} \tag{7.64}$$

• **Beispiel 7.9.** Die Formeln des vorausgegangenen Abschnitts sollen noch experimentell überprüft werden. Unter der Annahme weißen Rauschens als Anregesignal mit der gemittelten, konstanten Leistungsdichte K ergibt sich entsprechend (7.62) die Kurve von Bild 7.21a.

Die allgemeinere Beziehung (7.64) liefert das bessere Ergebnis. Hier wird mit der jeweiligen, von der Frequenz abhängigen Autoleistungsdichte und nicht mit dem ausgemittelten Wert K gerechnet. Das Ergebnis von Bild 7.21b ist praktisch nicht mehr verrauscht und stimmt genügend gut mit den Funktionen der Bilder 7.16 und 7.18 überein.

Dabei wurde jetzt anders als im Beispiel 7.7 vorgegangen. Der Unterschied liegt darin, daß hier die Korrelationsfunktionen direkt aus den Zeit- und nicht aus den Spektralfunktionen berechnet wurden. Im Sinne von Tab. 7.2 wurde der Weg (1a), (4a), (4b) beschritten, während die Übertragungsfunktion von Bild 7.18 weitgehend im Frequenzbereich ermittelt wurde (1a, 1b, 2b, 3b). Beide Wege liefern das gleiche Ergebnis.

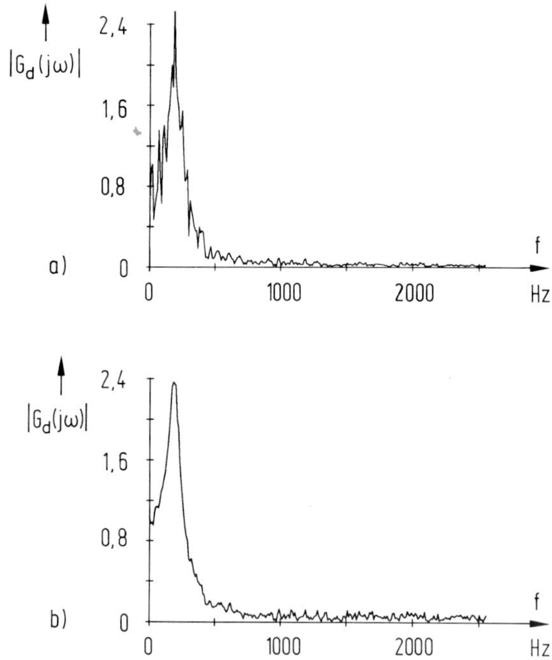

Bild 7.21 Übertragungsfunktionen von Beispiel 7.9
a) berechnet mit Gl. (7.62)
b) berechnet mit Gl. (7.64)

A Programmsystem NUMERI

Umfang. Das Programmsystem NUMERI, das als Ergänzung zu diesem Buch erhältlich ist, erlaubt dem Anwender, die behandelten Algorithmen praktisch kennenzulernen.

NUMERI stellt unter einer einheitlichen Oberfläche die Rechenverfahren der digitalen Signalverarbeitung, die in diesem Buch beschrieben werden, zur Verfügung. Der Benutzer muß dabei nicht einzelne Routinen zu einem lauffähigen Programm zusammenbinden, sondern kann auf ein komplettes System zurückgreifen. Spezielle Programmierkenntnisse sind somit nicht erforderlich. Der Anwender wird interaktiv über Auswahl-Menüs durch das Programm geführt. Er hat gleichzeitig jedoch genügend Freiheiten, um sich ein Bild von der Wirkungsweise, Qualität und den Einsatzmöglichkeiten der Algorithmen machen zu können. Große Anstrengungen wurden unternommen, um unsinnige oder falsche Parametervorgaben abzufangen. Eine HILFE-Funktion unterstützt die Arbeit durch ergänzende Hinweise.

Die Struktur des Programms entspricht der Kapitel-Einteilung des Buches: jedem Kapitel ist ein Menüpunkt des Hauptprogramms zugeordnet. Die Rechenverfahren jedes Kapitels sind unabhängig voneinander durchzuführen. Lediglich die Erzeugung und/oder Aufbereitung der zu verarbeitenden Daten und die Ausgabe der Ergebnisse sind in allen Kapiteln identisch. Darüberhinaus stehen im Abschnitt A.0 dem Benutzer noch Programmteile zur freien Anwendung und zur Lösung zusätzlicher Aufgaben zur Verfügung.

In den folgenden Kommentaren zu den einzelnen Programmteilen ist erläutert, warum und wie weit die abgeleiteten Algorithmen im Interesse einer höheren Rechengenauigkeit oder kürzeren Rechenzeit noch umgeformt wurden.

Gerätetechnik. Um das Programmpaket NUMERI nutzen zu können, müssen die folgenden Geräte zur Verfügung stehen:

- ein Arbeitsplatzrechner IBM XT, AT (oder ein kompatibler Rechner wie z.B. Siemens 16-05, HP Vectra, Nixdorf M75) oder ein Rechner PS/2, der mit den DOS-Versionen 2.x oder 3.x arbeitet,
- eine CGA/EGA/VGA/Hercules- oder kompatible Grafik-Karte,
- eine Festplatte mit etwa 500 kByte freiem Speicherplatz,
- optional: ein mathematischer Co-Prozessor 80x87,
- optional: ein Drucker mit Centronics-Schnittstelle zum Ausdruck der Ergebnisse.

Benutzerführung. Die Bedienerführung erfolgt im Programm grundsätzlich durch Ziffern-Menüs: Aus einer Anzahl von Möglichkeiten wählt der Anwender über eine Zifferntaste einen Menüpunkt, in den das Programm anschließend verzweigt.

Die Parameter für die Algorithmen werden in Bildschirmmasken eingetragen: Zahlen- oder Texteingaben erwartet die Software in den optisch hervorgehobenen Feldern. Ist aus einer begrenzten Menge von Möglichkeiten eine auszuwählen (wie z.B. eine Fensterfunktion), geschieht die Anwahl über Ziffern. Die Reihenfolge der Eingaben innerhalb einer Maske ist beliebig. Erst durch Betätigung der Funktionstaste F10 übernimmt die Software die Eintragungen, prüft sie auf ihre Korrektheit und startet im fehlerfreien Fall die Verarbeitung. Über die Taste ESC (bzw. EINGABE LÖSCHEN) kann die Bearbeitung abgebrochen und zum aufrufenden Menü zurückgekehrt werden.

A.0 Dienstprogrammme

Dipl.-Ing. Peter Haschberger, Dipl.-Ing. Erwin Lindermeir

A.0.1 Datenerzeugung

Die Daten, die dem Programm zur Verarbeitung, wie z.B. für die Ausgleichsrechnung, zur Transformation oder zur Filterung, zugeführt werden, können aus verschiedenen Quellen stammen:

a) mit einem **Formelinterpreter** können aus einem Formelausdruck, den der Anwender eingibt, in einem frei wählbaren x-Intervall Wertepaare berechnet werden. Die Formel darf dabei auch Funktionsterme (sin, cos, abs, ln, log...) enthalten.

b) Wertepaare können **manuell** eingegeben werden: Ist der Zusammenhang zwischen x- und y-Werten nicht oder nur sehr umständlich analytisch faßbar, bietet sich bei nicht allzu großen Datenmengen diese Form der Eingabe an.

c) Wahl einer **Standard-Funktion**: Im Bereich der numerischen Signalverarbeitung tauchen immer wieder die gleichen Funktionsverläufe wie z.B. Sinus, Rechteck, Dreieck auf. In einem eigenen Menüpunkt kann der Anwender nach Vorgabe der entsprechenden Parameter wie Amplitude und Frequenz eine dieser Standardfunktionen erzeugen.

d) Datensätze, die in anderen Programmteilen auf **Diskette oder Festplatte gespeichert** wurden, können wieder geladen werden: Obwohl die Software der einzelnen Kapitel unabhängig von den übrigen Programmteilen arbeitet, ist es damit möglich, Ergebnisse, die in einem Kapitel berechnet und auf Massenspeicher abgelegt wurden, von anderer Stelle aus zu laden und weiterzubehandeln. Für den Anwender mit Programmierkenntnissen besteht damit die Möglichkeit, Daten aus eigenen Messungen oder Simulationen mit NUMERI zu bearbeiten. Dazu ist lediglich das passende Datei-Format (ASCII) notwendig. Das Zahlenformat für alle Wertepaare ist beliebig (ganzzahlig, wissenschaftliche Notation oder Dezimalzahlen).

e) ein neuer Datensatz kann auch aus einem bereits bestehenden dadurch erzeugt werden, daß man ihm einen **zusätzlichen Rauschanteil** additiv überlagert. In dem entsprechenden Menüpunkt können Art und Parameter des Rauschens festgelegt werden.

A.0.2 Aufbereitung der Datensätze

Oftmals ist es von Interesse, das Verhalten von Algorithmen zu untersuchen, wenn ein vorgegebener Datensatz modifiziert wird. In einem separaten Programmteil kann der Bediener dazu Werte in einem Datensatz manipulieren, löschen oder hinzufügen. Der komplette Datenvektor kann durch Addition oder Multiplikation mit einer frei wählbaren Konstanten verändert werden.

Die Verknüpfung abgespeicherter Dateien ist ebenfalls vorgesehen: Sie können miteinander addiert oder voneinander subtrahiert werden, um auf diese Weise z.B. Aussagen über den Verlauf des relativen oder absoluten Fehlers zu erhalten.

A.0.3 Datenausgabe

Die Ergebnisse der numerischen Berechnungen können in unterschiedlicher Weise ausgegeben werden:

a) **Grafik.** Die anschaulichste Darstellung der Resultate ist sicherlich die Grafik. Die Software zeigt den Datensatz sinnvoll skaliert und beschriftet an. Je nach Programmteil werden noch weitere Datensätze mit in die Grafik eingeblendet, um dem Anwender die Interpretation der Ergebnisse zu erleichtern. So wird beispielsweise nach erfolgter Ausgleichsrechnung neben der Ausgleichskurve auch noch die Punktemenge angezeigt, die auszugleichen war (Bild A.0.1).

Ist der Anwender an Details interessiert, lassen sich beliebige Teile der Kurve über einfache Ein-Tasten-Befehle vergrößert darstellen (Zoom-Funktion). Auch die Parameter jeder Kurve (Punktart, Strichart, Verbindungsart, Farbe) können interaktiv verändert werden, um die Lesbarkeit des Diagramms zu optimieren. Durch Einblendung eines Hintergrundrasters und die numerische Anzeige der aktuellen Position des Grafik-Cursors können die Kurven vermessen werden /A1/. Die Koordinatenachsen lassen sich linear, logarithmisch oder auch in dem Maßstab des Wahrscheinlichkeitspapiers (Normalverteilung) teilen.

b) **Tabelle.** Interessieren die exakten Funktionswerte eines Datensatzes, bietet sich die Darstellung der Ergebnisse als Tabelle an. Diese Liste der Wertepaare kann auf dem Bildschirm oder einem angeschlossenen Drucker ausgegeben werden.

c) **Abspeichern.** Zur Weiterverarbeitung oder Sicherung der Daten können diese auf Diskette und/oder Festplatte abgelegt werden.

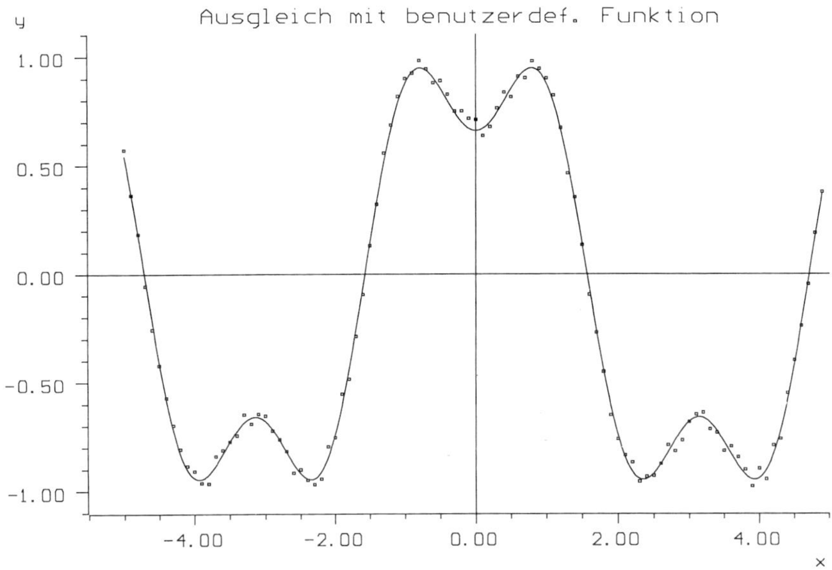

Bild A.0.1 Beispiel einer Grafik. Dargestellt sind eine Punktmenge und die vom Programm berechnete Ausgleichskurve. Die Beschriftung des Diagramms und die Präsentation der Kurven können vom Anwender eingestellt werden.

Bei der Ausgabe von Spektren stehen dem Anwender jeweils die Darstellungsmöglichkeiten Betrag und Phase und Real- und Imaginärteil zur Verfügung.

A.0.4 Sortieralgorithmus

Zum Sortieren von Daten ist in NUMERI der Quicksort Algorithmus implementiert, wie er in /A.2/ beschrieben ist:

```
PROCEDURE quicksort(VAR a: feld;  lo,hi: INTEGER);
{Die Prozedur QuickSort sortiert die Elemente des als A}
{übergebenen Arrays (Indizes von LO bis HI, inklusive).}
{QuickSort selbst stellt nur eine Art Schnittstelle zum}
{Programm dar. Der tatsächliche Sortierprozeß wird     }
{von der Prozedur Sort ausgeführt, die sich selbst     }
{rekursiv aufruft.                                     }
{ Es gelten die Typ-Definitionen:                      }
{ TYPE                                                 }
{      listelement = INTEGER oder STRING etc.          }
{      feld        = ARRAY [] OF listelement           }
```

```
PROCEDURE sort(l,r:INTEGER);

VAR i,j : INTEGER;
    x,y : listelement;

BEGIN
  i:=l;  j:=r;
  x:=a[(l+r) DIV 2];              { Pivot            }
  REPEAT
    WHILE a[i]<x DO inc(i);       { Suche von links  }
    WHILE x<a[j] DO dec(j);       { Suche von rechts }
    IF i<=j THEN
    BEGIN
      y:=a[i];  a[i]:=a[j]; a[j]:=y;    { Tausch }
      inc(i);  dec(j);
    END;
  UNTIL i>j;
  IF l<j THEN sort(l,j); {Entstandene linke  Teilmenge}
                         {sortieren                   }
  IF i<r THEN sort(i,r); {Entstandene rechte Teilmenge}
                         {sortieren                   }
END;

BEGIN {quicksort};
  sort(lo,hi);
END; {quicksort}
```

A.0.5 Lösung eines linearen Gleichungssystems

Zum Lösen linearer Gleichungssysteme der Form

$$\begin{bmatrix} a_{11} & a_{12} & \cdots & a_{1n} \\ \vdots & & & \vdots \\ a_{n1} & a_{n2} & \cdots & a_{nn} \end{bmatrix} \cdot \begin{bmatrix} x_1 \\ x_2 \\ \vdots \\ x_n \end{bmatrix} = \begin{bmatrix} b_1 \\ b_2 \\ \vdots \\ b_n \end{bmatrix}$$

$$\underline{A} \qquad \underline{x} = \underline{b}$$

werden zwei Verfahren angeboten: Das **Gauß-Jordan-Verfahren** und die **LR-Zerlegung**. Dabei arbeitet das Gauß-Jordan-Verfahren etwas stabiler als die LR-Zerlegung /1.7/.

Gauß-Jordan-Verfahren

Das Verfahren berechnet nicht nur den Lösungsvektor $\underline{x}$, sondern gleichzeitig die Inverse der Koeffizientenmatrix $\underline{A}$. Zunächst werden die Vektoren $\underline{x}$ und $\underline{b}$ zu Matrizen erweitert, so daß bei n Unbekannten folgendes Gleichungssystem entsteht:

$$\begin{bmatrix} a_{11} & \dots & a_{1n} \\ \vdots & & \vdots \\ a_{n1} & \dots & a_{nn} \end{bmatrix} \cdot \left[\begin{array}{c|ccc} x_1 & z_{11} & \dots & z_{1n} \\ \vdots & \vdots & & \vdots \\ x_n & z_{n1} & \dots & z_{nn} \end{array}\right] = \left[\begin{array}{c|ccc} b_1 & 1 & \dots & 0 \\ \vdots & \vdots & \ddots & \vdots \\ b_n & 0 & \dots & 1 \end{array}\right]$$

$\underline{x}$ wird also um die (n,n)-Matrix $\underline{Z}$, $\underline{b}$ um die Einheitsmatrix erweitert. Zu bestimmen sind die Unbekannten $x_1, \dots, x_n$ sowie die Elemente der Matrix $\underline{Z}$ die – wie aus obiger Gleichung ersichtlich – die Inverse von $\underline{A}$ ist. Dies wird erreicht, indem man durch fortgesetzte Zeilen- und Spaltenvertauschungen, sowie durch Ersetzen von Zeilen des Gleichungssystems durch Linearkombinationen mit anderen Zeilen des Systems die Koeffizientenmatrix $\underline{A}$ solange verändert, bis sie zur Einheitsmatrix wird. Ist dies erreicht, so enthält die Matrix, die dann auf der rechten Seite der Gleichung steht, in ihrer ersten Spalte den gesuchten Lösungsvektor $\underline{x}$ und in den restlichen Spalten die Inverse von $\underline{A}$.

Die Matrix $\underline{A}$ wird spaltenweise in die Einheitsmatrix überführt: Zuerst wird die erste Gleichung durch das Element a_{11} dividiert, so daß a_{11} zu eins wird. Dann werden alle Zeilen i ($i = 2, 3, \dots, n$) jeweils durch die Differenz dieser Zeile i und der mit a_{i1} multiplizierten Zeile 1 ersetzt. Dadurch werden die Elemente a_{i1} zu null. Auf diese Weise wird die erste Spalte von A identisch mit der ersten Spalte der Einheitsmatrix. Mit den restlichen Spalten wird analog verfahren. Allgemein ergibt sich folgender Algorithmus:

Für alle Zeilen i $(i = 1, \dots, n)$

- Dividiere Zeile i durch das Diagonalelement a_{ii}
- Ersetze alle Zeilen j $(j = 1, \dots, n)$ außer Zeile i durch die Linearkombination der Zeilen i und j:

  Zeile j := Zeile $j - a_{ji} \cdot$ Zeile i

Dabei ist zu beachten, daß die entsprechenden Veränderungen natürlich auch auf der rechten Seite der Gleichung durchgeführt werden müssen.

Pivotisierung. Leider ist das Gauß-Jordan-Verfahren in dieser Form sehr empfindlich gegen Rundungsfehler. Diese entstehen vor allem bei den Divisionen durch die Koeffizienten auf der Diagonalen von A, den sogenannten Pivots oder Pivotelementen. Es hat sich herausgestellt, daß der Algorithmus stabilisiert wird, wenn das betragsgrößte Element, das durch Spalten- und Zeilenvertauschungen auf die Diagonale gebracht werden kann, als Pivot gewählt wird.

Selbstverständlich sind die Zeilen- und Spaltenvertauschungen so vorzunehmen, daß die Spalten, die bereits mit denen der Einheitsmatrix übereinstimmen nicht mehr verändert werden. So kommen nur Zeilen unterhalb der aktuellen Pivotzeile bzw. Spalten rechts der aktuellen Pivotspalte für den Tausch in Frage.

Diese Art der Pivotsuche wird als vollständige Pivotisierung bezeichnet. Im Gegensatz zu ihr gibt es auch die weniger aufwendige „teilweise Pivotisierung", bei der nur Zeilen vertauscht werden. Bei teilweiser Pivotisierung ist die Gauß-Jordan-Methode etwa so stabil wie die LR-Zerlegung.

Programmierung. Das abgedruckte Unterprogramm ist im Programmaket NUMERI enthalten. Es führt die vollständige Pivotisierung durch. Dabei werden nur die Zeilenvertauschungen tatsächlich vorgenommen. Die Spaltenvertauschungen werden mit Hilfe der beiden Felder `indxr` und `indxc` protokolliert, so daß die Anordnung der Inversen und des Lösungsvektors am Ende der Prozedur richtig erfolgt. Außerdem handelt es sich um einen sogenannten „In-Place-Algorithmus": Die Koeffizientenmatrix $\underline{A}$ wird mit ihrer Inversen $\underline{A}^{-1}$ der Vektor $\underline{b}$ wird mit dem Lösungsvektor $\underline{x}$ überschrieben.

Programmlauf. Nach der Wahl des Menüpunktes DIENSTPROGRAMME/GAUSS-JORDAN im Programm NUMERI muß der Benutzer die Ordnung des Gleichungssystems angeben, das gelöst werden soll. Anschließend sind die Elemente der Koeffizientenmatrix und des Vektors $\underline{b}$ einzugeben. Das Programm liefert dann die Lösung des Systems $\underline{x}$ sowie die Inverse $\underline{A}^{-1}$:

```
PROCEDURE gaussj_li(VAR a:matrix_gt; n:WORD;
                    VAR b:vektor_gt; VAR sing:BOOLEAN);

{Diese Prozedur löst ein Gleichungssystem nach dem        }
{Gauss-Jordan-Verfahren.                                  }
{ Eingabe:                                                }
{   a       : quadratische (n * n) Koeffizientenmatrix }
{   n       : Ordnung der Matrix                          }
{   b       : Rechte Seite                                }
{ Ausgabe:                                                }
{   a       : Inverse der Koeffizientenmatrix             }
{   b       : Lösungsvektor des Gleichungssystems         }

VAR big,dum,pivinv     : DOUBLE;
    i,icol,irow,j,
    k,l,ll             : WORD;
    indxc,indxr,
    ipiv               : ARRAY [1..max_matrix_ordnung_gk]
                         OF WORD;
```

```
BEGIN
  sing:=FALSE;
  FOR i:=1 TO n DO
    ipiv[i]:=0;
  FOR i:=1 TO n DO                {Schleife über alle}
  BEGIN                           {Spalten           }
    big:=0.0;
    FOR j:=1 TO n DO              {Pivotsuche}
    BEGIN
      IF (ipiv[j]<>1) THEN
      BEGIN
        FOR k:=1 TO n DO
        BEGIN
          IF (ipiv[k] = 0) THEN
          BEGIN
            IF (abs(a[j,k])>=big) THEN
            BEGIN
              big:=abs(a[j,k]);
              irow:=j;
              icol:=k;
            END;
          END
          ELSE
          BEGIN
            sing:=(ipiv[k]>1);
            IF sing THEN
              exit;
          END
        END;
      END;
    END;
    inc(ipiv[icol]);

   IF (irow<>icol) THEN       {Falls nötig Zeilentausch}
    BEGIN
      FOR j:=1 TO n DO
      BEGIN
        dum:=a[irow,j];
        a[irow,j]:=a[icol,j];
        a[icol,j]:=dum;
      END;
      dum:=b[irow];
      b[irow]:=b[icol];
```

```
      b[icol]:=dum;
    END;
    indxr[i]:=irow; {Keine physikalischen }
                    {Spaltenvertauschungen}
    indxc[i]:=icol; {Ist indxr[i]<>indxc[i] => }
                    {Spaltentausch              }

    IF (a[icol,icol]=0.0) THEN
    BEGIN
      sing:=TRUE;
      exit;
    END;

{Pivotzeile durch Pivot dividieren}
    pivinv:=1.0/a[icol,icol];
    a[icol,icol]:=1.0;
    FOR j:=1 TO n DO
      a[icol,j]:=a[icol,j]*pivinv;
    b[icol]:=b[icol]*pivinv;

{Restl. Zeilen durch entsprechende}
{Linearkombinationen ersetzen     }
  FOR j:=1 TO n DO
    BEGIN
      IF (j<>icol) THEN
      BEGIN
        dum:=a[j,icol];
        a[j,icol]:=0.0;
        FOR k:=1 TO n DO
        a[j,k]:=a[j,k]-a[icol,k]*dum;
        b[j]:=b[j]-b[icol]*dum;
      END;
    END;
  END; {Ende der Schleife über alle Spalten}

{Umordnen der Matrixelemente}
  FOR j:=n DOWNTO 1 DO
  BEGIN
    IF (indxr[j]<>indxc[j]) THEN
    BEGIN
      FOR k:=1 TO n DO
      BEGIN
        dum:=a[k,indxr[j]];
        a[k,indxr[j]]:=a[k,indxc[j]];
```

```
        a[k,indxc[j]]:=dum;
      END;
    END;
  END;
END; {gaussj_li}
```

LR-Zerlegung

Jede quadratische Matrix $\underline{A}$ kann in zwei Matrizen $\underline{L}$ und $\underline{R}$ zerlegt werden, so daß gilt:

$$\underline{A} = \underline{L} \cdot \underline{R}. \tag{A.0.1}$$

Dabei sind $\underline{L}$ und $\underline{R}$ Dreiecksmatrizen folgender Gestalt:

$$\underline{L} = \begin{bmatrix} 1 & 0 & 0 & \dots & 0 \\ l_{21} & 1 & 0 & \dots & 0 \\ l_{31} & l_{32} & 1 & \dots & 0 \\ \vdots & \vdots & & \ddots & 0 \\ l_{n1} & l_{n2} & l_{n3} & \dots & 1 \end{bmatrix} \qquad \underline{R} = \begin{bmatrix} r_{11} & r_{12} & r_{13} & \dots & r_{1n} \\ 0 & r_{22} & r_{23} & \dots & r_{2n} \\ 0 & 0 & r_{33} & \dots & r_{3n} \\ 0 & 0 & 0 & \ddots & \vdots \\ 0 & 0 & 0 & \dots & r_{nn} \end{bmatrix}$$

Das Gleichungssystem $\underline{A}\,\underline{x} = \underline{b}$ kann also auch in der Form

$$\underline{L} \cdot \underline{R}\,\underline{x} = \underline{b}$$

geschrieben werden; oder mit der Substitution $\underline{z} = \underline{R}\,\underline{x}$

$$\underline{L}\,\underline{z} = \underline{b}.$$

Da $\underline{L}$ eine untere Dreiecksmatrix ist, kann dieses letzte Gleichungssystem leicht gelöst werden (Vorwärtssubstitution):

$$z_1 = b_1;$$

$$z_i = b_i - \sum_{k=1}^{i-1} l_{ik}\, z_k \qquad \text{mit } i = 2, 3, \dots, n.$$

Den gesuchten Vektor $\underline{x}$ erhält man analog aus $\underline{R}\,\underline{x} = \underline{z}$ mit dem nun bekannten $\underline{z}$ (Rückwärtssubstitution):

$$x_n = \frac{z_n}{r_{nn}};$$

$$x_i = \frac{1}{r_{ii}} \left[z_i - \sum_{k=i+1}^{n} r_{ik}\, x_k \right] \qquad \text{mit } i = n-1,\, n-2,\, \dots,\, 1.$$

Die Unbekannten r_{ij} und l_{ij} können aus den n^2 Gleichungen, die in Gl. A.0.1 enthalten sind berechnet werden. Ausgeschrieben lauten diese Bedingungen:

$$\begin{aligned} i<j: &\quad l_{i1}r_{1j}+l_{i2}r_{2j}+\cdots+r_{ij}=a_{ij} \\ i=j: &\quad l_{i1}r_{1j}+l_{i2}r_{2j}+\cdots+r_{jj}=a_{ij} \\ i>j: &\quad l_{i1}r_{1j}+l_{i2}r_{2j}+\cdots+l_{ij}r_{jj}=a_{ij} \end{aligned}$$

Mit dem **Algorithmus von Crout** können diese Gleichungen einfach durch Einhalten einer bestimmten Reihenfolge nach den Unbekannten l_{ij} und r_{ij} aufgelöst werden:

- Setze $r_{11} = a_{11}$
- Für $j = 1, 2, \ldots, n$

  Falls $j \neq 1$ dann

  Für $i = 1, 2, \ldots, j$

$$r_{ij} = a_{ij} - \sum_{k=1}^{i-1} l_{ik} r_{kj} \tag{A.0.2}$$

(für $i = 1$ wird die Summe zu null gesetzt)

  Für $i = j+1, j+2, \ldots, n$

$$l_{ij} = \frac{1}{r_{jj}} \left(a_{ij} - \sum_{k=1}^{j-1} l_{ik} r_{kj}\right) \tag{A.0.3}$$

(für $j = 1$ wird die Summe zu null gesetzt)

Die Elemente l_{ij} und r_{ij}, die auf der rechten Seite dieser Gleichungen auftreten, sind jeweils schon berechnet, wenn sie gebraucht werden. Man kann auch erkennen, daß die a_{ij} nach Berechnung der l_{ij} bzw. r_{ij} nicht mehr benötigt werden. So kann das abgedruckte Unterprogramm die Matrizen $\underline{L}$ und $\underline{R}$ im Speicherplatz der beim Aufruf übergebenen Matrix $\underline{A}$ zurückliefern:

$$\begin{bmatrix} r_{11} & r_{12} & \cdots & r_{1n} \\ l_{21} & r_{22} & \cdots & r_{2n} \\ \vdots & & & \vdots \\ l_{n-1\,1} & l_{n-1\,2} & \cdots & r_{n-1\,n} \\ l_{n1} & l_{n2} & \cdots & r_{nn} \end{bmatrix} \tag{A.0.4}$$

Diese Matrix wird durch den Croutschen Algorithmus spaltenweise berechnet.

Ein weiteres Problem ist die notwendige **Pivot-Suche**. Da die Matrix (A.0.4) spaltenweise erzeugt wird, ist nur eine Zeilen-Pivotisierung möglich. Dies bedeutet, die LR-Zerlegung wird nicht unbedingt für $\underline{A}$, sondern für eine zeilenweise Permutation von $\underline{A}$ berechnet.

Dabei ist es günstig, daß Gln. (A.0.2) und (A.0.3) für $i = j$ bis auf die Division in Gl. (A.0.3) identisch sind (die Summation erstreckt sich jeweils von $k = 1$ bis $i - 1$ bzw. $j - 1$). Die Diagonal- und Subdiagonalelemente der Matrix (A.0.4) können also (bis auf die Division) nach der gleichen Formel berechnet werden, ohne daß zum Zeitpunkt dieser Rechnung bereits bekannt sein muß, welches Element auf die Diagonale kommt. Nach Auswertung der Gleichung (A.0.3) für eine Spalte wird das nun betragsgrößte Subdiagonal- oder Diagonalelement als Diagonalelement gewählt (evtl. Zeilentausch nötig). Die restlichen Elemente werden abschließend entsprechend Gl. (A.0.3) durch dieses Pivot dividiert.

Die bisher beschriebene Methode wird als „Croutscher Algorithmus mit teilweiser Pivotisierung" bezeichnet. Die angegebene Prozedur verwendet desweiteren noch die sogenannte implizite Pivotisierung. Sie bestimmt zunächst das betragsgrößte Element jeder Zeile und skaliert bei dem Vergleich, der zur Ermittlung des Pivots erforderlich ist, so, als ob alle Koeffizienten auf das betragsgrößte Element von $\underline{A}$ bezogen wären. Auf diese Weise werden die Einflüsse unterschiedlich skalierter Gleichungen eliminiert.

Programmierung. Bei der Implementation in das Programmpaket NUMERI wurden zwei Prozeduren verwendet. Die eine führt die LR-Zerlegung einer quadratischen Matrix $\underline{A}$ durch, die zweite berechnet den gesuchten Lösungsvektor $\underline{x}$, indem sie die oben angegebenen Vorwärts- und Rückwärtssubstitutionen unter Verwendung der berechneten Matrizen $\underline{L}$ und $\underline{R}$ ausführt.

Programmlauf. Die Lösung linearer Gleichungssysteme mittels LR-Zerlegug wird durch den Menüpunkt DIENSTPROGRAMME/LR-ZERLEGUNG aktiviert. Wieder sind die Ordnung des Gleichungssystems, die Elemente der Koeffizientenmatrix $\underline{A}$ und der rechten Seite $\underline{b}$ einzugeben, worauf der Computer den Lösungsvektor $\underline{x}$ berechnet und anzeigt:

```
PROCEDURE lr_zerlegung_li(VAR a:matrix_gt; n:WORD;
                          VAR indx:indexarray_li;
                          VAR d:DOUBLE;
                          VAR sing:BOOLEAN);

{ Eingabe:   a  : quadratische Koeffizientenmatrix       }
{            n  : Ordnung der quadratischen Matrix a     }
{ Ausgabe:   a  : enthält die beiden Matrizen l und r    }
{                 (Gl. AO.4) }                            }
{         indx : gibt die Zeilenvertauschungen bei der }
{                 Pivotisierung wieder                    }
```

```
{         sing : gibt an, ob die Matrix a singulär ist }
{                (Rechnengenauigkeit bestimmt durch    }
{                 Konstante tiny)                      }
{            d : +1 für eine gerade Anzahl an Zeilen-  }
{                vertauschungen                        }
{                -1 für eine ungerade Anzahl an        }
{                Zeilenvertauschungen                  }
{                wird zur Berechnung der               }
{                Determinante benötigt                 }

CONST tiny = 1e-12;               {für Test auf null}

VAR k,j,imax,i     : INTEGER;
    sum, dum, big : DOUBLE;
    vv            : vektor_gt;    {Skalierungsfaktoren}
                                  {für die Zeilen     }

BEGIN
  sing:=FALSE;
  d:=1;
  FOR i:=1 TO n DO
  BEGIN                       {Berechnung der Skalierungs-}
                              {faktoren für alle Zeilen   }
    big:=0;
    FOR j:=1 TO n DO
      IF abs(a[i,j])>big THEN
        big:=abs(a[i,j]);
    IF big=0 THEN
    BEGIN                     {enthält eine Zeile nur}
      sing:=TRUE;             {Nullen => a singulär  }
      exit;
    END;
    vv[i]:=1/big;             {Skalierungsfaktor merken}
  END;
  FOR j:=1 TO n DO
  BEGIN                     {Schleife über alle Spalten}
    IF (j>1) THEN
    BEGIN                 {Auswertung von Gl. (A0.3) außer}
                          {für i=j                        }
      FOR i:=1 TO j-1 DO
      BEGIN
        sum:=a[i,j];
        IF (i>1) THEN
        BEGIN
```

```
        FOR k:=1 TO i-1 DO
        BEGIN
          sum:=sum-a[i,k]*a[k,j];
        END;
        a[i,j]:=sum;
      END;
    END;
  END;
  big:=0;            {Initialisierung für Pivotsuche}
  FOR i:=j TO n DO
  BEGIN              {Auswertung von Gl. (AO.4) und   }
    sum:=a[i,j];     {Gl. (AO.3) für i=j ohne Division}
    IF j>1 THEN
    BEGIN
      FOR k:=1 TO j-1 DO
      BEGIN
        sum:=sum-a[i,k]*a[k,j];
      END;
      a[i,j]:=sum;
    END;
    dum:=vv[i]*abs(sum);   {aktuelles skaliertes Pivot}
    IF dum>=big THEN
    BEGIN
      big:=dum;
      imax:=i;
    END;
  END;
  IF (j<>imax) THEN
  BEGIN                         {Zeilentausch? }
    FOR k:=1 TO n DO
    BEGIN                     {Falls ja dann:          }
      dum:=a[imax,k];           { Zeilen tauschen       }
      a[imax,k]:=a[j,k];
      a[j,k]:=dum;
    END;
    d:=-d;                      {  Vorzeichen von d     }
    dum:=vv[imax];              {  ändern               }
    vv[imax]:=vv[j];            {  Skalierungsfaktoren  }
    vv[j]:=dum;                 {  tauschen             }
  END;
  indx[j]:=imax;
  IF (j<>n) THEN
  BEGIN
    sing:=abs(a[j,j])<tiny;   {Falls Pivot = 0 =>      }
```

```
      IF sing THEN exit;          {Matrix singulär          }
      dum:=1/a[j,j];
      FOR i:=j+1 TO n DO
      BEGIN
        a[i,j]:=a[i,j]*dum;
      END;
    END;
  END;                            { Nächste Spalte }
  sing:=abs(a[n,n])<tiny;
END; {lr_zerlegung_li}


PROCEDURE lr_vorruecksub_li(a:matrix_gt; n:WORD;
                            indx:indexarray_li;
                            VAR b:vektor_gt);

VAR j,ip,ii,i       : WORD;
    sum             : DOUBLE;

BEGIN
  ii:=0;
  FOR i:=1 TO n DO              {Vorwärtssubstitution}
  BEGIN
    ip:=indx[i];
    sum:=b[ip];
    b[ip]:=b[i];
    IF (ii<>0) THEN
    BEGIN
      FOR j:=ii TO i-1 DO
      BEGIN
        sum:=sum -a[i,j]*b[j];
      END;
    END
    ELSE
    IF sum<>0 THEN
    BEGIN
      ii:=i;
    END;
    b[i]:=sum;
  END;
  FOR i:=n DOWNTO 1 DO          {Rückwärtssubstitution}
  BEGIN
    sum:=b[i];
    IF i<n THEN
```

```
    BEGIN
      FOR j:=i+1 TO n DO
      BEGIN
        sum:=sum-a[i,j]*b[j];
      END;
    END;
    b[i]:=sum/a[i,i];
  END;
END; {lr_vorruecksub_li}
```

A.0.6 Lösung einer nichtlinearen Gleichung

Das Programm NUMERI bietet drei Verfahren zur eindimensionalen Nullstellenbestimmung bei allgemeinen Funktionen und eine Methode für Polynome. Die Algorithmen für die allgemeinen Funktionen suchen iterativ eine Nullstelle von $f(x)$ in einem vorgebbaren Intervall $[a\,|\,b]$, in dem die Funktion stetig sein muß. Sie unterscheiden sich in ihrer Konvergenzordnung. Mit Hilfe des ersten Verfahrens, der Regula Falsi, können nur einfache Nullstellen gefunden werden.

Regula Falsi

Es wird davon ausgegangen, daß ein Intervall $[a\,|\,b]$ bekannt ist, in dem die Funktion f stetig ist, und in dem gilt: $\operatorname{sgn}(f(a)) \neq \operatorname{sgn}(f(b))$. Damit ist die Existenz einer Nullstelle in diesem Intervall gesichert. Im ersten Iterationsschritt wird als Näherung für die Nullstelle s von f die Nullstelle x_1 der Geraden durch die beiden Punkte $(a, f(a))$ und $(b, f(b))$ genommen. x_1 wird aus a, b und der Funktionsgleichung berechnet:

$$x_1 = a - f(a)\,\frac{b-a}{f(b)-f(a)} \tag{A.0.6}$$

Das Intervall für den nächsten Iterationsschritt ist durch das Vorzeichen von $f(x_1)$ gegeben: Es muß so gewählt werden, daß die Vorzeichen der Funktionswerte an den Intervallgrenzen verschieden sind.

Im neuen Intervall, $[a\,|\,x_1]$ oder $[x_1\,|\,b]$, wird analog eine verbesserte Näherung x_2 berechnet; daraus dann x_3 u.s.f. Das Verfahren wird fortgesetzt, bis die Differenz $|x_n - x_{n-1}|$ kleiner als eine vom Benutzer vorgegebene Schranke ε wird. Es ist zu beachten, daß die Intervallänge $|a-b|$ im Verlaufe der Iteration nicht gegen null streben muß, als Abbruchkriterium also ungeeignet ist. Auch ist durch die Wahl der Intervallgrenzen mit $\operatorname{sgn}(f(a)) \neq \operatorname{sgn}(f(b))$ gesichert, daß bei der Auswertung von (A.0.6) nie durch null dividert wird. Allerdings konvergiert das Verfahren relativ langsam: Die Konvergenz ist nur linear, d.h. mit Verwendung der Abkürzung $\delta_n = x_n - s$ gilt nach /1.9/:

$$\delta_{n+1} = \text{const} \cdot (\delta_n)^k = \text{const} \cdot \delta_n$$

Die Konvergenzordnung k ist also gleich 1.

Programmierung. Die untenstehende Pascal-Prozedur führt das eben beschriebene Verfahren aus. Im Programm NUMERI wird sie von einer weiteren Steuerprozedur aufgerufen, die alle Nullstellen in einem vorgegebenen Intervall bestimmt. Diese Steuerprozedur tastet die gegebene Funktion $f(x)$ mit einer bestimmten Schrittweite ab. Wird dabei ein Vorzeichenwechsel festgestellt, so wird die Regula-Falsi benutzt, um die Nullstelle der Funktion mit der vorgegbenen Genauigkeit zu bestimmen.

Programmlauf. Der Benutzer muß im Programmteil DIENSTPROGRAMME/ REGULA-FALSI lediglich

- die Funktion $y = f(x)$,
- das zu untersuchende Intervall,
- die Abtastschrittweite,
- die gewünschte Genauigkeit ε, mit der jede Nullstelle bestimmt werden soll,
- sowie die maximal erlaubte Anzahl der Iterationsschritte zur Vermeidung von Endlosschleifen

angeben. NUMERI berechnet dann die Nullstellen im angegebenen Intervall sowie die dazugehörigen Funktionswerte und gibt sie am Bildschirm aus:

```
PROCEDURE regula_falsi_nl(func: funktion_eindim_nl;
                          a, b, tol, dxmax: DOUBLE;
                          max_iterat: WORD;
                          VAR x0, f0: DOUBLE;
                          VAR konvergenz: BOOLEAN);

{Löst nichtlineare Gleichung:                          }
{Eingabe:     Die FUNCTION FUNC stellt die Funktion zur}
{             Verfügung:                               }
{                 FUNCTION FUNC(x: DOUBLE): DOUBLE;    }
{             a<b : Intervall, in dem die Nullstelle   }
{                   liegt mit sign(func(a)) <>         }
{                   sign(func(b)). Falls die Funktions-}
{                   werte gleiches Vorzeichen haben    }
{                   wird konvergenz=FALSE zurückge-    }
{                   liefert; x0 und f0 sind dann nicht }
```

```
{                       definiert                           }
{                 tol : Abbruchbedingung: Bei der letzten   }
{                       Iteration hat sich die Näherung     }
{                       für die Nullstelle um weniger als   }
{                       tol geändert:                       }
{                       abs(x0_n - x0_(n-1)) < tol          }
{               dxmax : keine Bedeutung                     }
{         max_iterat : Maximalzahl der durchgeführten       }
{                       Iterationsschritte                  }
{Ausgabe:                                                   }
{                 x0  : Näherung für Nullstelle             }
{                 f0  : Funktionswert func(x0)              }
{        konvergenz : vgl. Eingabe a<b                      }

VAR y_a,y_b,s_a,s_b,s,x_alt,swap : DOUBLE;
    iterat_zaehler               : WORD;

BEGIN
  IF a>b THEN
  BEGIN               {Es muß a<b sein; evtl. umbenennen}
    swap:=a;
    a:=b;
    b:=swap;
  END;
  y_a:=func(a);
  s_a:=sign(y_a);
  y_b:=func(b);
  s_b:=sign(y_b);
  konvergenz:=s_a<>s_b;
  IF NOT konvergenz THEN {Gleiches Vorzeichen an }
    exit;                {Grenzen => Prozedurende}
  x0:=2*b-a;  {Für Test der Abbruchbedingung }
              {nach erster Iteration         }
              {x_alt genügend weit entfernt, }
              {so daß weiteriteriert wird    }
  iterat_zaehler:=0;
  REPEAT
    x_alt:=x0;          {Alten Wert merken                }
    x0:=b-y_b*(b-a)/    {Neue Näherung berechnen          }
        (y_b-y_a);      {Da y_a und y_b unterschiedliches}
                        {Vorzeichen besitzen, wird nicht }
                        {durch 0 dividiert                }
    f0:=func(x0);       {Neuer Funktionswert              }
    s:=sign(f0);        {und Vorzeichen                   }
```

```
  { Neues Intervall festlegen: }
    IF s<>s_a THEN
    BEGIN
      b:=x0;
      y_b:=f0;
    END
    ELSE
    BEGIN
      a:=x0;
      y_a:=f0;
    END;
    inc(iterat_zaehler);
  UNTIL (abs(x0-x_alt)<tol) OR
        (iterat_zaehler=max_iterat);
END; {regula_falsi_nl}
```

Sekantenmethode

Etwas schneller als die Regula Falsi konvergiert die Sekantenmethode. Es werden ebenfalls zwei Näherungswerte x_0 und x_1 für die Nullstelle benötigt. Allerdings wird auf die Bedingung $\operatorname{sgn}(f(x_0)) \neq \operatorname{sgn}(f(x_1))$ verzichtet. Man legt also eine Sekante an die Funktion und nimmt deren Nullstelle als verbesserten Näherungswert für die Nullstelle von f. Die Iterationsvorschrift lautet:

$$x_{n+1} = x_n - f(x_n) \frac{x_n - x_{n-1}}{f(x_n) - f(x_{n-1})} \tag{A.0.7}$$

Die Abbruchbedingung wird wie bei der Regula Falsi gewählt:

$$|x_{n+1} - x_n| < \varepsilon$$

Bei der Sekantenmethode handelt es sich um ein zweistufiges Verfahren. Der neue Wert x_{n+1} berechnet sich aus dem letzten x_n und dem vorletzten x_{n-1}. Falls es sich um eine einfache Nullstelle der Funktion $f(x)$ handelt, ist die Konvergenzordnung der Sekantenmethode etwa 1,6 /1.9/.

Eine Schwierigkeit des Verfahrens liegt in der Division durch die Differenz $f(x_n) - f(x_{n-1})$ in Gleichung (A.0.7). Im Laufe der Iterationen kann diese Differenz – vor allem bei mehrfachen Nullstellen – sehr klein werden. Somit besteht die Gefahr, durch eine sehr kleine Zahl dividieren zu müssen. Damit erhält man dann eine sehr große Schrittweite

$$dx = -f(x_n) \frac{x_n - x_{n-1}}{f(x_n) - f(x_{n-1})},$$

die weit weg von dem eigentlich durch die Vorgabe der Startwerte beabsichtigten Intervall führt. Deshalb wurde bei dem implementierten Algorithmus eine Begrenzung der Schrittweite auf einen Maximalwert dx_{max} vorgesehen.

Programmierung. Wird von der schon beim Regula-Falsi erwähnten Steuerprozedur ein Vorzeichenwechsel der zu untersuchenden Funktion $f(x)$ oder ihrer Ableitung festgestellt, so wird die abgedruckte Prozedur SEKANTE aufgerufen. Diese bestimmt dann eine möglicherweise vorhandene Nullstelle mit der durch den Benutzer vorgegebenen Genauigkeit.

Programmlauf. Im Programm NUMERI muß der Menüpunkt DIENSTPROGRAMME/SEKANTENMETHODE gewählt werden. Die Eingaben sind die gleichen wie bei der Regula Falsi. Die ermittelten Nullstellen und ihre Funktionswerte werden am Bildschirm ausgegeben:

```
PROCEDURE sekante_nl(func: funktion_eindim_nl;
                     a, b, tol, dxmax: DOUBLE;
                     max_iterat: WORD;
                     VAR x0, f0: DOUBLE;
                     VAR konvergenz: BOOLEAN);

{Löst nichtlineare Gleichung:                                }
{Eingabe: Die FUNCTION FUNC stellt die Funktion zur          }
{         Verfügung: FUNCTION FUNC(x: DOUBLE): DOUBLE;       }
{              a, b  : Zwei Näherungen für die Null-         }
{                      stelle; es muß gelten:                }
{                         func(a) <> func(b)                 }
{               tol  : Abbruchbedingung: Bei der letzten}
{                      Iteration hat sich die Näherung      }
{                      für die Nullstelle um weniger als}
{                      tol geändert:                         }
{                        abs(x0_n - x0_(n-1)) < tol          }
{             dxmax  : max. erlaubte Schrittweite            }
{         max_iterat : Maximalzahl durchzuführender          }
{                      Iterationen                           }
{Ausgabe:         x0 : Näherung für Nullstelle               }
{                 f0 : Funktionswert func(x0)                }
{         konvergenz : FALSE für keine Konvergenz            }

CONST
    delta = 1e-20;
       {Minimale anfängl. Differenz der Funktionswerte }
       {abs(y_b-y_a); zugleich Wert, durch den anstelle}
       {von null dividiert wird, falls während der     }
       {Iterationen die beiden Funktionswerte gleich   }
```

```
        {werden.                                        }
    unendlich = 1e15;
        {Es werden nur Nullstellen mit einem }
        {Betrag < unendlich berechnet        }

VAR  y_a,y_b,dx,y_diff  : DOUBLE;
     iterat_zaehler     : WORD;

BEGIN
  y_a:=func(a);
  y_b:=func(b);

  { Bedingung: abs(y_b-y_a)>delta }
  IF abs(y_b-y_a)<delta THEN
  BEGIN
    info_di('Prozedur sekante:'+
            'Näherungen a,b liefern gleiche'+
            'Funktionswerte',3);
    exit;
  END;

  iterat_zaehler:=0;
  WHILE (iterat_zaehler<=max_iterat) AND
        (abs(a-b)>tol) AND
        (abs(b)<unendlich) do
  BEGIN
    y_diff:=y_b-y_a;
    IF y_diff=0 THEN
      y_diff:=delta;
    dx:=-y_b*(b-a)/y_diff;
    IF abs(dx)>dxmax THEN        { Schrittweite zu groß}
      x0:=b+sign(dx)*dxmax
    ELSE
      x0:=b+dx;
    f0:=func(x0);
    a:=b;
    y_a:=y_b;
    b:=x0;
    y_b:=f0;
    inc(iterat_zaehler);
  END;
  konvergenz:=(iterat_zaehler<max_iterat) AND
              (abs(b)<unendlich);
END; {sekante_nl}
```

Newton-Verfahren

Eine Erhöhung der Konvergenzordnung auf 2 bei einfachen Nullstellen wird mit dem Newton-Verfahren erreicht. Die entsprechende Iterationsvorschrift ist im Abschnitt 3.6.1 erläutert.

Programmierung. Für die eindimensionale und die mehrdimensionale Nullstellensuche wird die gleiche Prozedur verwendet. Diese ist im Abschnitt A.0.7 angegeben.

Programmlauf. Nachdem das Programm NUMERI gestartet wurde, ist der Menüpunkt DIENSTPROGRAMME/NEWTONMETHODE zu wählen. Zusätzlich zu den bei der Regula Falsi beschriebenen Eingaben muß die Ableitung der Funktion angegeben werden. Der PC berechnet dann die Nullstellen und die dazugehörigen Funktionswerte und gibt beides am Bildschirm aus.

Nullstellenbestimmung bei Polynomen

Bei der Nullstellenbestimmung von Polynomen hat man den Vorteil, daß anhand des Polynomgrades sofort zu erkennen ist, wieviele Nullstellen existieren. In NUMERI wurde der in /1.7/ beschriebene Algorithmus von Laguerre implementiert. Dieser hat den Vorteil, daß zu Beginn der Iterationen keine Startwerte vorgegeben werden müssen. Es wird immer mit der Schätzung $x = 0$ begonnen. Der Nachteil der Methode ist, daß eine komplexe Arithmetik für sie notwendig ist. Das Verfahren geht von folgenden vier Gleichungen aus, die für ein Polynom n-ten Grades gelten:

$$P_n(x) = (x - x_1)(x - x_2) \cdots (x - x_n) \tag{A.0.8}$$

$$\ln|P_n(x)| = \ln|x - x_1| + \ln|x - x_2| + \cdots + \ln|x - x_n| \tag{A.0.9}$$

$$\frac{d \ln|P_n(x)|}{dx} = \frac{1}{x - x_1} + \frac{1}{x - x_2} + \cdots + \frac{1}{x - x_n} = \frac{P'_n}{P_n} = G \tag{A.0.10}$$

$$-\frac{d^2 \ln|P_n(x)|}{dx^2} = \frac{1}{(x - x_1)^2} + \frac{1}{(x - x_2)^2} + \cdots + \frac{1}{(x - x_n)^2}$$

$$= \left[\frac{P'_n}{P_n}\right]^2 - \frac{P''_n}{P_n} \equiv H \tag{A.0.11}$$

Die Methode von Laguerre nimmt nun an, daß eine Wurzel des Polynoms in der Entfernung a von der jetzigen Schätzung x liegt, alle anderen in der Entfernung b. Damit schreiben sich (A.0.10) und (A.0.11):

$$G = \frac{1}{a} + \frac{n-1}{b}$$
$$H = \frac{1}{a^2} + \frac{n-1}{b^2}$$

Aus diesen beiden Gleichungen läßt sich b eliminieren:

$$a = \frac{n}{G \pm \sqrt{(n-1)(nH - G^2)}} \qquad (A.0.12)$$

Dabei wird das Vorzeichen im Nenner so gewählt, daß dieser möglichst groß wird. Die Methode arbeitet nun iterativ: Zu dem Startwert x wird a berechnet. Dann wird $x - a$ als nächster Schätzwert genommen. Das Verfahren wird fortgesetzt, bis a einen genügend kleinen Wert annimmt.

Wenn auf diese Art eine Nullstelle x_i mit genügender Genauigkeit bestimmt ist, wird der Polynomgrad durch Polynomdivision um eins erniedrigt,

$$P_{n-1}(x) = \frac{P_n(x)}{(x - x_i)},$$

und eine weitere Nullstelle kann mit der oben beschriebenen Methode ermittelt werden. In dieser Weise werden alle n Nullstellen bestimmt.

Programmierung. Bei der Implementation dieses Algorithmus wurde von folgender Polynomdarstellung ausgegangen:

$$P_n(x) = a[0] + a[1]\,x + \ldots + a[n]\,x^n$$

Die Polynomkoeffizienten sind komplex, haben also Real- und Imaginärteil. Dies ist in der Definition des Types `complex` berücksichtigt:

```
TYPE complex = RECORD
                 r, i : DOUBLE
               END;
```

Die Berechnung wurde auf mehrere Unterprogramme aufgeteilt. Die Prozeduren `cadd`, `cmult`, `cdiv` und `btrgquad` ermöglichen die nötige komplexe Arithmetik: Addition, Multiplikation und Division zweier komplexer Zahlen, sowie die Ermittlung des Betragsquadrates einer komplexen Zahl.

Programmlauf. Die Nullstellenbestimmung bei Polynomen wird im Menüpunkt DIENSTPROGRAMME/POLYNOME durchgeführt. Vorzugeben sind durch den Benutzer lediglich die Polynomkoeffizienten. Die berechneten Wurzeln und die dazugehörigen Funktionswerte werden am Bildschirm ausgegeben. Bei den Eingaben ist zu beachten, daß die Empfindlichkeit einer Nullstelle gegenüber den Polynomkoeffizienten mit dem Polynomgrad im allgemeinen wächst /1.9/. Um brauchbare Ergebnisse bei der Berechnung der Wurzeln zu erhalten, müssen die Polynomkoeffizienten also möglichst genau, d.h. mit möglichst vielen signifikanten Stellen eingegeben werden:

```
PROCEDURE laguer(a:komplxarray_pol; m:INTEGER;
                 VAR x:complex_pol;
                 eps:DOUBLE; polish:BOOLEAN;
                 VAR konvergenz:BOOLEAN);

{Die Routine liefert eine(!) Nullstelle des Polynoms vom}
{Grade m mit den komplexen Koeffizienten a:             }
{          polynom = a[0]+a[1]*x+...+a[m]*x^m.          }
{x ist ein anfänglicher Schätzwert.                     }
{Falls polish=FALSE, wird x bis zur Genauigkeit eps     }
{ermittelt.                                             }
{Für polish=TRUE wird x bis auf den Rundungsfehler      }
{berechnet.                                             }

CONST tiny = 1e-30;
      mxit = 200;

VAR j,iter,npol                          : INTEGER;
    xx,yy,rr,qq,dum,eps2,dxold,cdx       : DOUBLE;
    sq,h,nenner_plus,nenner_minus,
    g2,g,polynom,abl1,dx,abl2,x1         : complex_pol;
    weiter                               : BOOLEAN;


BEGIN
  eps2:=sqr(eps);
  IF polish THEN
  BEGIN
    dxold:=sqrt(btrgquad(x));
    npol:=0;
  END;
  iter:=0;
  weiter:=TRUE;
  WHILE (iter<mxit) AND weiter DO
  BEGIN
    inc(iter);

    {Berechnung des Wertes des Polynoms sowie}
    {seiner ersten und zweiten Ableitungen   }
    polynom:=a[m];
    abl1.r:=0;
```

```
abl1.i:=0;
abl2:=abl1;
FOR j:=pred(m) DOWNTO 0 DO
BEGIN
  cmult(abl2,x,abl2);
  cadd(abl2,abl1,abl2);
  cmult(abl1,x,abl1);
  cadd(abl1,polynom,abl1);
  cmult(polynom,x,polynom);
  cadd(polynom,polynom,a[j]);
END;

IF (sqrt(btrgquad(polynom))<tiny) THEN
BEGIN  {x ist Nullstelle!}
  dx.r:=0;
  dx.i:=0;
END
ELSE
  IF (sqrt(btrgquad(abl1))<tiny) AND
     (sqrt(btrgquad(abl2))<tiny)       THEN
  BEGIN
    dx.r:=exp((1/m)*ln(sqrt(btrgquad(polynom))/
          sqrt(btrgquad(a[m]))));
    dx.i:=0;
  END
  ELSE
  BEGIN
  {Formel von Laguerre (A.0.12)}
    cdiv(g,abl1,polynom);             {Berechnung von G}
    g2.r:=sqr(g.r)-sqr(g.i);          {(A.0.10) und G^2}
    g2.i:=2*g.r*g.i;

    cdiv(h,abl2,polynom);             {Berechnung von H}
    h.r:=g2.r-2*h.r;                  {(A.0.11)        }
    h.i:=g2.i-2*h.i;

  {Berechnung des Radikanten von A.0.12}
    xx:=(m-1)*(m*h.r-g2.r);          {Realteil}
    yy:=(m-1)*(m*h.i-g2.i);          {Imaginärteil}

  {Auswerten der komplexen Wurzelfunktion}
    IF ((abs(xx)<tiny) AND (abs(yy)<tiny)) THEN
    BEGIN
      sq.r:=0;
```

```
      sq.i:=0;
    END
    ELSE
    BEGIN
      IF (abs(xx)>abs(yy)) THEN
        rr:=abs(xx)*sqrt(1+sqr(yy/xx))
      ELSE
        rr:=abs(yy)*sqrt(1+sqr(xx/yy));
      qq:=rr+abs(xx);
      IF xx>0 THEN
      BEGIN
        sq.r:=sqrt(0.5*qq);
        sq.i:=abs(yy)*sqrt(0.5/qq);
      END
      ELSE
      BEGIN
        sq.r:=abs(yy)*sqrt(0.5/qq);
        sq.i:=sqrt(0.5*qq);
      END;
      IF yy<0 THEN
        sq.i:=-sq.i;
    END;
    cadd(nenner_plus,g,sq);
    nenner_minus.r:=g.r-sq.r;
    nenncr_minus.i:=g.r-sq.i;

  {Wähle Addition oder Subtraktion für Nenner}
  {Ziel: btrgquad(Nenner) maximal            }
    IF (btrgquad(nenner_plus) <
                  btrgquad(nenner_minus)) THEN
      nenner_plus:=nenner_minus;
    dum:=btrgquad(nennor_plus),

  {dx = negativer Wert der Gl. A.0.12}
    dx.r:=-m*nenner_plus.r/dum;
    dx.i:=m*nenner_plus.i/dum;
  END;

{Verbesserte Näherung: x1}
cadd(x1,x,dx);

{Abbruchkriterien prüfen}
IF ((x.r=x1.r) AND (x1.i=x.i)) THEN
  weiter:=FALSE
```

```
    ELSE
    BEGIN
      x:=xl;
      IF polish THEN
      BEGIN
        inc(npol);
        cdx:=sqrt(btrgquad(dx));
        IF (npol>9) AND (cdx>=dxold) THEN
          weiter:=FALSE
        ELSE
          dxold:=cdx;
      END
      ELSE IF (btrgquad(dx)<=(eps2*btrgquad(x))) THEN
        weiter:=FALSE;
    END;
  END;
  konvergenz:=NOT weiter;
END; {laguer}
```

A.0.7 Lösung eines nichtlinearen Gleichungssystems

Zur Bestimmung der Lösung eines nichtlinearen Gleichungssystems wird im Programmpaket NUMERI das im Kapitel 3.6.2 vorgestellte Verfahren von Newton eingesetzt (Gln. 3.121 und 3.122). Ähnlich wie bei der Sekantenmethode kann eine schlechte Konditionierung des linearen Gleichungssystems 3.121, d.h. eine „nahezu singuläre“ Jakobimatrix zu extrem großen Korrekturtermen $\underline{v}^{(t)}$ führen. Deshalb wurden auch hier die Schrittweiten auf vorzugebende Maximalwerte begrenzt:

$$v_i^{(t)} < v_{i,\,\max}$$

Programmierung. Zum flexiblen Einsatz innerhalb des Programmsystems NUMERI wurde bei der Codierung der Prozedur `NEWTON_NL` ein Zeiger auf eine Prozedur als übergebener Paramter verwendet. Das abgedruckte Unterprogramm erwartet, daß über den Zeiger `func` eine Prozedur zur Verfgung steht, die die Funktionswerte g_i und die Funktionalmatrix in Abhängigkeit des Parametersatzes $\underline{a}$ berechnet.

Programmlauf. Nach der Wahl des Menüpunktes DIENSTPROGRAMME/ NICHTLINEARE GLEICHUNGEN werden folgende Eingaben erwartet:

- Formelausdrücke für die Funktionen $g_i(x)$ und ihrer partiellen Ableitungen $\partial g_i(\underline{a})/\partial a_j$
- Startwerte
- Maximale Schrittweiten
- Toleranz für Abbruchbedingung: $|v_i^{(t)}| < \text{tol}$
- Maximalzahl der Iterationsschritte.

Ist die Abbruchbedingung erfüllt, gibt NUMERI die ermittelten Werte der Unbekannten a_i und die mit diesen berechneten Funktionswerte g_i aus:

```
PROCEDURE newton_nl(func:proc_funktion_nl;
                    VAR x,f:vektor_gt;
                    dxmax,tol:vektor_gt; n,maxiter: WORD;
                    VAR iter:WORD;VAR jac:matrix_gt;
                    VAR singul:BOOLEAN;
                    VAR error:BOOLEAN);

{Löst nichtlineares Gleichungssystem:                          }
{  Die PROCEDURE FUNC stellt die Funktion und die              }
{  dazugehörige Jacobimatrix zur Verfügung:                    }
{    PROCEDURE FUNC (Var f: Vektor; VAR jac:matrix;            }
{                     x:vektor; n:WORD;                        }
{                     Var error:BOOLEAN);                      }
{        x: Vektor der Unbekannten;                            }
{    dxmax: Vektor der maximalen Schrittweiten                 }
{      tol: Vektor der Abbruchtoleranzen (|f[i]|<tol[i])       }
{        n: Anzahl der Unbekannten                             }
{   maxit: maximale Anzahl der Iterationen                     }
{    iter: tatsächliche Anzahl der Iterationen                 }
{  f,jac : Platz für Funktionswerte und Jacobimatrix           }
{  singul: zeigt an, ob Iterationen wegen einer                }
{          singulären Jacobimatrix beendet wurden              }

CONST delta = 1e20;
        {Falls nur eine Unbekannte gesucht wird und }
        {jac null ist, wird anstelle einer Division }
        {durch null eine Multiplikation mit delta   }
        {durchgeführt                               }

VAR fertig          : BOOLEAN;
    i,j             : WORD;
    dx              : vektor_gt;
```

```
    iterstr         : wrkstring_gt;

{Für Lineares Gleichungssystem}
    b               : ^vektor_gt;

BEGIN
  iter:=0;
  singul:=FALSE;
  IF n>1 THEN
    new(b);          {Bei Gleichungssystemen Speicher-}
                     {platz belegen                   }
  REPEAT
  {aktuelle Funktionswerte und Jacobimatrix berechnen}
    func(f,jac,x,n,error);
    IF error THEN      {Fehler bei Funktionsauswertung?}
    BEGIN
      info_di('Abbruch der Iterationen!',3);
      exit;
    END;

  {Abbruchbedingung}
    fertig:=TRUE;
    FOR i:=1 TO n DO
      fertig:=fertig AND (abs(f[i])<tol[i]);
    fertig:=fertig OR (iter=maxiter);

    IF NOT fertig THEN
    BEGIN
    {Berechnung der Verbesserungen dx aus jac*dx = f}
      IF n=1 THEN
      BEGIN                         {Für eine Gleichung }
        IF jac[1,1]=0 THEN          {schneller als Gauß-}
          dx[1]:=delta*f[1]         {Jordan             }
        ELSE
          dx[1]:=f[1]/jac[1,1];
      END
      ELSE
      BEGIN
        b^:=f;
        gaussj_li(jac,n,b^,singul);
        IF singul THEN
          exit;
        dx:=b^;
      END;
```

```
    {Verbesserte Werte berechnen}
      FOR i:=1 TO n DO
      BEGIN
        IF abs(dx[i])>dxmax[i] THEN
          dx[i]:=sign(dx[i])*dxmax[i];
        x[i]:=x[i]-dx[i];
      END;
      inc(iter);
    END;
  UNTIL fertig;

{Speicherplatz wieder freigeben}
  IF n>1 THEN dispose(b);
END; {newton_nl}
```

A.1 Statistik

Dipl.-Ing. Norbert Schrüfer M. Sc.

A.1.1 Überblick

Der Statistikteil des Programmsystems NUMERI gliedert sich in die drei Abschnitte

- Verteilungsfunktionen,
- beurteilende Statistik,
- Zufallszahlen.

Im ersten Abschnitt sind jeweils die Dichte- und Summenfunktion programmiert für die im Kapitel 1 behandelten Verteilungen.

Im Rahmen der „beurteilenden Statistik“ lassen sich berechnete, gemessene oder abgespeicherte Daten einlesen. Die statistischen Kenngrößen und die Häufigkeitsverteilung des betreffenden Datensatzes werden ermittelt. Gegebenenfalls werden für den Mittelwert oder für die Ausfallrate die Vertrauensgrenzen bestimmt. Mit Hilfe des Chi-Quadrat-Tests wird geprüft, ob der eingegebene Datensatz einem bestimmten Verteilungstyp genügt.

Die programmierten Zufallszahlengeneratoren liefern gleichverteilte, poissonverteilte, normalverteilte und exponentiell verteilte Pseudo-Zufallszahlen. Diese lassen sich – wie die übrigen Ergebnisse dieses Kapitels auch – mit dem generellen Ausgabeprogramm grafisch darstellen, als Tabelle ausgeben, oder auch zur Weiterverarbeitung abspeichern.

A.1.2 Arithmetischer Mittelwert

Der lineare Mittelwert (Schätzwert) $\overline{x}$ einer Menge von N beobachteten oder gemessenen Daten x_n berechnet sich gemäß Gl. (1.13) aus

$$\overline{x} = \frac{1}{N} \sum_{n=1}^{N} x_n \,.$$

Für große N kann die Summe den maximal zulässigen Wertebereich für Real-Zahlen überschreiten oder zumindest numerische Fehler verursachen. Zur programmtechnischen Realisierung der Berechnung des linearen Mittelwertes wird daher ein Verfahren angewendet, bei dem die Menge aller N Daten in t Teilbereiche mit je k Zahlenwerten zerlegt wird /1.7/. Im folgenden wird zur Vereinfachung $k = 10$ angenommen. Mit

t: Anzahl der Teilbereiche mit je k Zahlenwerten

r: verbleibende Anzahl Zahlenwerte

gilt

$$N = tk + r \,.$$

Ausgehend von

$$\overline{x}_1 = \frac{1}{k} (x_1 + \ldots + x_k)$$

läßt sich der Mittelwert $\overline{x}_t$ nun wie folgt rekursiv berechnen:

$$\begin{aligned}
\overline{x}_2 &= \frac{1}{2} \overline{x}_1 + \frac{1}{2} \cdot \frac{1}{k} (x_{k+1} + \ldots + x_{2k}) \\
\overline{x}_3 &= \frac{2}{3} \overline{x}_2 + \frac{1}{3} \cdot \frac{1}{k} (x_{2k+1} + \ldots + x_{3k}) \\
\overline{x}_t &= \frac{t-1}{t} \overline{x}_{t-1} + \frac{1}{t} \cdot \frac{1}{k} (x_{(t-1)k+1} + \ldots + x_{tk})
\end{aligned}$$

Durch Berücksichtigung der verbleibenden r Meßwerte ergibt sich dann der lineare Mittelwert $\overline{x}$ aller N Datensätze zu

$$\overline{x} = \frac{t \cdot k}{N} \overline{x}_t + \frac{1}{N} (x_{tk+1} + \ldots + x_N) \,.$$

```
FUNCTION arithmet_mittel(
  VAR x { werte_ARRAY }   : werte_ARRAY_typ;
  VAR n { werte_anzahl } : INTEGER ) : DOUBLE;

{ Berechnet den arithmetischen Mittelwert
  einer Meßreihe (x1+x2+....xn)/N.
```

```
  Die Funktion bildet Teilbereiche, um zu
  große Zahlenwerte (und damit Rechenfehler)
  zu vermeiden. }

{ Anzahl der Zahlenwerte pro Teilbereich: }
CONST
   k = 10;

VAR
   teilsumme, xquer_t : DOUBLE;
   t,j,index : INTEGER;
   teilbereiche,rest : INTEGER;

BEGIN
  { Vorbelegungen }
  index:=0;
  rest:=n MOD k;
  teilbereiche:=n DIV k;

  { Berechnung von xquer_t }
  xquer_t:=0;
  FOR t:=1 TO teilbereiche DO
  BEGIN
    teilsumme:=0;
    FOR j:=1 TO k DO
    BEGIN
      inc(index);
      teilsumme:=teilsumme + x[index];
    END;
    xquer_t:=xquer_t*(t-1)/t + teilsumme/k/t;
  END;

{ Berücksichtigung von eventuell fehlenden Zahlenwerten }
  IF rest>0 THEN
  BEGIN
    teilsumme:=0;
    FOR j:=1 TO rest DO
    BEGIN
      inc(index);
      teilsumme:=teilsumme + x[index];
    END;
    arithmet_mittel:=xquer_t*teilbereiche*k/n +
                     teilsumme/n;
  END
```

```
  ELSE
    arithmet_mittel:=xquer_t;

END; { arithmet_mittel }
```

A.1.3 Summenfunktion der Binomialverteilung

Die Summenfunktion der Binomialverteilung ergibt sich gemäß Gl. (1.22) zu

$$w(X \leq x) = F(x) = \sum_{k=0}^{x} f(k) = \sum_{k=0}^{x} \binom{N}{k} p^k \cdot q^{N-k}$$

$$\text{mit} \quad \binom{N}{k} = \frac{N!}{k!\,(N-k)!} \quad \text{und} \quad q = 1 - p\,.$$

Die einfachste aber auch langsamste Möglichkeit der programmtechnischen Realisierung stellt der wiederholte Aufruf der Funktion $f(x)$ der obigen Gleichung dar. Eine schnellere Möglichkeit bietet sich an, wenn q^N ausgeklammert wird:

$$F(x) = q^N \left[\binom{N}{0} \left(\frac{p}{q}\right)^0 + \binom{N}{1} \left(\frac{p}{q}\right)^1 + \ldots + \binom{N}{x} \left(\frac{p}{q}\right)^x \right]$$

Zusätzlich werden eingeführt

$$T_k = \binom{N}{k} \cdot \left(\frac{p}{q}\right)^k \quad \text{und} \quad S_i = \sum_{k=0}^{i} T_k\,.$$

Die einzelnen Terme T_k der Teilsumme S_i lassen sich rekursiv berechnen:

$$T_k = T_{k-1} \cdot \frac{N+1-k}{k} \cdot \frac{p}{q}$$

$$\text{mit} \quad T_0 = \binom{N}{0} \left(\frac{p}{q}\right)^0 = 1\,.$$

Die Berechnung von $F(x)$ nach der letzten Gleichung zeigt jedoch eine entscheidende numerische Schwäche: Für große N wächst die Summe S_i zu sehr großen Zahlen an, während der Faktor q^N einen extrem kleinen Zahlenwert annimmt. Dieser Nachteil läßt sich durch schrittweises Multiplizieren mit q vermeiden

$$\begin{aligned}
F(x) &= q^N \cdot \sum_{k=0}^{x} T_k \\
&= q^N \cdot \left[\sum_{k=0}^{i} T_k + \sum_{k=i+1}^{x} T_k \right] \\
&= q^{N-1} \cdot \left[q \cdot S_i + q \cdot \sum_{k=i+1}^{x} T_k \right] \\
&= q^{N-1} \cdot \left[q \cdot S_i + \sum_{k=i+1}^{x} q \cdot T_k \right] .
\end{aligned}$$

Überschreitet die Zwischensumme S_i den Wert 1, werden sowohl die Summe S_i, als auch der letzte Summenterm T_k solange mit q multipliziert, bis S_i kleiner 1 ist. Da die einzelnen Summenterme T_k rekursiv berechnet werden, wirkt sich die Multiplikation mit q automatisch auf alle folgenden Terme T_j mit j größer k aus. Gleichzeitig wird der Exponent von q bei jeder Multiplikation um 1 verringert. Durch dieses Vorgehen wird gewährleistet, daß die Summe S_i immer im erlaubten Wertebereich [0, 1] liegt. Dadurch werden numerische Schwierigkeiten umgangen.

```
FUNCTION summe_binom_vert(
       n, x : INTEGER;
       p : DOUBLE ) : DOUBLE;

{ Berechnet die Wahrscheinlichkeit von
  maximal x (k<=x) Erfolgen bei n Versuchen
  mit Einzelwahrscheinlichkeit p }

VAR
   summe_i,term_k,q : DOUBLE;
   k,qpotenz : INTEGER;

BEGIN
  term_k:=1;
  summe_i:=1;
  qpotenz:=0;
  q:=1-p;

  FOR k:=1 TO x DO
  BEGIN
    term_k:=term_k * (n+1-k)/k * p/q;
```

```
    summe_i:=summe_i + term_k;
    WHILE (summe_i>1) AND (qpotenz<n) DO
    BEGIN
      summe_i:=summe_i * q;
      term_k:=term_k * q;
      qpotenz:=qpotenz + 1;
    END;
  END;

  WHILE (summe_i>tol) AND (qpotenz<n) DO
  BEGIN
    summe_i:=summe_i * q;
    term_k:=term_k * q;
    qpotenz:=qpotenz + 1;
  END;

  IF summe_i>0.9999 THEN
    summe_i:=1;
  summe_binom_vert:=summe_i;

END; { summe_binom_vert }
```

A.1.4 Summenfunktion der Poissonverteilung

a) Bekannt ist der Mittelwert α; zu bestimmen ist die Wahrscheinlichkeit für das Auftreten von x Ereignissen.

Die Summenfunktion $F(x)$ der Poissonverteilung ist (Gl. 1.27)

$$w(X \leq x) = F(x) = \sum_{k=0}^{x} \frac{\alpha^k}{k!} \, e^{-\alpha} .$$

Das gleiche Vorgehen, das für die Berechnung der Summenfunktion der Binomialverteilung diskutiert wurde, läßt sich auf die Berechnung der Poissonverteilung anwenden: Die rekursive Formulierung lautet:

$$F(x) = e^{-\alpha} \left[\frac{\alpha^0}{0!} + \frac{\alpha^1}{1!} + \ldots + \frac{\alpha^x}{x!} \right] = e^{-\alpha} \cdot \sum_{k=0}^{x} T_k$$

$$\text{mit} \qquad T_k = \frac{\alpha^k}{k!} = T_{k-1} \cdot \frac{\alpha}{k} ,$$

$$T_0 = \frac{\alpha^0}{0!} = 1 .$$

Durch das Ausklammern des Terms $e^{-\alpha}$ entsteht wiederum das Problem der Multiplikation einer sehr kleinen Größe mit einem sehr großen Wert. Dies läßt sich bei einer schrittweisen Division durch e vermeiden. Zusätzlich wird ein vorzeitiger Abbruch bei der Aufsummierung der einzelnen Terme T_k eingeführt: Für $k > \alpha$ gilt $T_k < T_{k-1}$. Unterschreitet der Term T_k einen Schwellenwert tol, muß nicht weitergerechnet werden, da alle weiteren Terme keinen signifikanten Beitrag zur Summenberechnung mehr liefern:

```
FUNCTION summe_poisson_vert(
       x : INTEGER;
       alpha : DOUBLE ) : DOUBLE;

{ Berechnet die Wahrscheinlichkeit von
  maximal x Poisson-verteilten Ereignissen }

VAR
   term_k, summe_i : DOUBLE;
   k : INTEGER;
   epotenz : INTEGER;
   ende : BOOLEAN;

BEGIN
  { Startwerte }
  ende:=FALSE;
  summe_i:=1;
  term_k:=1;
  epotenz:=0;

  { Rekursion }
  k:=1;
  WHILE (NOT ende) AND (k<=x) DO
  BEGIN
    term_k:=term_k * alpha / k;
    summe_i:=summe_i + term_k;
    k:=k+1;

    { schrittweise Division durch e }
    WHILE (summe_i>1) AND (epotenz<=alpha-1) DO
    BEGIN
      summe_i:=summe_i/e;
      term_k:=term_k/e;
      epotenz:=epotenz+1;
    END;
```

```
    { prüfen, ob noch weitergerechnet werden muß }
    IF (k>alpha) THEN
      IF (term_k<tol) THEN
        ende:=TRUE;
  END;

  { Division durch den verbleibenden Rest }
  WHILE (summe_i>tol) AND (epotenz<=alpha-1) DO
  BEGIN
    summe_i:=summe_i/e;
    epotenz:=epotenz+1;
  END;

  IF (summe_i>tol) AND (epotenz<alpha) THEN
    summe_i:=summe_i / exp(alpha-epotenz);

  IF summe_i>0.9999 THEN
    summe_i:=1;
  summe_poisson_vert:=summe_i;
END; { summe_poisson_vert }
```

b) Beobachtet sind x Ereignisse; zu berechnen ist die Wahrscheinlichkeit für den gesuchten Parameter α.

Die Summenfunktion $F(\alpha)$ bei gegebenem Parameter x ist (Gl. 1.30)

$$F(\alpha) = \int_{v=0}^{\alpha} \frac{v^x}{x!} e^{-v}\, dv .$$

Dieses Integral läßt sich nicht direkt berechnen. Die partielle Integration ergibt

$$F(\alpha)|_x = \int_{v=0}^{\alpha} \frac{v^x}{x!}\, e^{-v}\, dv = \frac{1}{x!} \int_{v=0}^{\alpha} v^x e^{-v}\, dv$$

$$= \frac{1}{x!} \left\{ -v^x e^{-v} |_0^\alpha + \int_{v=0}^{\alpha} x \cdot v^{x-1} \cdot e^{-v}\, dv \right\}$$

$$= \int_{v=0}^{\alpha} \frac{v^{x-1}}{(x-1)!}\, e^{-v}\, dv - \frac{1}{x!}\, v^x\, e^{-v} \Big|_0^\alpha$$

$$= F(\alpha)|_{x-1} - \frac{1}{x!}\, \alpha^x\, e^{-\alpha}$$

mit $$F(\alpha)|_{x=0} = \int_{v=0}^{\alpha} \frac{v^0}{0!}\, e^{-v}\, dv = \int_{v=0}^{\alpha} e^{-v}\, dv = 1 - e^{-\alpha}\,.$$

Damit gilt insgesamt

$$F(\alpha)|_x = \int_{v=0}^{\alpha} \frac{v^x}{x!}\, e^{-v}\, dv = 1 - \sum_{k=0}^{x} \frac{\alpha^k}{k!}\, e^{-\alpha} = 1 - F(x)|_\alpha\,.$$

$F(\alpha)$ läßt sich somit über $F(x)$ bestimmen.

A.1.5 Summenfunktion der Normalverteilung

Die Summenfunktion der Normalverteilung ist erklärt durch (Gl. 1.41)

$$w(X \le x) = F(x) = \frac{1}{\sigma\sqrt{2\pi}} \int_{z=-\infty}^{x} e^{-\frac{1}{2}\left(\frac{z-\overline{x}}{\sigma}\right)^2} dz$$

Dabei ist $\overline{x}$ der Mittelwert der Zufallsgrößen und σ ist die zugehörige Standardabweichung. Für die numerische Berechnung von $F(x)$ wird die normierte Darstellung nach Gl. (1.44) verwendet

$$F^*(u) = \frac{1}{\sqrt{2\pi}} \int_{v=-\infty}^{u} e^{-\frac{1}{2}v^2}\, dv \qquad \text{mit} \qquad u = \frac{x-\overline{x}}{\sigma}\,.$$

Durch eine weitere Substitution

$$y = \frac{u}{\sqrt{2}} = \frac{x-\overline{x}}{\sqrt{2}\cdot\sigma}$$

ergibt sich

$$F^*(y) = \frac{1}{\sqrt{\pi}} \int_{v=-\infty}^{y} e^{-v^2}\, dv\,.$$

Das in der letzten Gleichung auftretende Integral wird als Fehlerfunktion $\operatorname{erf}(y)$

$$\operatorname{erf}(y) = \frac{2}{\sqrt{\pi}} \int\limits_{v=0}^{y} e^{-v^2}\, dv$$

bezeichnet und kann durch folgende Reihe angenähert werden /1.6/:

$$\operatorname{erf}(y) = \frac{2}{\sqrt{\pi}} \int\limits_{v=0}^{y} e^{-v^2}\, dv = \frac{2}{\sqrt{\pi}} \cdot e^{-y^2} \cdot \sum_{k=0}^{\infty} T_k\, y^{2k+1}$$

mit $$T_k = \frac{2^k}{1 \cdot 3 \cdot \ldots \cdot (2k+1)}\,.$$

Im Pascal-Programm wird die Reihe durch eine Folge geklammerter Terme ausgedrückt:

$$\begin{aligned}\operatorname{erf}(y) &= \frac{2}{\sqrt{\pi}} \cdot e^{-y^2}\, (T_0\, y^1 + T_1\, y^3 + T_2\, y^5 + \ldots) \\ &= \frac{2}{\sqrt{\pi}} \cdot e^{-y^2} \cdot y\, (T_0 + y^2\, (T_1 + y^2\, (T_2 + \ldots)))\end{aligned}$$

Für $y < 1{,}5$ kann die Reihenentwicklung an der 12. Stelle abgebrochen werden, da die weiteren Terme zu klein werden und jenseits der Rechengenauigkeit eines PC's liegen. Für $y > 1{,}5$ ist es dagegen sinnvoll, die komplementäre Fehlerfunktion $\operatorname{erfc}(y)$,

$$\operatorname{erfc}(y) = \frac{2}{\sqrt{\pi}} \int\limits_{v=y}^{\infty} e^{-v^2}\, dv$$

zu verwenden, die sich ebenfalls durch eine Reihenentwicklung darstellen läßt:

$$\operatorname{erfc}(y) = \frac{1/[1 + v/\{1 + 2v/[1 + 3v/(1 + \ldots)]\}]}{\sqrt{\pi}\; y\; e^{y^2}}$$

mit $$v = \frac{1}{2y^2}$$

Aus $F^*(-y) = 1 - F^*(y)$ und $F^*(0) = 0{,}5$ folgt schließlich

$$F^*(y) = \begin{cases} \frac{1}{2} + \frac{1}{2}\operatorname{erf}(y) & \text{für } y \le 1{,}5 \\ \frac{1}{2} - \frac{1}{2}\operatorname{erfc}(y) & \text{für } y > 1{,}5\,. \end{cases}$$

```
FUNCTION erf( y : DOUBLE ) : DOUBLE;

CONST
   t0  = 1.0;
   t1  = 0.6666667;
   t2  = 0.2666667;
   t3  = 0.07619048;
   t4  = 0.01693122;
   t5  = 3.078403e-3;
   t6  = 4.736005e-4;
   t7  = 6.314673e-5;
   t8  = 7.429027e-6;
   t9  = 7.820028e-7;
   t10 = 7.447646e-8;
   t11 = 6.476214e-9;

VAR
   y_quadrat, sum1, sum2, sum3, sum4 : DOUBLE;

BEGIN
  IF y<9 THEN
  BEGIN
    y_quadrat:=y*y;
    sum1:=t9+y_quadrat*(t10+y_quadrat*t11);
    sum2:=t6+y_quadrat*
          (t7+y_quadrat*(t8+y_quadrat*sum1));
    sum3:=t3+y_quadrat*
          (t4+y_quadrat*(t5+y_quadrat*sum2));
    sum4:=t0+y_quadrat*
          (t1+y_quadrat*(t2+y_quadrat*sum3));
    erf:=2 / exp(y_quadrat) / sqrtpi * y * sum4;
  END
  ELSE
    erf:=0;
END; { erf }


FUNCTION erfc( y : DOUBLE ) : DOUBLE;

VAR
   y_quadrat,v,sum,sum1,sum2 : DOUBLE;

BEGIN
  IF y<9 THEN
```

```
  BEGIN
    y_quadrat:=y*y;
    v:=1.0/(2.0*y_quadrat);
    sum:=v/(1+8*v/(1+9*v/(1+10*v/(1+11*v/(1+12*v)))));
    sum:=v/(1+3*v/(1+4*v/(1+5*v/(1+6*v/(1+7*sum)))));
    erfc:=1.0/(exp(y_quadrat) * y * sqrtpi *
          (1+v/(1+2*sum)));
  END
  ELSE
    erfc:=0;
END; { erfc }


FUNCTION summe_normal_vert(
         wert, xquer, standard : DOUBLE ) : DOUBLE;

VAR
   y,result : DOUBLE;
   negativ : BOOLEAN;

BEGIN { summe_normal_vert }
  y:=(wert-xquer) / standard / sqrt2;
  IF y<0 THEN
  BEGIN
    y:=abs(y);
    negativ:=TRUE;
  END
  ELSE
    negativ:=FALSE;

  IF y<1.5 THEN
    result:=(1 + erf(y)) / 2
  ELSE
    result:=(2 - erfc(y)) / 2;

  IF negativ THEN
    summe_normal_vert:=1 - result
  ELSE
    summe_normal_vert:=result;
END; { summe_normal_vert  }
```

A.1.6 Obere Grenze eines Summenintegrals

Für eine beliebige Verteilung sei die Summenfunktion $F(x)$ bekannt. Gegeben ist der Wert β der Summenfunktion, $F(x) = \beta$. Gesucht ist das dazugehörige Argument x.

$$F(x) = \int_{v=0}^{x} f(v)\, dv = \beta$$

Wenn sich $F(x)$ nicht als geschlossene Funktion ausdrücken läßt, kann die vorstehende Gleichung nicht direkt nach x aufgelöst werden. Der Wert für x muß daher iterativ berechnet werden. Zunächst werden eine minimale und maximale Grenze $x_{\min}$ und $x_{\max}$ für x berechnet.

Mit $\quad x_{\text{mitte}} = \dfrac{x_{\min} + x_{\max}}{2}$

und $\quad F(x_{\text{mitte}}) = F_{\text{mitte}}$

kann nun der mögliche Wertebereich für x eingeschränkt werden:

Für $\quad F_{\text{mitte}} > \beta \quad$ ist $\quad x \in [x_{\min}, x_{\text{mitte}}]$

$\quad F_{\text{mitte}} < \beta \quad$ ist $\quad x \in [x_{\text{mitte}}, x_{\max}]$.

Durch wiederholte Anwendung des Verfahrens kann der zulässige Wertebereich für x soweit eingegrenzt werden, bis eine vorher festgelegte Genauigkeit erreicht ist.

Da die Breite des Startintervalls von der jeweiligen Funktion $F(x)$ abhängt, kann nicht vorhergesagt werden, wieviele Iterationsschritte nötig sind. Es empfiehlt sich daher die rekursive Programmierung in Form einer Funktion `iteration`, die sich selbst mit jeweils anderen Startwerten $x_{\min}$ und $x_{\max}$ solange aufruft, bis x mit einer genügend großen Genauigkeit gefunden ist.

Für die Normalverteilung wird das entsprechende Turbo-Pascal-Programm im folgenden angegeben. Der Wert von $F(x)$ wird mit Hilfe der in Kap. 1.4 erläuterten Funktion `summe_normal_vert` berechnet.

```
FUNCTION summe_normal_inverse(
         xquer,standard,beta : DOUBLE ) : DOUBLE;

VAR
   xmin,xmax : DOUBLE;

       FUNCTION iteration( min,max : DOUBLE ) : DOUBLE;
       VAR
          mitte,fist : DOUBLE;
```

```
        BEGIN
        mitte:=(min+max) / 2;
        fist:=summe_normal_vert( mitte,xquer,standard );
        IF fist>beta THEN
        BEGIN
          IF (fist-beta)<genau THEN
            iteration:=mitte
          ELSE
            iteration:=iteration( min,mitte );
        END
        ELSE
          iteration:=iteration( mitte,max );
        END;  { iteration }

BEGIN { summe_normal_inverse }
  xmin:=xquer + (beta-0.5)*6*standard;
  xmin:=xmin - 2*standard;
  xmax:=xmin + 4*standard;
  summe_normal_inverse:=iteration( xmin,xmax );
END; { summe_normal_inverse }
```

A.1.7 Summenfunktion der Chi-Quadrat-Verteilung

Gemäß Gl. (1.85) hat die Summenfunktion $F(\chi^2)$ der Chi-Quadrat-Verteilung die Form

$$F(\chi^2) = K_N \cdot \int\limits_{v=0}^{\chi^2} v^{(N-2)/2}\, \mathrm{e}^{-v/2}\, dv$$

bzw. $$F(x) = K_N \cdot \int\limits_{v=0}^{x} v^{(N-2)/2}\, \mathrm{e}^{-v/2}\, dv$$

Dabei ist N die Anzahl der Freiheitsgrade und K_N ist der Normierungsfaktor

$$K_N = \frac{1}{\Gamma\left(\frac{N}{2}\right) \cdot 2^{(N/2)}} \; .$$

Bei der Berechnung der in dem Normierungsfaktor K_N auftretenden Gamma-Funktion $\Gamma(N/2)$ muß nun eine Fallunterscheidung durchgeführt werden:

$$\Gamma(\frac{N}{2}) = (\frac{N}{2} - 1)! \qquad \text{für } N \text{ gerade}$$

$$\Gamma(\frac{N}{2}) = (\frac{1}{2} \cdot \frac{3}{2} \cdot \frac{5}{2} \cdot \ldots \cdot \frac{N-2}{2})\sqrt{\pi} \qquad \text{für } N \text{ ungerade, } N \geq 3$$

$$\Gamma(\frac{N}{2}) = \frac{1}{\sqrt{\pi}} \qquad \text{für } N = 1$$

Damit ergeben sich in Abhängigkeit von N zwei unterschiedliche Terme für den Normierungsfaktor K_N .

$$K_N = \frac{1}{(\frac{N}{2} - 1)!\, 2^{N/2}} \qquad \text{für } N \text{ gerade}$$

$$K_N = \frac{1}{[1 \cdot 3 \cdot 5 \cdot \ldots \cdot (N-2)]\sqrt{2\pi}} \qquad \text{für } N \text{ ungerade, } N \geq 3$$

$$K_N = \frac{1}{\sqrt{2\pi}} \qquad \text{für } N = 1$$

So müssen bei der Berechnung von $F(x)$ die beiden Fälle a und b unterschieden werden:

a) Berechnung der Summenfunktion F(x); N gerade:

Es gilt

$$F(x) = \frac{1}{\Gamma\left(\frac{N}{2}\right)\, 2^{N/2}} \int\limits_{v=0}^{x} v^{(N-2)/2}\, e^{-v/2}\, dv$$

$$= \frac{1}{2} \cdot \frac{1}{((N-2)/2)!} \cdot \int\limits_{v=0}^{x} \left(\frac{v}{2}\right)^{(N-2)/2} e^{\;v/2}\, dv$$

Mit $w = \dfrac{N-2}{2}$ folgt $F(x) = \dfrac{1}{2} \cdot \dfrac{1}{w!} \displaystyle\int\limits_{v=0}^{x} \left(\frac{v}{2}\right)^{w} e^{-v/2}\, dv$.

Die Substitution $u = v/2$ und $\alpha = x/2$ ergibt

$$F(x) = \frac{1}{2} \cdot \frac{1}{w!} \int\limits_{u=0}^{x} u^{w}\, e^{-u} \cdot 2\, du$$

$$F^*(x) = \frac{1}{w!} \int_{u=0}^{\alpha} u^w \, e^{-u} \, du$$

Damit kann die Chi-Quadrat-Verteilung mit N Freiheitsgraden, N gerade, über die Poisson-Verteilung berechnet werden.

$$F(\chi^2)_{N\,\text{gerade}} = F^*_{\text{Poisson}}(\alpha = \frac{\chi^2}{2}) \qquad \text{mit } x_{\text{Poisson}} = \frac{N-2}{2}$$

$$= 1 - F^*_{\text{Poisson}}(x = \frac{N-2}{2}) \qquad \text{mit } \alpha_{\text{Poisson}} = \frac{\chi^2}{2}$$

b) Berechnung der Summenfunktion F(x); N ungerade:

Durch partielle Integration läßt sich die Summenfunktion der Chi-Quadrat-Verteilung mit N Freiheitsgraden, N ungerade, rekursiv darstellen:

$$F(x)_{N\ \text{Freiheitsgrade}} = \frac{1}{\Gamma\left(\frac{N}{2}\right) \cdot 2^{N/2}} \int_{v=0}^{x} v^{(N-2)/2} \, e^{-v/2} \, dv$$

$$= \frac{1}{\Gamma\left(\frac{N}{2}\right) \cdot 2^{N/2}} \left[\frac{N-2}{2} \cdot 2 \int_{v=0}^{x} v^{(N-4)/2} \, e^{-v/2} \, dv - 2\, x^{(N-2)/2} \cdot e^{-x/2} \right]$$

$$= F(x)_{N-2\ \text{Freiheitsgrade}} - \frac{1}{1 \cdot 3 \cdot 5 \cdot \ldots \cdot (N-2)} \cdot \sqrt{\frac{2}{\pi}} \cdot x^{(N-2)/2} \cdot e^{-x/2}$$

$$= F(x)_{N-2\ \text{Freiheitsgrade}} - D(x, N-2)$$

Der jeweilige Subtrahend $D(x, N)$ kann ebenfalls rekursiv ausgewertet werden:

$$D(x, N) = \frac{1}{1 \cdot 3 \cdot 5 \cdot \ldots \cdot N} \cdot \sqrt{\frac{2}{\pi}} \cdot x^{N/2} \cdot e^{-x/2}$$

$$= D(x, N-2) \cdot x/N$$

$$D(x, N=1) = \sqrt{\frac{2}{\pi}} \sqrt{x} \cdot e^{-x/2}$$

Das erste Glied der Rekursion $F(x)_{N=1}$ ergibt sich nach der Substitution von $v/2 = z^2$ zu:

$$F(x)_{N=1} = \frac{1}{\sqrt{2\pi}} \int_{v=0}^{x} \frac{1}{\sqrt{v}} \, e^{-v/2} \, dv = \frac{1}{\sqrt{2\pi}} \int_{z=0}^{\sqrt{x/2}} \frac{1}{\sqrt{2} \cdot z} \, e^{-z^2} \cdot 4z \, dz$$

$$= \frac{2}{\sqrt{\pi}} \int_{z=0}^{\sqrt{x/2}} e^{-z^2}\, dz = \mathrm{erf}(\sqrt{\frac{x}{2}}).$$

Damit läßt sich die Summenfunktion $F(x)$ der Chi-Quadrat-Verteilung für ungerade N durch eine Reihenentwicklung aufbauend auf der Fehlerfunktion $\mathrm{erf}(y)$ berechnen. Die zugehörigen Turbo-Pascal-Programme lauten:

```
FUNCTION summe_chiquad_even(
         x : DOUBLE;   n : INTEGER ) : DOUBLE;

BEGIN
  summe_chiquad_even:=
        1 - summe_poisson_vert( trunc((n-2)/2), x/2 );
END;  { summe_chiquad_even }

FUNCTION summe_chiquad_odd(
         x : DOUBLE;   n : INTEGER ) : DOUBLE;

VAR
   summe,xhalbe,y : DOUBLE;
   i : INTEGER;

BEGIN
  xhalbe:=x/2;

  IF n>1 THEN
  BEGIN
    summe:=1;
    FOR i:=n-2 DOWNTO 3 DO
      IF odd(i) THEN
        summe:=1 + (x/i)*summe;
    summe:=summe*2/sqrtpi*sqrt(xhalbe)/exp(xhalbe);
  END
  ELSE
    summe:=0;

  y:=sqrt(xhalbe);
  IF y<1.5 THEN
    summe_chiquad_odd:=erf(y) - summe
  ELSE
    summe_chiquad_odd:=1 - erfc(y) - summe;
END;  { summe_chiquad_odd }
```

```
FUNCTION summe_chiquad_vert(
         x : DOUBLE;  n : INTEGER ) : DOUBLE;

BEGIN
  IF odd(n) THEN
    summe_chiquad_vert:=summe_chiquad_odd( x,n )
  ELSE
    summe_chiquad_vert:=summe_chiquad_even( x,n );
END;  { summe_chiquad_vert }
```

A.2 Amplitudenverteilungen

Dipl.-Ing. Wolfgang Knappe

Zur Demonstration dient der Datensatz „GAMMA.AMP", der ein gemessenes Gammaspektrum einer Nuklidmischung aus Cs-137 (Gammaenergie 661,6 keV), Co-60 (Gammalinien bei 1173,1 keV und 1332,5 keV) und K-40 (Gammaenergie 1460,8 keV) darstellt. Zur Trennung eines Peaks von seinem Untergrund sind die Bereichsgrenzen so zu wählen, daß sie den Peak in der Häufigkeitsverteilung möglichst gut eingrenzen. Zur Bestimmung der Netto-Impulszahl wird – wie im Kapitel 2 beschrieben – im allgemeinen durch die Impulszahlen der etwa 10 Randklassen eine Ausgleichsgerade gelegt. Die Ausgleichsgerade trennt die Untergrundstrahlung von der Linienstrahlung. Im nachfolgend angegebenen Programm wird diese Trennungslinie etwas anders ermittelt. Das Programm berechnet den Mittelwert der Impulszahlen in den 5 Klassen neben der linken und in den 5 Klassen neben der rechten Bereichsgrenze. Diese Mittelwerte werden der dritten bzw. der drittletzten Klasse zugeordnet und legen die „Ausgleichsgerade" fest. In der Bildschirmausgabe erscheinen dann die folgenden Werte:

- Gesamtzahl der Ereignisse, Brutto-Impulszahl
- Untergrund-Impulszahl,
- relativer Anteil des Untergrundes an der Gesamtzahl der Ereignisse,
- Zahl der Ereignisse, die in den Peak fallen, Netto-Impulszahl
- relativer Anteil des Peaks an der Gesamtzahl der Ereignisse.

Das Spektrum wurde mit einem Szintillationszähler aufgenommen, so daß anstelle scharfer Gammalinien breite Linienberge (Peaks) erhalten wurden.

```
PROCEDURE peaknetto;

VAR j : WORD;
    mw_links, mw_rechts, gerade,
    zwischenwert, untergrund     : double;

BEGIN
  IF klassenanzahl>5 THEN
  BEGIN
    mw_links:=0;
    mw_rechts:=0;
    For j:=1 TO 5 DO
    BEGIN
      mw_links:= mw_links+haeufigkeit^[j];
      mw_rechts:=mw_rechts+haeufigkeit^[klassenzahl-j+1];
    END;
    mw_links:=mw_links/5;
    mw_rechts:=mw_rechts/5;
  END
  ELSE
  BEGIN
    mw_links:= haeufigkeit^[1];
    mw_rechts:=haeufigkeit^[klassenzahl];
  END;
  untergrund:=0;
  For j:=1 TO klassenzahl DO BEGIN
    gerade:=mw_links+
            (j-3)*(mw_rechts-mw_links)/(klassenzahl-5);
    IF haeufigkeit^[j]>=gerade THEN
      zwischenwert:=gerade
    ELSE
      zwischenwert:=haufigkeit^[j];
    untergrund:=untergrund+zwischenwert;
  END;
  peak:=werte_im_bereich-untergrund;
END;
```

A.3 Ausgleichsrechnung

Dipl.-Ing. Erwin Lindermeir

Nach der Wahl dieses Menüpunktes muß der Benutzer zunächst die Daten eingeben. Er kann dann zwischen unterschiedlichen Ausgleichsfunktionen wählen. NUMERI berechnet die Parameter dieser Funktionen und bietet die Möglichkeit, letztere sowohl graphisch als auch in Tabellenform darzustellen. Natürlich können die Wertepaare der Ausgleichsfunktion zur Weiterverarbeitung auch als ASCII-Dateien abgespeichert werden. Folgende Ausgleichsmöglichkeiten werden angeboten:

A.3.1 Polynom $f(x) = \sum_{i=0}^{m} a_i x^i$

Nach Vorgabe des Polynomgrades, der kleiner als die Anzahl der Meßpunkte sein muß, wird die untenstehende Prozedur `ausgleichspolynom` aufgerufen. Diese aktiviert das Unterprogramm `norm_gl`, das die Normalengleichungen entsprechend Gl. (3.9) unter Ausnutzung der Symmetrie der Koeffizientenmatrix aufstellt. Dieses Gleichungssystem wird mit dem Gauß-Jordan-Verfahren (Beschreibung siehe A.0.7) gelöst. Damit sind die gesuchten Polynomkoeffizienten bestimmt und die quadratische Fehlersumme kann berechnet werden:

```
PROCEDURE norm_gl(VAR x,y:daten_gt; anzahl,grad:WORD;
                  VAR bvektor:vektor_gt;
                  VAR matrix:matrix_gt);

{Berechnung der Elemente der Normalgleichungen.          }
{     x,y        : Wertepaarkoordinaten                  }
{     anzahl     : Länge der Wertepaarvektoren           }
{     grad       : Polynomgrad+1                         }
{     bvektor    : Ergebnisvektor                        }
{     Matrix     : Koeffizientenmatrix                   }

VAR      i,j,k : WORD;

BEGIN
  {Alle notwendigen Elemente zu null setzen}
  FOR j:=1 TO grad DO
  BEGIN
    FOR k:=1 TO j DO matrix[j,k]:=0;
    bvektor[j]:=0;
```

```
  END;

  {Summation                                                    }
  {Die Funktion 'potenz_ma' ist folgendermaßen                  }
  {definiert:                                                   }
  {   FUNCTION potenz_ma (x:DOUBLE; n:WORD):DOUBLE;             }
  {Sie liefert als Ergebnis den Wert x^n                        }
  FOR i:=1 TO anzahl DO
  BEGIN
    FOR j:=1 TO grad DO
    BEGIN
      bvektor[j]:=bvektor[j]+y[pred(i)]*
                  potenz_ma(x[pred(i)],j-1);
      FOR k:=1 TO j DO
        matrix[j,k]:=matrix[j,k]+
                     potenz_ma(x[pred(i)],j+k-2);
    END;
  END;

  {Da Koeffizientenmatrix symmetrisch, Rest kopieren}
  FOR j:=2 TO grad DO
    FOR k:=1 TO pred (j) DO
      matrix[k,j]:=matrix[j,k];
END; {norm_gl}

PROCEDURE ausgleichspolynom(VAR x,y:daten_gt;
                            anzahl,grad:WORD;
                            VAR bvek:vektor_gt);

{Liefert in 'bvek' die Polynomkoeffizienten für ein        }
{Ausgleichspolynom vom Grad 'grad' zu den 'anzahl'         }
{Meßwerten (x,y).                                          }
{     x,y         : Wertepaarkoordinaten                   }
{     anzahl      : Länge der Wertepaarvektoren            }
{     grad        : Polynomgrad                            }
{     bvek        : Polynomkoeffizienten                   }

VAR  matrix : ^matrix_gt;

BEGIN
  {Speicherplatz für Matrix der}
  {Normalgleichungen (Gl. 3.9) }
  new(matrix);
```

```
  {Berechnung der Elemente der Koeffizienten-Matrix}
  {und des Ergebnisvektors der Normalgleichungen   }
  norm_gl(x,y,anzahl,succ (grad),bvek,matrix^);

  {Lösung der Normalgleichungen mit}
  {dem Gauß-Jordan-Verfahren       }
  gauss_jordan_ma(matrix^,succ (grad),bvek);

  {Speicherplatz wieder freigeben}
  dispose (matrix);
END; {ausgleichspolynom}
```

A.3.2 Exponentialfunktion $f(x) = a\,e^{bx} + c$

Bei diesem Menüpunkt wird mittels der im Kapitel 3.5 besprochenen Linearisierung die Funktion $y = a\,e^{bx} + c$ für den Ausgleich verwendet. Dies ist nur möglich, wenn für die Meßpunkte (x, y) gilt:

$$x_{n+1} > x_n \qquad \text{und} \qquad y_{n+1} > y_n \quad \text{oder} \quad y_{n+1} < y_n$$

d.h. wenn die x-Werte streng monoton steigend und die y-Werte streng monoton steigend oder streng monoton fallend sind. Treffen diese Voraussetzungen nicht zu, so ist eine Linearisierung nicht möglich. Soll dennoch eine Ausgleichsrechnung durchgeführt werden, so ist der Menüpunkt „Benutzerdefinierte Ausgleichsfunktion“ zu wählen.

Für die Linearisierung liefern die Gleichungen (3.85) und (3.86) die transformierten Meßpunkte. Bei Gl. (3.85) entsteht allerdings die Schwierigkeit, daß für streng monoton fallende y-Werte die Ableitung negativ wird und damit nicht logarithmiert werden kann. Deshalb wird folgendermaßen vorgegangen:

Gilt $y_{n+1} > y_n$ so wird $f^*(x) = \ln(f'(x)) = \ln(ab) + bx$.
Gilt $y_{n+1} < y_n$ so wird $f^*(x) = \ln(-f(x)) = \ln(-ab\,e^{bx}) = \ln(-ab) + bx$.

Die Transformationsvorschrift der diskreten Meßwerte lautet also

$$x_n^* = \frac{x_{n+1} + x_n}{2} \quad ; \qquad y_n^* = \ln\left|\frac{y_{n+1} - y_n}{x_{n+1} - x_n}\right| .$$

Durch diese Punkte wird eine Ausgleichsgerade $f^*(x) = A\,x + B$ (Polynom ersten Grades) gelegt. Dazu wird die oben erwähnte Routine `ausgleichspolynom` verwendet, die die Parameter A und B liefert.

Bei der Rücksubstitution gilt (Koeffizientenvergleich):

$$b = B,$$

$$A = \ln(ab) \Longrightarrow a = \frac{1}{b}e^A \qquad \text{für streng monoton steigende } y\text{-Werte}$$

$$A = \ln(-ab) \Longrightarrow a = -\frac{1}{b}e^A \qquad \text{für streng monoton fallende } y\text{-Werte}$$

In dem entsprechenden Programmteil, der Prozedur `exponentialfunktion`, wird diese Fallunterscheidung in der Zeile

```
ko[1]=exp(ko[1])/ko[2]*(1-2*ORD(y_monoton=steigend))
```

berücksichtigt. Der Klammerausdruck wird für streng monoton steigende y-Werte $+1$ und für streng monoton fallende -1. Die Prozedur `ausgleichs-polynom` liefert die Paramter A und B der Ausgleichsgerade im Feld `ko` zurück:

`ko[1]` $= A$; `ko[2]` $= B$

Da A nach Berechnung der Unbekannten a nicht mehr gebraucht wird und B mit b identisch ist, können die Parameter a, b und c im gleichen Vektor gespeichert werden, wobei A und B überschrieben werden. c ergibt sich analog Gl. (3.91) aus

$$c = \frac{1}{N}\sum_{n=0}^{N-1}(y_n - a\,e^{bx_n})$$

Damit sind alle gesuchten Parameter bekannt und die quadratische Fehlersumme kann berechnet werden:

```
PROCEDURE exponentialfunktion_aul(VAR x,y:daten_gt;
                                  anzahl:WORD);

{Ausgleichsfunktion: y  =  a * EXP(b * x)  +  c      }
{    x,y  : Wertepaare der Messung                    }
{  anzahl : Anzahl der Wertepaare                     }

VAR   xmonoton,ymonoton              : monoton_gt;
      xaus,yaus                      : ^daten_gt;
      lauf,wertezahl                 : WORD;
      taste                          : BYTE;
      abstandsquadrat,von,bis,
      intervall,dummy                : DOUBLE;
      ko                             : vektor_gt;
      kopf                           : kopf_gt;

{Die Parameter a,b,c werden in dem Vektor ko gespeichert}
```

```
BEGIN
  {Prüfung, ob monoton}
  ymonoton:=monoton_ma(y,anzahl);
  xmonoton:=monoton_ma(x,anzahl);

  IF (ymonoton=nicht_monoton) OR
     (xmonoton<>steigend) THEN
    info_di('Daten für Ausgleich mit '+
            'Exponentialfunktion ungeeignet !',3)
  ELSE
  BEGIN
    new(xaus); {Speicherplatz belegen}
    new(yaus);

    {Linearisierung: Gl. 3.85 und 3.86}
    FOR lauf:=0 TO anzahl-2 DO
    BEGIN
      yaus^[lauf]:=ln(abs((y[succ(lauf)]-y[lauf])/
                    (x[succ(lauf)]-x[lauf])));
      xaus^[lauf]:=(x[succ(lauf)]+x[lauf])/2;
    END;

    {Ausgleichsgerade (Polynom 1. Grades) durch}
    {die linearisierten Meßwerte                }
    ausgleichspolynom(xaus^,yaus^,pred(anzahl),1,ko);

    IF ko[2]=0 THEN  {Für b=0 sind a und c      }
                     {gleichwertig (y=a+c) und }
                     {damit nicht zu bestimmen!}
      info_di('e - Funktion ungeeignet',3)
    ELSE
    BEGIN
      {Berechnung von a}
      ko[1]:=exp(ko[1])/ko[2]*
             (1-2*ord(ymonoton=fallend));

      {Berechnung von c analog Gl. 3.91}
      ko[3]:=0;
      FOR lauf:=0 TO pred(anzahl) DO
        ko[3]:=ko[3]+(y[lauf]-ko[1]*exp(ko[2]*x[lauf]));
      ko[3]:=ko[3]/anzahl;
```

```
      {Berechnung der Summe der Fehlerquadrate}
      abstandsquadrat:=0;
      FOR lauf:=0 TO pred(anzahl) DO
        abstandsquadrat:=abstandsquadrat+sqr(y[lauf]-
                         ko[1]*exp(ko[2]*x[lauf])-ko[3]);
    END;
  END;
END;
```

A.3.3 Fourierreihe

Soll eine Fourierreihe als Ausgleichskurve verwendet werden, so müssen die Periodendauer der Grundschwingung und die Anzahl K der zu berücksichtigenden Teilschwingungen vorgegeben werden. Auch ist es notwendig, daß der Datensatz bei $t = 0$ beginnt, und die Abtastwerte äquidistant sind, denn andernfalls gelten die Beziehungen (3.61) - (3.65) nicht.

Die Koeffizienten werden aus (3.67) und (3.68) berechnet. Dazu müssen diese Gleichungen noch weiter diskretisiert werden:

$$t_n = nT_a \qquad T_a\text{: 'Abtastintervall'}$$

$$\omega_0 = \frac{2\pi}{T_0} = \frac{2\pi}{NT_a} \qquad T_0\text{: 'Periodendauer der Grundschwingung'.}$$

Damit werden die Argumente der sin- und cos-Funktionen der beiden Gleichungen:

$$k\omega_0 t_n = k\,\frac{2\pi}{NT_a}\,nT_a = \frac{2\pi}{N}\,kn$$

Man erhält also:

$$a_k = \frac{2}{N}\sum_{n=0}^{N-1} y_n\,\cos(\frac{2\pi}{N}\,kn)$$

$$b_k = \frac{2}{N}\sum_{n=0}^{N-1} y_n\,\sin(\frac{2\pi}{N}\,kn)$$

Die Auswertung der letzten beiden Gleichungen ist wie folgt codiert:

```
konst:=2*pi/anzahl;
FOR lauf:=0 TO oberwellen DO
BEGIN
  a^[lauf]:=0;
  b^[lauf]:=0;
```

```
    hilf:=konst*lauf;
    FOR laufl:=0 TO pred(anzahl) DO
    BEGIN
      arg:=hilf*laufl;
      a^[lauf]:=a^[lauf]+cos(arg)*y[laufl];
      b^[lauf]:=b^[lauf]+sin(arg)*y[laufl];
    END;
    a^[lauf]:=2*a^[lauf]/anzahl;
    b^[lauf]:=2*b^[lauf]/anzahl;
END;
```

A.3.4 Splines

Werden Splines ausgewählt, so erscheint ein weiteres Menü, in dem die Art des zu verwendenden Splines angegeben werden muß. Außer dem Ausgleichsspline können auch interpolierende Splines verwendet werden. Es stehen der natürliche Spline, der Not-a-Knot-Spline sowie Splines mit vorgegebener erster Randableitung zu Verfügung. NUMERI ermittelt die nötigen Parameter und ermöglicht die graphische Darstellung oder das Abspeichern der Wertepaare des Splines.

Bei der Berechnung werden zunächst die zweiten Ableitungen y''_n in den Stützpunkten ermittelt. Dies geschieht durch Lösen der Gleichungssysteme (3.32) für interpolierende Splines bzw. (3.38) für den Ausgleichsspline. Um Speicherplatz zu sparen, werden zur Berechnung von Funktionswerten des Splines nicht seine $4(N-1)$ Koeffizienten, a_n, b_n, c_n und d_n, sondern nur die zweiten Ableitungen sowie die Wertepaare (x_n, y_n) bei den interpolierenden bzw. $(x_n, P_n(x_n))$ beim approximierenden Spline verwendet. Für den Ausgleichsspline müssen also die ausgleichenden Funktionswerte $P_n(x_n)$ in den Stützstellen ermittelt werden, bevor die Berechnung von Zwischenwerten möglich ist. Da aber der Zusammenhang $P_n(x_n) = a_n$ gilt, können diese Werte leicht aus den Gleichungen (3.39) bis (3.41) gewonnen werden. Die Funktionswerte des Splines an der Stelle x ergeben sich mit Einführung der Abkürzungen

$$A = \frac{x_{n+1} - x}{x_{n+1} - x_n} \qquad B = \frac{x - x_n}{x_{n+1} - x_n} = 1 - A$$

zu

$$P_n(x) = Ay_n + By_{n+1} + (A^3 - A)(x_{n+1} - x_n)^2 \frac{y''_n}{6} + (B^3 - B)(x_{n+1} - x_n)^2 \frac{y''_n}{6}$$

Diese Formel erhält man durch Einsetzen der Gleichungen (3.23) bis (3.26) in (3.15). Bevor sie ausgewertet werden kann, muß natürlich das dem x-Wert entsprechende Polynom P_n gefunden werden. Es ist also festzustellen, in welchem Intervall $[x_n, x_{n+1}]$ der Abszissenwert x liegt.

A.3.5 Gebrochen rationale Funktionen

Die Verwendung gebrochen rationaler Funktionen führt zu nichtlinearen Gleichungssystemen. NUMERI bietet zwei Typen gebrochen rationaler Funktionen. Der Grad des Zähler und Nennerpolynoms ist entweder eins oder zwei. Die entstehenden Gleichungssysteme werden iterativ mit dem Newton-Verfahren (vgl. A.0.9) gelöst. Dazu muß der Benutzer die Startwerte, die Abbruchbedingung und die maximal erlaubte Schrittweite angeben. Falls das Verfahren konvergiert, werden die ermittelten Parameter sowie die Fehlerquadratsumme ausgegeben; ansonsten müssen entweder andere Startwerte oder kleinere Schrittweiten gewählt werden. Die Programmierung entspricht genau der Darstelllung in Kapitel 3.6. Die nichtlinearen Gleichungen (3.125) werden mit Hilfe des Newton-Verfahrens entsprechend (3.121) und (3.122) gelöst.

A.3.6 Benutzerdefinierte Ausgleichsfunktion

Dieser Punkt bietet die Möglichkeit, beliebige, stetig differenzierbare Ausgleichsfunktionen $f(\underline{a}, x)$ zu verwenden. Da die Ausgleichsfunktion hier immer als nichtlineare Funktion der gesuchten Parameter aufgefaßt wird, müssen neben der Anzahl dieser Parameter und der Ausgleichsfunktion auch ihre partiellen Ableitungen $\frac{\partial f}{\partial a_i}$ sowie die entsprechenden Angaben für die Iteration (Startwerte, Abbruchbedingung und maximale Schrittweite) eingegeben werden. Danach ist der Programmablauf der gleiche wie bei den gebrochen rationalen Funktionen.

A.4 Numerisches Glätten, Differenzieren und Integrieren

Dipl.-Ing. Erwin Lindermeir

NUMERI bietet zu Kapitel 4 dieses Buches die folgenden Möglichkeiten:

- Glätten,
- Differenzieren,
- Integrieren,
- Lösung gewöhnlicher Differentialgleichungen
- Lösung gewöhnlicher Differentialgleichungen für Markow-Ketten

A.4.1 Glätten und Differenzieren

Entsprechend der Darstellung in den Abschnitten 4.1.2. und 4.2.2. ist das Vorgehen beim numerischen Glätten und Differenzieren sehr ähnlich. Gegeben sind die gemessenen Wertepaare (x_n, y_n) $n = 0, \ldots, N-1$ mit äquidistanten Abszissen

$$h = x_{n+1} - x_n .$$

Zur Ermittlung des geglätteten Wertes $\overline{y}_n$ bzw. der Ableitung y'_n wird durch eine vom Benutzer vorzugebende, ungerade Anzahl Z von Meßpunkten

$$(x_{n-(Z-1)/2}, y_{n-(Z-1)/2}) \ldots (x_n, y_n) \ldots (x_{n+(Z-1)/2}, y_{n+(Z-1)/2})$$

ein Ausgleichspolynom p-ter Ordnung gelegt $(Z > p+1)$:

$$P_n(x) = a_0 + a_1 (x - x_n) + \ldots + a_p (x - x_n)^p .$$

Nach Gl. (4.12) ist der geglättete Wert

$$\overline{y}_n = a_0$$

und der differenzierte gemäß Gl. (4.16)

$$y'_n = a_1 .$$

Da die Meßwerte äquidistant sein sollen, vereinfachen sich die Normalgleichungen analog Gl. (4.10). Alle Terme, bei denen über ungerade Potenzen von $x_k = (x_{n+k} - x_n)$ summiert wird, werden null. Bei Einführung der Matrizenschreibweise ergibt sich beispielsweise für ein Polynom 3. Grades (vgl. Gl. (4.6) bis (4.9)):

$$\begin{bmatrix} 5 & 0 & \sum x_k^2 & 0 \\ 0 & \sum x_k^2 & 0 & \sum x_k^4 \\ \sum x_k^2 & 0 & \sum x_k^4 & 0 \\ 0 & \sum x_k^4 & 0 & \sum x_k^6 \end{bmatrix} \cdot \begin{bmatrix} a_0 \\ a_1 \\ a_2 \\ a_3 \end{bmatrix} = \begin{bmatrix} \sum y_{n+k} \\ \sum x_k y_{n+k} \\ \sum x_k^2 y_{n+k} \\ \sum x_k^3 y_{n+k} \end{bmatrix}$$

$$\underline{N} \qquad \underline{a} = \underline{b}$$

Hier fällt auf, daß zur Berechnung der Koeffizientenmatrix $\underline{N}$ dieses Gleichungssystems außer der ersten Zeile nur die Elemente der letzten Spalte ermittelt werden müssen. Die übrigen können aus der jeweils vorhergehenden Zeile kopiert werden.

Da $\underline{N}$ nur von h abhängt (vgl. Gl. (4.11)), muß diese Matrix zur Berechnung aller Ausgleichspolynome nur einmal aufgestellt und entsprechend der LR-Zerlegung (vgl. A.0.7) aufgespalten werden. Die rechte Seite wird immer wieder neu berechnet.

Ein Problem stellen noch die Randwerte dar. Diese müssen gesondert berechnet werden. Für sie werden die Werte des ersten $(P_1(x))$ und des letzten $(P_L(x))$

Ausgleichspolynoms verwendet.

Die folgende Prozedur ermittelt die Matrix der Normalgleichungen unter Ausnutzung ihrer oben erwähnten Eigenschaften:

```
PROCEDURE normalmatrix(VAR normal:matrix_gt; h:DOUBLE;
                       anz_pkte,anz_koef:WORD;
                       VAR indx:indexarray_li;
                       VAR singulaer:BOOLEAN);

{Berechnung der Koeffizientenmatrix der                  }
{Normalgleichungen                                       }
{   normal : Koeffizientenmatrix der Normalgleichungen   }
{        h : Abstand der äquidistanten Abszissen         }
{  anz_pkte: Anzahl der gemessenen Punkte                }
{  anz_koef: Anzahl der Koeffizienten des Ausgleichs-    }
{            polynoms                                    }
{     indx : für LR-Zerlegung (vgl. A.0.7)               }
{singulaer : für LR-Zerlegung (vgl. A.0.7)               }
{Typen:                                                  }
{      matrix_gt : array [1..10,1..10] of double         }
{  indexarray_li : array [1..10] of word                 }

VAR zeile,spalte,p,i : WORD;
    z,dummy          : DOUBLE;

BEGIN
  normal[1,1]:=anz_pkte;
  FOR spalte:=2 TO anz_koef DO
  BEGIN                             {1.Zeile berechnen}
    IF odd(spalte) THEN
    BEGIN                           {ungerade Spaltennummer}
      normal[1,spalte]:=0;
      p:=pred(spalte) DIV 2;
      FOR i:=1 TO pred (anz_pkte) DIV 2 DO
      BEGIN
        z:=i*h;
        normal[1,spalte]:=normal[1,spalte]+
                          2*potenz_ma(z,2*p);
        {potenz_ma(z,2*p) liefert z^(2*p)}
      END;
      inc(p);
    END
    ELSE
```

```
      normal[1,spalte]:=0;           {gerade Spaltennummer}
  END;
  FOR zeile:=2 TO anz_koef DO    {Restliche Zeilen}
  BEGIN
    FOR spalte:=1 TO pred(anz_koef) DO
    BEGIN
      {Linksverschieben der vorherigen Zeile}
      normal[zeile,spalte]:=
                     normal[pred(zeile),succ(spalte)];
    END;
    IF normal[zeile,pred(anz_koef)]=0 THEN
    BEGIN   {neuer Wert}
      normal[zeile,anz_koef]:=0;
      IF anz_koef=2 THEN p:=1; {Sonderfall:       }
                               {Polynom 1.Ordnung}
      FOR i:=1 TO pred(anz_pkte) DIV 2 DO
      BEGIN
        z:=i*h;
        normal[zeile,anz_koef]:=normal[zeile,anz_koef]+
                                2*potenz_ma(z,2*p);
      END;
      inc(p);
    END
    ELSE
      normal[zeile,anz_koef]:=0;
  END;
  lr_zerlegung_li(normal,anz_koef,indx,dummy,singulaer);
END;     {normalmatrix}
```

A.4.2 Integrieren

Zur numerischen Integration werden die Newton-Cotes-Formeln verwendet. Bei der Rechteckregel bietet NUMERI sowohl die Möglichkeit Gl. (4.30) als auch Gl. (4.31) zu verwenden. Der Programmablauf ist wie folgt:

Gegeben sind N Meßwerte (x_n, y_n) $(n = 0 \ldots N-1)$ mit äquidistanten streng monoton steigenden x-Werten. Zur Integration wird zunächst durch die ersten $p+1$ Meßpunkte

$$(x_0, y_0) \ \ldots \ (x_p, y_p)$$

ein Interpolationspolynom $P(x)$ p-ten Grades gelegt,

$$P(x) = a_0 + a_1 x + a_2 x^2 + \ldots + a_p x^p .$$

p wird vom Benutzer vorgegeben und darf Werte zwischen 0 und 9 annehmen.

Nun werden die p Integrale K_i berechnet und zur aktuellen Fläche S_n addiert (Beim erstenmal ist n gleich null).

$$K_i = \int_0^{ih} P(x)\,dx = a_0\,(ih) + \frac{a_1}{2}(ih)^2 + \ldots + \frac{a_p}{p+1}(ih)^{p+1}$$

$$S_{n+i} = S_n + K_i\,; \qquad i = 1 \ldots p \quad \text{mit} \quad S_0 = 0$$

Anschließend wird n um p erhöht. Mit den nächsten $p+1$ Meßwerten

$$(x_p, y_p) \ \ldots \ (x_{2p}, y_{2p})$$

wird analog verfahren. Dieses Vorgehen wird fortgesetzt, bis über alle Meßwerte integriert ist oder weniger als $p+1$ Meßpunkte übrig bleiben. Im letzteren Fall wird der Grad des Integrationspolynoms der Anzahl der verbliebenen Wertepaare angepaßt. Dann werden mit kleinerem p die letzten Teilflächen berechnet.

A.4.3 Lösung gewöhnlicher Differentialgleichungen

NUMERI bietet die Möglichkeit, gewöhnliche, lineare Differentialgleichungen mit konstanten Koeffizienten bis zur 5. Ordnung numerisch zu lösen. Die Eingabe der Differentialgleichung kann in Form

- der Zustandsvariablen,
- der Übertragungsfuktion,
- und natürlich der Differentialgleichung selbst

erfolgen. Intern rechnet NUMERI immer mit Zustandsvariablen. Die beiden anderen Eingabemöglichkeiten werden in Phasenvariablen (Regelungsnormalform) umgerechnet. So entsteht immer folgende Form:

$$\dot{\underline{x}} = \underline{A} \cdot \underline{x} + \underline{b} \cdot u$$

$$y = \underline{c}^T \cdot \underline{x} + d \cdot u$$

Die Anregungsfunktion $u(t)$ wird mit dem Punkt „Daten“ bestimmt. Dabei wird auch die Integrationsschrittweite $h = \Delta x$ vorgegeben. Als Integrationsverfahren werden

- Euler Explizit (Gl. 4.54),
- Euler Implizit (Gl. 4.60),
- Heun (Prädiktor-/Korrektor-Verfahren Gl. 4.67 u. 4.68),
- und Runge-Kutta-4 (Gl. 4.88-4.92)

angeboten. Diese Verfahren sind exakt entsprechend den im Kapitel 4 angegebenen Gleichungen programmiert. Beim Impliziten Euler Algorithmus ergibt sich zunächst folgende Gleichung:

$$\underline{x}_{n+1} = \underline{x}_n + h\,\dot{\underline{x}}_{n+1}$$
$$= \underline{x}_n + h\,(\underline{A}\,\underline{x}_{n+1} + \underline{b}\,u_{n+1})$$

Diese Beziehung kann als lineares Gleichungssystem für den interessierenden Vektor $\underline{x}_{n+1}$ geschrieben werden:

$$(\underline{E} - h\,\underline{A})\,\underline{x}_{n+1} = \underline{x}_n + h\,\underline{b}\,u_{n+1} \qquad \underline{E}\text{: Einheitsmatrix}$$

Da die so entstandene Koeffizientenmatrix $(\underline{E} - h\,\underline{A})$ nur von h und der konstanten Systemmatrix $\underline{A}$ abhängt, genügt es zur Ermittlung aller $\underline{x}_n$, sie ein einziges Mal gemäß dem im Anhang A.0.7 beschriebenen LR-Algorithmus zu zerlegen. Für jeden Integrationsschritt müssen dann nur die rechte Seite neu berechnet sowie die Vor- und Rückwärtssubstitutionen ausgeführt werden.

Bei der Ausgabe stehen dem Benutzer für alle berechneten Zeitverläufe (Zustandsvariablen, Anregungs- und Ausgangsgröße) alle gewohnten Möglichkeiten (Grafik, Tabelle auf Bildschirm oder Drucker, Abspeichern auf Platte) zur Verfügung.

A.4.4 Lösung gewöhnlicher Differentialgleichungen für Markow-Ketten

Speziell bei der Lösung von Differentialgleichungen für Markow-Ketten müßten bei der Verwendung von Integrationsverfahren, die mit konstanter Schrittweite arbeiten, sehr lange Rechenzeiten in Kauf genommen werden, da die interessierenden Zeitverläufe sich über sehr große Intervalle (im Beispiel 4.12 etwa 10^7 h) erstrecken. Dabei ändern sich die Funktionswerte nur relativ langsam.

In NUMERI wurde für diesen Fall ein Runge-Kutta-4 Algorithmus mit adaptiver Schrittweitenstreuerung implementiert. Dessen Funktionsweise soll im folgenden erläutert werden /1.7/.

Um eine optimale Schrittweite wählen zu können, wird der lokale Fehler des Integrationsverfahrens näherungsweise bestimmt. Dazu wird die Integration von t bis $t + 2h$ durchgeführt: zuerst mit zwei Schritten der Schrittweite h dann mit einem der Schrittweite $2h$.

Der exakte Wert der Lösung der Differentialgleichung an der Stelle $t + 2h$ sei $y(t + 2h)$. Die numerische Integration mit der Schrittweite $2h$ liefere den Wert y_1, diejenigen mit Schrittweite h den Wert y_2. Nun ist beim Runge-Kutta-4-Algorithmus der lokale Verfahrensfehler von 5. Ordnung. Es gilt also:

$$y(x + 2h) = y_1 + (2h)^5\,\phi + \ldots \text{(Terme höherer Ordnung)}$$
$$y(x + 2h) = y_2 + 2\,h^5\,\phi + \ldots \text{(Terme höherer Ordnung)}$$

Ein Maß für den lokalen Verfahrensfehler ist die Differenz

$$\Delta y = y_2 - y_1 .$$

Mit den beiden obigen Gleichungen wird diese bei Vernachlässigung von Termen höherer als 5. Ordnung näherungsweise proportional zu h^5

$$\Delta y \sim h^5 .$$

Dies bedeutet: Liefert ein Integrationsschritt mit der Schrittweite h_1 einen Fehler Δy_1, so kann der Fehler, der sich ergeben hätte, wenn eine andere Schrittweite h_2 verwendet worden wäre, abgeschätzt werden

$$|\Delta y_2| = |\Delta y_1| \left(\frac{h_2}{h_1}\right)^5 .$$

Natürlich kann auch umgekehrt argumentiert werden: Wird die Genauigkeit Δy_2 gefordert und hat sich bei der Integration mit der Schrittweite h_1 der Fehler Δy_1 ergeben, so wird die Forderung nach dem Fehler Δy_2 (näherungsweise) erfüllt, wenn die Rechnung wiederholt wird, wobei anstelle von h_1 die Schrittweite

$$h_2 = h_1 \left|\frac{\Delta y_2}{\Delta y_1}\right|^{0,2}$$

verwendet wird. Wie in /1.7/ diskutiert ist, soll bei Berücksichtigung des globalen Verfahrensfehlers der Exponent in obiger Formel von 0,2 auf 0,25 verändert werden. Für die praktische Rechnung wird in NUMERI folgende Regel verwendet, die sich speziell für die Integration von Differentialgleichungen, die Markow-Ketten beschreiben, als günstig herausgestellt hat:

- Wenn $\Delta y_2 > \Delta y_1$, die Schrittweite also vergrößert wird, gilt:

$$h_2 = S\, h_1 \left|\frac{\Delta y_2}{\Delta y_1}\right|^{0,1}$$

- Wenn $\Delta y_2 < \Delta y_1$, die Schrittweite also verkleinert wird, gilt:

$$h_2 = S\, h_1 \left|\frac{\Delta y_2}{\Delta y_1}\right|^{0,25}$$

Die Schrittweite wird also nicht so weit vergrößert, wie es die Theorie zuläßt (Exponent = 0,1 anstelle von 0,2). Da die obigen Betrachtungen immer nur näherungsweise gelten, wurde ein Sicherheitsfaktor S eingeführt, der mit dem Wert 0,7 belegt ist.

Die entsprechenden Prozeduren lauten:

```
PROCEDURE runge_kutta_markow(ordnung:WORD;
                             a:systemmatrix;
                             VAR xd:zustandsmatrix;
                             VAR t,schrittweite:daten_gt;
                             nicht_speichern:WORD;
                             eps:DOUBLE);

{Runge-Kutta-4 mit Schrittweitensteuerung                  }
{          ordung : Ordnung des DGL-Systems                }
{               a : Systemmatrix des DGL-Systems           }
{              xd : Zeitverläufe der Zustände              }
{               t : Vektor, der Zeitpunkte                 }
{   schrittweiten : Vektor der Schrittweiten               }
{ nicht_speichern : Anzahl der Punkte, die jeweils nicht}
{                   gespeichert werden                     }
{             eps : geforderte Genauigkeit                 }
{Typen:                                                    }
{    systemmatrix : array [1..5,1..5] of double            }
{  zustandsmatrix : array [1..5,0..max_daten_gk-1]         }
{                      of double                           }
{        daten_gt : array [0..max_daten_gk-1]              }


PROCEDURE runge_kutta_4(VAR a:systemmatrix;
                        xz:zustandsvektor;
                        VAR xaus:zustandsvektor;
                        ordnung:WORD; h:DOUBLE);

{Runge-Kutta 4 Integrationsschritt mit Schrittweite h}

VAR k1,k2,k3,k4,k1z,k2z,k3z : zustandsvektor;
    i                       : WORD;

BEGIN
  mat_mul_vek(a,xz,k1,ordnung);       {k1 := a * xz}
  FOR i:=1 TO ordnung DO k1z[i]:=xz[i]+h/2*k1[i];
  mat_mul_vek(a,k1z,k2,ordnung);
  FOR i:=1 TO ordnung DO k2z[i]:=xz[i]+h/2*k2[i];
  mat_mul_vek(a,k2z,k3,ordnung);
  FOR i:=1 TO ordnung DO k3z[i]:=xz[i]+h*k3[i];
  mat_mul_vek(a,k3z,k4,ordnung);
  FOR i:=1 TO ordnung DO
    xaus[i]:=xz[i]+
          (h/6*k1[i]+h/3*k2[i]+h/3*k3[i]+h/6*k4[i]);
```

```
END; {Runge_Kutta_4}


PROCEDURE rk4_schrittw(eps:DOUBLE;  ordnung:WORD;
                       VAR a:systemmatrix;
                       VAR xz:zustandsvektor;
                       VAR simzeit,h:DOUBLE;
                       nicht_speichern:WORD);

CONST sicherheit  = 0.7;
      zunahme     = 0.1;
      tiny        = 1e-10;
      h_min       = 1e-5;
      h_max       = 1e6;

VAR xz1,xz2,xz3,delta : zustandsvektor;
    fehler,zwi,diff   : DOUBLE;
    i,sp              : WORD;

BEGIN
  FOR sp:=1 TO nicht_speichern DO
  BEGIN
    REPEAT
      {2 Schritte mit h/2}
      runge_kutta_4(a,xz,xz3,ordnung,h/2);
      runge_kutta_4(a,xz3,xz1,ordnung,h/2);

      {1 Schritt mit h}
      runge_kutta_4(a,xz,xz2,ordnung,h);

      {Bestimmung des max. Fehler}
      fehler:=0;
      FOR i:=1 TO ordnung DO
      BEGIN
        delta[i]:=xz1[i]-xz2[i];
        diff:=xz1[i]-xz[i];
        IF diff<>0 THEN
          zwi:=abs(delta[i]/diff)
        ELSE zwi:=0;
        IF fehler<zwi THEN fehler:=zwi;
      END;
      fehler:=fehler/eps;
      IF fehler>1 THEN {Schrittweite verkleinern}
        h:=sicherheit*h/sqrt(sqrt(fehler));
```

```
      IF h<h_min THEN
        h:=h_min;
    UNTIL(fehler<1);
    simzeit:=simzeit+h;

    {Schrittweite vergrößern.                          }
    {Beachte:                                          }
    {Für fehler -> 0, geht ln(fehler) gegen -Unendlich}
    {=> Division durch null bei Ermittlung             }
    {der neuen Schrittweite                            }
    IF fehler>tiny THEN
      h:=sicherheit*h/exp(ln(fehler)*zunahme)
    ELSE
      h:=2.0*h;
    IF h>h_max THEN
      h:=h_max;
    xz:=xz1;
  END;
END;  {RK4_SCHRITTW}

{Hauptteil Runge_Kutta_Markow}
CONST h_start = 0.1;

VAR k,j           : WORD;
    h,simzeit     : DOUBLE;
    xz            : zustandsvektor;

BEGIN
  {Vorbelegungen}
  FOR k:=1 TO ordnung DO xz[k]:=xd[k,0];   {Anfangswerte}
  h:=h_start;
  simzeit:=0;
  t[0]:=simzeit;
  schrittweite[0]:=h;

  FOR k:=1 TO pred(max_daten_gk) DO
  BEGIN      {Hauptschleife bis alle Grafikpunkte belegt}
    rk4_schrittw(eps,ordnung,a,xz,simzeit,h,
                 nicht_speichern);

    {Sim.-zeit und Schrittweite abspeichern}
    t[k]:=simzeit;
    schrittweite[k]:=h;
```

```
    {Zustandsvektor abspeichern}
    FOR j:=1 TO ordnung DO
      xd[j,k]:=xz[j];
  END;
END;  {Runge-Kutta-Markow-Schritt}
```

A.5 Diskrete Fourier-Transformation

Dipl.-Ing. Peter Haschberger

A.5.1 Überblick

```
(c) EMT 1989                    N U M E R I                    Version: 1.89
Kapitel       : Diskrete Fourier-Transformation
Programmteil  :

  1  Daten
                                        Zeitbereich

     2  FFT durchführen           Abtastzeit :    0.0009766 s

     3  DFT durchführen             Meßzeit :    1 s

     4  Fenster ändern              Punkte :    1024

     5  Rücktransformation         Fenster :   ▸ Rechteck
                                                  Dreieck
     6  Rekonstruktion                            von-Hann
                                                  Hamming
     7  Datensatz ausgeben                        Blackman

  F1 = Hilfe              Auswahl über Ziffern              ESC - zurück
```

Bild A.5.1 Hauptmenü des Programmteils „Diskrete Fourier-Transformation“

Bild A.5.1 zeigt das Eingangsmenü des Programmteils „Diskrete Fourier-Transformation“. Zunächst ist der Datensatz (Zeitsignal oder Spektrum) zu erzeugen. Seine relevanten Parameter Abtastzeit T_a, Zahl der Punkte N und Meßdauer $N T_a$ sind in einem Fenster auf der rechten Bildschirmhälfte dargestellt.

Die Transformation eines Zeitsignals in den Frequenzbereich erfolgt wahlweise über die Schnelle Fourier-Transformation (FFT nach Cooley-Tukey) oder über den konventionellen DFT-Algorithmus nach Gl. (5.13) unter Ausnutzung der Tschebyscheff-Beziehung. Die Rücktransformation eines Spektrums $F_d(j\omega_k)$ führt das Programm abhängig von der Punktezahl N über den FFT-Algorithmus oder über die direkte Auswertung nach Gl. (A.5.3) aus.

Ein Zeitbereich-Datensatz kann vor der Transformation mit einer Fensterfunktion, die der Bediener aus der Liste im rechten Bildschirm-Ausschnitt wählt, bewertet werden.

Bei der Rekonstruktion wird innerhalb eines Abtastintervalls T_a eine einstellbare Zahl von Zwischenwerten berechnet und so das analoge, bandbegrenzte Zeitsignal wiederhergestellt. Im Rechenansatz folgt das Programm dabei Gl. (5.49). Der Fehler zwischen abgetastetem Analogsignal und rekonstruierter Funktion ist vom Verlauf des Analogsignals abhängig. In Kapitel A.5.3 wird diese Tatsache näher erläutert. Dort ist weiterhin eine Möglichkeit der beschleunigten Auswertung von Gl. (5.49) angegeben.

Über den Programmpunkt „Datensatz ausgeben“ gelangt man in das Ausgabe-Menü, das die grafische oder tabellarische Anzeige des aktuellen Datensatzes – Zeitsignal (ungefenstert oder gefenstert) oder Spektrum – oder die Speicherung auf Diskette/Festplatte gestattet.

A.5.2 Ausführung der Fourier-Transformation auf Digitalrechnern

Einführung. Um die Fourier-Transformation auf Digitalrechnern durchführen zu können, muß die zu transformierende Funktion zu diskreten Zeitpunkten nT_a abgetastet sein. Die Berechnung des (diskreten) Spektrums $F_d(j\omega)$ dieser abgetasteten Zeitfunktion $f(nT_a)$ erfolgt über die Diskrete Fourier-Transformation (DFT):

$$F_d(j\omega_k) = \sum_{n=0}^{N-1} f(nT_a)\,\mathrm{e}^{-j\omega_k n T_a} \tag{5.13a}$$

Für die Auswertung mit Hilfe eines Rechners ist es sinnvoll, Zeit- und Spektralfunktion als Folgen darzustellen:

$$f(nT_a) \longrightarrow f(n) \qquad n = 0 \ldots N-1$$

$$F_d(j\omega_k) \longrightarrow F_d(k) \qquad k = 0 \ldots N-1$$

mit $\omega_k = \dfrac{2\pi k}{N T_a}$ ergibt sich obige DFT-Formel zu

$$F_d(k) = \sum_{n=0}^{N-1} f(n)\,\mathrm{e}^{-j2\pi kn/N} \tag{5.13b}$$

Die direkte Bestimmung des Spektrums über diese Formel erfordert N^2 komplexe Multiplikationen und $N(N-1)$ komplexe Additionen. Da die Rechenzeit im wesentlichen proportional zur Anzahl der durchzuführenden Multiplikationen ist, steigt sie etwa quadratisch mit der Zahl der zu transformierenden Werte.

Selbst bei Rechnern mit schnellen Multiplizierern dauert die Transformation großer Datenmengen daher relativ lange.

Aus der Struktur der Transformationsgleichung und der Periodizität des komplexen Phasenanteils $e^{-j2\pi kn/N}$ ergeben sich allerdings eine Reihe von Möglichkeiten, redundante Berechnungen zu vermeiden und damit die Rechenzeit erheblich zu verkürzen. Im Laufe der letzten 30 Jahre wurde eine Vielzahl von Algorithmen entwickelt, die die Berechnung der DFT hinsichtlich verschiedener Kriterien wie z.B. Rechenzeit, Speicherplatz oder Rechnerarchitektur optimieren. Diese werden unter dem Begriff FFT (Fast Fourier Transform)-Algorithmen zusammengefaßt. In allen Fällen führen diese Algorithmen die Berechnungen wie nach Formel (5.13) gefordert durch und liefern somit das gleiche Ergebnis wie die direkte Auswertung der DFT-Formel, allerdings mit wesentlich reduziertem Rechenaufwand.

FFT-Algorithmus nach Cooley-Tukey /3.3, 3.16, 3.20/

Der Grundgedanke bei der FFT ist die Zerlegung der Folge $f(n)$ mit N Werten in mehrere kleinere Teilfolgen, die dann getrennt transformiert werden (Überlagerungssatz der Systemtheorie). Besonders effizient ist diese Aufteilung, wenn N eine Potenz zur Basis 2 ist (Radix-2-Algorithmen). Die Eingangsfolge f_n wird dabei zunächst in zwei Teilfolgen zerlegt, deren Elemente den zeitlichen Abstand $2T_a$ haben. Diese Teilfolgen werden wieder aufgespalten, bis jede Folge nur noch aus zwei Elementen besteht, auf die dann der DFT-Algorithmus angewandt wird. Pro Stufe verdoppelt sich damit das Abtastintervall für die zu einer Teilfolge gehörenden Elemente („decimation in time"). Bei $N = 8$ ergibt sich beispielsweise folgende Aufspaltung:

Eingangsfolge	:	$f(0), f(1), f(2), f(3), f(4), f(5), f(6), f(7)$			
1. Zerlegung	:	$f(0), f(2), f(4), f(6)$		$f(1), f(3), f(5), f(7)$	
2. Zerlegung	:	$f(0), f(4)$	$f(2), f(6)$	$f(1), f(5)$	$f(3), f(7)$

Die gesamte Transformation, durchgeführt mit den vier Teilfolgen führt zu:

$$F_d(k) = \sum_{n=0}^{1} f(4n) e^{-j2\pi(4n)k/8} + \sum_{n=0}^{1} f(4n+2) e^{-j2\pi(4n+2)k/8} \tag{A.5.1}$$

$$+ \sum_{n=0}^{1} f(4n+1) e^{-j2\pi(4n+1)k/8} + \sum_{n=0}^{1} f(4n+3) e^{-j2\pi(4n+3)k/8} \qquad k = 0 \ldots 7$$

Mit der (ebenfalls von Cooley und Tukey eingeführten) Kurzschreibweise $W_N^{nk} = e^{-j2\pi nk/N}$ („twiddle factor") für den komplexen Drehzeiger kann $F_d(k)$

(bei $N = 8$) zusammengefaßt werden:

$$F_d(k) = [f(0) + f(4) W_8^{4k}] W_8^{0k} + [f(2) + f(6) W_8^{4k}] W_8^{2k} + [f(1) + f(5) W_8^{4k}] W_8^{1k} + [f(3) + f(7) W_8^{4k}] W_8^{3k} \qquad k = 0 \ldots 7 \tag{A.5.2}$$

Wegen $W_N^N = 1$ und $W_N^{x+N/2} = -W_N^x$ können die Faktoren W_8^{4k} in den eckigen Klammern in (A.5.2) für beliebige k nur die Werte $\pm W_8^0$ annehmen. In der ersten Berechnungsstufe werden deshalb die Paare

$$f(a) \pm f(b) W_8^0$$

bereitgestellt. Diese immer wiederkehrende Grundstruktur der FFT läßt sich allgemein grafisch in Form eines Signalflußdiagramms darstellen (Bild A.5.2).

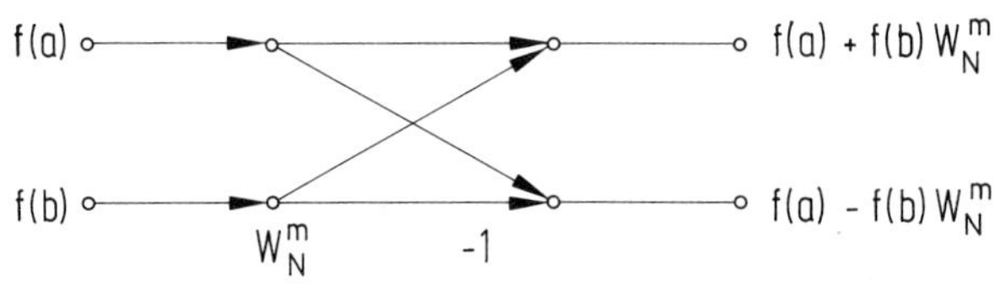

Bild A.5.2 Butterfly als Basisoperation der FFT

Wegen seiner Form wird dieses Element als „Butterfly“ bezeichnet. Mit Hilfe solcher Butterflies werden anschließend die Ergebnisse der 1. Stufe weiter verknüpft: Aus der Überlegung, daß z.B. die Twiddle-Faktoren W_8^{0k} und W_8^{2k} für beliebige k nur die Werte $\pm W_8^0$ und $\pm W_8^2$ annehmen können, werden die möglichen Kombinationen mit den Ergebnissen der 1. Stufe gebildet. In der 3. und letzten Stufe können die Spektrallinien $F_d(k)$ aus den bereitgestellten Teilprodukten (ebenfalls über Butterfly-Operationen) berechnet werden. Für die Folge mit $N = 8$ Datenpunkten ergibt sich damit der Graph von Bild A.5.3.

Die Ausführung der FFT kann dabei „in-place“ durchgeführt werden. Es muß also im Gegensatz zur DFT bei der Berechnung kein eigener spektraler Vektor angelegt werden. Die Ausgangsfolge wird vielmehr sukzessive im Speicherbereich des Eingangsvektors aufgebaut. Jede Zeile in Bild A.5.3 repräsentiert ein komplexes Element des Vektors. Der Eingangsvektor ist damit allerdings verloren. Im Signalflußplan fällt auf, daß zwar die spektralen Ausgangswerte, nicht aber die Eingangsdaten in natürlicher Reihenfolge vorliegen. Stattdessen müssen diese in bit-umgekehrter („bit-reversed“) Reihenfolge vorgegeben sein: Der Index eines Abtastpunkts im Eingangsvektor ergibt sich, wenn man die Position im Vektor binär darstellt und diese Bitsequenz rückwärts liest. Bei $N = 8$ Zeitbereichsdaten findet sich an der Stelle $n = 3$ also der Wert $f(6)$ ($3_D = 011_B \rightarrow$ nach Reversion: $110_B = 6_D$).

Die Rücktransformation vom Spektral- in den Zeitbereich kann ebenfalls über

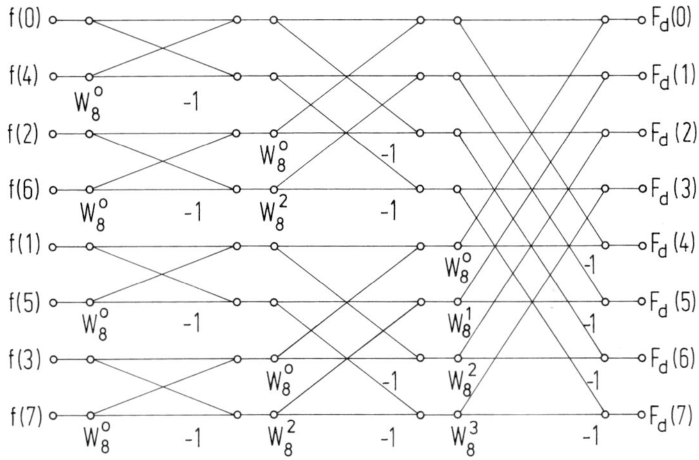

Bild A.5.3 Cooley-Tukey-Algorithmus für $N = 8$ Werte

den FFT-Algorithmus erfolgen. Wegen der Beziehung

$$f(n) = \frac{1}{N} \sum_{k=0}^{N-1} F_d(k) e^{j2\pi kn/N} \qquad n = 0 \dots N-1 \tag{A.5.3}$$

müssen dabei lediglich die konjugiert-komplexen Twiddle-Faktoren eingesetzt und die rücktransformierten Daten mit dem Faktor $1/N$ bewertet werden. Die Zahl der bei der Transformation auszuführenden komplexen Multiplikationen kann aus Bild A.5.3 leicht abgeleitet werden: Die FFT wird bei N Eingangsdaten in $\mathrm{ld}(N)$ (logarithmus dualis) Stufen aufgeteilt. Pro Stufe müssen dabei $N/2$ Butterflies berechnet werden. Da jeder Butterfly aus einer komplexen Multiplikation besteht, ergibt sich die Summe der zu bildenden Produkte zu $N/2 \cdot \mathrm{ld}(N)$. Verglichen mit dem Rechenaufwand für die DFT (N^2 Produkte) erzielt die FFT also einen Beschleunigungsfaktor von

$$\frac{N^2}{N/2 \cdot \mathrm{ld}(N)} = \frac{2N}{\mathrm{ld}(N)} \, .$$

Bei $N = 1024$ ist dieser Faktor bereits größer als 200. Der tatsächliche Zeitgewinn ist etwas geringer, weil auch die Berechnung der Twiddle-Faktoren und die Summation der Teilergebnisse ins Gewicht fallen.

Beschreibung des FFT-Programms

Im Listing am Ende des Kapitels sind Programmroutinen angegeben, die die Schnelle Fourier-Transformation durchführen. Es handelt sich dabei um Prozeduren in TURBO PASCAL 4.0/5.0, die auf jedem IBM-kompatiblen PC/XT/AT lauffähig sind. Da unter PASCAL die direkte Verarbeitung komplexer Daten nicht möglich ist, müssen alle komplexen Rechnungen getrennt nach Real- und Imaginärteil durchgeführt werden. Der verwendete Typ `DATEN_GT` zur Übergabe der Werte kann ein beliebig großer Vektor aus `REAL`-Werten (bzw. `DOUBLE`-Werten bei Verwendung eines mathematischen Co-Prozessors) sein. Die angegebene Software enthält den Cooley-Tukey-Algorithmus nach Bild A.5.3, d.h. mit bit-umgekehrten Eingangsdaten, implementiert in zwei unabhängigen Routinen: Das Unterprogramm `BERECHNE_TWIDDLEFAKTOREN` bestimmt für eine vorzugebende Punktezahl, die eine Potenz zur Basis 2 sein muß, die für die FFT notwendigen komplexen Drehzeiger in Form zweier Vektoren `SI` (Sinus-Anteil) und `CO` (Cosinus-Anteil). Die Routine `FFT` berechnet unter Zuhilfenahme dieser Tabellen die Transformation (wahlweise in den Spektralbereich oder in den Zeitbereich). Die Aufteilung des Algorithmus in diese zwei Unterprogramme ist sinnvoll, weil `BERECHNE_TWIDDLEFAKTOREN` bei vorgegebener Wertemenge für Hin- und Rücktransformation bzw. bei mehrmaligen Transformationen nur einmal aufgerufen werden muß.

In der Routine `FFT` enthalten die Felder `RE` und `IM` den Real- und Imaginärteil der zu transformierenden Funktion. Bei üblicherweise reellen Zeit-Datensätzen muß also der Vektor `IM` explizit zu null gesetzt werden. Nach der Transformation enthalten die beiden Felder Real-/Imaginärteil des Transformationsergebnisses (in-place-Algorithmus). Um Stack-Platz zu sparen, werden die Twiddle-Faktoren in den Feldern `CO` und `SI` ebenfalls über einen `VAR`-Aufruf übergeben (call by reference).

Das FFT-Programm legt beim Aufruf zunächst über die gewünschte Transformationsrichtung das Vorzeichen der Twiddle-Faktoren fest und wandelt anschließend den Eingangsvektor von der natürlichen in die bit-umgekehrte Reihenfolge um. Das nicht-dokumentierte Unterprogramm `TAUSCHE_MA` vertauscht dabei die beiden übergebenen Realzahlen. Die Transformation besteht aus der stufenweisen Durchführung der Butterfly-Operationen. Für das Beispiel aus Bild A.5.3 ($N = 8$) werden also in drei Stufen jeweils vier Butterflies behandelt, wobei sich der Abstand der am Butterfly beteiligten beiden Elemente von Stufe zu Stufe verdoppelt.

```
PROCEDURE berechne_twiddlefaktoren(VAR co,si:daten_gt;
                                   anzahl:WORD);

{CO,SI       : Cosinus-, Sinustabelle der  }
{              Twiddle-Faktoren            }
{ANZAHL      : Anzahl der Twiddle-Faktoren }

VAR potenz,lauf,hilf,zeile,teiler : WORD;
    arg,b                         : DOUBLE;
```

```
BEGIN
  potenz:=round(ln(anzahl)/ln(2));
  zeile:=0;
  FOR lauf:=0 TO pred(potenz) DO
  BEGIN
    teiler:=1 SHL lauf;
    b:=pi/teiler;
    FOR hilf:=1 TO teiler DO
    BEGIN
      arg:=b-b*hilf;
      co[zeile]:=cos(arg);
      si[zeile]:=sin(arg);
      inc(zeile);
    END;
  END;
END; {berechne_twiddlefaktoren}


PROCEDURE fft(VAR re,im,co,si:daten_gt; anzahl:WORD;
              in_frequenz:BOOLEAN);

{RE, IM       : Realteil, Imaginärteil der zu trans-    }
{               formierenden bzw. (beim Rücksprung)     }
{               der transformierten Folge               }
{CO, SI       : Cosinus-, Sinustabelle der Twiddle-     }
{               Faktoren                                }
{ANZAHL       : Anzahl der zu transformierenden Werte   }
{IN_FREQUENZ : Transformationsrichtung: TRUE  : t --> f}
{                                       FALSE : f --> t}
{                                                      }
{der Typ DATEN_GT ist ein Vektor für Realzahlen        }
{(1. Element bei Index 0 !):                           }
{  z.B.: TYPE daten_gt : ARRAY [0..1023] OF REAL/DOUBLE}

VAR option                                  : INTEGER;
    re_twiddle,im_twiddle,re_hilf,im_hilf : DOUBLE;
    stufe,zeile,element_1,element_2,
    abstand,doppelter_abstand,potenz,
    lauf,hilf,binaerstelle                  : WORD;

BEGIN
  IF in_frequenz THEN
    option:=1
  ELSE
```

```
    option:=-1;
  potenz:=round(ln(anzahl)/ln(2));

{Vertauschung der Elemente der Eingangsfolge :
 natürliche Reihenfolge --> bit-umgekehrte Reihenfolge}
  FOR element_1:=1 TO pred(anzahl) DO
  BEGIN
    element_2:=0;

   {Bit-Umkehrung}
    FOR binaerstelle:=0 TO pred(potenz) DO
    element_2:=element_2*2+
               ((element_1 SHR binaerstelle) AND 1);

   {Vertauschung d. komplexen Elemente}
    IF element_2>element_1 THEN
    BEGIN
      tausche_ma(re[element_1],re[element_2]);
      tausche_ma(im[element_1],im[element_2]);
    END;
  END;

  zeile:=0;
  FOR stufe:=0 TO pred(potenz) DO
  BEGIN
   {Abstand der Butterfly-Elemente}
    abstand:=1 SHL stufe;
    doppelter_abstand:=2*abstand;

    FOR hilf:=0 TO pred(abstand) DO
    BEGIN
     {Berechnung Real-/Imaginärteil des Twiddle-Faktors}
      re_twiddle:=co[zeile];
      im_twiddle:=option*si[zeile];
      inc(zeile);

      element_1:=hilf;
      FOR lauf:=0 TO pred(anzahl DIV doppelter_abstand)
      DO
      BEGIN
       {2. Element für Butterfly}
        element_2:=element_1+abstand;
```

```
            {Berechnung Real-/Imaginärteil von}
            {Twiddle-Faktor * 2. Element}
             re_hilf:=re_twiddle*re[element_2]-
                      im_twiddle*im[element_2];
             im_hilf:=re_twiddle*im[element_2]+
                      im_twiddle*re[element_2];

            {Ausführung des Butterfly}
             re[element_2]:=re[element_1]-re_hilf;
             im[element_2]:=im[element_1]-im_hilf;
             re[element_1]:=re[element_1]+re_hilf;
             im[element_1]:=im[element_1]+im_hilf;

             inc(element_1,doppelter_abstand);
          END;
        END;
      END;
    END; {fft}
```

DFT-Algorithmus

Ist die Zahl N der Daten keine Potenz zur Basis 2, so gibt der implementierte FFT-Algorithmus eine Fehlermeldung. In diesem Fall kann die Fourier-Transformation mit Hilfe der DFT duchgeführt werden.

Die Bereitstellung der Sinus-/Cosinuswerte (Twiddle-Faktoren) für die DFT ist relativ aufwendig und zeitraubend. Die Transformation wird beschleunigt, indem die trigonometrischen Koeffizienten nicht für jedes Produkt neu berechnet werden, sondern z.B. rekursiv über die Tschebyscheff-Beziehung

$$\cos[(n+1)x] = 2\cos[x]\cos[nx] - \cos[(n-1)x] \qquad (A.5.4)$$

erzeugt werden /1.8/. Bei großen Transformationen können wegen der Rekursion allerdings Rundungsfehler einen nicht zu vernachlässigenden Beitrag im Ergebnis liefern.

Für reelle Zeitfunktionen besagt der Zuordnungssatz der Systemtheorie, daß das Spektrum aus einem geraden Realteil und einem ungeraden Imaginärteil besteht. Es genügt somit, über die DFT die spektralen Stützstellen $k = 0$ bis $k = N/2$ zu bestimmen und die übrigen Frequenzanteile entsprechend dem Zuordnungssatz zu ergänzen.

A.5.3 Rekonstruktion im Zeitbereich

Gl. (5.49) gilt genau genommen nur für ein zeitbegrenztes Signal, das innerhalb der Beobachtungszeit NT_a auf den Amplitudenwert null abgeklungen ist: Bei Anwendung der Gl. (5.47) auf einen diskreten Abtastsatz muß die si-Funktion als Fourier-Transformierte des idealen Küpfmüller-Tiefpasses mit allen diskreten Abtastwerten gefaltet werden. Da der Datensatz im Zeitbereich nur innerhalb des Beobachtungszeitraums vorliegt, kann über den Verlauf des Signals zu früheren oder späteren Zeitpunkten keine Aussage gemacht werden. Setzt man ein zeitbegrenztes Signal voraus, liefert die Faltung der si-Funktion mit den außerhalb von NT_a liegenden Teilen der Funktion keinen Beitrag zur Rekonstruktion (Beispiel 5.6). Die unendliche Aufsummierung der Faltungsprodukte kann also auf eine endliche Summe reduziert werden (Laufvariable n in Gl. (5.49)). Fehler treten auf, weil die zeitbegrenzte Funktion entsprechend der Systemtheorie ein unbegrenztes Spektrum besitzt, so daß bei der Abtastung das Abtasttheorem nie exakt erfüllt sein kann.

Wird die gleiche Formel zur Rekonstruktion eines periodischen Signals verwendet, ist der Fehler zwischen Analogsignal und rekonstruierter Funktion entsprechend groß (Beispiel 5.5). Eine fehlerfreie Rekonstruktion wäre nur möglich, wenn bei der Berechnung von $f_r(t)$ die Anteile aller (d.h. unendlich vieler) Faltungsprodukte berücksichtigt werden. Es genügt in vielen Fällen bereits, den Abtastsatz periodisch fortzusetzen und die beiden an den Beobachtungszeitraum angrenzenden Intervalle der Breite NT_a in die Berechnung einzubeziehen. Die Laufvariable n in Gleichung (5.49) läuft dann beispielsweise von $n = -N$ bis $n = 2N$.

Die Durchführung der Rekonstruktion kann sehr zeitaufwendig werden, wenn eine große Anzahl von Zwischenwerten zu berechnen ist. Wie in Kapitel A.5.2 angesprochen, ist hierfür die Bestimmung der trigonometrischen Funktionen ausschlaggebend. Über die Beziehung

$$\sin\left[\frac{\pi}{T_a}(t - nT_a)\right] = \sin\frac{\pi t}{T_a}\cos n\pi - \cos\frac{\pi t}{T_a}\sin n\pi \tag{A.5.5}$$

kann die Whittaker-Funktion jedoch auch einfacher dargestellt werden /3.20/:

$$f_r(t) = \frac{\sin(\pi t/T_a)}{\pi/T_a}\sum_{n=0}^{N-1} f(nT_a)\frac{(-1)^n}{t - nT_a} \tag{A.5.6}$$

Für jeden rekonstruierten Amplitudenwert muß dabei der Sinus-Ausdruck nur einmal bestimmt werden. Die Auswertung des Terms $(-1)^n$ führt das Programm sehr schnell über eine Entscheidung, ob n gerade oder ungerade ist, durch.

Für die Zeitpunkte $t = nT_a$ ist Gleichung (A.5.6) nicht definiert. Eine Bestimmung der Amplitude an dieser Stelle ist auch nicht notwendig, da immer gilt $f_r(nT_a) = f(nT_a)$ (siehe Kapitel 5.6).

A.6 Digitale Filter

Dipl.-Ing. Wilhelm Baldauf

A.6.1 Entwurf eines nichtrekursiven Filters

Der Entwurf nichtrekursiver Filter erfolgt wie in den Kapiteln 6.1.4 und 6.1.5 beschrieben. Die Filterkoeffizienten werden nach Gleichung 6.25 (nichtrekursive Filter mit gerader Übertragungsfunktion) berechnet, d.h. es gilt:

$$a_k = a_{-k} .$$

Spezifische Filterdaten wie Abtastfrequenz, obere und untere Grenzfrequenz, Filtertyp und Filterordnung (maximal 400. Ordnung) lassen sich eingeben. Ebenso kann der Benutzer verschiedene Fensterfunktionen zur Wichtung der nichtrekursiven Filterkoeffizienten auswählen.

A.6.2 Entwurf eines rekursiven Filters

Grundlage für den Entwurf rekursiver Filter bilden die in den Tabellen 6.4 bis 6.7 angegebenen und mit ihren Koeffizienten abgespeicherten diskreten Prototyp-Tiefpässe. Nach der Eingabe der Filterdaten und der Auswahl des gewünschten Prototyp-Tiefpasses werden die diskreten Filterkoeffizienten berechnet. Die Transformation des Prototyp-Tiefpasses in das vom Benutzer spezifizierte rekursive Filter erfolgt, wie in Kapitel 6.3.5 beschrieben, über die Frequenztransformation für digitale Filter (Tabelle 6.8). Bei den Transformationsarten Tiefpaß → Bandpaß, Tiefpaß → Bandsperre führt dies zu einer Verdoppelung der Filterordnung. Aus den Teilfiltern 2. Ordnung des Prototyp-Tiefpasses resultieren Teilfilter 4. Ordnung. Um die Filterstruktur der Prototyp-Tiefpässe (Serienschaltung von Teilfiltern 1. und 2. Ordnung, 3. kanonische Struktur) beibehalten zu können, werden zunächst die Pole und Nullstellen des Filters 4. Ordnung bestimmt. Im Anschluß daran wird das Filter 4. Ordnung in zwei Teilfiltern 2. Ordnung zerlegt. Die Umformung in die Pol-/Nullstellendarstellung erfolgt mit Hilfe des unter A.0.6 beschriebenen Hilfsprogramms „Nullstellenbestimmung bei Polynomen". In Anlehnung an die maximale Filterordnung der Prototyp-Tiefpässe unter den oben genannten Tabellen können rekursive Filter bis 10. Ordnung entworfen werden.

A.6.3 Direkteingabe von Filterkoeffizienten

Mit diesem Menü werden die Koeffizienten eines bereits berechneten diskreten Filters eingegeben. Es können so Filter, die nicht mit diesem Programm erstellt wurden, mit den hier vorhandenen Möglichkeiten (siehe A.6.4) untersucht werden. Voraussetzung hierfür ist allerdings, daß die Struktur des Filters mit den im Programm für nichtrekursive bzw. rekursive Filter verwendeten Strukturen übereinstimmt. Neben den Filterkoeffizienten sind vom Benutzer noch Abtastfrequenz und Filterordnung (nichtrekursive Filter bis 78. Ordnung, rekursive Filter bis 10. Ordnung) einzugegeben.

A.6.4 Ausgabemöglichkeiten

Im Anschluß an den Filterentwurf oder die Koeffizienten-Direkteingabe können über ein Auswahlmenü die berechneten **Filterkoeffizienten** ausgegeben sowie die **Impulsantwort** bzw. der **Amplituden- und Phasengang** des Filters grafisch dargestellt werden. Des weiteren ist die **Filterung von Datensätzen** mit dem jeweiligen Filter möglich.

Der Amplituden- und Phasengang wird ausgehend von den in Kapitel 6.1.3 (nichtrekursive Filter) und Kapitel 6.3.3 (rekursive Filter) beschriebenen Verfahren ermittelt. Der Anwender kann festlegen, welcher Frequenzbereich zwischen null und halber Abtastfrequenz dargestellt und wieviele Frequenzstützstellen in diesem Intervall berechnet werden sollen. Die verwendeten Algorithmen zur Berechnung der Übertragungsfunktionen nichtrekursiver und rekursiver Filter werden kurz erläutert.

nichtrekursive Filter. Für nichtrekursive Filter wird im Programm, abweichend von den Beschreibungen in Kapitel 6.1, eine kausale Filterstruktur verwendet (siehe Prozedur `Datensatz_filtern_nichtrekursiv`).

Die Impulsantwort erscheint nicht symmetrisch um den Ursprung $t = 0$ sondern zeitlich um NT_a Abtastpunkte nach rechts verschoben.

Aufgrund des „Verschiebungssatzes der Systemtheorie“ läßt sich die Übertragungsfunktion $G_d(j\omega)$ des kausalen Filters aus der Übertragungsfunktion

$$G_d(j\omega)_{\text{akausal}} = a_0 + 2\sum_{k=1}^{N} a_k \cos(k\omega T_a) \qquad \text{(siehe Gleichung 6.13)}$$

des akausalen Filters ableiten. Es gilt:

$$G_d(j\omega) = e^{-j\omega N T_a} \left\{ a_0 + 2\sum_{k=1}^{N} a_k \cos(k\omega T_a) \right\}$$

$G_d(j\omega)$ ist komplex und weist im Gegensatz zu $G_d(j\omega)_{\text{akausal}}$ eine lineare Phase ungleich null auf.

rekursive Filter. Mittels der Transformationsvorschrift

$$z^{-1} = e^{-j2\pi f T_a} = \cos(2\pi f T_a) - j\,\sin(2\pi f T_a)$$

wird die Übertragungsfunktion

$$G(z) = \frac{a_0 + a_1 z^{-1} + a_2 z^{-2}}{b_0 + b_1 z^{-1} + b_2 z^{-2}}$$

eines rekursiven Filters 2.Ordnung in die periodische Übertragungsfunktion $G_d(j\omega)$ überführt. $G_d(j\omega)$ stellt eine kontinuierliche Funktion der Frequenz f dar und ergibt sich mit

$$\begin{aligned}
\mathtt{re_N} &:= b_0 + b_1 \cos(2\pi f\, T_a) + b_2 \cos(4\pi f\, T_a) \\
\mathtt{im_N} &:= \quad - b_1 \sin(2\pi f\, T_a) - b_2 \sin(4\pi f\, T_a) \\
\mathtt{re_Z} &:= a_0 + a_1 \cos(2\pi f\, T_a) + a_2 \cos(4\pi f\, T_a) \\
\mathtt{im_Z} &:= \quad - a_1 \sin(2\pi f\, T_a) - a_2 \sin(4\pi f\, T_a)
\end{aligned}$$

zu

$$G_d(j\omega) = \frac{(\mathtt{re\_N} \cdot \mathtt{re\_Z} + \mathtt{im\_Z} \cdot \mathtt{im\_N}) + j(\mathtt{re\_N} \cdot \mathtt{im\_Z} - \mathtt{re\_Z} \cdot \mathtt{im\_N})}{(\mathtt{re\_N}^2 + \mathtt{im\_N}^2)} \ .$$

Bei der im Programm verwendeten rekursiven Filterstruktur werden Filter höherer Ordnung durch Serienschaltung von Teilfiltern 1. und 2. Ordnung realisiert (siehe Gleichung 6.91). Die Übertragungsfunktion $G_d(j\omega)_{\mathrm{gesamt}}$ derart kaskadierter Filter ergibt sich aus dem Produkt der Übertragungsfunktionen $G_d(j\omega)_{\mathrm{Teilfilter}[\,i\,]}$ der einzelnen Teilfilter zu

$$G_d(j\omega)_{\mathrm{gesamt}} = \prod_{i=1}^{p} G_d(j\omega)_{\mathrm{Teilfilter}[\,i\,]} \ .$$

Das zeitliche Verhalten des Filters kann durch Anwenden des Filters auf einen Datensatz untersucht werden. Der zu filternde Datensatz wird mit Hilfe der in A.0.1 beschriebenen Routine „Datenerzeugung“ erstellt. Die Filterprozeduren für die im Programm verwendeten rekursiven bzw. nichtrekursiven Filterstrukturen zeigen die folgenden Listings. Die Filtereingangsdaten und Filterausgangsdaten werden in einer gemeinsamen Darstellung grafisch ausgegeben.

```
PROCEDURE datensatz_filtern_nichtrekursiv
          (VAR x, y : daten_gt;  n : WORD;
           a : nrek_koeff_feld);

{x, y sind die Ein- und Ausgangsdaten des Filters
 (daten_gt : ARRAY [0..daten_max] OF DOUBLE).
 n ergibt sich aus n = (Filterordnung DIV 2) und legt
 die Länge des nichtrekursiven Filters fest.
 Mit a werden die Filterkoeffizienten übergeben
 (nrek_koeff_feld : ARRAY [0..koeff_nichtrek_max]
```

```
                         OF DOUBLE).
 Es gilt: a[k] = a[-k]                                            }

VAR spei : ARRAY [0..2*koeff_nichtrek_max] OF DOUBLE;
    n_fil, n_dat : WORD;

BEGIN
  { Interne Speicher rücksetzen }
  FOR n_fil:=0 TO (2*n) DO spei[n_fil]:=0;
  { Filterung ausführen }
  FOR n_dat:=0 TO daten_max DO
  BEGIN
    y[n_dat]:=0;
    spei[0]:=x[n_dat];
    FOR n_fil:=0 TO pred(n) DO
      y[n_dat]:=y[n_dat]+
                 a[n-n_fil]*(spei[n_fil]+spei[2*n-n_fil]);
    y[n_dat]:=y[n_dat]+a[0]*spei[n];
    FOR n_fil:=0 TO pred(2*n) DO
      spei[2*n-n_fil]:=spei[pred(2*n-n_fil)];
  END;
END;


PROCEDURE datensatz_filtern_rekursiv
         ( VAR x, y : daten_gt;  n : WORD;
           a, b : rek_koeff_feld);

{x, y sind die Ein- und Ausgangsdaten des Filters
 (daten_gt : ARRAY [0..daten_max] OF DOUBLE).
 n stellt die Filterordnung des rekursiven Filters dar.
 Die Filterkoeffizienten werden in a und b übergeben
 (rek_koeff_feld : ARRAY [1..teilfilter_max,0..2]
                         OF DOUBLE). }

VAR spei_x, spei_y : rek_koeff_feld;
    n_teil, n_fil, n_dat : WORD;
```

```
BEGIN
  { Interne Speicher rücksetzen }
  FOR n_teil:=1 TO (succ(n) DIV 2) DO
  BEGIN
    FOR n_fil:=0 TO 2 DO
    BEGIN
      spei_x[n_teil,n_fil]:=0;
      spei_y[n_teil,n_fil]:=0;
    END;
  END;
  { Filterung ausführen }
  FOR n_dat:=0 TO daten_max DO
  BEGIN
    spei_x[1,0]:=x[n_dat];
    FOR n_teil:=1 TO (succ(n) DIV 2) DO
    BEGIN
      spei_y[n_teil,0]:=spei_x[n_teil,0]*a[n_teil,0] +
                        spei_x[n_teil,1]*a[n_teil,1] +
                        spei_x[n_teil,2]*a[n_teil,2];
      spei_y[n_teil,0]:=spei_y[n_teil,0] -
                        spei_y[n_teil,1]*b[n_teil,1] -
                        spei_y[n_teil,2]*b[n_teil,2];
      spei_x[n_teil,2]:=spei_x[n_teil,1];
      spei_x[n_teil,1]:=spei_x[n_teil,0];
      IF n_teil<(succ(n) DIV 2) THEN
        spei_x[succ(n_teil),0]:=spei_y[n_teil,0];
      spei_y[n_teil,2]:=spei_y[n_teil,1];
      spei_y[n_teil,1]:=spei_y[n_teil,0];
    END;
  END;
END;
```

A.7 Korrelationsmeßtechnik

Dipl.-Ing. Wilhelm Baldauf

A.7.1 Daten

Unter diesem Menüpunkt werden die Datensätze für die Berechnung der Korrelationsfunktionen generiert und die Parameter zum Verrauschen der Datensätze belegt.

Wird nur ein Datensatz erstellt, so werden die Größen dieses Abtastsatzes (Anzahl der Abtastwerte, Abtastzeit) auch für den zweiten Datensatz übernommen und dessen Funktionswerte zu null gesetzt. Werden zwei Datensätze erzeugt, so müssen die Abtastzeiten beider Zeitsignale identisch sein. Die Zahl der Abtastpunkte wird bei Ungleichheit auf die niedrigere der beiden beschränkt. Bei der Berechnung der Korrelationsfunktionen über das Spektrum werden die einzelnen Fourier-Transformationschritte mit dem Algorithmus der FFT ausgeführt. Die Zahl der Abtastpunkte muß in diesem Fall eine Potenz von 2 sein und wird bei einer Abweichung davon programmintern auf eine Potenz von 2 reduziert.

Das Haupteinsatzgebiet der Korrelationsmeßtechnik liegt in der Analyse verrauschter Signalverläufe. Dabei werden Autokorrelationsfunktion (AKF) und Kreuzkorrelationsfunktion (KKF) meist über mehrere Meßzyklen gemittelt. Im Programm kann die Zahl der Mittelungen in den Berechnungsmenüs vorgegeben werden. Um den Ablauf „Datensatz verrauschen und mitteln" einfach durchführen zu können, werden die Rauschparameter für Datensatz 1 und 2 voreingestellt. Die Zeitsignale können anschließend, ohne das jeweilige Berechnungsmenü verlassen zu müssen, durch entsprechende Eingaben mit den vordefinierten Rauschsignalen additiv überlagert werden. Bei Mittelung mehrerer Datensätze werden zu den Zeitsignalen vor jedem neuen Berechnungszyklus automatisch die Rauschsignale, die sich aus den voreingestellten Rauschparametern ergeben, addiert.

A.7.2 Korrelation im Zeitbereich

Das Programm orientiert sich an den Ausführungen zur Korrelationsberechnung von Abschnitt 7.1.2. Der Anwender kann festlegen, wieviele Mittelungen ausgeführt und welche Datensätze mit den zuvor spezifizierten Rauschsignalen verrauscht bzw. nicht verrauscht werden sollen. Gemittelt werden beide Zeitsignale und die zugehörige AKF und KKF. Um den Vergleich mit der Korrelationsberechnung über das Spektrum zu ermöglichen, werden für die Korrelation im Zeitbereich periodische Eingangssignale angenommen (siehe Listing).

Nach der Berechnung der gegebenenfalls gemittelten AKF und KKF gelangt man in das zugehörige Ausgabemenü. Hier kann der Benutzer die Funktionen auswählen (Zeitsignal 1 und Zeitsignal 2, AKF 1 und AKF 2, KKF), die auf dem Bildschirm grafisch dargestellt werden sollen.

```
PROCEDURE korrelation_zeitbereich
          (VAR kor, signal_1, signal_2 : daten_gt);

{ signal_1 und signal_2 sind die Datensätze, mit denen
  die Korrelationsoperation ausgeführt wird. Als
  Ergebnis dieser Prozedur wird in kor die ermittelte
  Korrelationsfunktion übergeben. Die Korrelation wird
```

```
  so ausgeführt, daß Datensatz 2 über Datensatz 1
  geschoben wird.
  daten_gt : ARRAY [0..anzahl-1] OF DOUBLE                    }

VAR n_rot, n_mul : INTEGER;

BEGIN
  FOR n_rot:=0 TO pred(anzahl) DO
  BEGIN
    kor[n_rot]:=0;
    FOR n_mul:=0 TO pred(anzahl) DO
    BEGIN
      IF (n_mul+n_rot)<=pred(anzahl) THEN
        kor[n_rot]:=kor[n_rot]+signal_1[n_mul]*
                    signal_2[n_rot+n_mul]
      ELSE
        kor[n_rot]:=kor[n_rot]+signal_1[n_mul]*
                    signal_2[n_rot+n_mul-anzahl]
    END;
    kor[n_rot]:=kor[n_rot]/anzahl;
  END;
END;
```

A.7.3 Korrelation im Spektralbereich

Die Berechnung der Korrelationsfunktionen erfolgt wie in Kapitel 7.3 beschrieben. Aus den Zeitsignalen werden zunächst Autoleistungsdichtespektrum ($S_{xx}(j\omega)$, $S_{yy}(j\omega)$) sowie Kreuzleistungsdichtespektrum ($S_{xy}(j\omega)$) berechnet. Im Anschluß daran werden durch Ausführen der inversen Fourier-Transformation die AKF und KKF bestimmt. Bei Mittelung werden die Mittelwerte der Zeitsignale, der AKF und KKF und der Spektren gebildet. Das gemittelte ALDS $S_{xx}(j\omega)$ und das KLDS $S_{xy}(j\omega)$ ergeben sich aus der Fourier-Transformation der gemittelten AKF bzw. KKF.

Im Anschluß an den Berechnungszyklus können folgende Signalverläufe grafisch dargestellt werden: Zeitsignal 1 und Zeitsignal 2, AKF 1 und AKF 2, KKF, Amplitudenspektrum 1 und Amplitudenspektrum 2, $S_{xx}(j\omega)$, $S_{yy}(j\omega)$, $S_{xy}(j\omega)$.

A.7.4 Ermitteln der Systemfunktion

Mit diesem Programmteil kann die Systemfunktion bestimmt werden. Beispielhaft wird dies anhand eines simulierten Systems 2. Ordnung gezeigt. Die Kenngrößen (Kennkreisfrequenz ω_0, Dämpfungsgrad D) des Systems 2. Ordnung mit der Übertragungsfunktion

$$H(p) = \frac{\omega_0^2}{p^2 + 2pD\omega_0 + \omega_0^2}$$

werden vom Benutzer vorgegeben. Die Simulationsvorschrift für das zugehörige diskrete System 2. Ordnung lautet:

$$y_k = \frac{1}{(\omega_0^2 + 2D\omega_0/T_a + 1/T_a^2)} \left(x_k\omega_0^2 + y_{k-1} \cdot \left(\frac{2D\omega_0}{T_a} + \frac{2}{T_a^2} \right) - y_{k-2}\frac{1}{T_a^2} \right)$$

mit $x_k =$ diskretes Eingangssignal zum Zeitpunkt $k\,T_a$,
$y_k =$ diskretes Ausgangssignal zum Zeitpunkt $k\,T_a$,
$T_a =$ Abtastzeit.

Zur Systemanregung dient Datensatz 1, der nur Rauschsignale mit den für Datensatz 1 festgelegten Rauschparametern enthält. Das Ausgangssignal des Systems 2. Ordnung wird unter Datensatz 2 abgelegt und kann zusätzlich verrauscht werden (Überlagern eines Störsignals). Da zur Simulation kein angelegter Datensatz erforderlich ist, und nur intern erzeugte Rauschsignale verwendet werden, kann der Benutzer die Kenngrößen des Abtastsatzes (Anzahl der Abtastpunkte, Abtastzeit) eingeben. Der Berechnungsweg zur Bestimmung der Korrelationsfunktionen im Zeitbereich oder im Spektralbereich kann ebenso wie die Zahl der Mittelungen vorgegeben werden. Die Übertragungsfunktion $Y(j\omega)/X(j\omega)$ ergibt sich aus der Division des gemittelten Ausgangsspektrums durch das gemittelte Eingangsspektrum

$$\frac{Y(j\omega)}{X(j\omega)} = \frac{\frac{1}{m}\sum_{i=1}^{m} Y_i(j\omega)}{\frac{1}{m}\sum_{i=1}^{m} X_i(j\omega)} .$$

Bei der Funktion $S_{xy}(j\omega)/S_{xx}(j\omega)$ wird die Division bei jedem Mittelungsschritt ausgeführt. Auf diese Weise entsteht der Mittelwert der Übertragungsfunktion

$$\frac{S_{xy}(j\omega)}{S_{xx}(j\omega)} = \frac{1}{m}\sum_{i=1}^{m} \frac{S_{xy,i}(j\omega)}{S_{xx,i}(j\omega)} .$$

Zusätzlich zu den unter A.7.3 genannten Ausgabemöglichkeiten können noch die Übertragungsfunktionen $Y(j\omega)/X(j\omega)$ und $S_{xy}(j\omega)/S_{xx}(j\omega)$ grafisch dargestellt werden.

Literaturverzeichnis

1 Numerische Mathematik

/1.1/ Engeln-Müllges, G., Reuter, F.: Formelsammlung zur Numerischen Mathematik mit PASCAL-Programmen, B. I. Wissenschaftsverlag 1982

/1.2/ Henrici, P.: Elemente der numerischen Analysis I, II, B. I. Hochschultaschenbücher 551/552(1972)

/1.3/ Jordan-Engeln, G., Reuter, F.: Numerische Mathematik für Ingenieure, B. I. Wissenschaftsverlag 1982

/1.4/ Ludwig, R.: Methoden der Fehler- und Ausgleichsrechnung, Vieweg & Sohn Braunschweig 1969

/1.5/ Meyberg, K., Vachenauer, P.: Höhere Mathematik für Ingenieure, Springer-Verlag Berlin 1989

/1.6/ Miller, A.R.: PASCAL PROGRAMME Mathematik Statistik Informatik, SYBEX-Verlag Düsseldorf 1982

/1.7/ Press, W.H. u.a.: Numerical Recipes, Cambridge University Press 1986

/1.8/ Schmidt, G.: Simulationstechnik, R. Oldenbourg Verlag München 1980

/1.9/ Schwarz, H.R.: Numerische Mathematik, Teubner Stuttgart 1986

/1.10/ Shoup, T.E.: Numerische Verfahren für Arbeitsplatzrechner, Hanser Verlag München 1984

/1.11/ Stiefel, E.: Einführung in die numerische Mathematik, Teubner Studienbücher 1976

/1.12/ Stoer, J.: Einführung in die numerische Mathematik I, Springer-Verlag Berlin 1983

/1.13/ Stoer, J., Bulirsch, R.: Einführung in die Numerische Mathematik II, Springer-Verlag Berlin 1978

/1.14/ Törnig, W.: Numerische Mathematik für Ingenieure und Physiker, Springer-Verlag 1979

/1.15/ Weissinger, J.: Numerische Mathematik auf Personal-Computern, B. I. Wissenschaftsverlag 1984

/1.16/ Wolfe/Koelling: BASIC-Programme aus Naturwissenschaft und Technik, C. Hanser Verlag München 1985

2 Statistik und Amplitudenverteilungen

/2.1/ Gaede, K.W.: Zuverlässigkeit, Mathematische Modelle, Carl Hanser Verlag München 1977

/2.2/ Härtler, G.: Statistische Methoden für die Zuverlässigkeitsanalyse, VEB Verlag Technik Berlin 1983

/2.3/ Heinhold, J., Gaede, K.W.: Ingenieur-Statistik, R. Oldenbourg-Verlag München 1964

/2.4/ Köchel, P.: Zuverlässigkeit technischer Systeme, VEB Fachbuchverlag Leipzig 1983, Verlag Harri Deutsch, Thun und Frankfurt/Main

/2.5/ Kreyszig, E.: Statistische Methoden und ihre Anwendungen, Vandenhoeck & Ruprecht, Göttingen 1975

/2.6/ Schlitt, H.: Systemtheorie für regellose Vorgänge, Springer-Verlag Berlin 1960

/2.7/ Schrüfer, E.: Elektrische Meßtechnik, 3. Auflage, C. Hanser Verlag 1988

/2.8/ Schrüfer, E.: Zuverlässigkeit von Meß- und Automatisierungseinrichtungen, C. Hanser Verlag München 1984

/2.9/ Störmer, H.: Mathematische Theorie der Zuverlässigkeit, Einführung und Anwendung, R. Oldenbourg Verlag München 1970

/2.10/ DGQ-Frankfurt: Das Lebensdauernetz, Erläuterungen und Handhabung, Beuth-Verlag Köln 1975

/2.11/ DIN 45 667 Klassierverfahren, Beuth-Verlag Köln

/2.12/ Thurn, G., Gast, Th.: Optische Oberflächenprüfung mit Streulicht; Feinwerktechnik & Meßtechnik 91(1983) H. 1, 5.15

/2.13/ Nacke, H.-G., Nietzold, V.: Diagnostizierung der Kolben-Zylinder-Gruppe von Verbrennungsmotoren mit Hilfe der Dichtefunktion; msr 23 (1980) H.4, S.194

/2.14/ Fischer, G., Müller, U.: Einsatz der Bildanalyse bei der Qualitätssicherung in der Kunststoffindustrie; QZ 30 (1985) H. 6, S. 164

/2.15/ Weinzierl, P., Drosg, M.: Lehrbuch der Nuklearelektronik, Springer-Verlag 1970

3 Digitale Signalanalyse und digitale Filter

/3.1/ Azizi, S.A.: Entwurf und Realisierung digitaler Filter, Oldenbourg Verlag München 1983

/3.2/ Bell, R.J.: Introductory Fourier Transform Spectroscopy, Academic Press New York London 1972

/3.3/ Brigham, Oran, E.: FFT, Schnelle Fourier-Transformation, Oldenbourg Verlag München 1985

/3.4/ Chamberlain, I.: The Principles of Interferometric Spectroscopy, J. Wiley & Sons 1979

/3.5/ Föllinger, O.: Laplace- und Fourier- Transformation, Elitera Verlag Berlin 1977

/3.6/ Hamming, R.W.: Digitale Filter, VCH-Verlagsgesellschaft Weinheim 1983

/3.7/ Hesselmann, N.: Digitale Signalverarbeitung, Vogel Verlag Würzburg 1983

/3.8/ Isermann, R.: Prozeßidentifikation, Springer-Verlag Berlin 1985

/3.9/ Lacroix, A.: Digitale Filter, R. Oldenbourg Verlag München 1980

/3.10/ Lange, F.-H.: Signale und Systeme. VEB Verlag Technik Berlin 1975
/3.11/ Lange, F.-H.: Korrelationselektronik. VEB Verlag Technik Berlin
/3.12/ Leonhard, W.: Digitale Signalverarbeitung in der Meß- und Regelungstechnik, Teubner Studienbücher 1989
/3.13/ Lücker, R.: Grundlagen digitaler Filter, Springer-Verlag Berlin 1985
/3.14/ Marko, H.: Methoden der Systemtheorie, Springer-Verlag Berlin 1982
/3.15/ Mildenberger, O.: Grundlagen der Systemtheorie für Nachrichtentechniker, C. Hanser Verlag München 1981
/3.16/ Oppenheim, W., Schafer R.W.: Digital Signal Processing, Prentice-Hall Inc. Englewood Cliffs 1975
/3.17/ Russer, P.: Informationstechnik Grundlagen, Verlag VCH Weinheim 1988
/3.18/ Saal, R.: Handbuch zum Filterentwurf, Elitera Verlag Berlin 1979
/3.19/ Schüßler, W.: Digitale Signalverarbeitung, Springer-Verlag Berlin 1988
/3.20/ Stearns, S.D.: Digitale Verarbeitung analoger Signale, Oldenbourg Verlag München 1987
/3.21/ Tietze, U., Schenk, Ch.: Halbleiter-Schaltungstechnik, Springer-Verlag 1980
/3.22/ Unbehauen, R.: Synthese elektrischer Netzwerke und Filter, Oldenbourg Verlag München 1988
/3.23/ Unbehauen, R.: Systemtheorie, Oldenbourg Verlag München 1971
/3.24/ Wehrmann, W.: Korrelationstechnik, Lexika Verlag Grafenau, 1977
/3.25/ Barschdorff, D., Hensle, W., Stühlen, B.: Geräuschanalyse zur Schadensfrüherkennung an stationären Turbomaschinen als Problem der Mustererkennung, Technisches Messen atm, Heft 5, 1977
/3.26/ Geick, R.: Fourier-Methods in Analytical Chemistry, Fresenius Z. Anal. Chemie 228 S. 1–28, 1977
/3.27/ Harris, F.J.: On the Use of Windows for Harmonic Analysis with the Discrete Fourier Transform, Proceedings of the IEEE, Vol. 66, No. 1, p. 51–83, 1978.
/3.28/ Kotterba, B.: Echtzeitauswertung von Schall- und Schwingungssignalen, Kongreßband MessLab '89, Network GmbH, 1989
/3.29/ Kreuzer, M.: Digitale Filterfunktionen für das elektrische Messen mechanischer Größen, Hottingen Baldwin Meßtechnische Briefe 22 (1986) Heft 2
/3.30/ Mesch, F.: Geschwindigkeits- und Durchflußmessung mit Korrelationsverfahren, Regelungstechnische Praxis 24 1982, H. 3, S. 73–82
/3.31/ Schrüfer, E.: Methoden der digitalen Signalverarbeitung, parat Jahrbuch Meßtechnik 1987, VCH-Verlagsgesellschaft Weinheim, 1987
/3.32/ Siebert, H.-P.: Einsatzmöglichkeiten der Spektrumanalyse, Elektronik H. 26, S 60–75, 1985

/3.33/ Wach, D., Sunder, R., Weingarten, J.: Überwachungssysteme und Diagnosetechniken zur Schadensfrüherkennung in Kernkraftwerken. VGB-Konferenz „Forschung in der Kraftwerkstechnik", Essen 16. und 17. März 1983

A Anhang

/A.1/ Haschberger, P., Palme, F.: GRAF, universelles Programmierwerkzeug zur grafischen Auswertung von Meßdaten; Ingenieur-Büro Haschberger + Palme, Bergstraße 26, 8035 Gauting

/A.2/ Wirth, N.: Algorithmen und Datenstrukturen, Teubner Stuttgart 1983

Sachwortverzeichnis